国家大坝安全工程技术研究中心支撑项目

堆石坝加固

杨启贵　谭界雄　卢建华　周和清
田　波　刘　锐　王秘学　田金章　编著

·北京·

内 容 提 要

本书是一部系统介绍病险堆石坝病害检测与除险加固新技术、新方法的最新专著。

本书共6章，第1章为概论，介绍了我国堆石坝建设、检测和加固技术现状及堆石坝主要病害特点等；第2章为堆石坝质量和缺陷检测，介绍了堆石坝渗漏、堆石体密实度、混凝土面板脱空、混凝土防渗墙质量缺陷等检测方法和粗粒料取样与钻孔可视化技术；第3章为混凝土面板堆石坝加固，介绍了混凝土面板堆石坝的病害特点、加固措施，对防渗面板加固与脱空处理、垫层料加密处理、水下防渗加固、堆石体变形控制等进行了重点介绍；第4章为沥青混凝土心墙堆石坝加固，介绍了沥青混凝土心墙堆石坝的病害特点和加固措施，主要介绍了混凝土防渗墙、控制灌浆技术对沥青混凝土心墙坝进行防渗加固；第5章为土质心墙堆石坝加固，结合我国病险土石坝的除险加固，介绍了混凝土防渗墙、高喷灌浆以及土质防渗体裂缝处理技术；第6章为爆破堆石坝加固，根据我国爆破堆石坝发展及加固处理现状，结合典型工程实例，主要介绍了坝体加固、复合土工膜及混凝土防渗墙防渗加固在爆破堆石坝中的技术应用。

本书可供从事水利水电工程设计、施工、科研的专业人员及高校师生参考。

图书在版编目（CIP）数据

堆石坝加固 / 杨启贵等编著. -- 北京 : 中国水利水电出版社, 2017.11
ISBN 978-7-5170-6089-5

Ⅰ. ①堆… Ⅱ. ①杨… Ⅲ. ①堆石坝－加固 Ⅳ. ①TV641.4

中国版本图书馆CIP数据核字(2017)第300272号

书　名	**堆石坝加固** DUISHIBA JIAGU
作　者	杨启贵　谭界雄　卢建华　周和清　田波　刘锐　王秘学　田金章　编著
出版发行	中国水利水电出版社 （北京市海淀区玉渊潭南路1号D座　100038） 网址：www.waterpub.com.cn E-mail：sales@waterpub.com.cn 电话：(010) 68367658（营销中心）
经　售	北京科水图书销售中心（零售） 电话：(010) 88383994、63202643、68545874 全国各地新华书店和相关出版物销售网点
排　版	中国水利水电出版社微机排版中心
印　刷	北京市密东印刷有限公司
规　格	184mm×260mm　16开本　18.25印张　433千字
版　次	2017年11月第1版　2017年11月第1次印刷
印　数	0001—1500册
定　价	**90.00**元

序

堆石坝是一种快速发展的坝型。早期的堆石坝主要采用码砌或自高处向下抛填，再辅以压力水冲实的方法施工，抛填的堆石坝密实度较低，建成后有较大的沉降变形，易造成防渗体破坏而引起大坝漏水。20世纪60年代以后，随着重型振动碾等机械设备的使用，坝体密实性大大提高；同时，工程师们对堆石坝进行合理分区，溢洪道、输水洞等建筑物的开挖料得到充分利用，堆石坝投资省、施工速度快等优势得到充分发挥，堆石坝在世界范围内得到了快速发展，坝高不断刷新，大坝数量快速增加，成为坝工三大主力坝型之一。

堆石坝是一类坝型丰富、防渗结构受力复杂的大坝。现代堆石坝已有黏土心墙堆石坝、黏土斜墙堆石坝、混凝土心墙堆石坝、混凝土面板堆石坝、沥青混凝土心墙堆石坝、沥青混凝土面板堆石坝等多种坝型。与混凝土坝相比，堆石坝坝体材料高度非同质、变形多维度，以及防渗结构型式多样是其显著特点。坝体各分区粒径、级配、密实度各不相同，物理力学性状差异明显，坝体变形呈现多维度；堆石体在高围压和长期荷载作用下具有的流变特性，使面板等防渗结构面临复杂的受力环境，面板堆石坝的防渗面板呈现双向拉压、剪切、挠曲和扭曲等复杂受力状态；沥青心墙堆石坝和土质心墙堆石坝等坝内防渗型式的防渗体，与粗粒料堆石的变形性能差异明显，两者间的变形协调是筑坝成败的关键技术；对于高坝，堆石体和防渗体与两岸岸坡还存在变形协调的问题。

堆石坝是一种以经验设计为主的坝型，筑坝技术的发展正如人们逐步认识事物规律一样，认识过程包含了成功与挫折乃至失败。20世纪60—70年代，我国修建了一批非现代意义的堆石坝，限于当时的技术水平，部分水库蓄水运行后险情严重，多次加固才根除险情。自20世纪80年代我国开始修建现代堆石坝，目前已是世界上堆石坝数量最多的国家，已建堆石坝运行状态总体较好，但也有一些堆石坝出现严重渗漏和变形，诸如面板堆石坝面板裂缝及止水破损，渗漏量突增；一些新建沥青心墙堆石坝与黏土心墙堆石坝初次蓄水就发生较大渗漏，影响水库效益与大坝安全。研究病险水库安全诊断与除险加固技术，具有与研究筑坝新技术同等的重要性，而且面临更为复杂的对象和难度。

长江勘测规划设计研究院成功设计了当今世界上最高的面板堆石坝——水布垭大坝、早期我国最高的沥青混凝土心墙堆石坝——茅坪溪防护坝，在堆石坝设计方面积累了丰富的经验；负责组建的国家大坝安全工程技术研究中心，将病险水库安全诊断与加固技术列为三大研究方向之一，并成功治理了以湖南株树桥为代表的一大批病险水库，在土石坝深水渗漏检测、加固材料研发和水下加固施工等方面形成了系列成套技术，为水库大坝的安澜作出了贡献。

本书作者们长期致力于堆石坝的设计及水库大坝病险诊断与加固，具有丰富的工程实践经验，他们将实践中积累的混凝土面板堆石坝、沥青混凝土心墙堆石坝、土质心墙堆石坝及爆破堆石坝的安全诊断和除险加固技术进行了系统梳理与总结，形成本书，相信将对我国大坝加固技术的发展起到支持作用。为此，我欣然应邀作序，书于此！

中国工程院院士： 钮新强

2017年11月6日

前　言

堆石坝筑坝方便，可就地取材，不受地域、气候和海拔的限制，我国劳动人民积累了丰富的堆石坝筑坝经验。20世纪60—70年代修建的堆石坝多以人工填筑或抛填等方式施工，限于当时的历史条件和技术水平，大部分坝体持续变形，防渗体反复破坏，险情突出；同时，近年来一些新建堆石坝建成蓄水后，也出现了不同程度的渗漏等病险情，需要进行病害检测，并采取适当措施进行除险加固。20世纪90年代至21世纪初，我国对病险水库进行了大规模除险加固，其中包括大量的各种类型的堆石坝。病险堆石坝加固不同于土石坝的其他坝型加固，除险加固技术难度大。为此，工程技术人员对堆石坝安全诊断和除险加固技术开展了系统研究和大量工程实践，积累了丰富的经验，取得了丰硕的技术成果。本书的编著者以总结经验、凝练技术为出发点，试图对堆石坝加固技术进行系统总结，形成了这部专著，以期对我国堆石坝加固技术发展尽绵薄之力。

堆石坝在长期运行过程中常见的病害现象是坝体变形和防渗体破坏，突出表现是渗漏超过可接受程度。不同型式的堆石坝，其病险情表现形式及产生的原因不尽相同，需要具体问题具体研究分析，采用不同的安全诊断方法，采取有针对性的可靠措施根除病险情。近十多年以来，本书编著者一直致力于水库大坝安全诊断与除险加固技术研究与勘察、设计、施工等工作，在堆石坝病害规律、安全检测、除险加固技术等方面取得了系列成果，完成了数十座堆石坝病险情监测与检测、除险加固设计及实施，研发了堆石坝深水微渗漏检测、混凝土面板堆石坝垫层加密、堆石坝变形控制、沥青混凝土心墙堆石坝防渗重构等堆石坝安全诊断与除险加固专有技术。本书在工程实践的基础上，对混凝土面板堆石坝、沥青混凝土心墙堆石坝、土质心墙堆石坝以及爆破堆石坝的病害检测、安全诊断和加固技术进行了较为系统的总结，同时也收集了国内堆石坝加固典型案例，旨在全面介绍堆石坝安全诊断和除险加固技术的同时，重点突出介绍近年采用的创新技术，以期对我国堆石坝安全诊断与加固有所裨益。

本书共6章，第1章为概论，介绍了我国堆石坝建设、检测和加固技术现状及堆石坝主要病害特点等；第2章为堆石坝质量和缺陷检测，介绍了堆石坝渗漏、堆石体密实度、混凝土面板脱空、混凝土防渗墙质量缺陷等检测方法和粗粒料取料与钻孔可视化技术；第3章为混凝土面板堆石坝加固，介绍了混凝土面板堆石坝的病害特点、加固措施，对防渗面板加固与脱空处理、垫层料加密处理、水下防渗加固、堆石体变形控制等进行了重点介绍；第4章为沥青混凝土心墙堆石坝加固，介绍了沥青混凝土心墙堆石坝的病害特点和加固措施，主要介绍了混凝土防渗墙、控制灌浆技术对沥青混凝土心墙坝进行防渗加固；第5章为土质心墙堆石坝加固，结合我国病险土石坝除险加固，介绍了混凝土防渗墙、高喷灌浆以及土质防渗体裂缝处理技术；第6章为爆破堆石坝加固，根据我国爆破堆石坝发展及加固处理现状，结合典型工程实例，主要介绍了坝体加固、复合土工膜及混凝土防渗墙防渗加固在爆破堆石坝中的技术应用。

本书在编写过程中得到了长江勘测规划设计研究院、国家大坝安全工程技术研究中心、长江三峡勘测研究院有限公司（武汉）、长江地球物理探测（武汉）有限公司、南京帝坝工程科技有限公司、中国水利水电基础局有限公司等单位的大力支持，长江勘测规划设计研究有限责任公司陈艳、高大水、位敏和武汉大学曾力教授等对本书的编写也付出了辛勤劳动。本书引用的典型工程实例，有的是编著者和同事与合作单位共同的工作成果，也收集引用了国内有关单位同仁的文献资料，在此一并表示衷心感谢！

由于堆石坝加固涉及的技术广泛，加之编著者实践经验与水平所限，书中难免有错误和不妥之处，敬请读者批评指正。

编著者

2017年11月

目　录

第1章 概 论

1.1 堆石坝建设现状

堆石坝是不同粒径的石料、砂砾料等经过分层碾压筑成的坝体，并利用上游坡面或坝体内部钢筋混凝土、黏性土、沥青混凝土等弱透水材料或结构作为防渗体的大坝。按照防渗体的材料与部位不同，主要划分为混凝土面板堆石坝、沥青混凝土面板堆石坝、沥青混凝土心墙堆石坝、混凝土心墙堆石坝及土质心墙堆石坝等坝型。其中混凝土面板堆石坝、沥青混凝土心墙堆石坝及土质心墙堆石坝是常用坝型。

堆石坝坝体材料主要是粒径不同的块石、碎石、石渣、砂砾石等。为充分利用当地材料，往往按坝体断面进行材料分区，对不同分区提出不同的材料要求和填筑要求。堆石坝的优点是就地取材，能适应不同的地质条件，施工方法比较简便，对气候适应性强，在坝工界应用较为广泛。随着科学技术的进步及筑坝技术的发展，近年来，高堆石坝乃至200m级的特高堆石坝也得到了快速发展。因此，堆石坝是水利水电工程中极为重要的一种坝型。

采用堆石料筑坝最早出现在18世纪50年代的美国西部淘金热时期，早期的堆石坝高度一般较低。填筑方式和防渗结构多种多样，堆石体有采用抛填加以水枪冲射，也有采用推土机碾压或人工砌筑，甚至直接爆破成坝等，坝坡有的较陡（陡于1∶1），有的较缓（缓于1∶2）。防渗结构采用弱透水材料建成的防渗面板或心墙、斜心墙。

自20世纪80年代以来，随着振动碾压技术的发展与成熟，堆石坝造价低、工期短的优势更加突出。我国修建了一批高堆石坝，尤其是混凝土面板堆石坝和黏土心墙堆石坝。2007年建成的清江水布垭水电站大坝为世界上已建的最高混凝土面板堆石坝，其最大坝高233m；糯扎渡水电站大坝是我国已建的最高土质心墙堆石坝，其最大坝高261.5m；冶勒水电站大坝是我国已建成的最高沥青混凝土心墙堆石坝，其最大坝高125.5m。在我国堆石坝发展过程中的20世纪60—70年代，我国还试验性地开展了定向爆破堆石筑坝的研究与实践，其中石砭峪爆破堆石坝最大高度达85m左右。

堆石坝在坝工领域占有重要地位，我国的高坝中有一半是堆石坝[1]。堆石坝种类主要有混凝土面板堆石坝、沥青混凝土心墙堆石坝和土质心墙堆石坝。

20世纪80年代以来，我国在堆石坝勘察设计和施工技术方面开展了大量研究和实践，也吸收了国外堆石坝的经验与教训，在理论上开展了大量研究与探索，我国堆石坝筑坝技术已达到世界领先水平。我国20世纪90年代以来建成的坝高大于100m的混凝土面板堆石坝主要特征指标见表1.1.1，部分沥青混凝土心墙堆石坝主要特征指标见表1.1.2，部分坝高100m以上土质心墙堆石坝主要特征见表1.1.3。

表 1.1.1　　坝高大于100m的混凝土面板堆石坝主要特征指标

序号	坝名	位置	最大坝高/m	大坝体积/(10^6m^3)	建成年份
1	水布垭	湖北	233	15.26	2009
2	三板溪	贵州	185.5	9.61	2006
3	洪家渡	贵州	179	9.00	2005
4	天生桥一级	贵州	178	18.00	2000
5	滩坑	浙江	162	9.80	2009
6	紫坪铺	四川	156	11.80	2006
7	吉林台	新疆	152	9.20	2005
8	龙首二级	青海	146	2.53	2004
9	瓦屋山	四川	139	3.50	2007
10	珊溪	浙江	132.5	5.89	2000
11	公伯峡	青海	132.2	4.53	2006
12	乌鲁瓦提	新疆	132	6.06	2002
13	引子渡	贵州	129.5	2.82	2002
14	街面	福建	129	3.40	2008
15	白溪	浙江	124.4	3.90	2001
16	黑泉	青海	123.5	5.40	2000
17	芹山	福建	122	2.48	1999
18	白云	湖南	120	1.70	1997
19	古洞口	湖南	117.5	1.90	1999
20	芭蕉河	湖北	115	1.92	2004
21	泗南江	云南	115	2.97	2008
22	高塘	广东	111	1.95	2003
23	双沟	吉林	110	2.58	2009
24	那兰	云南	109	2.59	2005
25	茄子山	云南	106	1.40	1999
26	鱼跳	重庆	106	1.95	2001
27	洞巴	广西	105	3.16	2006
28	思安江	广西	103	2.10	2005
29	盘石头	河南	102.2	5.10	2005
30	柴石滩	云南	102	2.17	2000
31	白水坑	浙江	101	1.60	2003

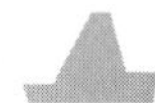

表 1.1.2 部分沥青混凝土心墙堆石坝主要特征指标

序号	坝名	位置	坝高/m	心墙厚度/cm	建成年份
1	冶勒	四川	125.5	60～120	2005
2	茅坪溪	湖北	104.0	50～120	2003
3	党河（二期）	甘肃	74	50	1994
4	龙头石	四川	72.5	50～100	2008
5	照壁山	新疆	71	50～70	2005
6	大竹河	四川	61.0	40～70	2011
7	党河（一期）	甘肃	58	50～150	1974
8	牙塘	甘肃	57	50～100	2003
9	坎尔其	新疆	51.3	40～60	2001
10	碧流河（左坝）	辽宁	49	50～80	1983
11	洞塘	重庆	48	50	2000
12	城北	重庆	47	50	2008
13	平堤	广东	43.4	50～80	2007
14	尼尔基	嫩江	41.5	50～70	2005
15	马家沟	重庆	38.0	50	2002
16	碧流河（右坝）	辽宁	33	40～50	1983
17	霍林河	内蒙古	26.1	50	2008
18	库尔滨	黑龙江	23	20	1981
19	郭台子	辽宁	21	30	1977
20	杨家台	北京	15	30	1980

表 1.1.3 部分坝高 100m 以上土质心墙堆石坝主要特征

序号	坝名	位置	坝高/m	建成年份
1	双江口	四川	314	在建
2	长河坝	四川	240	在建
3	糯扎渡	云南	261.5	2013
4	瀑布沟	四川	186	2009
5	小浪底	河南	154	2005
6	黑河	西安	127.5	2001
7	狮子坪	四川	136	2007
8	恰甫其海	新疆	108	2005
9	水牛家	四川	108	2006
10	鲁布革	云南	103.8	1991
11	碧口	甘肃	101	1997

混凝土面板堆石坝堆石体主要由主堆石区、垫层、过渡层、次堆石区等组成，主堆石区是大坝上游坡和防渗面板稳定的重要保障，垫层主要是为面板提供平整密实的基础，将面板承受的水压力均匀地传递到主堆石体，过渡层位于垫层和主堆石体之间，主要作用是保护垫层在高水头作用下不产生渗透破坏，次堆石区保证坝体和下游坝坡的稳定。湖北清江水布垭混凝土面板堆石坝坝体典型剖面及材料分区如图 1.1.1 所示。

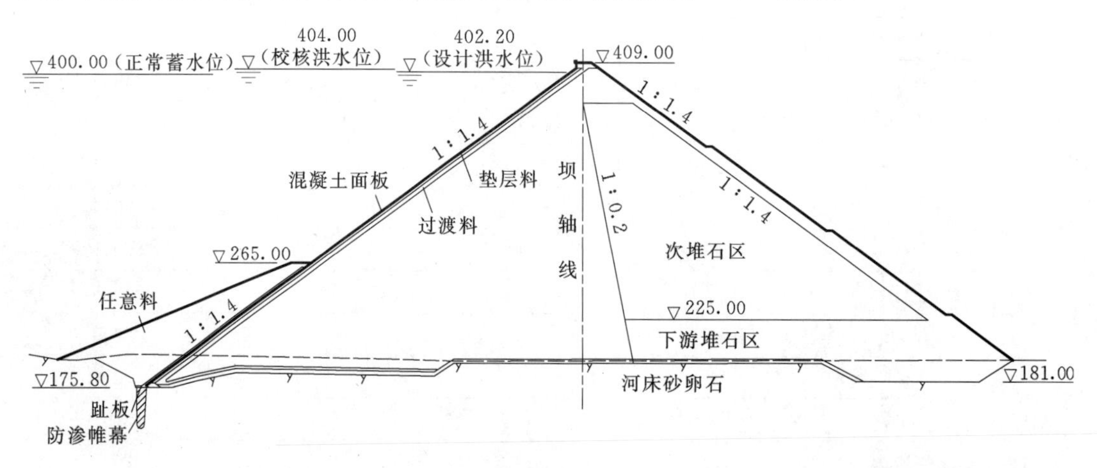

图 1.1.1　混凝土面板堆石坝典型横剖面及材料分区图（单位：m）

沥青混凝土心墙堆石坝坝体主要由上游堆石区、过渡层、排水层、下游堆石区以及坝体护坡等组成，过渡层和排水层分别位于沥青心墙上下游侧，同时对心墙起保护作用。三峡茅坪溪沥青混凝土心墙堆石坝典型剖面及材料分区如图 1.1.2 所示。

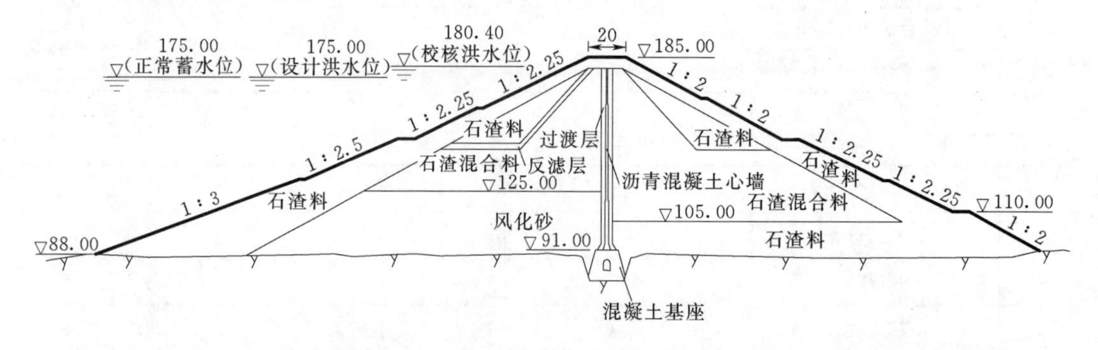

图 1.1.2　沥青混凝土心墙堆石坝典型横剖面及材料分区图（单位：m）

土质心墙堆石坝坝体主要由上游堆石区、过渡层、反滤排水层、土质心墙、下游堆石区以及坝体护坡等组成，过渡层和反滤排水层的粒径和级配应满足土质心墙的反滤要求。云南糯扎渡土质心墙堆石坝典型剖面及材料分区如图 1.1.3 所示。

我国堆石坝建设在取得巨大成就与技术进步的同时，也有严重不足乃至惨痛教训。个别面板堆石坝建成不久发生溃决；部分面板堆石坝运行一段时间后，出现严重坝体渗漏，不得不放空水库进行检查和维修加固；部分沥青混凝土心墙坝完工后初次蓄水就发生严重漏水，甚至无法蓄水。目前我国堆石坝筑坝技术发展迅速，但对于堆石坝病害规律、诊断以及除险加固成套技术还缺乏系统研究，不能适应大坝安全控制的需要。

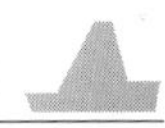

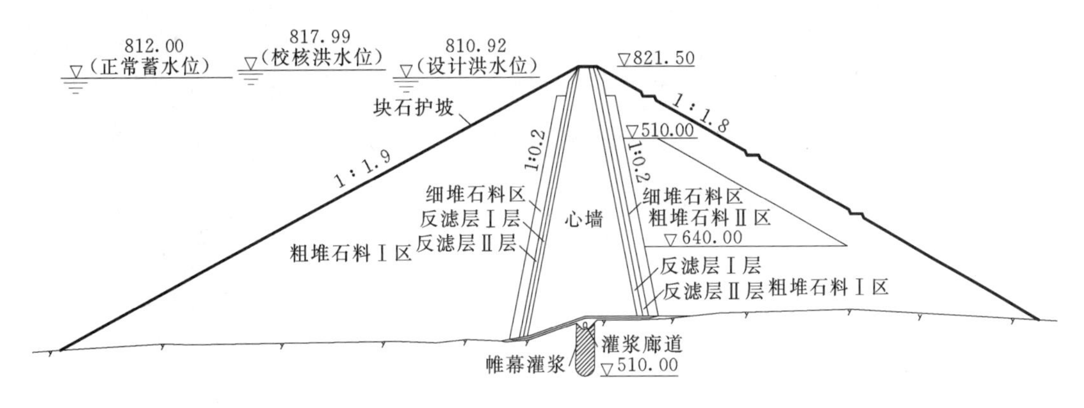

图 1.1.3　土质心墙堆石坝典型横剖面及材料分区图（单位：m）

1.2　堆石坝主要病害型式与特点

堆石坝总体而言表现出了良好的运行状态，20 世纪 80—90 年代建设的混凝土面板堆石坝，近年来有一些大坝出现了不同程度的渗漏和变形问题。如湖南白云和株树桥混凝土面板堆石坝长期渗漏导致面板局部破坏，最终出现坝体渗漏严重；贵州洪家渡面板堆石坝、天生桥一级面板堆石坝的面板破损；湖北西北口面板堆石坝面板裂缝等。近几年建成的混凝土面板堆石坝，也有蓄水后即出现了严重渗漏等问题的，如四川布西混凝土面板堆石坝、云南普西桥混凝土面板堆石坝。有为数不少的沥青混凝土心墙堆石坝建成后渗漏严重，如重庆马家沟、内蒙古霍林河、四川大竹河等水库的沥青混凝土心墙堆石坝建成后渗漏严重，水库不能正常蓄水，进行了防渗处理后才能正常运用。土质心墙堆石坝防渗体厚度较大，一些早期修建的土质心墙堆石坝，出现渗漏和坝体局部变形等病害现象。

堆石坝的主要病害是坝体渗漏和变形过大等问题，产生的主要原因是防渗体破坏、堆石体填筑质量达不到要求。堆石体填筑质量问题主要表现在大坝填筑料分区不清晰、上坝料控制不严、填筑铺料超厚、超径石集中、局部架空、填筑结合部和分区交界部位填筑质量差等。

1.2.1　混凝土面板堆石坝渗漏

混凝土面板堆石坝的防渗体是位于上游坝坡的钢筋混凝土面板。面板厚度较薄，一般为 30～100cm，面板下部设垫层和过渡层，河床基础及两岸通过趾板与基岩衔接，近年来部分覆盖层较深的面板堆石坝河床基础趾板下部设混凝土防渗墙，构成完整的防渗体系。面板堆石坝钢筋混凝土防渗面板为现浇混凝土，为方便施工，适应堆石体变形，面板需设结构缝和周边缝，结构缝和周边缝设 2～3 道止水，分缝表面设嵌缝材料和盖片保护结构[2]。

正常的混凝土面板堆石坝渗漏特点是渗漏量随着时间延长减少或不变，渗漏量随着时间延长不断加大，则意示着出现了渗漏病害，如面板与趾板止水结构破坏、面板因垫层脱空引起断裂、面板因变形裂缝而产生渗漏。湖南白云和株树桥等面板堆石坝的渗漏均属这种情况。部分早期修建的面板堆石坝堆石体填筑质量较差和孔隙率较大时，坝体变形长期不收敛，引起面板和止水破坏，广西磨盘混凝土面板堆石坝渗漏属这种情况。

1.2.2　沥青混凝土心墙堆石坝渗漏

沥青混凝土心墙堆石坝的防渗体一般位于大坝中部或中间偏上游部位。沥青混凝土心墙厚度较薄，一般仅为30～100cm，心墙不设结构缝，通过热熔接使心墙形成整体。沥青混凝土心墙具有强度高、弹性模量小的特性。沥青混凝土心墙适应变形能力较强，不容易开裂。大坝基础覆盖层不太厚时，沥青混凝土心墙开挖至基岩，沥青混凝土心墙底部与基础接触采用钢筋混凝土基座，基座置于完整基岩上。部分低坝因坝基覆盖层太厚，难以开挖至基岩，坝基下部采用混凝土防渗墙防渗，沥青混凝土心墙底座置于混凝土心墙顶。沥青混凝土心墙一旦存在施工质量缺陷，或运行一段时间后被破坏，大坝就会产生渗漏。同时，沥青混凝土心墙与基础底座连接部位容易出现问题而引起渗漏。由于沥青混凝土心墙厚度较薄，渗径较短，一旦出现由于心墙问题引起的渗漏，大多是渗漏量较大的集中渗漏。

沥青混凝土心墙堆石坝出现渗漏的时间多是水库刚蓄水或蓄水后不久。如果沥青混凝土心墙存在施工质量缺陷，水库一蓄水就会产生渗漏。大坝堆石体填筑孔隙率较大时，坝体就会产生较大沉降和水平变形，此时也会引起沥青混凝土心墙变形和受力较大，从而使沥青混凝土心墙产生裂缝，甚至破坏，这也是沥青混凝土心墙堆石坝蓄水初期出现渗漏并不断加重的原因。

由于沥青混凝土心墙堆石坝的渗漏主要是心墙破坏引起的，而沥青混凝土心墙厚度较薄，且位于坝体中部，难以直接钻孔进行相关检查，无法准确地判断存在问题的部位和高程。

1.2.3　土质心墙堆石坝渗漏

土质心墙堆石坝防渗体为碾压后渗透系数较小的黏性土或砾质土，防渗体厚度较大，顶部厚度一般为3～5m，底部厚度随着坝高增加而加厚。为防止粒径较小的土颗粒流失，土质心墙上下游侧一般设2～3层反滤层或过渡层。

土质心墙堆石坝渗漏主要是土质心墙存在填筑质量问题，或运行一段时间后土质防渗体产生裂缝引起的。渗漏点一般比较分散，有时渗水从下游坝坡和坝脚逸出。引起坝体渗漏产生的主要原因有以下几个方面：

(1) 土料场选择不当，所选的防渗土料的抗渗性能指标不满足设计要求。

(2) 填筑质量差，碾压施工不当，坝体的压实度偏低，防渗体渗透系数达不到规范要求。

(3) 反滤设计不合理或未设置反滤设施，或反滤已经失效。

(4) 地震造成心墙防渗体出现裂缝等。

早期修建的部分黏土心墙堆石坝基础或坝内设引水或泄洪涵管，有的两岸与挡墙、导墙等刚性结构接触，这些部位容易产生接触渗漏。坝体与涵管管壁之间的接触部位，由于设计和施工等多方面的原因往往容易成为渗漏薄弱部位而发生接触冲刷甚至垮坝失事。

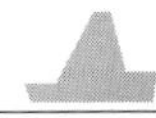

1.2.4　爆破堆石坝渗漏

爆破堆石坝形成初期，由于没有防渗措施，坝体堆石杂乱无章，往往需通过自然沉积和人工措施适当修建防渗体，渗漏量有一个由大到小的过程。爆破堆石体形成一段时间后，通过监测和必要的勘探评估，再设置防渗措施，控制不产生集中渗漏和破坏性渗漏，同时控制渗漏量，保证水库蓄水和用水要求。

1.2.5　堆石坝其他病害

1.2.5.1　坝基渗漏和绕坝渗漏

坝基渗漏通常是由于坝基防渗处理不当，或坝基未作防渗处理，或坝基防渗设施失效而产生的。特别是对于强透水的砂砾石或砂层地基，易产生接触渗透变形，地层允许渗流出逸坡降较小，若出逸部位没有完善的反滤保护措施，随着运行时间增长，细颗粒逐渐流失，渗漏会越来越严重，甚至流出浑水或翻砂。引起坝基渗漏产生的主要原因有如下方面：

（1）清基不彻底。筑坝前未将松动土层清除干净，或者破碎风化层未清到相对不透水层。

（2）防渗措施设计不合理。在砂卵石地基上游坝前，铺盖厚度不够、填筑质量不好；或者坝基透水层未做截水处理。

（3）坝基存在透水岩层或岩溶发育地层，没有采取帷幕灌浆等防渗措施，建立起完整的防渗体系。

水库蓄水后，库水通过坝体两端的岸坡渗向下游，并在下游岸坡逸出的现象称为绕坝渗漏。绕坝渗漏可能沿着坝岸结合面，也可能沿着岸坡松散的坡积层和岩石风化层或裂隙发育的基岩渗向下游。绕坝渗漏将使岸坡或坝体内的浸润线抬高，使坝坡或岸坡背后出现潮湿、软化和集中渗漏，甚至引起坝坡或岸坡塌陷或滑坡，影响大坝安全。引起绕坝渗漏产生的主要原因有：

1）坝肩或坝基地质条件差。造成绕坝渗漏的内因是由于两岸坝肩或坝基地质条件差，如山体单薄，岩层破碎，节理裂隙发育以及断层、岩溶等，岩层透水性大；坝肩或坝基未采取防渗措施，或处理措施不完善。

2）施工质量不符合要求。施工中由于开挖困难或工期紧等原因，没有根据设计要求进行施工，如坝体与岸坡接触带清基不彻底；岸坡坡度开挖过陡，坝体碾压不到位；截水槽回填质量不好，形成渗漏通道，并引起接触冲刷。

1.2.5.2　堆石体变形超限

坝体不均匀沉陷的原因主要是堆石体填筑质量差、碾压不密实、孔隙率偏大，导致坝体持续变形，坝体变形长期不收敛，甚至局部或大范围产生不均匀沉陷，使面板堆石坝的钢筋混凝土面板及接缝止水、沥青混凝土心墙堆石坝的沥青混凝土心墙难以适应大变形而遭到破坏。

对于面板堆石坝，堆石体大变形会使垫层逐步淘空，过渡料逐渐流失，进一步破坏面板和止水结构，如此反复恶性循环，最终使防渗系统产生严重破坏；对于沥青混凝土心墙堆石坝，大变形可能会使心墙发生严重水平错位。对于黏土心墙堆石坝，大变形会使黏土心墙产生水平和顺流向裂缝，在渗流的长期作用下，进而使裂缝不断扩大和发展。

1.2.5.3 护坡破坏

护坡是堆石坝坝体结构的重要组成部分，护坡由于长期受风浪、水浸、冻融、坝体变形、震动等自然因素以及人类活动的影响，容易产生破坏。护坡破坏类型主要有：脱落、塌陷、崩塌、滑动、挤压、鼓胀、溶蚀等。

护坡破坏的主要原因如下：

(1) 坝体不均匀沉陷。坝体不均匀沉陷的原因主要是坝体填筑质量差、碾压不实。水库投入运行蓄水后，局部或大范围产生不均匀沉陷，护坡相对错动，缝隙加大，护坡上下不连续，垫层被淘空，坝面大面积塌陷。

(2) 风浪压力作用。风浪作用是护坡毁坏的主要原因。波浪从风中获取能量，当坝前水深小于临界波对应的水深时，波能集中于水面形成击岸波，即涌浪。涌浪以很大的能量撞击坝面。自波浪开始破碎点至最大爬高点之间的区域为“破碎区”。在破碎区内水流质点紊动剧烈，与坝面摩擦，损耗自身能量并造成护坡的损坏。波浪周而复始地运动，在冲刷坝面的同时也消耗其能量。当波动的水流沿坝面下拖时，透入坝坡的水体将产生反向压力——浮托力，该力可能将护坡掀起。波浪运动的交替作用，可将护坡垫层及大坝土料淘出，进而使坝面塌陷，造成护坡破坏。

(3) 护坡施工质量差。块石护坡施工中存在的问题较多，常见的是垫层厚度不够或碎石铺设不均匀、不合理。选用的块石料强度低，抗风化能力差，风化破碎严重；块石铺砌时，垫塞不坚实，稳定性不好，整体性差；不同的单位分段施工，衔接处施工质量差，出现局部损坏或塌陷。

(4) 冰冻破坏。冰对护坡的破坏作用主要是静冰压力所产生的推力作用，巨大的冰推力使护坡块石向上隆起，冰体本身还具有弹塑性，渗入护坡坝壳孔隙里的库水冰冻会发生膨胀，使砌石凸起，使砌缝裂开松动。

(5) 管理不善，维修不及时。长期以来，水利工程受“重建设、轻管理”思想的影响，水库工程管理工作得不到应有的重视。现有工程已进入老龄期，老化严重，但由于维修加固经费不足等原因，许多工程病害隐患得不到及时治理，使病害越积越多，促使破坏加剧。护坡垫层被淘空有一个渐变过程，当出现局部塌陷或石块松动下滑时，若能及时修复就不会使损坏继续发展。因此，及早发现和修复损坏部位不留隐患是十分重要的，否则在风浪作用下有可能发生大面积的毁坏。

1.2.5.4 坝体欠高

随着水文系列资料的延长，设计洪水成果会发生变化。按国家现行洪水标准和规范复核，部分堆石坝防洪标准可能达不到规范要求，大坝坝顶高程或防渗体顶部高程达不到挡水要求。

1.3 堆石坝检测和加固技术现状

我国早期修建的堆石坝虽然高度不是很高，但由于资金、技术和管理等多方面的原

因，大部分存在渗漏和大变形问题。堆石坝除险加固措施主要有防渗面板修复、坝体增设混凝土防渗墙、坝体控制灌浆、坝基帷幕灌浆、护坡改造、加高培厚等。近年来，我国大、中型水库和库容超过100万m^3的小（1）水库的病险堆石坝大多数进行了除险加固，由于多方面原因，部分堆石坝长期积累的病害问题没有得到根治，除了资金方面的原因外，主要的原因是病害检测诊断与加固技术落后。近十多年来，通过一批病险堆石坝除险加固，开展了一些针对性的质量和缺陷检测与加固技术的研究与应用工作，取得了一批能解决实际问题的研究成果。

1.3.1 堆石坝检测技术

堆石坝坝体病害检测最有效的方法是钻孔取样进行现场和室内试验，但对于单块强度高的粗粒料堆石体，钻孔极其困难，易扰动和塌孔，钻孔取芯获得率低，一般仅50%左右，取原状样难度更大。针对堆石体成孔困难、易扰动的问题，开发了粗粒料取样及钻孔可视化专利技术，研制了双管内筒锤击式原状取样器，外管接楔形钻头，内管为取样盒，设有出水孔、防扰动等装置，原状样获取率由50%提高到90%。同时，为直观了解堆石体物质构成，护壁选用透光耐磨套管，采用孔内高清成像仪，进行偏光纠正，实现钻孔可视化，形成数字岩芯。

渗漏检测主要采用地球物理探测的方法，可供采用的手段和仪器较多。我国有关科研单位开发出了一些渗漏检测设备，但都不完全适合堆石坝渗漏检测与诊断，往往需采用多种途径和方法进行综合分析。可采用的方法主要有：声波检测法、高密度电阻率检测法、地质雷达检测法、流场检测法等，检测的渗漏流速一般为10^{-3}cm/s量级。针对湖南白云水库混凝土面板堆石坝渗漏检测，开发出了深水声像复合查漏专利技术。该技术根据声波在水流中的“多普勒效应”，先采用高精度阵列声呐探测流体中声波能量及分布状态，确定渗漏声源方向；依据水流质点流速方程原理，声呐定位流速异常范围，然后采用水下高清摄像精确定位入渗点，再用导管示踪法验证渗漏源，成功实现了大水深、低流速的渗漏检测技术的突破，渗漏流速检测精度达到10^{-5}m/s量级，检测水深突破了100m[3]。

1.3.2 堆石坝防渗加固技术

堆石坝防渗加固一般分为垂直防渗和面板防渗加固处理。通过加固处理，有效降低堆石坝体的渗漏量，控制渗透坡降不超过允许坡降，保持坝体的渗透稳定。对出现严重病害的面板堆石坝一般需放空水库进行上游坡的防渗体修复，修复破坏的混凝土面板和止水系统，并处理疏松的垫层料；对沥青混凝土心墙和黏土心墙堆石坝一般采取控制蓄水位进行控制灌浆或增设混凝土防渗墙。

制定病险堆石坝除险加固设计方案时，需根据坝体结构型式、病害部位和特点、坝基地质条件、建筑物重要性及可采用的施工方法的适用条件等综合因素进行技术、经济比较确定，做到科学、经济、合理。

1.3.2.1 面板堆石坝防渗加固

堆石坝防渗面板主要有钢筋混凝土混凝土刚性面板和沥青混凝土柔性面板两类。钢筋混凝土面板需分块浇筑，分缝需设多道止水，止水应可靠，止水结构比较复杂；沥青混凝土面板一般不设结构缝，柔性也较好，能适应坝体变形。

尽管现代意义上的混凝土面板堆石坝采用分层碾压的施工方法，但堆石（或砂卵石）在自重和水荷载作用下仍将产生变形，且会持续较长时间，这些变形势必影响到面板及分缝止水的变形，导致混凝土面板裂缝或止水拉裂破坏，进而产生大坝渗漏。

大坝渗漏是混凝土面板堆石坝最常见的问题，其渗漏的主要通道为分缝止水，特别是因周边缝的变形导致的渗漏以及混凝土面板变形裂缝等导致的渗漏。因此，面板堆石坝防渗加固的主要内容有：周边缝、垂直缝止水破坏的修复、面板裂缝的修补、面板脱空的处理、垫层料支撑体的恢复等。如湖南白云和株树桥混凝土面板堆石坝都是放空水库后，凿除严重破损的混凝土面板后重新浇筑，并恢复其止水，特别是表面止水结构，大坝渗漏减小至正常水平。四川布西水库混凝土面板堆石坝在修复施工缝后，渗漏量大为降低。贵州天生桥、洪家渡水电站混凝土面板堆石坝在水下对局部破损面板进行修复，也取得了一定效果。

1.3.2.2 心墙堆石坝加固

随着沥青混凝土性能不断改进，堆石坝防渗心墙越来越多地采用沥青混凝土，已较少采用普通混凝土。对心墙堆石坝的渗漏病害处理，主要采取在堆石体合适部位灌注水泥黏土浆封堵渗漏通道、增设混凝土防渗墙、灌浆重构防渗体以及加强排水等措施。

（1）膏状稳定浆液灌浆形成防渗帷幕。膏状稳定浆液灌浆是在水泥浆中掺入一定比例的黏土或膨润土等，形成具有较大黏性和较好稳定性的膏状浆液，并采用螺旋泵灌浆的防渗帷幕灌浆技术。该灌浆技术能在孔隙率较大和有一定地下水流速的堆石体或砂卵石中形成防渗帷幕。

贵州红枫电站大坝为木面板堆石坝，最大坝高52.5m，坝顶长416m，堆石体孔隙率高达38%。因防渗面板木材腐烂，漏水严重，若放空水库处理，工农业损失达3.5亿元，经分析研究采取膏状稳定浆液帷幕灌浆方案，在现场开展系统灌浆试验基础上，在坝体中采用了4排孔膏状稳定浆液灌浆形成坝体防渗帷幕，帷幕上部厚度4m，下部厚度14m，取得良好的加固效果。

近年来，膏状稳定浆液灌浆应用于砂卵石地基及石碴料填筑体的防渗加固技术取得了较大进展，在重庆市彭水电站和开县调节坝工程的围堰采用该技术防渗均取得良好效果。

（2）控制灌浆重构防渗体。根据沥青混凝土心墙堆石坝的结构特点，对坝体沥青混凝土心墙自身无法进行有效修补，在沥青混凝土心墙坝的心墙上游侧过渡料区内采用水泥黏土稳定浆液和水泥浆进行控制灌浆，局部重构防渗体，可达到一定的防渗效果。国内几个水库采取在沥青混凝土心墙上游侧过渡层内进行控制灌浆重构防渗体，取得了满意的效果。

（3）混凝土防渗墙。当堆石坝土质心墙缺陷严重、无法局部灌浆处理时，采取在坝体合适位置设置混凝土防渗墙是最有效的防渗处理措施。防渗墙主要采用钻凿、抓斗等方法，在坝体或地基中建造槽型孔，以泥浆固壁，然后采用直升导管，向槽孔内浇筑混凝土，形成连续的混凝土墙，以达到形成一道连续防渗体的目的。防渗墙施工可以适应各种不同材料的坝体和各种地基，墙的两端能与岸坡防渗设施或基岩相连接，墙体穿过坝体及

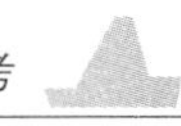

基础覆盖层嵌入基岩一定深度，彻底截断坝体及坝基的渗透水流。

混凝土防渗墙厚度一般 0.8～1.2m，最深可达 140m。可以通过调整混凝土配合比，采用适应坝体应力应变要求的低弹模、塑性、柔性防渗墙。混凝土防渗墙渗透系数可达到 10^{-7}cm/s 以下，允许渗透比降达 60～100。

重庆马家沟、四川大竹河、内蒙古霍林河等沥青混凝土心墙堆石坝均是采取重建坝体混凝土防渗墙，或局部增设混凝土防渗墙，均取得了理想的处理效果。

1.3.3 堆石体变形控制

堆石坝的初期变形是难免的，面板堆石坝一般要求初期变形收敛后才开始防渗面板施工，心墙堆石坝一般通过严格选料和控制填筑厚度和碾压参数减小初期变形，防止过大的水平变位和沉降拉裂心墙。早期修建的部分堆石坝由于填筑质量控制不好，变形长期不收敛，需进行加固处理。控制坝体变形加固的主要措施有如下方面：

（1）堆石体灌砂充填。对孔隙率较大，无法沉降密实的堆石体进行灌砂充填是提高堆石体密实度，减小堆石体变形的有效方法。一般通过注水的方式将粗砂和砾石灌入堆石体孔隙。由于无法控制级配，充填效果往往难以控制。该方法适用于坝体上游面板质量完好，坝体和坝基防渗体系完善的堆石坝加固，但对防渗体系不完善的面板堆石坝进行灌砂处理时，砂砾料会沿坝体渗漏通道流出，无法满足堆石体长期充填密实的要求。

（2）控制充填灌浆。采用水泥、砂和黏土等拌和成的水泥混合料浆液充填堆石体孔隙，达到一定的水平扩散半径后，利用稠浆和砂砾料的阻力，阻止浆液向孔底流失，形成孔底阻浆层（托底），再适当加压灌浆，达到一定的扩散半径，这样能有效地控制浆液向深部流失，对堆石体孔隙进行有效地充填和必要固结，该方法成功应用于广西磨盘水库堆石坝的堆石体加固。

（3）拆除部分堆石体并重新碾压。拆除部分不满足要求的堆石体，重新填筑碾压来提高堆石体局部压实度，是一种直接降低堆石体孔隙率的有效方法，适用于坝高较低和可以局部拆除的堆石坝加固。

1.3.4 堆石坝护坡加固与改造

上游护坡一般采用块石护坡、现浇混凝土护坡及预制混凝土块护坡，下游护坡一般采用块石护坡、植草护坡及预制混凝土块护坡等。

1.4 总结与思考

我国堆石坝建设成效显著，但也有许多不足乃至惨痛教训，如 1993 年 8 月青海沟后面板堆石坝发生溃决，给下游共和县城带来了灾难性损失。调查资料表明，混凝土面板堆石坝和沥青混凝土心墙堆石坝出现渗漏问题较多，不少新建沥青混凝土心墙堆石坝蓄水初期就出现了较严重的渗漏，不得不花巨资进行加固处理。我国几座高混凝土面板堆石坝运行 10 年左右面板破坏、止水老化，出现严重渗漏问题，不得不放空水库进行加固处理。近十多年来，我国实施了一批不同类型的堆石坝除险加固，使这些病险水库大坝成功脱险，水库恢复发挥正常效益，但也有不少堆石坝加固效果不明显，只是控制了险情，仍未完全脱险。

目前我国正在或将建设一批200m级高混凝土面板堆石坝和沥青心墙堆石坝，相关单位正在研究300m级高混凝土面板堆石坝筑坝技术，但对于堆石坝容易出现渗漏问题缺乏足够分析与研究，对堆石坝渗漏病害也缺乏系统全面的研究，病害检测和处理技术滞后，不能适应大坝安全技术发展的需要。

根据堆石坝病害检测和除险加固的经验与教训，今后在堆石坝建设和除险加固时，对以下几个方面的问题应高度重视。

（1）高度重视堆石坝运行中出现的渗漏问题，修订完善堆石坝设计与施工技术规范。

部分混凝土面板堆石坝运行十多年后，出现严重渗漏问题，少数沥青心墙堆石坝运行初期就出现严重渗漏，影响水库蓄水。有关统计资料表明，堆石坝出现这些严重渗漏问题不是偶然的。对出现严重问题的堆石坝设计复核表明，其大坝布置和结构设计基本满足有关现行设计规范要求。为此，建议认真总结堆石坝设计、施工经验，分析渗漏病害原因与规律，对设计与施工规范进行修订与完善。

比如，我国在总结国内外面板堆石坝筑坝技术的基础上，发布了《混凝土面板堆石坝设计规范》（SL 228—2013）和《混凝土面板堆石坝设计规范》（DL/T 5016－2011），规范对母岩岩性、堆石料级配、填筑标准等均作了相关要求，但也存在一些不够完善的地方，比如在面板堆石坝变形这一关键问题上无量化的控制标准：①堆石体自身变形是坝体变形控制的核心，但尚未建立堆石体沉降、上下游方向、坝轴线方向的变形控制标准，堆石体自身是否变形协调不能量化评价；②实际工程中控制面板与堆石体之间绝对不出现脱空是不切实际的，小范围、高度不大的脱空危害有限，面板与堆石体之间的脱空高度、脱空范围无明确控制标准；③面板接缝与周边缝的错动变形直接决定了止水的受力状态，错动变形过大会导致止水破损，但目前面板接缝与周边缝缺乏变形控制标准[4]。

（2）中高堆石坝应设置必要的检修放空设施。

堆石坝防渗结构一旦遭到破坏或出现问题，后果比较严重，险情发展很快。为便于出现险情后的检查和修复处理，需降低库水位，甚至完全放空水库进行处理。因此，堆石坝作为挡水建筑物的枢纽设置渗漏检修放空设施是非常必要的。

我国现行的水利行业和电力行业的两部混凝土面板堆石坝设计规范，对于放空设施的规定差别较大。2013年修订的水利行业标准《混凝土面板堆石坝设计规范》（SL 228—2013）强制性规定："高坝、重要工程、地震设计烈度为8度、9度的混凝土面板堆石坝，应设置放空设施"，而对于其他混凝土面板堆石坝并没有规定设置防空设施。2011年修订的电力行业标准《混凝土面板堆石坝设计规范》（DL/T 5016—2011）只是规定："应结合泄洪、排沙、供水、后期导流、应急和检修的需要，研究设置用于降低库水位的放空设施的必要性"，没有规定必须设置放空设施[5]。

我国已建成的很多面板堆石坝未设置放空设施，即使设置了放空设施，也不能完全放空水库，少数混凝土面板堆石坝在施工过程中甚至取消了原设计的放空洞。主要是认为面板堆石坝一般不会有放空水库进行处理的可能性，可以不设放空设施，面板破坏产生的渗漏，可以由半透水性垫层料限漏，并且可以通过投放粉细砂得到显著的减小，如有意外需要进行处理的要求，可由潜水员或采取其他措施进行水下检修[6]。

面板堆石坝出现渗漏险情后，部分工程通过水下施工进行加固处理取得了较理想的效果，也有很多工程是难以通过水下加固处理完成的。湖南白云水库最大渗漏量达1240L/s，采用水上抛投级配料铺盖后，渗漏量减小到约700L/s后便不再减小，且面板破坏区域位于坝前防渗铺盖下部，采用潜水员进行检修难以完成，必须通过放空水库进行处理。白云水库原设计是引水发电洞兼作放空洞，放空洞底板高程距原河床还有43m水深，水库通过放空洞无法完全放空，最后通过提起导流洞封堵闸门，爆破永久堵头和临时堵头，通过导流洞放空水库干地施工完成破损面板修复，修复后水库渗漏量保持在30L/s左右，处理效果良好。株树桥堆石坝面板破坏最大渗漏量达2500L/s，通过放空洞将水库放空后进行干地施工处理，处理后渗漏量一直维持在10L/s左右，加固处理效果良好。三板溪水电站混凝土面板堆石坝面板一、二期施工缝位置出现破损，破损位置在死水位以下40m深，由于水库不具备放空条件，无法进行干地施工，只能进行水下施工处理，在进行了三次破损面板水下修复处理后，仍未得到彻底有效的处理，目前仍在研究论证加固处理方案。

综上所述，堆石坝作为挡水建筑物的水库枢纽，设置渗漏检修放空设施是十分必要的。当水库出现病害问题，而水下加固处理难以实施或处理失败后，可以通过放空水库干地加固施工。

（3）加强病害检测和诊断技术研究与开发。

堆石坝除险加固前应对病害险情进行周密检测和准确诊断，尽可能采用多种方法、多种手段进行检测，相互印证，确定病害部位和产生病害的原因。湖南白云面板堆石坝出现渗漏初期，管理单位委托多家单位在不降低水位的情况下进行检测和渗漏原因诊断，最终采用深水声像复合查漏技术确认了渗漏原因，准确定位了渗漏部位，为放空水库进行除险加固提供了重要依据。

参 考 文 献

[1] 杨泽艳，周建平，蒋国澄，等. 中国混凝土面板堆石坝的发展 [J]. 水力发电，2011，37（2）：174-182.

[2] 钮新强，谭界雄，田金章. 混凝土面板堆石坝病害特点及其除险加固技术 [J]. 人民长江，2016，13，47（590）：01-05.

[3] 谭界雄，高大水，王秘学，等. 白云水电站混凝土面板堆石坝渗漏处理技术 [J]. 人民长江，2016，47（2）：62-66.

[4] 钮新强. 高面板堆石坝安全与思考 [J]. 水力发电学报，2017，36（1）：104-111.

[5] 杨启贵，谭界雄，周晓明，等. 关于混凝土面板堆石坝技术几个问题的探讨. [J]. 人民长江，2016，14，47（597）：56-59.

[6] 高季章，郭军. 关于面板坝设置放空洞的若干问题 [J]. 水力发电学报，2013，32（5）：179-183.

第2章　堆石坝质量和缺陷检测

2.1　概述

大坝渗漏和变形是堆石坝常见的病害型式。渗漏主要是由于坝体防渗系统损坏或破坏，防渗系统失效所致，或是坝基坝肩基础渗漏。堆石坝渗漏具有渗漏点分散、渗漏流速低，渗漏点水深大等特点，当检测水深超过50m，一般技术很难开展检测。

堆石体填筑质量差，碾压不密实，坝体孔隙率大于设计要求，往往导致坝体变形超过设计要求，且变形会持续较长时间，从而危及水库安全。目前，对已完建运行的堆石坝坝体密实度检测方法不多。对于已完建运行的堆石坝，尤其是坝体较高的堆石坝密实度检测，一直是坝体密实度检测的技术难题，采用核子密度法对坝体密实度检测，在几个工程取得了较好效果。

混凝土防渗墙是土质心墙堆石坝、沥青混凝土心墙堆石坝及爆破堆石坝等堆石坝坝体防渗加固的主要工程措施。混凝土防渗墙作为隐蔽工程，其质量检测难度较大，随着物探设备及技术发展，可采用多种检测方法对混凝土防渗墙质量综合检测评价。

土石坝及其地基粗粒料性态的准确检测，一直是病险水库加固的难题，其主要难点是粗粒料物质结构松散，严重影响取芯和原状取样质量。

本章重点介绍堆石坝渗漏检测、密实度检测、混凝土防渗墙质量检测及粗粒料取样与钻孔可视化等技术，这些技术也是堆石坝质量和缺陷检测的难点和关键技术。

2.2　渗漏检测

2.2.1　水库渗漏检测特点

渗漏是堆石坝较为普遍存在的险情，要在广阔的水域快速、准确的找到渗漏源，特别是在不规则的堆石区、黏土覆盖区找到渗漏源是一件非常困难的事，若是在水体混浊的环境下查找则更是难上加难。常用的渗漏检测方法有：自然电场法和高密度电法、同位素示踪和连通试验、水下摄像检测、流场法、水下喷墨摄像、声呐探测、孔内摄像等。

由于水域和陆地的环境不同，渗漏检测一般在水下、甚至在水深超过50m深水条件下进行，难以直接观察到水下的物体和发生的情况，渗漏检测技术发展受到仪器、环境、技术等多方面制约。但随着现代技术的发展，大坝渗漏检测呈现手段多样化、检测可视化、测量精确化等特点，基于声、光、电、电磁等原理的检测方法得到广泛应用，声呐探测仪、潜水员检测、水下机器人等探测技术和手段也应用于水库大坝深水检测。

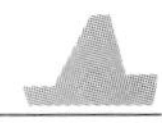

渗漏检测是一项复杂的工作，需要采用多种可行的方法进行多方法检测与印证，对检测结果进行综合分析和综合评价，才能相对准确判断与确定渗漏原因、位置和渗漏通道的大致分布情况。不同坝型渗漏的原因和表现形式也各不相同：①面板堆石坝作为近年来发展迅速的坝型，其主要渗漏型式为面板本身或止水结构破损、基础渗漏等；②心墙堆石坝主要渗漏型式为心墙或心墙与基础层面渗漏、基础渗漏。针对不同型式的渗漏，其检测方法也不尽相同。对于渗漏通道较为明显的渗漏，可采用水下电视、水下机器人（ROV）配合高清摄像、水下导管示踪等方法进行直观检测，确定渗漏通道；对于一些渗漏情况较为隐蔽、渗漏点较为分散的工程，可采用声呐探测、流场法等手段进行检测。

2.2.2 自然电场法和高密度电法

2.2.2.1 自然电场法

在坝轴线上游一侧沿库区水域边界布置测线剖面，并进行自然电位和梯度测量，在渗漏点处将呈现明显的负电位异常和与之对应的正负伴生的梯度异常，以确定大坝渗漏点位置。在入渗带或径流带，集中渗漏在自然电位曲线上呈低值异常；异常的形态及极值高低、幅值大小，决定于渗透压力、溶液性质、介质电阻率、埋藏深度、通道形状及其大小等因素。实测和验证资料表明，集中渗漏在自然电位曲线上可大致归纳为以下 5 种基本形态（图 2.2.1）。

（1）窄幅异常（1 区）。由少量测点（如三四个测点）形成的高（低）值异常，通常它是埋藏较浅的单一独立集中渗漏带的反映。

（2）宽幅异常（2 区）。由较多测点（如五六个以上测点）组成的近似对称宽幅高（低）值异常，它对应的多是埋藏深度大或渗漏范围宽的集中渗漏带。

（3）宽幅双峰异常（3 区）。有两个峰值的宽幅高（低）值异常，两个峰（谷）各自对应着不同的集中渗漏带。

（4）多峰异常（4 区）。曲线呈锯齿状，高低起伏相似，它反映的渗漏带较宽，每个峰（谷）值点对应着一个主要渗漏带。

（5）塔式异常（5 区）。主峰（谷）两侧电位缓慢降低（升高），然后趋于正常，峰（谷）值与主要渗漏通道对应，两侧是较弱的渗漏带。

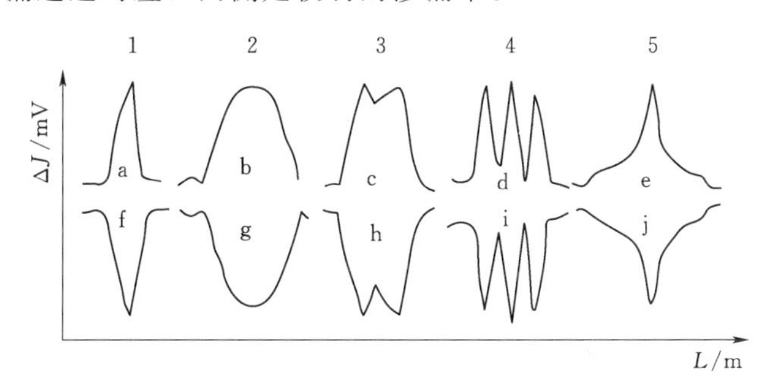

图 2.2.1 集中渗漏在自然电位法的曲线形态

2.2.2.2 高密度电法

高密度电法测试原理是根据被测体的电流和电位差在被测体长度、深度方向上的变化差异，进行特征体的判读和解释。该法在水面上沿桩号线布置测线，采集数据后传入计算机，用与之配套的处理软件进行处理。在计算机上进行处理和滤波后，得到被测体的电性在被测体长度、深度方向上的变化分布图。用于渗漏检测时，利用渗漏通道与基岩或黏土层的电阻率差别，沿坝轴线方向布置电法观测剖面，以探测大坝纵剖面的渗漏通道。

2.2.3　同位素示踪和连通试验

示踪法又称连通试验，示踪剂种类很多，按示踪剂的不同，名称上通常有不同的叫法。采用同位素作为示踪剂又称同位素示踪法，采用食品级颜料、荧光素等作为示踪剂的俗称连通试验。下面对这两种方法的技术原理和典型应用案例进行介绍。

2.2.3.1　同位素示踪法

1. 基本原理

同位素示踪法一般选用碘-131（I131）放射性同位素溶液作示踪剂。其易溶入水，半衰期短，放射性核数较低，对人类和环境影响较小。同位素示踪法主要用于渗漏通道的检测，可检测其流向和流速。

用微量放射性同位素标记滤水管中的水柱，所标记的地下水浓度被流过滤水管的水稀释，稀释速度与地下水渗透流速符合下列关系式[1]：

$$v_f=(r^2-r_0^2)/2\alpha tr\ln(N_0/N) \tag{2.2.1}$$

式中　v_f——渗透流速；

r——滤水管内半径；

r_0——探头半径；

N_0——同位素初始浓度计数率；

N——同位素在 t 时刻浓度的计数率；

α——校正系数。

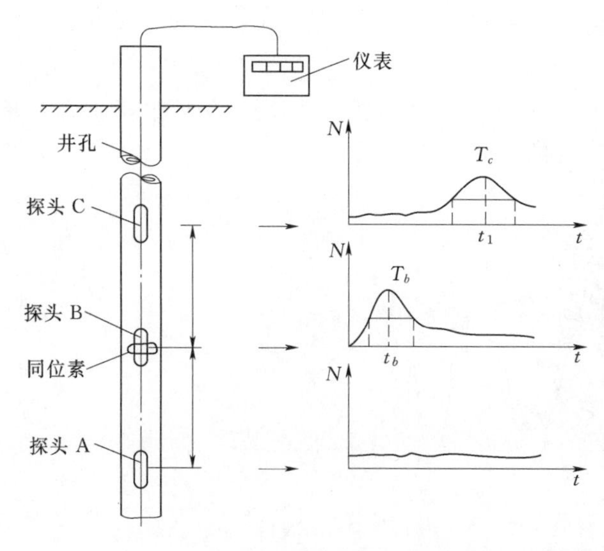

图 2.2.2　垂向流速探头仪检测原理示意图

t—时间；N—计数率；T_b、T_c 表示 B、C 探头的最大计数值

2. 垂向流的同位素示踪测定

钻孔揭露多层含水层后，由于各含水层地下水的补给源不同（地下水的补给源通常为库水、地下水及地表水），各层的静水位又不一样，孔中可能有垂向流产生。一般采用峰峰法测定井中地下水的垂向流（图 2.2.2），即将 A、B、C 三支串联探头放置在井中被测井段，把同位素投放在 B 号探头处，仪表分别记录各探头在不同时刻的计数率变化。假设垂向流向上，可找出两条曲线峰值 T_c、T_b 所对应的时间差 ΔT，已知两探头之间的距离为 L，则垂向流速 v_v 为 $v_v=L/\Delta T$。

天然流场条件下测定垂向流可以查清含水层的吸水量（或涌水量）、主要含水层、渗透层及渗透部位，通过对天然流场垂向流速的测定可直接用动量方程求出每层的静水头。

3. 渗漏带、渗漏点及渗流通道测定

将放射性同位素投放到钻孔中，用示踪仪进行追踪测量，可查出主要渗漏点、渗漏带、渗漏方向。在渗漏严重的部位，流速很快，示踪仪跟踪测量较困难。选用具有吸附特性的同位素如 113mIn、I131（AgI 化合物）等，就能容易地找到渗漏点。

采用同位素示踪法比较准确地找到了重庆马家沟水库沥青混凝土心墙堆石坝渗漏部位、流场分布及重点部位的渗流流速。

2.2.3.2 连通试验

1. 技术原理

连通试验也是最直接的示踪法，通过在钻孔中投入荧光素、食品红或其他对环境无毒害的颜料示踪剂，利用渗漏的水流吸附力将颜料液体吸带入渗漏通道，根据下游示踪剂出露位置和高程查明渗漏通道大致分布，根据下游水体变色时间判定渗漏流速。近年来，水下机器人（ROV）开始应用于水下渗漏检测。通过水下机器人在可能的渗漏入口投入示踪剂，可准确检测渗漏入口，更容易分析判断渗漏通道的分布与走向。

2. 典型工程应用

大库斯台水库位于新疆温泉县，为沥青混凝土心墙堆石坝，最大坝高 36.8m，坝项长 430m。2012 年 10 月 3 日水库下闸蓄水，10 月 5 日下午发现坝后导流洞左侧靠山体部位、坝后右坝脚有渗水现象，6 日发现渗水部位增多，导流洞右侧（河床段）0＋83～0＋146 段高程在 1267.00～1267.40m 之间（坝坡脚）有渗水现象出现，坝后排水沟内渗水汇合后，经估算其流量约 50L/s 左右。

2012 年 11 月 8 日水库再次进行蓄水，到 11 月 18 日库水位蓄至高程 1285.00m，坝后渗水量随水位的增高而显著增大，坝后渗水汇合后其可见渗水量约为 110L/s，渗水量大的地方主要集中在河床与左右坝肩坡脚。坝后坡面浸湿面也随坝前水位的增高而升高，蓄水至高程 1285.00m 后，坝后坡面浸湿面最高点高程为 1276.00m，渗漏量呈快速发展态势。

渗漏的快速发展危及大坝安全运行，2013 年 3 月，采用连通性示踪试验对大坝渗漏进行检测。选择渗漏流速最大的 S2－1 孔进行连通试验，在钻孔内投入 10kg 食品红混合液体，投放示踪剂时的情况如图 2.2.3 所示；90min 后开始在坝脚高程 1263.00m 处出现 3 处示踪红，如图 2.2.4 所示。孔内水流实际流速达到 40m/h，说明在库水位较低时，坝内渗透流速也较大，坝体存在透水性强的渗漏通道[2]。

图 2.2.3　S2－1 孔投放示踪剂

图 2.2.4　坝坡下游示踪剂流出

2.2.4　水下摄像检测技术

2.2.4.1　水下摄像查漏方法

通过水下摄像（俗称水下电视）可直接观察水下渗流和建筑物的破损情况，是渗漏检测最直接的方法。

水下摄像与其他应用电视系统的差别在于工作环境的特殊性，水下目标被氛围光（阳光、天光等）和辅助灯照明，从物体传到摄像机的反射光受到水的选择性吸收和散射。氛围照明和人工照明同样被水中的微粒散射，同时此散射的一部分重叠在被摄物的影像上，成像光束经过密封光学壳窗时受到折射，偏折的大小取决于光线的方向与波长。被摄物体的影像在达到摄像机时，由于壳窗产生的像差和畸变以及水路径的吸收和散射效应，可能严重畸变，采用水下专用成像物镜可以补偿某些影像的畸变。最后目标影像成在光电成像器件的靶面上，完成目标图像的快速捕捉，再经信号处理后输出到观察记录设备。

目前，水下检测的电视系统种类繁多。按照显示色彩，可分为黑白和彩色电视；按摄像器件（摄像机或探头），可分为硅增强靶型（SIT）、电荷耦合型（CCD）和硅二极管型（SAD）；按对光的敏感性，又可分为普通、微光、超微光电视。此外还有：水下激光电视、水下测量电视，以及水下数字摄像机、高分辨率摄像机、静物摄像机等。

堆石坝渗漏检测中用得较多的是水下普通电视和水下测量电视，本节重点介绍。

1. 水下普通电视

水下普通电视一般是指潜水员使用的水下电视，使用较为普遍，为手提式和头盔式两类，由水下摄像机、传输电缆、控制器和监视器等组成。水下摄像机置于耐压、防水、抗腐蚀的金属壳内，由潜水员携带或安装在深潜器或拖体内。通常使用高灵敏度的摄像管，光灵敏度可达 100Lux（靶面照度），工作深度可达 6000m。控制器和监视器通常设在运载平台（如救生船）上，通过脐带电缆向水下摄像头提供照明和摄像机电源，并接受来自水下摄像机的信号。通过开关切换，控制箱的内置显示器可显示水下摄像头的视频信号，也可显示来自录像设备的视频信号。控制箱上还备有视频输出接口，可供录像或外接显示器用。

水下普通电视根据使用需要，还配有其他附属设备，如录像机、水下照明灯具、潜水员携带摄像机时使用的水下通信工具，固定摄像机的稳定、旋转装置等。库水对可见光吸收和散射作用很强，能量衰减迅速，可视距离有限，水深大于 20m 时，一般均须用人工照明，在透明度较高的水中，可视距离为 30m 左右。正在发展中的水下激光电视，其可视距离比一般可见光大 4 倍左右。

2. 水下测量电视

水下测量电视是国内为满足水下工程检测需要而开发的一种将微机技术与电视技术相结合的新型水下电视。这种基于电视图像的非接触式水下测量系统，不同于其他常规的水下闭路电视。它设计有以微机控制为核心的数据处理和字符、图像叠加器，具有独特的深度、宽度测量显示功能，能将测量用的电子标尺、目标尺寸、水深（标高）、检测位置代码，以及作业日期等图形数据叠加在电视图像上，与目标图像同时显示。在观察水下目标图像的同时，定量地测量出水下目标物的尺寸，是一种能够同时进行定量测量和实时观测

的水下检测设备。表 2.2.1 为 SCOM－IV 型多功能水下测量电视系统的主要技术参数。图 2.2.5 为采用水下测量电视摄录的某水电站大坝坝体水下错台的检测情况。

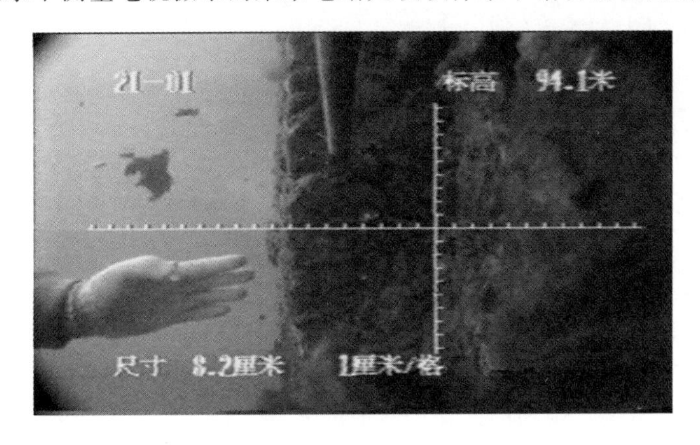

图 2.2.5 水下测量电视摄录的某水电站 20/21 坝段高程 94.10m 的错台情况

表 2.2.1 SCOM－IV 型多功能水下测量电视系统主要技术参数

项目	指　标	项目	指　标
一、水下摄像头		三、深度显示	
水平分辨率	420 电视线	精度	<0.5%（满量程 60m）
无照明工作照度	2.0Lux（彩色）	显示方式	数字图像叠加
镜头	F1.4 f2.8mm（彩色）	四、目标尺寸测量	
视角	83°(V)×94°(H)×108°(D)	标尺分辨率	0.5%
光圈	自动	显示方式	数字图像叠加
二、水下照明灯		作业水深	100m
最大功率	50W	工作电压	220VAC / 50Hz
电压	24V	外形及重量	摄像头 240mm×200mm×100mm，2.5kg
光源	石英卤素灯		控制箱 510mm×330mm×510mm，18.0kg
调压范围	40%～100%		电缆盘 ϕ340mm×170mm，14.0kg

2.2.4.2 水下摄像在株树桥面板堆石坝渗漏检测中的应用

1. 工程概况

株树桥面板堆石坝位于湖南省浏阳市浏阳河南源小溪河下游，大坝为混凝土面板堆石坝，最大坝高 78m，总库容 2.78 亿 m^3。工程于 1990 年 11 月下闸蓄水，1991 年 7 月第 1 台机组发电。水库蓄水运行以来，大坝出现漏水现象。在正常蓄水位时测得渗漏量为：1994 年 970L/s，1997 年 1600L/s，1998 年 2500L/s，呈逐年增加趋势。据测定 1999 年已超过 2500L/s，严重威胁大坝运行安全。

为了查清大坝渗漏原因及漏水部位，曾于 1996 年开始对大坝进行检查处理。先后采用潜水勘查、水下录像、自然电场法、集中电流场法、BBADCP 测渗流场、钻孔检测等方法进行检测。检测结果均认为：大坝渗漏主要通道位于覆盖层下部的周边缝和跨越趾板基础的断层；其上部的面板等结构未出现明显破坏，不存在渗漏通道。据此采用铺盖黏土、帷幕灌浆、铺盖土工布、抛投麻袋铺盖等防渗堵漏措施。但终因水库渗漏的真正原因及渗漏部位没有找到，未能达到防渗堵漏的目的。

为了准确探明水库渗漏情况，确定渗漏点具体位置，为水库渗漏处理设计施工方案提供依据，1999 年对大坝渗漏再次进行检测，检测分普查、详查、施工监视等 3 个阶段进行。普查工作的目的是调查原铺盖状况，确定渗漏的范围。详查是在普查工作的基础上，对渗漏源的状况进一步确认，确定具体位置，进行渗漏水流速测定。

2. 检测方案

采用 SD 型水下电视摄像系统对大坝渗漏进行检测。根据过去的物探检测资料，圈定出一个大致的工作范围，布置测网，采用水下电视按剖面进行连续观察，剖面控制采用基线网。基线布置在顺河方向上，右基线一端在大坝防浪墙根下侧，L14 面板（桩号 0＋121、横 0＋140）的上端，中间固定在进水塔的立柱上，另一端在上游方向右边坡上；左基线一端固定在溢洪道导墙上，另一端在大坝对面山脊的库边上。用专门的绳子拉直作基线，在基线上拉钢丝绳以固定剖面线；观测剖面线按基线上的标志移动，用以测量坐标定位。剖面线布置好之后，从船上将水下电视放入水下，船沿剖面线缓慢前进，同时监视库底底面的覆盖情况。

3. SD 系列水下电视性能参数

检测深度：100m

摄像元件：CCD 图像传感器

像素：510 感器视性（NTSC）

清晰度：420 线

光圈：自动

光源：外接

4. 检测成果

到 1999 年 12 月 27 日检测工作得到初步成果，到 2000 年 1 月 8 日，发现上游面板多处折断，下部塌陷形成孔洞，防渗体系已发生严重破坏，必须尽快放空水库进行加固处理。水下电视检测工作的成果照片如图 2.2.6 和图 2.2.7 所示。

图 2.2.6　水下彩色电视探测图

图 2.2.7　水下拍摄面板上的急流孔洞

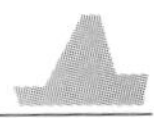

水库放空之后，水下电视的检测成果得到了证实，多块面板严重破损、塌陷，已失去防渗功能。株树桥面板堆石坝多年来采用多种方法都未能解决的渗漏查找问题，后来应用水下彩色电视，查明主要是面板破损及面板坍塌形成的集中渗漏，并确定了面板破损和渗漏的具体位置，为设计堵漏施工方案提供了依据。

2.2.5 流场法

流场法是通过分析“伪随机”电流场与渗漏水流场之间物理量上的内在联系，通过测定特定区域异常水流的电流场时空分布形态，间接测定渗漏水流场。

1. 基本原理

江、河中的正常水流大体是沿着河床的方向。除了山泉等的补给和侧向渗流等之外，水库中的水总体上是静止的。湖水运动较为复杂，它与江、河的交流，各种原因的水的补给和流失等均可引起水的运动。温度的差异也可引起水的对流。然而，在局部范围内水的流动是相对简单的。水流速度在空间上的分布，可以视为流场。在一般情况下，即没有渗漏情况下，流场为正常场：

$$v=v_n(x,y,z,t) \tag{2.2.2}$$

大坝一旦出现管涌、渗漏，就出现了两方面的异常情况：在正常流场基础上，出现了由于渗漏造成的异常流场，此异常流场的重要特征是水流速度的矢量场指向渗漏入口。因此，如果测量到了此异常矢量场的三维分布就可以找到渗漏入口。然而，由于正常流场的存在，并且正常流场常常大于异常流场，因此关键的问题是如何快速、准确地分辨出异常流场来。

（1）由于渗漏的出现，必然存在从迎水面向背水面的渗漏通道。在出现管涌的情况下，通道更为明显，此通道既是客观存在的，也是探测渗漏管涌入水口可以利用的物理实体。

（2）在实际工作中，流场法就是基于以上物理事实，人工强化异常流场，而且将探测器材深入水中，使之尽可能靠近入水口。这样，探测精度、灵敏度和抗干扰性能均可达到很高水平，不论是微渗漏还是集中管涌均可准确探测。用船载连续扫描或观测，扫描速度可达 1m/s，特别适合快速查险的需要。

基于以上原理，在坝体背水面和迎水面的水中同时发送一种人工信号——特殊波电流场，去拟合并强化异常水流场的分布，通过测量电流场分布密度就可以直接或间接测定渗漏水流场，从而寻找渗漏管涌入水口。

根据贝努利定律，可描述出现渗漏通道条件下的水流场分布：

$$v(x,y,z,t)=v_n(x,y,z,t)+v_a(x,y,z,t) \tag{2.2.3}$$

式中：$v_n(x, y, z, t)$ 为河流中河水正常流动时水流速度的正常分布；$v_a(x, y, z, t)$ 为由于渗漏管涌所造成的异常水流场矢量，若无渗漏引起水的流动，则 $v_a(x, y, z, t)=0$。

通过分析特殊波电流场与渗漏水流场之间在数学形式上的内在联系，建立电流场和异常水流场时空分布形态之间的拟合关系，通过测定电流场就可间接测定渗漏水流场。经过理论分析和大量物理模型试验，优选电流信号波形，使之与渗漏水流场分布关系更加简单，测定更方便，并具有较高的分辨率和较强的抗干扰能力。

2. 流场法检测仪器

DB－3A 型渗漏检测系统是根据流场法研制的检测设备，由信号发送机、接收机和传感器等三部分组成，检测系统工作示意图如图 2.2.8 所示。仪器特点如下：

（1）检测原理是利用正常流场与异常流场的微弱差异，人工发送特殊的伪随机电磁场以强化异常流场，并采用微分连续扫描检测异常流场。

（2）采用微分测量，分辨率高；应用伪随机电磁场，抗干扰能力强；高精度传感器渗漏入水点探测定位精度高，精度可达 1m；连续扫描观测，探测速度极快，相对探测深度大；用音乐监听或图像显示等方式查找渗漏部位，操作简单。

（3）探头在水中移动的速度可达 3.6km/h；可实时判断渗漏进水口，单点测量时间约 60s。

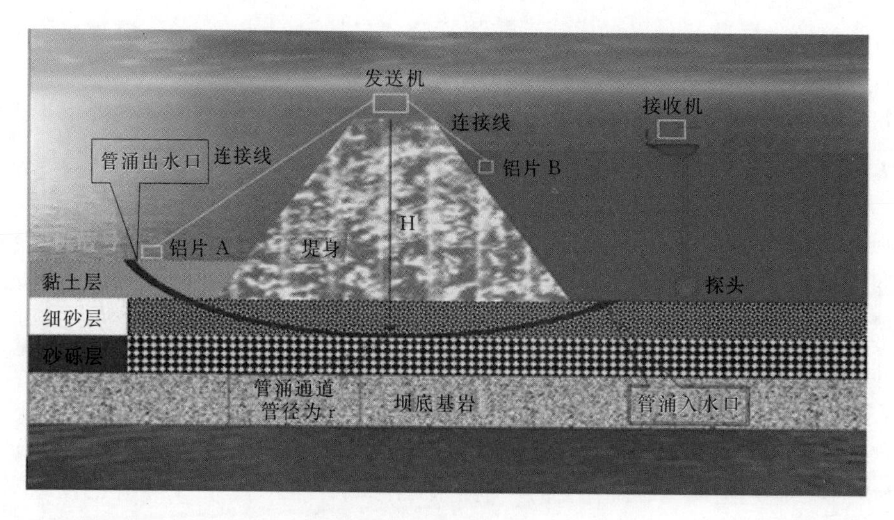

图 2.2.8　大坝管涌渗漏检测系统工作示意图

2.2.6　水下喷墨摄像检测技术

1. 方法技术

水下喷墨摄像检测是水下喷墨与水下高清摄像结合的综合检测方法，主要用于对渗漏入口的普查和直观确认。水下喷墨装置及效果如图 2.2.9。

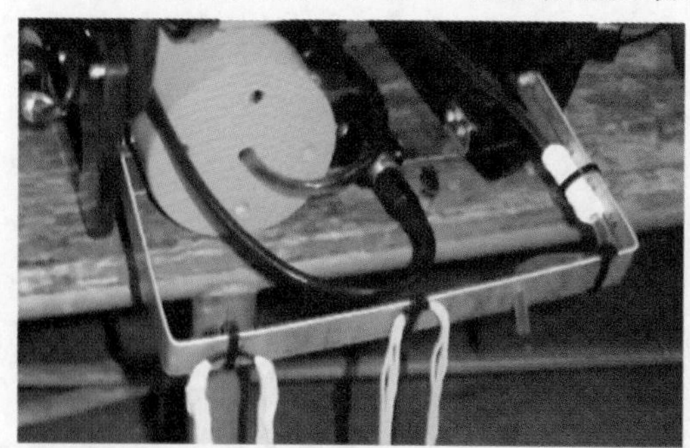

图 2.2.9　水下喷墨装置及现场喷墨图

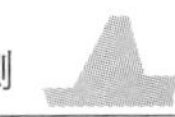

实施水下喷墨摄像检测时，可采用人工潜水或水下机器人（ROV）携带特制的水下喷墨装置，在可能渗漏通道入口处释放带色颜料（食品级），同时利用高清摄像实时记录颜料在渗流作用下被带入通道的影像，直观判断渗漏通道入口。同时水下喷墨高清摄像还可用于渗漏区域中渗漏点的普查，通过多次喷墨确定渗漏点数量和渗漏大小。

自主研发的水下喷墨器，搭载在水下机器人底部，检测深度可达200m，每次下水可携带1L颜料，喷射次数可达100次，配合水下机器人自带的高清摄像可实现对坝面或库底渗漏点的普查和确认。

2. 工程应用实例

沙湾水电站位于四川省乐山市沙湾区葫芦镇，为大渡河干流下游梯级开发中的第一级，距上游已建的铜街子水电站11.5km，距乐山市区约44.5km，下游梯级为规划的安谷水电站。枢纽工程竣工并投入运行后，在冲砂闸及泄洪闸下游消力池局部发现部分渗漏点，渗漏部位以喷泉形式喷涌。为查清坝体上游水工建筑物结构是否存在渗漏点，采用自主研发的水下喷墨器对沙湾水电站1～6号冲砂闸、7～10号泄洪闸坝前铺盖及相应坝段竖向结构缝进行水下喷墨摄像检查。包括孔坝前铺盖及迎水面、1号冲砂闸与右侧导墙之间、2号和3号冲砂闸之间、4号和5号冲砂闸之间、5号冲砂闸与左侧导墙之间、6号冲砂闸与右侧导墙之间竖向结构缝、6号冲砂闸与7号泄洪闸之间闸墩中缝、8号与9号泄洪闸之间闸墩中缝、10号泄洪闸与闸门井之间闸墩中缝等部位。喷墨摄像照片如图2.2.10所示。

通过水下喷墨摄像检查，检测到3条闸墩中缝及2条坝前铺盖结构缝存在渗漏现象，发现1～2号冲砂闸坝前铺盖与原河床交接部位存在明显错台（图2.2.11～图2.2.12）。

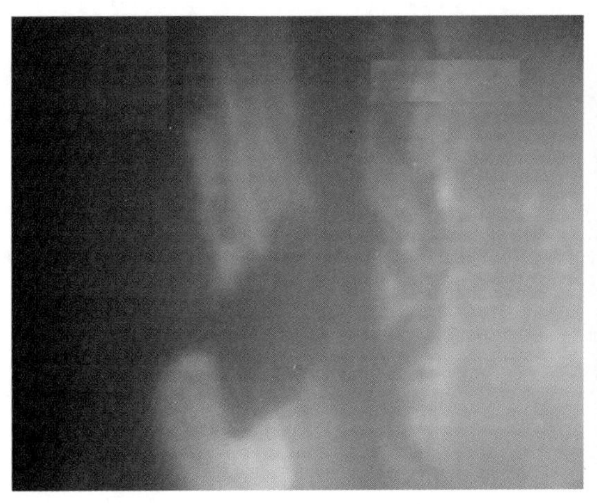
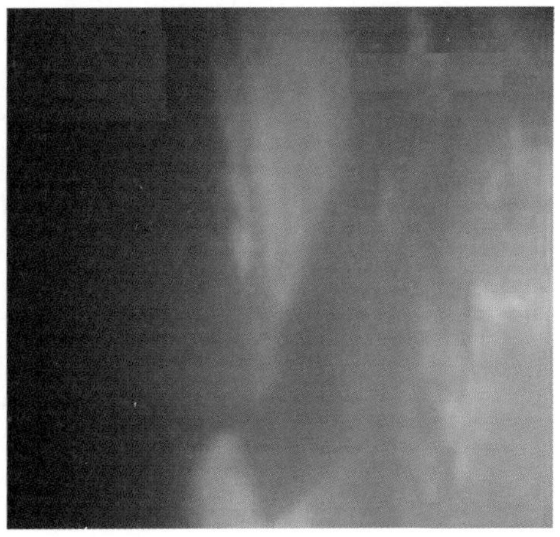

图2.2.10　4号与5号冲砂闸之间闸墩中缝喷墨

2.2.7　声呐探测技术

声呐探测技术能直接获得天然流场下地下水的流速矢量场，通过加密测点可提供渗漏分区和优势渗流流速方向，为渗漏检测提供了一种便捷、高效、准确、对结构无损伤的检测手段。

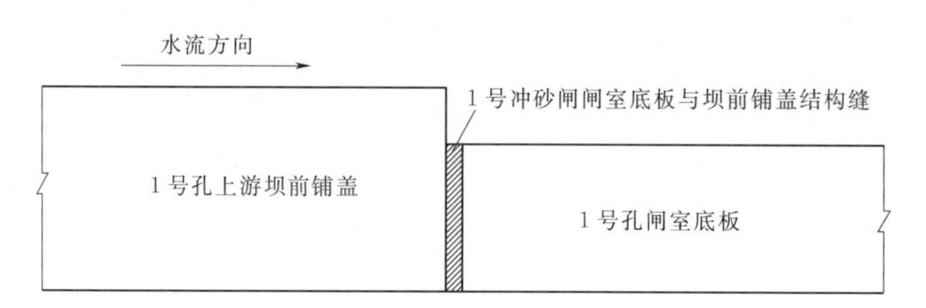

图 2.2.11　1 号冲砂闸闸室底板与上游坝前铺盖错动示意图

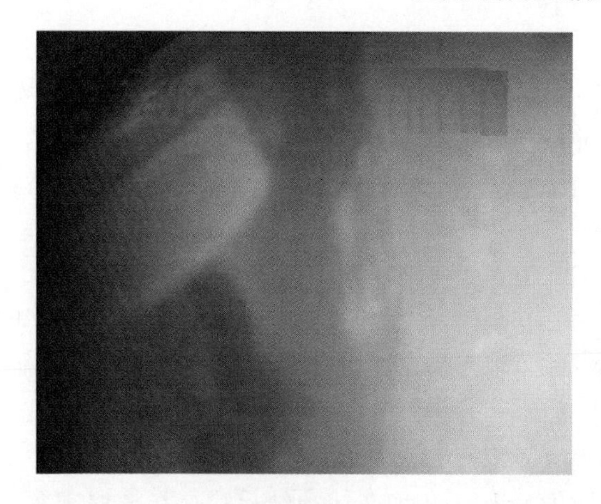

图 2.2.12　1 号冲砂闸闸室底板与上游坝前铺盖分缝喷墨

2.2.7.1　工作原理

声呐渗流探测技术是利用声波在水中的优异传导特性，利用多普勒原理实现对水流渗漏场的检测，如图 2.2.13 所示。如果被测水域的水体存在渗漏，则会在测区产生渗漏流场，声呐探测器能够精细地检测出声波在流体中传播的大小，顺水流方向声波传播速度会增大，逆水流方向则减小，同一传播距离就有不同的传播时间。利用传播速度之差与被测流体流速之间的关系，可建立连续渗流场的水流质点流速方程如公式（2.2.4）[3]。图 2.2.14 为声呐渗流探测原理示意。

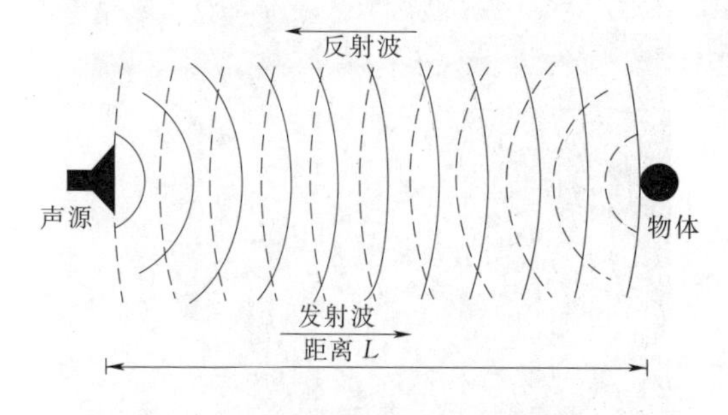

图 2.2.13　声波传播示意图

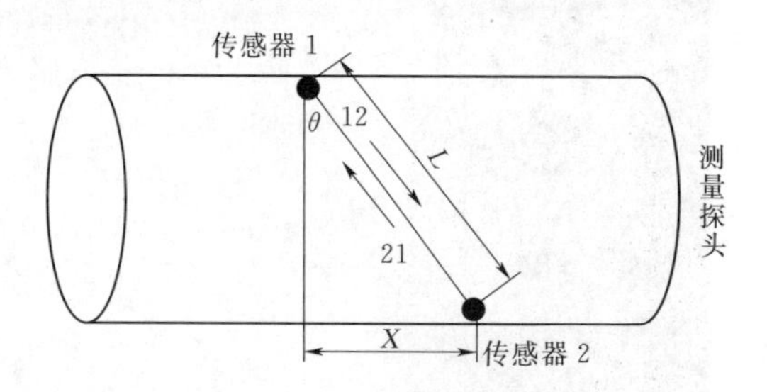

图 2.2.14　声呐渗流探测原理图

$$U=-L^2/2X(1/T_{12}-1/T_{21}) \tag{2.2.4}$$

$$X=L\sin\theta$$

式中　L——声波在传感器之间传播路径的长度，m；

X——传播路径的轴向分量，m；

θ——传播路径与竖直向的夹角，(°)；

T_{12}、T_{21}——从传感器 1 到传感器 2 和从传感器 2 到传感器 1 的传播时间，s；

U——流体通过传感器 1、2 之间声道上平均流速，m/s。

通过大量的室内外实验测试以及工程验证，能定量检测出水下建筑物和库底的渗漏入

水口流速，尤其适合快速探测水下集中渗漏通道，测量精度可达 1m/d，检测深度可达 300m。

2.2.7.2 仪器设备

声呐渗流检测采用的主要仪器为“三维流速矢量声呐测量仪”，由测量探头、电缆和计算机等三部分组成，如图 2.2.15 所示。

图 2.2.15 三维流速矢量声呐测量仪

仪器测量前，通过室内标准渗流试验井，进行渗流参数标记，才能进行现场渗流测量。野外试验测量前，要对测量仪器通电预热 3min，即可把测量探头放入到水面以下测量其隔水底板的渗漏流场分布数据。如果是水文地质孔，则把测量探头放入测量井孔内进行测量，测量的顺序是自上而下，从地下水位以下开始测量，测量点的密度为 1m，1 个测点上的测量时间是 1min，测量完成后数据自动保存，再进行下一个点的测量，直到测量至孔底。

2.2.7.3 声呐探测霍林河水库沥青混凝土心墙坝渗漏

1. 工程概况

霍林河水库位于内蒙古霍林河的上游，距离霍林郭勒市 26km，集水面积 342km^2，多年平均年径流量 1902 万 m^3。大坝坝型为沥青混凝土心墙坝，坝顶长 1230m，最大坝高 26.1 m，总库容 4999 万 m^3，是一座以电力工业供水为主，兼顾城市防洪、旅游及水产养殖为一体的中型水库。水库主体工程于 2005 年 4 月 19 日正式开工，2008 年 10 月工程完工并移交运行。水库自蓄水以来，最高蓄水位仅 943m，距正常蓄水位还有约 8m，其渗水量已达 500 万 m^3/a，为 2009 年水库年供水量 182.4 万 m^3 的近 3 倍，加之在目前水库低水位运行的情况下，坝脚已出现了局部的渗漏塌陷现象，左坝肩也有绕坝渗流。

利用单井水下声呐探测法对霍林河水库沥青混凝土心墙坝的渗漏疑似区域进行现场渗漏检测，通过“三维流速矢量声呐测量仪”获得了坝前 34 个地质钻孔和水库迎水面的 6 个断面的渗漏水流声场分布，再经过解析渗漏场流速数学模型，较为准确地获得了水库大坝沥青混凝土心墙的渗漏隐患部位，为制定渗漏处理工程措施提供了重要依据。

2. 现场检测情况

2008 年曾在大坝防浪墙前距离防渗墙的上游侧 1.5m 处布置了 45 个地质钻孔，孔距 30～50m，起始桩号 0－030～0＋1290，孔径 76mm，钻孔一般深入基岩 15～20m。现场检测直接利用其中的 34 个孔钻孔进行水文地质参数测量，各孔水位分布曲线如图 2.2.16 所示。

现场检测工作从 2011 年 5 月 27 日开始至 2011 年 6 月 9 日止，主要内容为：①大坝防浪墙前的 38 个地质测孔，平行于大坝轴线，桩号 0～1＋230，测量总深度 1881m，测量密度 1m，测量结点数 1881 个；②垂直于大坝轴线从水面线开始到坝脚线止，0～1＋000，在 35000m^2 的水域面积中，有重点的布置了 6 个测量断面，测点间排距 5m；③另

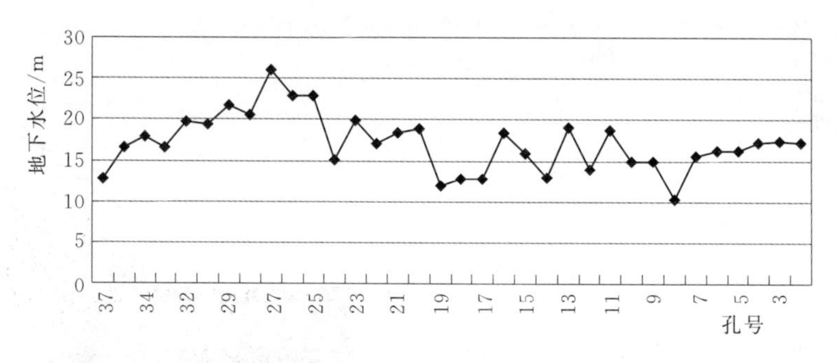

图 2.2.16　测孔水位关系曲线

在大坝的 10 个测斜孔和溢洪道中的防渗墙体渗漏处进行了测量。

3. 检测结果

（1）坝顶平行于坝轴线断面的勘探孔渗透流速检测。测量时的上游库水位 943.56m，下游坝脚水位 930.06 m，上下游水位差 13.50m。因为坝下没有设置量水设施，缺少测量时大坝的渗漏水量观量资料。34 个测孔利用“三维流速矢量声呐测量仪”测量各孔的平均渗透流速、渗漏量数值分布曲线如表 2.2.2、图 2.2.17 和图 2.2.18 所示。

表 2.2.2　　大坝纵剖面渗漏量分区统计表

名称	桩号	平均渗透流速 /(m/d)	渗漏量 /(m^3/d)	渗漏量比例 /%	备注
中间渗流区	0+301～0+520	0.783	6571	74.6	重要渗流区
左岸渗流区	0+000～0+300	0.39	1038	11.80	次要渗流区
右岸渗流区	0+501～1+222	0.126	1197	13.6	一般渗流区
总计	1222		8806		

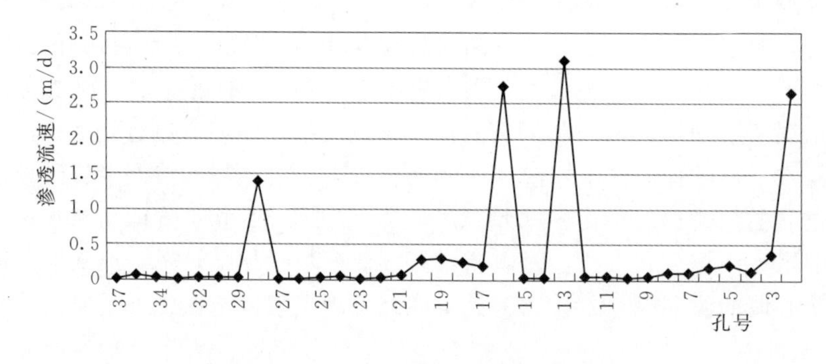

图 2.2.17　各孔平均渗透流速分布曲线

表 2.2.2 和图 2.2.17 结果显示表明：①渗漏量较大的测孔主要集中在 1 号、13 号、16 号，其次是在 3 号、18 号、19 号、20 号和 28 号孔，这 8 孔总漏水量 7631m^3/d，约占总漏水量的 86%；②集中渗漏区分布在 0+300～0+520 桩号的 220m 之间，其渗漏量占全部渗漏水量 74.6%；③位于左坝肩的 1 号孔有明显的绕坝渗流发生，在 7m 深的井孔中就有 372 m^3/d 的渗水量，占左坝总渗水量的 36%；④右岸坝段的渗漏量相对较小，但 28 号出现了 863 m^3/d 渗漏量，占右岸坝段总渗漏量的 72%。

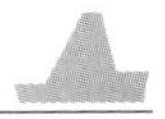

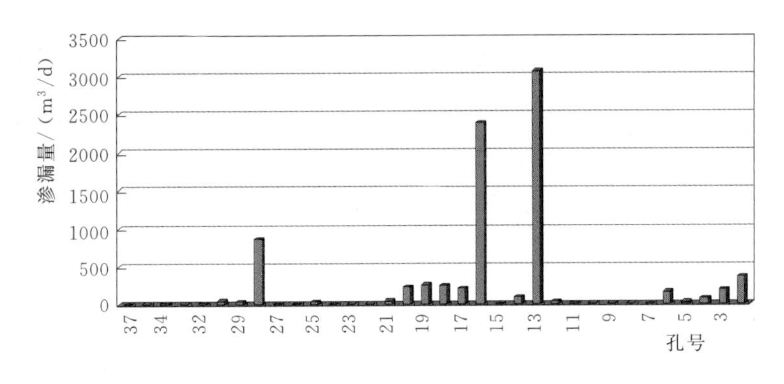

图 2.2.18 单孔渗漏量柱状图

（2）大坝迎水面护坡的渗漏检测。根据坝前测孔渗漏量的大小，有代表性地选择了 6 个断面，即对应 6 号、10 号、13 号、16 号、19 号和 29 号孔位。现场测量时，将船体的一端用绳索固定在对应的孔口上，另一端用船锚将船体固定在一条直线上，测量船在标有标记的绳索上依次测量。各测点的流速测量值见表 2.2.3。

表 2.2.3 **迎水面声呐检测流速统计表** 单位：m/d

检测流速 孔号（桩号） 测点距坝前距离/m	29 (0+798)	19 (0+510)	16 (0+420)	13 (0+334)	10 (0+246)	6 (0+192)
5	0.040	0.101	0.083	0.139	0.088	0.197
10	0.300	0.149	0.098	0.693	0.120	0.244
15	0.290	0.310	0.117	0.175	0.176	0.154
20	0.053	0.391	0.253	0.567	1.046	0.141
25	0.038	0.401	0.624	0.403	0.118	0.229
30	0.053	0.484	1.323	0.328	0.045	0.199
35	0.068	0.381	0.095	0.095	0.103	0.169
平均流速	0.120	0.316	0.370	0.343	0.242	0.190
渗流量/(m^3/d)	11088					

测量结果显示，中间坝段 0+300～0+520 桩号之间的平均渗透流速 0.343m/d，左岸坝段为 0.216m/d，右岸坝段为 0.12m/d，与勘探孔检测结果一致。估算迎水面的总渗漏水量为 11088m^3/d。在迎水面的检测中没有发现明显的集中渗漏通道[4]。

2.2.8 钻孔孔内摄像检测

孔内摄像又称孔内电视，是通过钻孔电视内置的彩色摄像头观察钻孔内地下水流态，以判断渗漏部位分布的重要手段。当钻孔钻至地下水位后，采用孔内彩色电视对地下水的渗流状态观察，当发现渗透部位时，进行录像摄制，配合其他检测方法进行综合分析。孔内摄像可观察孔内水流状态，获得直观的渗漏信息。还可通过观察沉淀物或有色物质的运动状态，估算地下水的渗流速度。

JD－1 型钻孔全孔壁数字电视是一种能直观地观察钻孔孔壁图像的检测设备。通过锥形反光镜摄取孔壁四周图像，利用计算机控制图像采集和图像处理系统，自动采集图像，并进行展开、拼接处理，实现钻孔全孔壁柱状剖面连续图像实时显示，连续采集记录（硬盘）全孔壁图像。采用计算机控制采集图像，改模拟图像记录为数字图像记录，图像记录在硬盘上或刻录在光盘上。无遗漏地获取全孔壁图像信息，具有直观性、完整性、真实性及高清晰度等优点，还可以准确地划分岩性，查明地质构造，确定软弱夹层，进行钻孔水文地质调查等。

JD－1 型钻孔全孔壁数字电视系统由井下摄像探头、传输电缆、深度传感器、控制器、计算机图像处理系统、井口滑轮、绞车、脚架等硬件及钻孔孔壁图像采集、编辑与解释软件系统等组成。计算机图像处理系统对已存入的图像信息可进行编辑解释处理，利用刻录机把钻孔图像信息刻录在光盘上保存，打印机将图像打印成图。孔壁图像计算机采集、展开原理如图 2.2.19 所示。

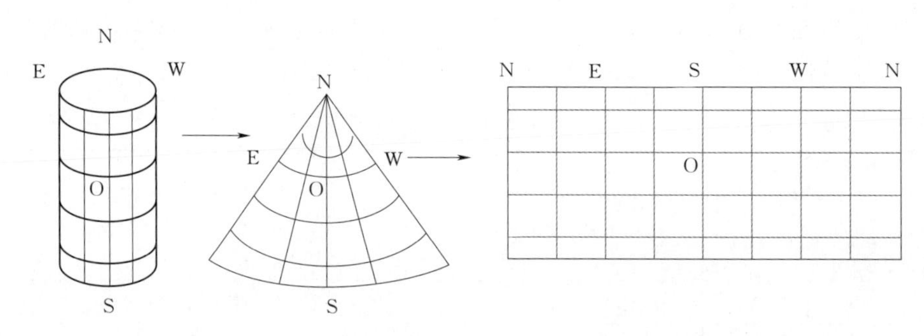

图 2.2.19　孔壁图像计算机采集、展开原理示意图

2.2.9　声像综合查漏技术及应用

2.2.9.1　概述

堆石坝渗漏具有渗漏点分散，渗漏流速低，渗漏型式各异等特点，而且水下坝前常有淤积、黏土等材料覆盖，渗漏检测常在深水条件下进行，渗漏检测难度极大。渗漏检测采用某种单一的检测方法往往效果不理想，不能达到准确查找到渗漏原因和部位的目标。随着检测技术的发展，检测方法和手段也呈现出多种多样、百花齐放的态势，有些检测方法的检测结论可起到互相印证的作用，也有些检测结论相互矛盾，这就需要根据工程的实际情况，尽可能多采用几种有效手段和方法去进行多方面的综合检测和分析判断。比如 1997 年湖南株树桥面板堆石坝渗漏量达 1600L/s，先后采用流场法、水下电视进行检查，最终由水下电视确定为面板破损，放空后得到验证；湖南白云水电站大坝蓄水发电后的最初 10 年时间里，渗漏观测值在正常值范围内，2008 年 5 月后渗漏量开始加大、2010 年 10 月达到 800L/s，且与库水位及季节温度变化关系不明显，先后采用流场法、声呐检测、水下摄像反示踪法进行检测，最终由声呐、水下摄像连通试验结合确定为面板破损，放空后得到验证。

结合湖南白云水电站面板堆石坝渗漏检测情况，集成开发了声像综合查漏技术。该技术根据堆石坝渗漏特点，集成声波法、水下高清摄像、示踪法等多种水下检测技术，形成

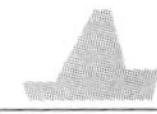

了由广域普查到精确定位查找渗漏源的综合技术。该技术先采用高精度阵列声呐确定渗漏声源方向，定位流速异常范围；然后采用水下高清摄像精确定位入渗点，再用导管示踪法验证渗漏源。采用声像综合查漏技术可准确地确定渗漏源和渗漏部位，广东某水库沥青混凝土心墙堆石坝渗漏检测也采用了多种综合技术，取得了良好效果。

2.2.9.2 白云面板堆石坝深水声像综合查漏

1. 工程概况

白云水电站位于湖南省沅水支流的巫水上游，大坝为混凝土面板堆石坝，水库总库容3.6亿m^3，电站装机3×18MW，是一座多年调节水库。水库于1998年12月开始蓄水，到2008年5月渗水量增至104L/s，之后逐渐增大，且呈快速发展趋势，至2010年10月，渗漏水量已达800L/s，已影响大坝运行和威胁下游5km处的城步县城安全。

混凝土面板堆石坝坝顶高程550.00m，趾板底部高程430.00m，最大坝高120m，坝顶上游侧设6.2m高的防浪墙，墙顶高程551.20m。坝址岸陡谷窄，面板用垂直缝分为21块板条，河床部位7块，垂直缝间距12m，采用平接硬缝，缝间在底部设一道铜片止水，顶缝口设SR填料，并用PVC片保护。靠近岸坡两岸各7块，垂直缝间距7m，采用张性接缝，缝间止水同上。靠左右陡岸面板底部，其面板左右角高低悬殊，为利于沉降变形，在高差大的部位又分两小块，垂直缝间距3.5m，小块顶部则用横缝与上部面板相连。

周边缝与面板接缝间采用三道止水，底部设一道铜片止水，中间设PVC止水片，顶缝口用SR填料，并用PVC片保护。大坝第一期面板在空库情况下虽经历冬夏季节温差交替变化，但未发现面板有裂缝现象，仅在河床底部的面板因温差伸缩，趾板头部表面混凝土局部出现挤破现象，当时已及时修复处理完毕。

2. 大坝渗漏情况

白云水电站工程于1992年开工，1997年底第一台机组发电。在下闸蓄水发电后的10年时间里，渗漏观测值在正常值范围内。2008年5月后渗漏量开始加大，达到104L/s，8月达到200L/s，9月达到300L/s；2009年2月达到400L/s，8月达到500L/s，10月达到512L/s；2010年10月已达到800L/s。从2008年5月至2010年10月的两年多时间内，渗漏量呈快速发展态势，且与库水位变化及季节温度变化关系不明显。大坝渗漏量随库水位上升增大，库水位下降渗漏量不减，初步判断大坝中下部面板或趾板发生破坏的可能性较大。具体渗漏情况如图2.2.20～图2.2.22所示。

图2.2.20 白云水电站大坝漏水情况

3. 渗漏声像综合检测方法与措施

（1）大坝面板高程475.00m～498.00m间的渗漏检测。检测时水库上游水位降低至高程498.00m左右，检测部位位于坝体中部，由于潜水员水下检查较为直观，对高程475.00m～498.00m范围内的大坝面板、周边缝、趾板，采取潜水员潜水检查，采用水下摄像及喷墨示踪检查等方法综合检测。

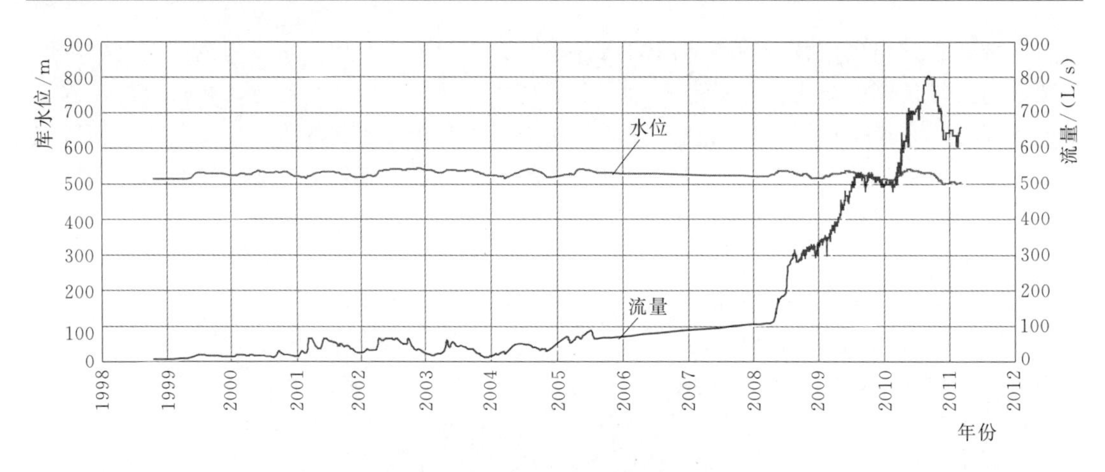

图 2.2.21　大坝渗漏量变化过程线

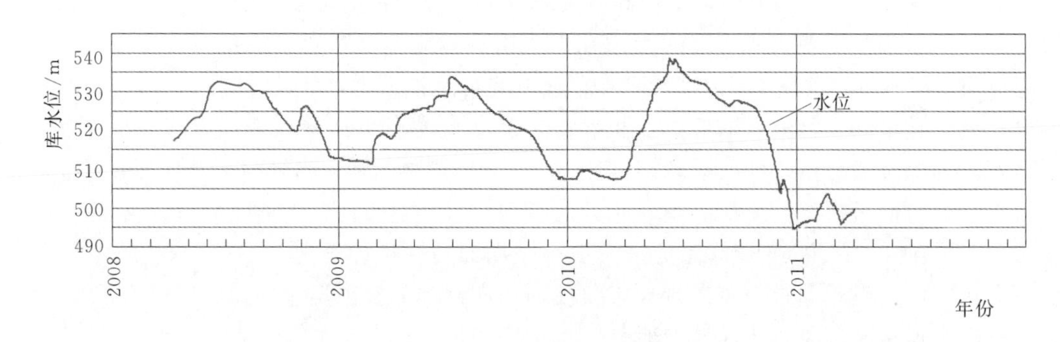

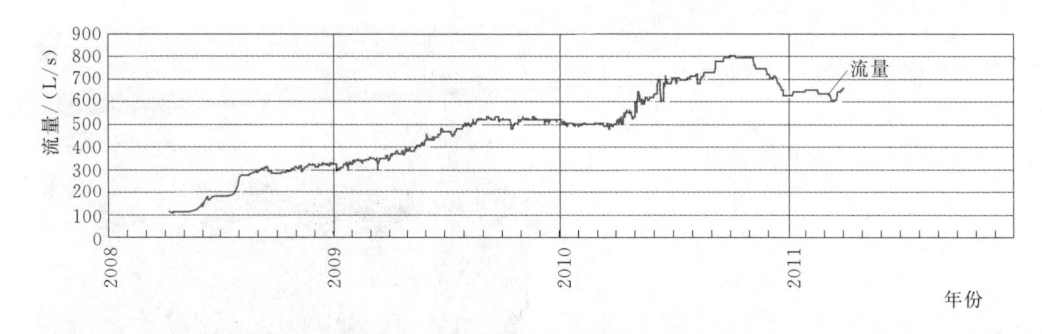

图 2.2.22　水库运行水位与大坝渗漏量变化对比过程线

(2) 大坝面板高程 430.00m～475.00m 渗漏检测。高程 430.00m～475.00m 范围大坝面板及趾板上覆盖 5～10m 厚辅助防渗铺盖，表面分布有厚薄不均的浮泥，稍有扰动即造成水体浑浊，无法采用潜水员潜水检查，只能采用其他水下检测方法进行检测。首先采用“三维流速矢量声呐测量仪”检测辅助防渗铺盖表面渗漏流速场，随后对渗流速较大部位，采用水下示踪高清摄像进行重点核测，最后对几处渗漏量大的部位，采用水下导管示踪渗漏检测进行进一步验证。

4. 深水声像综合查漏技术运用

(1) 水下声呐渗漏检测。水面检测定位：水下声呐渗漏检测是在水面采用钢制机动船进行定点检测，检测时准确定位是关键。由于在水面检测，定位难度很大，首先在 L11

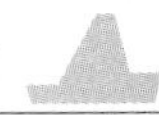

与L12号面板之间垂直坝轴线方向采用经纬仪精确放样，设置一条横向固定高强尼龙线标志，高强尼龙线比水面高约2m，以方便测船过往，5m绑扎一标志点，以便校核测船定位；然后，在上游两岸岸坡基岩上按5m间距埋设钢筋桩，钢筋桩高出水面约1m，纵向布设高强尼龙绳拉紧成直线，以固定测船，拉紧的尼龙绳与坝轴线平行，每5m绑扎一个定位标记点，以确定测点位置；声呐传感器和高清摄像头在水中的深度由传感器测线上深度标志测出。定位测线布置如图2.2.23所示。

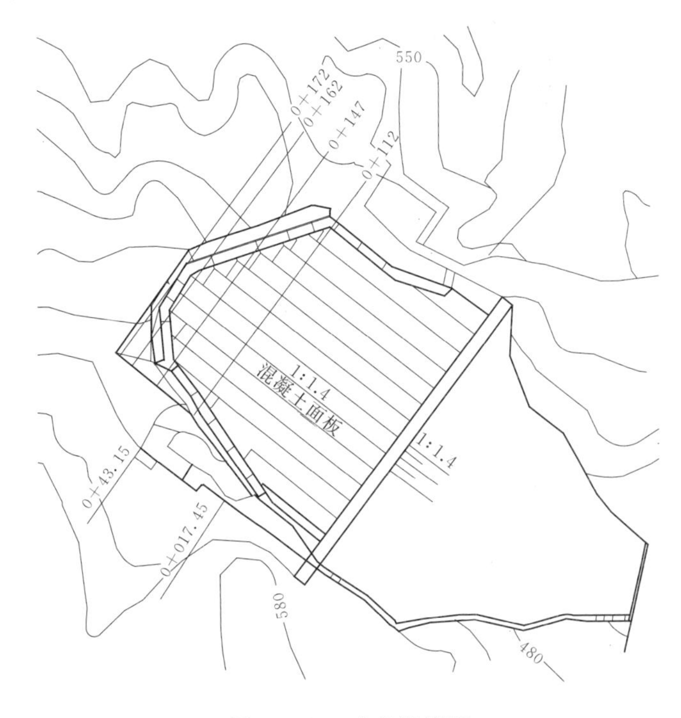

图2.2.23 定位测线图

现场检测从2011年3月31日开始，4月19日结束。检测范围：纵0+112～0+172、横0+20～0+190，检测面积11424m^2，检测网格5m×5m，检测结点数385个。L6、L7号面板（纵0+80～0+217，横0+55～0+67）为加密检测区，加密检测区面积1840m^2，检测网格1m×1m和2m×2m，测量结点数118个。另外，在导流洞进口检测20个结点。

水下声呐渗漏检测结果如下：

1）渗漏区主要发生左岸下部面板及趾板附近，右岸未见明显渗漏；

2）渗漏区可分为集中渗漏点、缓渗带和慢渗带；集中渗漏点流速$1.09\times10^{-1}\sim6.6\times10^{-1}$m/s之间，如图2.2.24 A、B、C、D、E、F、G点（红色），集中渗漏点采用放置由尼龙绳绑扎重物固定浮标作出标志，以便准确查找；缓渗带（图中蓝色）流速$i\times10^{-4}$m/s（$i=1\sim9$）；慢渗带（图中黄色）流速$i\times10^{-5}$m/s；

3）最大集中渗漏点分别为B点和A点，流速分别为0.66m/s、0.324m/s，均位于大坝左侧下部面板范围内；

4）大坝左侧覆盖层以上混凝土面板存在慢渗带，说明混凝土面板结构缝和混凝土裂缝存在渗漏。

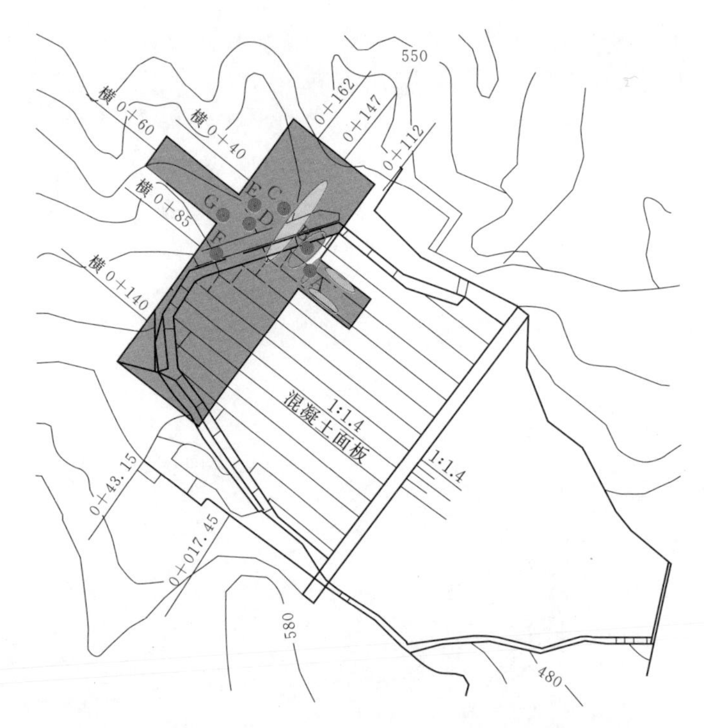

图 2.2.24　水下声呐检测范围及渗漏分布图

（2）水下示踪高清摄像检测。采用水下声呐探测法初步确定了集中渗漏入口，为进一步验证有关情况，确定渗漏准确部位，采用高清水下摄像和喷墨示踪对检测出的集中渗漏点进一步检测。

由于高程 475.00m 以下覆盖层淤泥和浮渣较多，不便由潜水员进行水下摄像，检测工作采用钢制机动船在水面定点吊入摄像头的方法进行检测。集中渗漏 B 点高清水下摄像和喷墨示踪如图 2.2.25 所示，集中渗漏 A 点高清水下摄像和喷墨示踪如图 2.2.26 所示。水下高清摄像和喷墨示踪检测显示，采用水下声呐探测法检测出的集中渗漏 A 点和 B 点是明显的集中渗漏入口[3]。

图 2.2.25　B 集中渗漏点高清水下摄像和喷墨示踪照片

高程 475.00m～498.00m 区域面板采取潜水员潜水检查与水下摄像观测检查和喷墨示踪检查相结合的方法进行综合对比检测。水下摄像检查中发现面板表面总体完好，面板表面虽有部分不规则的裂缝，但对裂缝区进行喷墨示踪检查未发现明显的渗漏现象。面板接缝部位由于表面有橡胶盖板盖住，无法直接观测渗漏状况，采取在橡胶盖板两侧进行喷墨示踪检查，经检测未发现明显的渗漏现象。面板两侧周边缝和趾板区，有较多的乱石及树枝等沉积物，检测时由潜水员下水将遮挡物清理后，进行水下摄像检查，对表面观察有缺陷的部位均进行了喷墨示踪检查，亦未发现明显的渗漏现象。

图 2.2.26　A 集中渗漏点高清水下摄像和喷墨示踪照片

（3）水下导管示踪检测。为进一步验证声呐检测和水下示踪高清摄像检测结论，采用水下导管示踪渗漏检测法进行进一步对比验证。选择渗漏量最大的集中渗漏 B 点进行水下导管示踪检测，示踪剂采用食品添加剂（食品红）作为示踪颜料，以确保试验区水域环保、安全。示踪方法采用钢制机动船在水面定点吊下导管至渗漏点入口内，然后将 10kg 经过溶解的高浓度食品红液体注入导管，利用渗漏入口的水流吸附力将食品红液体吸带入通道。

集中渗漏点示踪连通性试验从 4 月 19 日上午 9：25 开始，为确保及时发现大坝下游的水体颜色变化情况，以及弄清示踪剂在坝体内的流动时间，在大坝下游量水堰出口处派专人观察、计时，40min 后 10kg 高浓度食品红液体全部灌入导管，150min 后大坝下游出口发现水体颜色变红，如图 2.2.27、图 2.2.28 所示，且浓度逐渐加深。至此，大坝上游渗漏点与下游集渗通道出口之间的连通关系得到了完全验证，进一步验证了声呐探测技术检测成果的准确性。

图 2.2.27　大坝下游渗漏水出口流出的红色示踪剂水流

图 2.2.28　示踪试验不同时刻大坝下游量水堰处水样

5. 结论

通过对白云混凝土面板堆石坝进行的深水声像综合查漏技术运用，查清了混凝土面板及其周边区域渗漏的具体位置和渗漏分布情况，为制定针对性处理措施提供了依据。2014年水库放空后，开挖上游防渗铺盖后，在声像综合查漏技术检测确定的集中渗漏入口附近的面板上发现2个严重破损区，与检测成果高度吻合。声像综合查漏技术运用为面板堆石坝渗漏入口的探测确定提供了新的方法和途径。

2.2.9.3　声像综合查漏技术在某堆石坝渗漏检测中的应用

1. 工程概况

某水库大坝为沥青混凝土心墙堆石坝，坝顶长395m，坝顶高程51.00m，最大坝高44.4m。大坝轴线处为沥青混凝土心墙，心墙上、下游两侧过渡层为粒径30～150mm碎石料，含有少量细砂，坝体由石渣填筑，上游坝坡采用干砌石护坡。沥青混凝土心墙顶宽0.5m、底宽0.8m，坝基覆盖层与基岩全风化带设混凝土防渗墙、墙厚1.0m。

2007年8月大坝建成蓄水后，河床段坝脚普遍渗漏，坝脚长约198m范围内普遍出现流水，出现直径3～8cm清水漏洞。坝脚上部坝体内可听见水流声，右坝脚漏水点微高于左坝脚，两岸坝肩及近坝库岸未出现渗漏。库水位上升，水库渗漏量增大。2008年6月，当库水位升高至正常蓄水位46.82m时，渗漏量增大较多，渗漏量增大至600L/s。

2. 坝体渗漏声像综合查漏方法

通过勘探钻孔，采用示踪法、流场法、地下水面线法及钻孔电视法等声像综合查漏技术对沥青混凝土心墙上、下游进行了综合检测。

3. 声像综合渗漏检测情况

(1) 坝内水位分析。通过勘探孔和大坝渗流监测仪器测定一定区域的坝内水位，绘制出坝内水流网图和流线图。勘探孔采用电测仪与钻孔彩色电视测量地下水位，其中采用彩色电视观察测量地下水位精度较高。

大坝为透水性好的堆石体，防渗心墙前坝内水位与库水位连通性好，一般情况下，心墙上游坝体内水位与库水位应基本一致。当渗漏量较大时，水位在渗漏点及其周边会形成降落漏斗，当坝体内水位与库水基本一致时，说明坝体不存在渗漏；若某部位水位低于库水位时，说明该处存在着渗漏，差值越大，渗漏越大，最低处即为渗漏部位。因此，通过钻孔水位观测并与库水位对比，可判定钻孔及其周边是否存在渗漏。

大坝沥青混凝土心墙后坝内水位应与坝脚排水沟水位基本一致。当某处沥青混凝土心墙后钻孔坝内水位高于周边地下水位时，说明地下水受到较大渗流补给，也说明该部位沥青混凝土心墙存在渗漏问题，地下水位越高，说明渗漏越大。

沥青混凝土心墙前、后地下水位如图2.2.29、图2.2.30所示，分析结果如下：

1) 心墙前坝体钻孔水位：库水位23.688m时，测得K8钻孔水位23.363m，K18-1钻孔水位23.648m，分别低于库水位32cm和4cm，其余钻孔水位与库水位相差甚微。观测成果表明：K8钻孔、K18-1钻孔附近存在两个水位低值区域，两个低水位范围为K6～K8钻孔（桩号0+095～0+140）、K16～K22钻孔（桩号0+210～0+290），说明该处可能存在较强渗漏。

2) 心墙后坝体钻孔水位：K7测得钻孔水位11.31m，高于相邻钻孔水位0.2～1.4m；K18～K20测得钻孔水位11.97～12.83m，高于相邻钻孔水位1.1～2.1m。观测成果表明：心墙后两个高水位区域分别为K7～K11钻孔、K18～K21钻孔，该处存在较强渗漏。

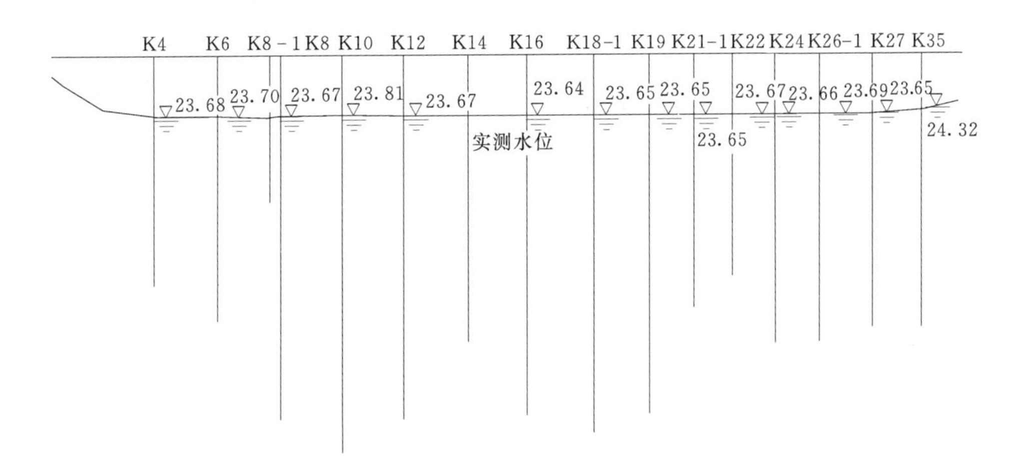

图 2.2.29 心墙前坝体内水位分布图（单位：m）

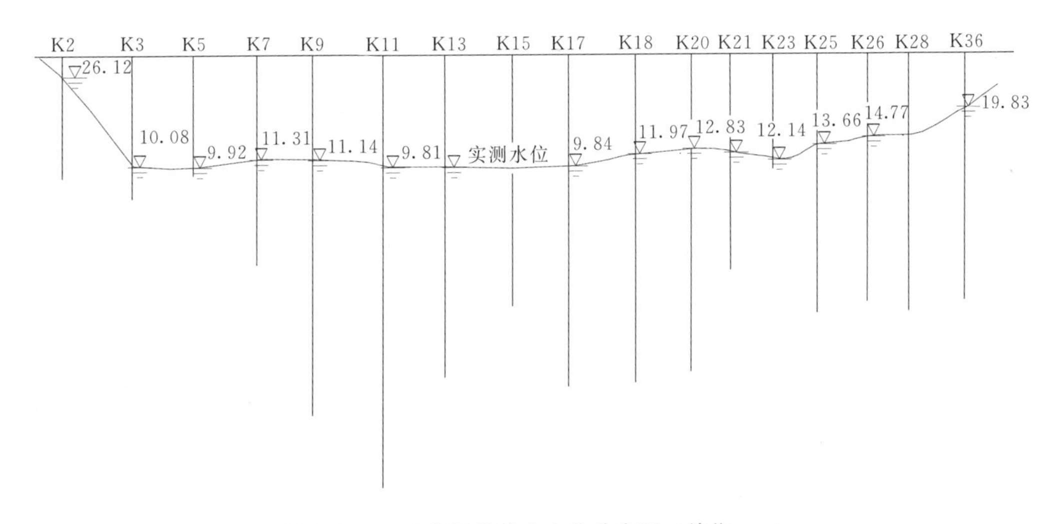

图 2.2.30 心墙后坝体内水位分布图（单位：m）

综上分析：大坝渗漏区域主要在 K7～K11 钻孔（桩号 0＋95～0＋150）、K17～K21 钻孔（桩号 0＋210～0＋290）范围内。

（2）示踪法。在沥青混凝土心墙前、后勘探孔内投放示踪剂，在坝脚排水沟及相应的心墙后钻孔及其相邻两侧钻孔内观测逸出情况。通过示踪试验，可了解示踪剂投放点与逸出点之间的水力联系及坝内水流流速、流向，从而查明大坝渗漏通道。

心墙后示踪试验：示踪试验在沥青混凝土心墙后 17 个勘探孔中投放了示踪剂，其中有 11 个钻孔有示踪剂（食盐或着色剂）流出，示踪试验逸出点分布于坝后排水沟 1～11 号出水点及其之间范围内。其中在 K5 钻孔（桩号 0＋087）投示踪剂在排水沟左端 1 号观测点流出，在 K28 钻孔（桩号 0＋342）投示踪剂在排水沟右端 11 号观测点流出。其余钻孔投示踪剂逸出点均位于 1～11 号观测点之间（图 2.2.31）。

根据试验结果分析，着色剂作为示踪剂试验时，流出时间一般为 2.5～5.5h，食盐作为示踪剂试验时，流出时间一般为 3～6h，两者历时基本一致。根据示踪试验判断地下水流速为 1～2cm/s。

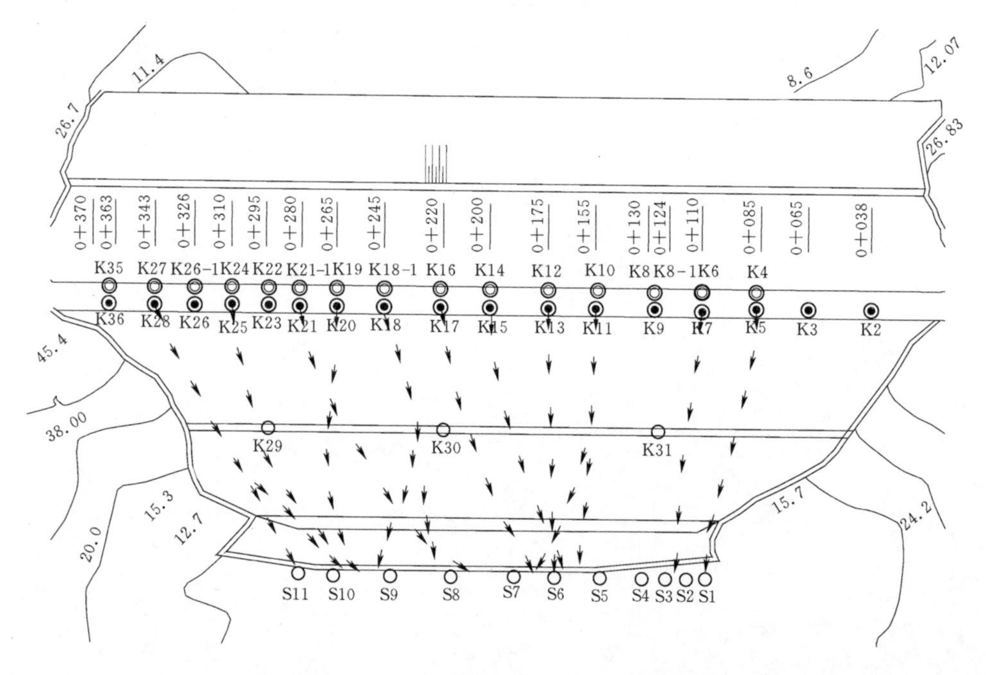

图 2.2.31　心墙后钻孔示踪试验平面图

心墙前示踪试验：着色剂作为示踪剂时，在沥青混凝土心墙前 16 个勘探孔内投放示踪剂，除 K4 外，其余 15 个钻孔在心墙后钻孔或者坝脚流出。在个别孔投放着色剂做示踪试验仅在对应的心墙后钻孔内逸出。

沥青混凝土心墙前 16 个勘探孔中，仅在 K4 钻孔做示踪试验时未检测到示踪剂流出，其余钻孔投放的示踪剂基本流向坝后排水沟或者心墙后钻孔。表明心墙前钻孔示踪剂投放点处水流绝大多数穿过大坝防渗心墙流向下游。经试验统计分析，着色剂作为示踪剂试验时，在坝脚排水沟流出时间为 2～7h，食盐作为示踪剂试验时，在坝脚排水沟流出时间为 3～5h。

根据示踪试验，平面范围内 K8 钻孔以及 K18－1～K21－1 钻孔附近示踪剂流出为 2～3h，判断坝体内水流速度为 2～3cm/s，坝内水流速较快，为渗漏较强部位；K12～K16 钻孔附近示踪剂流出为 6～7h，初步判断坝内水的流速为 0.5～1cm/s，水流速较慢，为渗漏较弱部位。

沥青混凝土心墙前勘探孔示踪试验成果如图 2.2.32 所示，结果表明，大坝渗漏部位主要在 K4～K27 之间，大坝两端不存在大的渗漏点，渗漏区域主要分布在高程－10～25m 之间。

(3) 钻孔电视法。对沥青混凝土心墙后 17 个勘探孔进行了坝内水流渗流流态进行钻孔电视观察，心墙后勘探孔中 K7、K17 孔水流流速较大。K7 孔重点录像孔段高程 16.339～－0.3210m、高程 11.299～6.379m 孔段，坝内水流运动强烈。K17 孔重点录像孔段的高程为 10.726～－27.304m，除高程－25.904～－27.304m 坝内水流运动迹象不明显外，其他孔段水流运动明显。

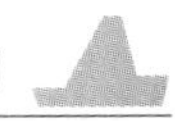

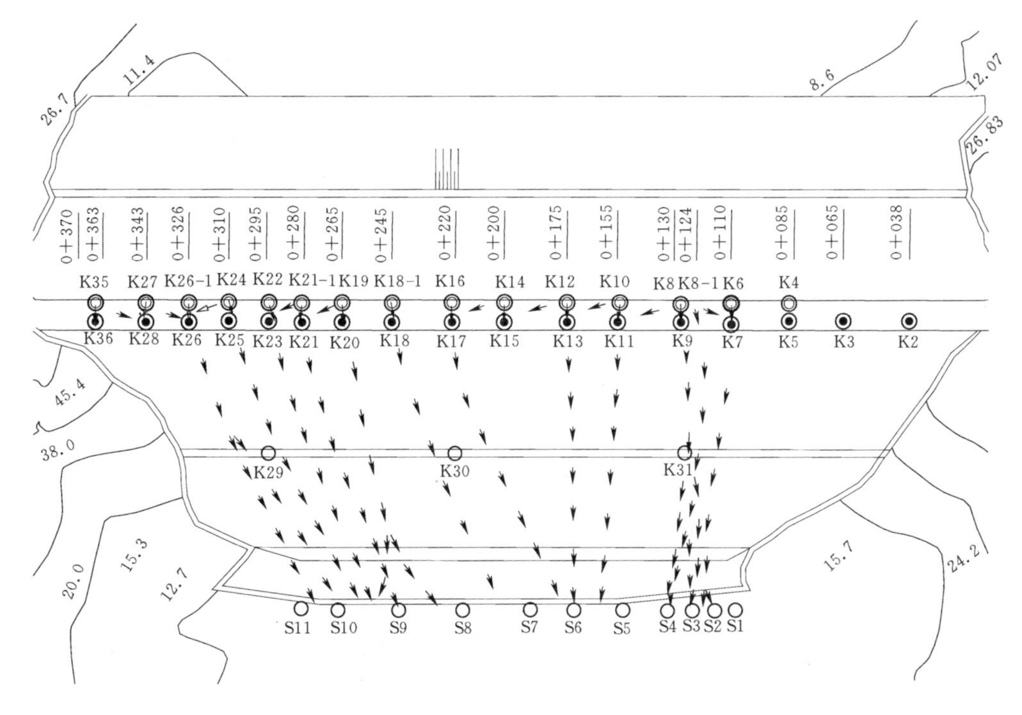

图 2.2.32 心墙前示踪试验成果图

根据孔内电视对渗流观察的情况，将坝内水流运动状态划分为运动强烈、运动迹象明显、有运动迹象等三个等级。从心墙后勘探孔电视检测综合图（图 2.2.33）可以看出，心墙后勘探孔在高程 0～25m（孔深 25～50m）坝内水流多呈强烈运动或运动迹象明显状态，坝内水流流速较大，其对应的部位为沥青混凝土心墙以及钢筋混凝土基座附近；高程 0m 以下（所对应部位为混凝土防渗墙、防渗帷幕）仅个别段有水流运动，水流运动不明显。

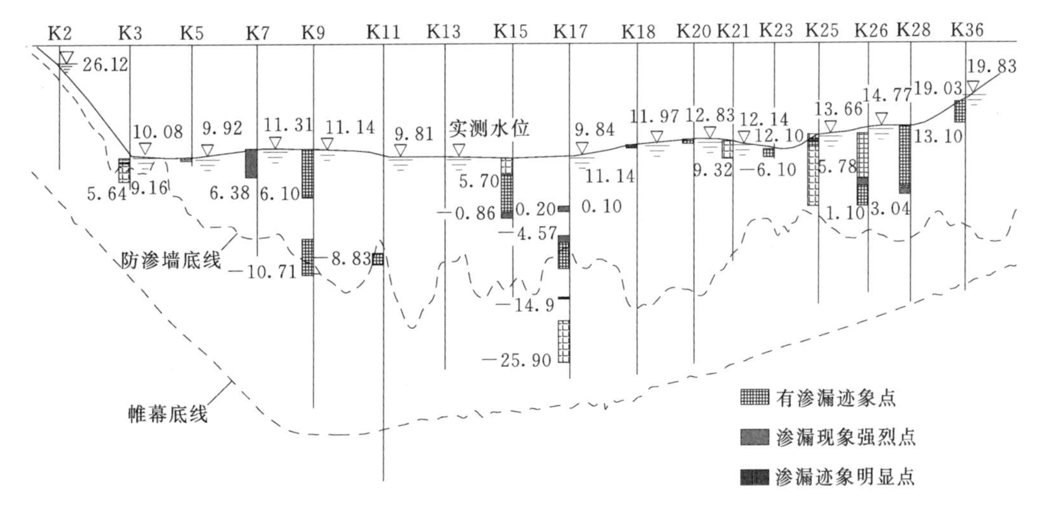

图 2.2.33 心墙后勘探孔电视检测综合图（单位：m）

对沥青混凝土心墙前16个勘探孔进行坝内水流渗流流态进行孔内电视观察，心墙前勘探孔K8-1、K18-1、K21-1孔坝内水流流速较大，存在明显的渗漏现象。K8-1孔重点录像孔段高程23.78～10.48m，该孔主要漏水段高程12.16～10.48m，水流异常运动明显，流速一般小于1cm/s。K18-1孔重点录像孔段高程24.17～-3.45m，其中高程23.60～21.50m、5.25～-3.45m无水流异常运动迹象，其他孔段水流运动迹象明显。K21-1钻孔重点录像孔段高程23.72～1.12m，该孔漏水段位于高程15.28～10.40m、8.62～5.48m、3.12～2.12m。

从心墙前勘探孔在高程-5～25m（孔深25～55m）渗漏程度多为渗漏现象强烈与渗漏迹象明显，其对应部位为：沥青混凝土心墙以及钢筋混凝土基座附近，高程-5m以下（所对应的部位为混凝土防渗墙、防渗帷幕）有渗漏现象，仅个别段渗漏严重。心墙前勘探孔电视检测综合成果如图2.2.34所示。

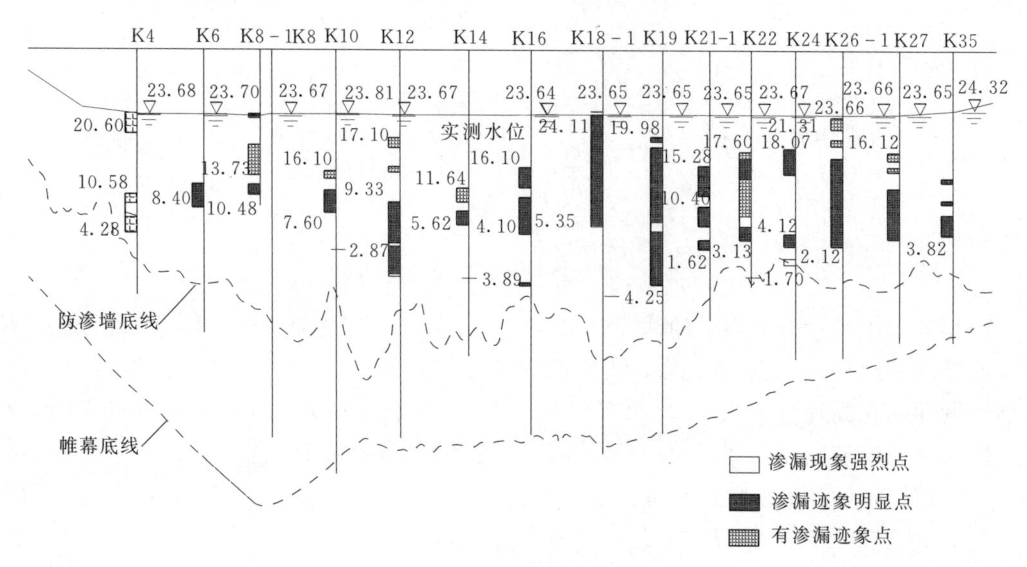

图2.2.34 心墙前钻孔电视检测成果图（单位：m）

4. 坝体渗漏强度综合分析

根据孔内水位、示踪试验成果和孔内彩电坝内水流流态观察成果，平面范围内对大坝渗漏强度进行分区，总体可分为：强渗漏区、中等渗漏区、不明显渗漏区。拟定的分区标准见表2.2.4。

表2.2.4 渗漏强度综合分区标准

检测项目		强渗漏区	中等渗漏区	不明显渗漏区
勘探孔水位特征	心墙前	低于库水位20cm以上	低于库水位2～10cm	与库水位基本一致
	心墙后	高于坝后排水沟3m以上	高于坝后排水沟1～2m	高于坝后排水沟1m以内
		高于相邻钻孔水位2m以上	高于相邻钻孔水位1～2m	与相邻钻孔水位相比较低，呈凹槽状
心墙前勘探孔示踪试验		着色剂流出，历时小于3h	着色剂流出，历时大于3h	着色剂未流出

续表

检测项目		强渗漏区	中等渗漏区	不明显渗漏区
彩色电视流态观察	心墙前	渗漏现象明显，渗漏范围大，着色剂弥散试验时，消散极快	有渗漏迹象，渗漏范围小，着色剂弥散试验时，消散较慢	渗漏迹象范围小，或不明显渗漏迹象
	心墙后	水流运动强烈或水流运动迹象明显范围大	水流运动迹象明显范围小或存在运动迹象	无明显水流运动迹象或有运动迹象范围小

按照渗漏强度分区标准，根据大坝地下水等水位线图和连通试验成果，大坝渗漏强度平面分区范围如表2.2.5和图2.2.35所示。

表2.2.5　渗漏强度平面分区范围表

渗透分区	范围（孔号）	范围（桩号）
强渗漏区	K6～K8	0+095～0+140
	K16～K19	0+210～0+275
中等渗漏区	K10～K14	0+140～0+210
	K21-1～K35	0+275～0+370
不明显渗漏区	左坝肩～K4	桩号小于0+095
	K36～右坝肩	桩号大于0+370

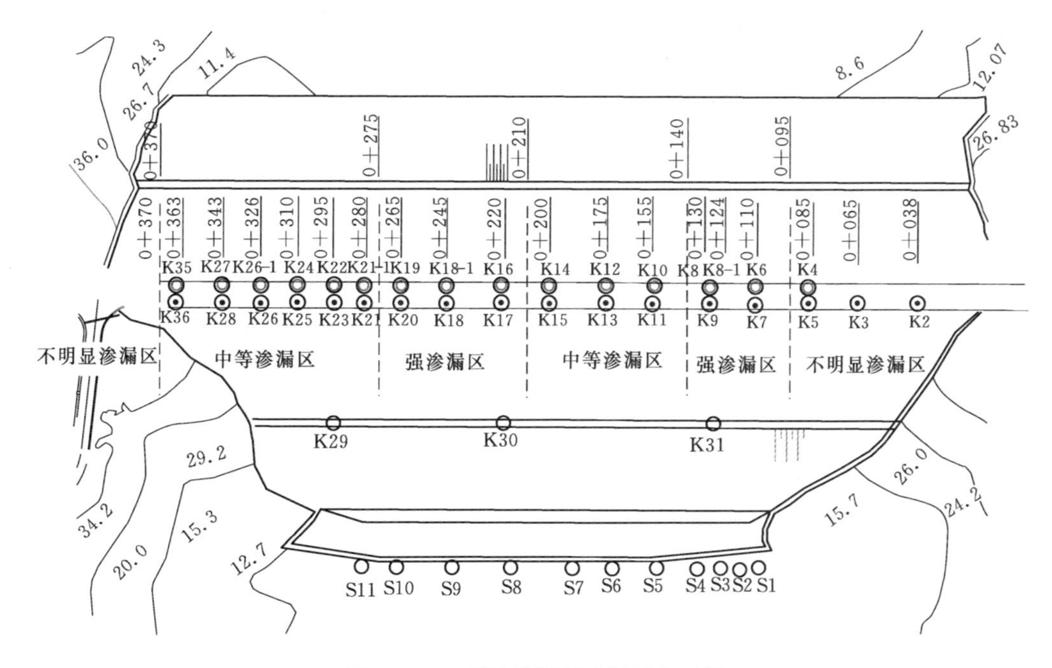

图2.2.35　坝体渗漏强度平面分区图

5. 声像综合渗漏检测结论

（1）经综合检测分析，大坝沥青混凝土心墙存在两个强渗漏区，范围分别为桩号0+95～0+140和桩号0+210～0+275。

（2）沥青混凝土心墙以及钢筋混凝土基座附近渗漏现象明显，局部渗漏严重；钢筋混凝土基座以下的混凝土防渗墙有渗漏现象，仅个别段渗漏严重，基岩帷幕渗漏迹象总体不明显。

（3）根据综合检测的渗漏流速和渗漏分区，估算大坝渗漏量约 645L/s，与同水位观测的大坝渗漏量 550L/s，较为接近。

2.3　密实度检测

堆石坝坝体填筑过程的密实度检测一般采用坑测法、压实沉降观测法、振动碾装加速度计法、控制碾压参数法、静弹模法、动弹模法、附加质量法、表面波法（瑞雷波法）和核子密度法等方法。

对于已建成的堆石坝，现场原位密度检测的方法不多，一般采用附加质量法、表面波法（瑞雷波法）和核子密度法等方法[5]。广西磨盘水库堆石坝的坝体密实度检测时采用了改进的核子密度法，取得了良好效果。

2.3.1　附加质量法

附加质量法基本原理是在堆石体表面放置重量为 Δm 的附加质量块，在附加质量块上布置检波器，在质量块附近利用落锤作为震源激发，以堆石体碾压后的施工面为检测对象，随着每层堆石碾压工作面升高施工进度实时进行检测，附加质量法的观测系统如图 2.3.1 所示。

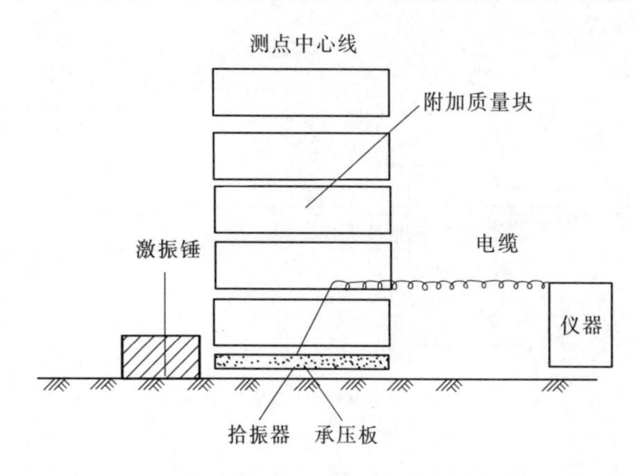

图 2.3.1　附加质量法的观测系统

附加质量法检测堆石体密度检测的过程和要求如下：

（1）按要求确定需检测的点位。

（2）在选定的测点上，平整场地，铺厚 2～3cm 细砂。

（3）将 100cm×100cm（长×宽）的承压板平放在已铺垫平整的测点上，承压板与测点应平稳结合。

（4）将拾振传感器用耦合剂垂直固定在承压板中央，并与振动信号分析仪相连通。

（5）打开振动信号分析仪，启动振动信号分析处理软件系统并进行检测参数设置。

（6）分批（级）加载附加质量块于承压板上，并将激振锤安置在三脚架上的规定高度，做好对堆石体实施激振以及振动信号检测准备。

（7）在承压板上沿一定方向布置多个检波器，用激振锤激发地震波，检测得到的地震纵波时距曲线的反斜率即为该测点处堆石体（连续介质）的纵波速度。

（8）在承压板上每加载一级附加质量 Δm_i（加载级数一般为 4～5 级），由振动信号分析仪操作人员指挥对堆石体实施激振，实时采集堆石体的动力反应信号并对振动信号进行 FFT 变换，求出与附加质量 Δm_i 对应的堆石体有效振动频率。

（9）实时求得堆石体的参振质量 m_0、固有振动频率变换因子 D_0 及附加质量法测得的堆石体相对密度值 ρ_r，实现堆石体湿密度值附加质量法现场实时检测评定。

附加质量法为堆石坝坝体密实度检测提供了一种快速检测方法，采用非破坏性的实时测试手段，整体检测堆石体的密实度[6]。目前，该方法在堆石体密度的检测中已经有了较为广泛的应用，并取得了良好的效果。

2.3.2 表面波法

表面波法是以表面波理论为依据，采用现代电子技术开发的无损检测技术。表面波是一种用激振设备产生的弹性波，当在半无限弹性介质表面进行垂直激振时，介质中质点产生相应的纵向和横向振动，介质表面质点作椭圆形运动，沿介质表面传播，产生表面波。表面波法主要依靠表面波压实密度仪进行检测，检测原理示意如图 2.3.2 所示。

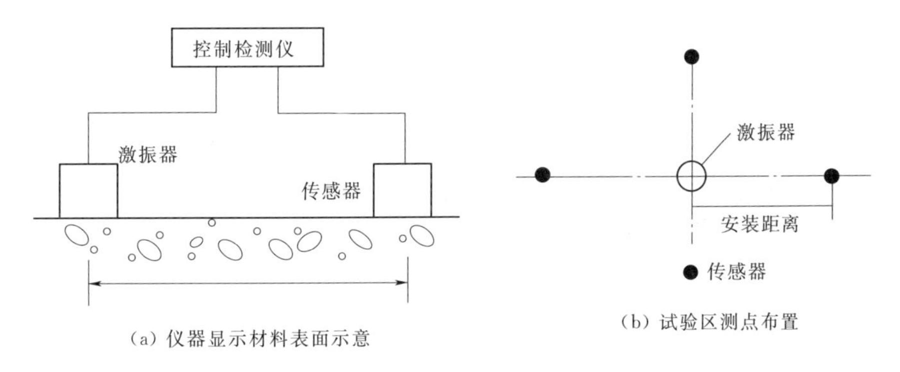

（a）仪器显示材料表面示意

（b）试验区测点布置

图 2.3.2 表面波检测示意图

常用的表面波是瑞雷波，它是在点源的作用下，表面波随深度逐渐衰减，瑞雷波能量最强，其传播的波阵面为一个圆柱体，传播深度约为一个波长。同一波长的瑞雷波传播特征反映了检测对象水平方向的变化情况，不同波长的瑞雷波传播特征则反映了不同深度检测对象的变化情况。用瑞雷波测试堆石体密度，主要是利用了瑞雷波在层状介质中瑞雷波速度的频散特性和瑞雷波传播速度与介质密度的相关性[7]。检测时，将发射激振器及接收传感器安装在填筑层水平表面，为使激振器、传感器与检测体表面有良好的接触，在凹凸处用细砂或土填平。根据填筑层材料粒径大小，铺筑厚度选择检测仪器发射频率、检测水平安装距离、采样次数等参数，然后进行检测。

2.3.3 核子密度法

利用核子法测定土石坝等材料原位密度和含水量是一项迅速发展起来的无损快速检测新技术，是一种利用放射射线如伽玛射线或中子射线与被测介质相互作用，再通过测量作用后的射线强度变化来测量介质密度或含水量的方法，有表层型和深层型检测之分。深层型核子水分—密度仪测量的技术难度高，影响因素多，技术较复杂，其应用范围相对较小。我国有关检测研究单位从 20 世纪 50—60 年代开始研发应用于水库大坝上的 γ 射线散射法密度测量技术，用于库区淤泥容重、坝体密实度检测，用于土坝和地基施工质量快速检测等方面。核子密度法能检测介质原位密度和含水量检测，较好地解决已完建堆石坝密实性检测，应用效果良好。

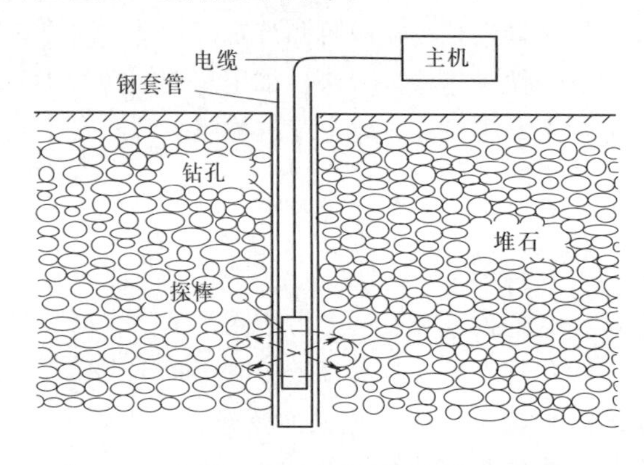

图 2.3.3　深层型核子水分—密度仪检测示意图

表层型检测是利用表层型核子水分—密度仪检测堆石体层面密度的方法。深层型检测是将深层型核子水分—密度仪探棒通过钻孔或测量导管放至地面下预定深度，分别采用γ射线散射法和快中子被氧原子慢化法测定材料原位密度和含水量。深层测量常用γ射线散射测井法来检测堆石体原位密度，同时采用快中子散射测井法来测量堆石体原位含水量，通过同测点的原位密度和含水量的测量达到干密度和孔隙率测定的目的。根据深层型核子密度检测特点，可以通过钻孔实现对堆石坝坝体内部孔隙率的测定。深层型核子水分—密度仪测量如图 2.3.3 所示。

深层型核子水分—密度仪由探棒、定标器电子线路、记录仪表、电源、仪器支架、连接电缆和深度指示器等组成。探棒一般是由不锈钢或铝合金制成的防潮或水密封空心管，管内同时装有γ射线源和γ射线探测器以及中子源和热中子探测器，γ射线源通常为铯-137（^{137}Cs），为双层不锈钢封焊的固体密封源，γ射线探测器通常为盖革-弥勒计数管（G－M 计数管），也可为碘化钠闪烁探测器。中子源通常为镅-241-铍（$^{241}Am-Be$），为双层不锈钢封焊的固体密封源。也可为钚-239-铍中子源（$^{239}Pu-Be$）。热中子探测器为^{3}He气体正比计数管或BF_3气体正比计数管，也可为锂玻璃闪烁探测器。定标器电子线路是提供给γ射线探测器和热中子探测器工作的高、低压电源，并对来自探测器的测试信号进行甄别、放大和记录的相关电子线路。记录仪表包含微处理机和液晶显示器，具有数据采集、存储、计算和显示功能。电源一般为充电蓄电池。支架用于安装记录仪表、支撑探棒和固定辐射防护体。连接电缆用于连接记录仪表与探棒，深度指示器用于确定探头放置深度。

1. 出厂标定

深层型核子水分—密度仪在出厂前，应经过厂家标定，以建立适合于一般土壤和建筑材料密度和水分测量的标定曲线称作厂家标定。用于现场测试前应由用户进行现场标定，用以修改原有的或建立新的密度和水分测量标定曲线。深层型核子水分—密度仪每隔 18 个月或在大修后，应由有资质的专门机构进行检定，检定合格方可使用[8]。

2. 现场标定

深层型核子水分—密度仪测量材料密度和含水量，是间接的物理测量方法，其测量前提和依据是仪器所记录到的γ射线计数率和热中子计数率分别与被测材料密度和含水量有确定的相关性。因此，需要通过仪器现场标定试验来预先建立仪器测量工作曲线，其中包括仪器密度测量工作曲线，即仪器所记录到的γ射线计数率与被测材料密度之间的相关曲线和仪器水分测量工作曲线即仪器所记录到的热中子计数率与被测材料含水量之间的相关曲线。然后通过以上预先建立好的仪器密度和含水量测量工作曲线，则可依据仪器现场测

量所记录到的γ射线和热中子计数率，按相对应的工作曲线确定被测材料密度和含水量。

仪器标定试验测量条件要与仪器现场测量条件完全相同，即现场标定试验所采用钻孔大小和钢套管尺寸、材质要和现场测量时的情况完全相同，而且现场密度测量标定试验至少在三个已知密度值的密度标准中进行；现场水分测量标定试验应至少在两个已知含水量值的水分标准容器中进行，并按相关计算公式，计算出相关工作曲线的标定常数。现场标定试验中所使用的密度标样的密度范围和水分标样的含水量范围必须要包含仪器现场检测中其检测到的密度和含水量范围。仪器现场标定试验是一项十分细致、技术要求高的工作，而且现场检测的实践经验也是十分重要的。

当仪器存储的标定曲线（包括厂家标定曲线）不适用于现场被测材料和拟采用的测量导管时，仪器应重新进行现场标定。现场标定可采用原位取样法进行仪器现场标定时，所采集的样品数量通常不少于20个。可采用密度和水分标样法或原位取样法，比如原位取样法现场标定时，应在测试现场选择几处有代表性的测点，在这些测点沿深度方向密度应有较大的变化范围，且含水量及分布稳定[9]。钻孔可采用套筒式或麻花式取土钻，所造钻孔应达预定测量深度，应使用空白探棒检查测量导管。

标样法密度现场标定时，应符合以下要求：将仪器开机，经预热和自检进入工作状态，进行测量；仪器测量时，探棒应插在标样的测量导管中，使探棒的测量灵敏区位于标样半高处；采用4min测量时间，启动仪器，测取相应的密度测量计数。

原位取样法密度标定时，测试现场应选择有代表性的测点，这些测点沿深度方向密度应有较大的变化范围，原位取样法水分标定测试现场应选择有代表性的测点，这些测点沿深度方向含水量应有较大的变化范围，且含水量及分布稳定，应使用空白探棒检查测量导管。

3. 现场测试

同一测量地区如地下土层质地和成分相同或相近，现场测试中可采用同一条密度或水分测量标定曲线，如土层质地和成分上有较大差异，应采用适合于这些不同土质的测量标定曲线。现场测试前仪器应采用拟定的测量导管，针对测量地区不同土壤进行现场标定，获得一条或若干条适合于现场测试的密度和水分测量标定曲线。在将仪器探棒沉放到测量导管内前，应使用空白探棒检查测量导管，测量导管的测量段应通畅并无积水。进行密度测量时，测量时间一般不小于1min，进行含水量测量时，测量时间一般不小于4min。

深层型核子水分—密度仪应通过现场标定试验确定仪器实测的γ射线计数率与被测介质密度的相关工作曲线和仪器实测的热中子计数率与被侧介质含水量的相关工作曲线，并最后根据上述两种仪器在所有测孔中的每一个测点所测得的γ射线计数率和热中子计数率来确定该测点相对应的密度值和含水量值，最后确定其干密度值，并推算出其孔隙率。一般检测过程如下：

（1）仪器测量前准备。应按规程规定做好仪器测量前的检查和准备。

（2）测量场地准备。应选择有代表性的测量地点，平整测点及周围，架好工作平台。

（3）钻孔和测量导管埋设。应依据被测材料性质、测量深度，选择合适的钻孔工具，应按规程规定进行钻孔和测量导管的埋设。

（4）应使用空白探棒检测测量导管。

(5) 仪器测试。仪器开机，经预热和自检进入工作状态。应按规程的规定测取和输入合格的水分标准计数；应将仪器架在测量导管之上，将探棒沉放至测量导管内预定深度，固定好电缆，记录相应深度；对具有标定曲线设置功能的仪器应预先设置合适的密度和水分测量标定曲线，按设置的测量时间，启动仪器进行密度和含水量测试，记录和填写密度和不量测试结果、相关参数和有关内容。

(6) 现场测试结果的确定。对具有标定曲线设置功能的直读仪器，可直接按记录到的密度和含水量测试结果确定现场测试结果；如标定曲线无法输入仪器内，可根据仪器记录到的密度和水分测量计数，计算出对应的计数比 CR 值，再分别根据仪器所适用的密度和水分标定曲线的图线和表格，查出所对应的被测土石材料密度和含水量测试结果。

(7) 现场测试结果影响因素的处理。现场测试所选择的测量标定曲线不适合于现场被测材料和测量导管时，应检查被测材料化学成分和核对测量导管材质和尺寸，并针对该种被测材料和该种测量导管进行现场标定，重新建立测绘标定曲线；通过钻孔察看不同深度土层的质地情况，针对不同质地土层，选择更适合的测量标定曲线；测量导管周围存在超大粒径颗粒或空洞时，应记下测量结果异常处的相应深度，在现场测试完毕后，用取土器在该深度取样，检查该处超粗粒径颗粒或空洞存在情况并对测量结果予以说明；测量导管有接头时，在埋设测量导管时，应记录下各个接头部位深度，并避免在接头部位测量。

2.3.4　混凝土面板堆石坝垫层料密实度检测

混凝土面板垫层料为压实的级配料，其压实度是质量控制的核心指标。常规检测多采用挖坑灌砂法、灌水法、环刀法等方法，主要原理是通过体积置换测量垫层料的湿密度，然后通过烘干法等测定材料含水率，从而计算出压实度，其检测周期较长，难以适用于快速施工。核子密度仪和无核密度仪作为一种迅速发展起来的检测手段，在铁路、公路和水利等行业得到广泛应用。具有操作简单、测定迅速、使用便捷和经济高效等优点。

核子密度仪利用同位素放射原理，以散射法或直接透射法测量材料的含水率和压实度。核子密度仪分为浅层核子密度仪、分层核子密度仪、深层核子密度仪和沥青含量核子密度仪等，在面板堆石坝垫层料检测中常用浅层核子密度仪对施工过程中的碾压质量或表层垫层料密实度进行检测，采用深层核子密度仪对深层的垫层料、过渡料甚至堆石料的压实度进行检测。

无核密度仪是不使用同位素放射源而采用高频无线电波来测定材料介电性和密度的无损检测仪器。无核密度仪从根本上避免了核子密度仪的辐射风险和使用过程中的申请、储存、定检等限制，但其使用效果还未经过足够的验证，目前无核密度仪检测成果在工程上不宜独立地作为评定依据。

1. 检测范围

(1) 面板已破损部位及其周边 10m 范围内。

(2) 周边缝、垂直缝止水已破坏部位及其周边 10m 范围内。

2. 检测要求

(1) 对于垫层料已裸露的部位必须进行取样检查，未裸露部位应采用无损检测方式进行检查。检测项目包括干密度、孔隙率、垫层料级配等，并绘制其级配曲线。干密度可采

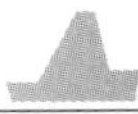

用核子密度仪检测，核子密度仪具有速度快、操作简单安全、检测精度高，可真正实现无损检测。

（2）取样试坑间、排距不大于3m，试坑直径不小于垫层料最大粒径的4倍，深度为垫层料厚度。

2.3.5 核子密度法在磨盘堆石坝孔隙率检测中的应用

1. 工程概况

磨盘水库位于广西全州县境内湘江支流建江河上游，水库承雨面积150km^2，是一座以灌溉为主，兼顾防洪、发电等综合利用的中型水库。水库100年一遇洪水设计，1000年一遇洪水校核，设计洪水位362.69m，校核洪水位364.50m，正常蓄水位361.81m，水库总库容4196万m^3。

磨盘水库大坝是由黏土斜墙堆石坝段、混凝土面板堆石坝段和浆砌石挡墙堆石坝段等三个坝段组成的堆石坝，坝顶长203.0m。黏土斜墙堆石坝段位于大坝左岸，最大坝高14.0m。浆砌石挡墙堆石坝段位于右岸，坝顶长62.40m，最大坝高44.80m。混凝土面板堆石坝段位于河床，坝顶长92.60m，最大坝高67.0m，大坝上游面坡比为1∶0.649，坝体上游面为厚1.1～2.2m钢筋混凝土防渗面板，面板底部高程320.80m，其下为混凝土和浆砌石结构基座，防渗面板下部为厚1.5～2.5m的浆砌石垫层，浆砌石垫层后侧为干砌石体。

混凝土面板堆石坝1977—1996年局部最大累计水平位移1617mm，最大累计竖向位移1261mm，经过灌砂处理后，坝体变形得到缓和，但2005年后坝体变形又呈增大趋势。历史上曾进行过多次加固，1982年11月—1983年11月对防渗面板进行加固，1983年8月—1988年底对主坝坝基进行帷幕灌浆，1997年2月—2001年年底将原钢筋混凝土面板凿除，重新浇筑钢筋混凝土防渗面板，坝身采用灌砂处理等。但仍存在混凝土面板堆石坝段干砌石体架空、堆石体孔隙率大，坝体变形大，混凝土防渗面板裂缝，坝体漏水量大，并带出坝体砂料等问题。

针对混凝土面板堆石坝存在的问题，2009年10月—2010年3月对坝体的干砌石体、堆石体灌注稳定浆液和水泥浆液。坝体布置8排灌浆孔，其中最下游两排灌注稳定浆液，其余孔灌注水泥浆液，空洞较大部位根据情况灌注水泥砂浆或细石混凝土。稳定浆液孔距1.5m，水泥灌浆孔距2.0m，采用斜向钻孔。坝体灌浆完成后在原面板上新建了钢筋混凝土防渗面板，面板厚1.0m，混凝土强度等级C25，面板设置锚筋（ϕ25mm，间距3.0m）和下层的原面板锚固。大坝灌浆后，采用核子密度法对磨盘堆石坝坝体孔隙率进行了检测。

2. 检测依据

检测主要依据如下规程：

（1）《核子水分—密度仪现场测试规程》（SL 275—2001）。

（2）《深层型核子水分—密度仪现场测试规程》（SL 275.2—2001）。

（3）美国ASTM《Standard Test Method for Density of Soil and Rock In-Place at Depths Below the Surface by Nuclear Methods》（用核子法测定地面下不同深度土石原位

密度标准试验方法）（D5192—02）。

3. 现场标定

（1）仪器密度测量标定试验是砌成的大小为：长 1.22m、宽 1.21m、高 1.21m，总体积为 1.79m^3 的立方体标定槽内进行。在标定槽中央竖直放立一个内径 90mm 的薄壁塑料管的模拟 Φ91mm 的钻孔，在其内再插入现场测量使用的内径 74mm 的钢套管，现场使用了两种型号的钢套管：一种为厚壁的以下称为厚壁管；另一种为薄壁的以下称为薄壁管。现场每个测孔每段孔段都作了记录，标明所使用的钢套管的型号属上述哪一种。

（2）在标定槽内分别装填以下材料：纯水（密度 1.00g/cm^3）、松状细砂（密度 1.29g/cm^3）、压实细砂（密度 1.64g/cm^3）和压实砂砾石（密度 2.20g/cm^3），除了水以外其余三种材料都采用分层装填、夯实的办法以保证密度的均匀性。对于装填好以上每一种材料的标定槽，再分别将深层型核子水分—密度仪探棒放入钢套管内半高位置进行测量并记录相对应的 γ 射线计数率数据。

为保证高密度段测定有很好的对应并有可靠准确结果，根据钻孔柱状图，选取了坝基基岩部分的测量资料作为密度标定试验的一个补充，即补充了密度为 2.60g/cm^3 左右的密度标块和相对应的仪器测取的 γ 射线计数率。表 2.3.1 为本次仪器密度测量现场标定试验相关数据，图 2.3.4 为仪器用于薄壁管和厚壁管相对应的密度测量工作曲线及标定常数。

表 2.3.1　　仪器密度测量现场标定试验相关数据

介　质	密度值 /(g/cm^3)	计数率 CR（薄壁管）	计数率 CR（厚壁管）	自然对数 LnCR（薄壁管）	自然对数 LnCR（厚壁管）
纯水	1.00	119000	83300	11.68688	11.3302
松装细砂	1.29	98980	71021	11.50267	11.17073
压实细砂	1.64	53183	37912	10.88149	10.54302
压实砂砾石	2.20	35338	24520	10.47271	10.10724
岩石	2.60	12000	9000	9.392662	9.10498

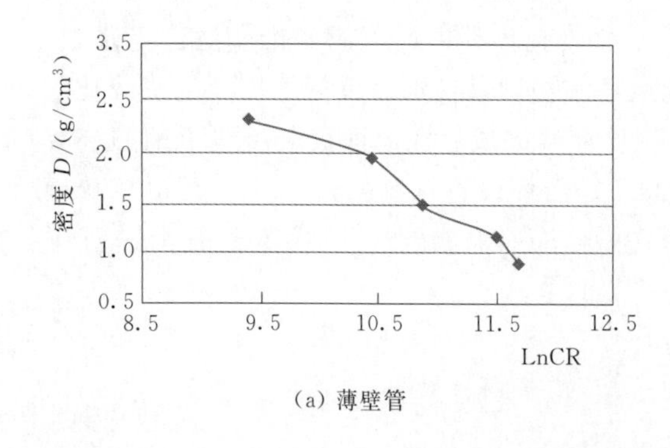

(a) 薄壁管

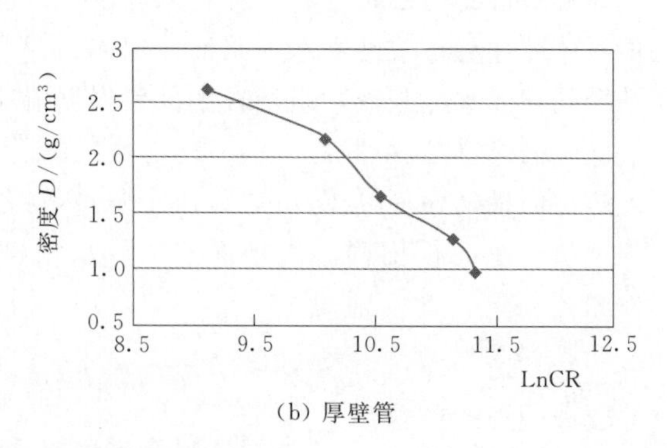

(b) 厚壁管

图 2.3.4　仪器密度测量工作曲线及标定常数

（3）仪器水分测量现场标定和结果。仪器水分测量标定试验是在一个高 110cm，内径 50cm 的圆柱形塑料桶内进行的。在塑料桶内中央如同密度标定试验一样安装好 ϕ90mm 的

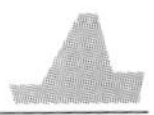

塑料管并分别插入薄壁钢套管和厚壁钢套管，再向圆柱形塑料桶装填粒径 3～5cm 的干碎石，以作为含水量为 0 的水分标样；然后将深层型核子水分－密度仪探棒分别插入薄壁和厚壁钢套管内半高位置读取热中子计数率；接着再向塑料桶碎石内倒入纯水直至桶面，并计算加入水的总重量，再根据塑料桶的实际体积计算塑料桶内碎石总体含水量大约为 0.476g/cm^3。同样按照相同的操作步骤，将深层型核子水分—密度仪探棒放入钢套管内测量，读取相应的热中子计数率。表 2.3.2 为仪器水分测量现场标定试验相关数据。图 2.3.5 为仪器水分测量工作曲线及标定常数。

表 2.3.2　　仪器水分测量现场标定试验相关数据

含水量/(g/cm^3)	热中子计数率 CR	
	薄壁管	厚壁管
0	110	140
0.476	1945	1710

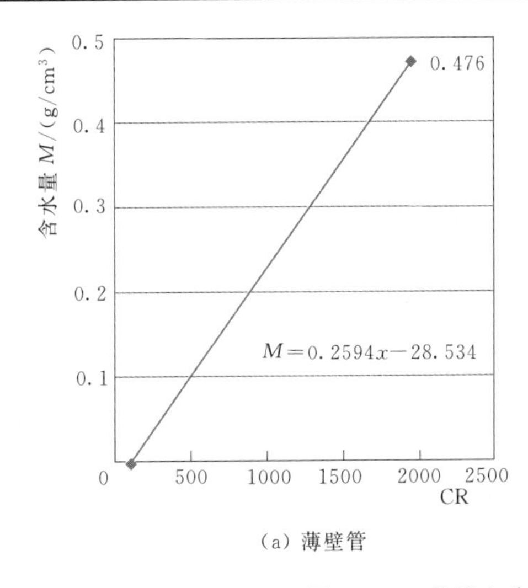

(a) 薄壁管

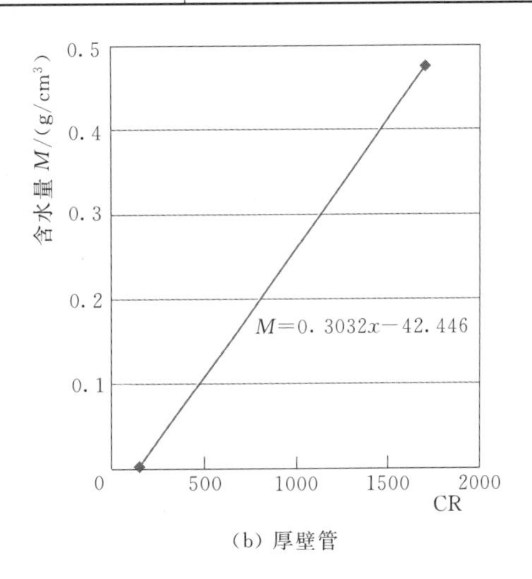

(b) 厚壁管

图 2.3.5　仪器水分测量工作曲线标定常数

4. 现场检测[10]

(1) 测孔布置。在大坝坝顶共布置了 9 个测孔，其中在稳定浆液灌浆区布置了 1 个测孔，在水泥浆液灌浆区布置了 8 个测孔，其中垂直测孔 6 个，斜孔 2 个。布置斜孔的目的是为了能读取堆石体三角区上游部分堆石的灌浆质量信息。钻孔直径为 91mm，并在钻孔内埋设了钢套管，钢套管内径大约 74mm。图 2.3.6 为大坝堆石体密实性测量测孔布置图，测孔相关参数列于表 2.3.3。

(2) 现场测量情况。现场测量时，分别将 FD3019 深层核子密度仪和 DR501 深层型核子水分－密度仪的探棒，通过已布设的钻孔中的钢套管插入堆石体内，进行同测点的原位密度和含水量测量，测量的讯号由电缆传送至地面主机进行数据采集和记录。探棒自上而下按 0.5m 的间隔进行测量，每个测点读取四次计数，其中下行时连续读取 2 个，上行时连续读取 2 个。取以上四次读数的平均值作为该测点的测量值。整个现场测量期间，仪器工作稳定，数据重复性也很好。现场检测如图 2.3.7 所示。

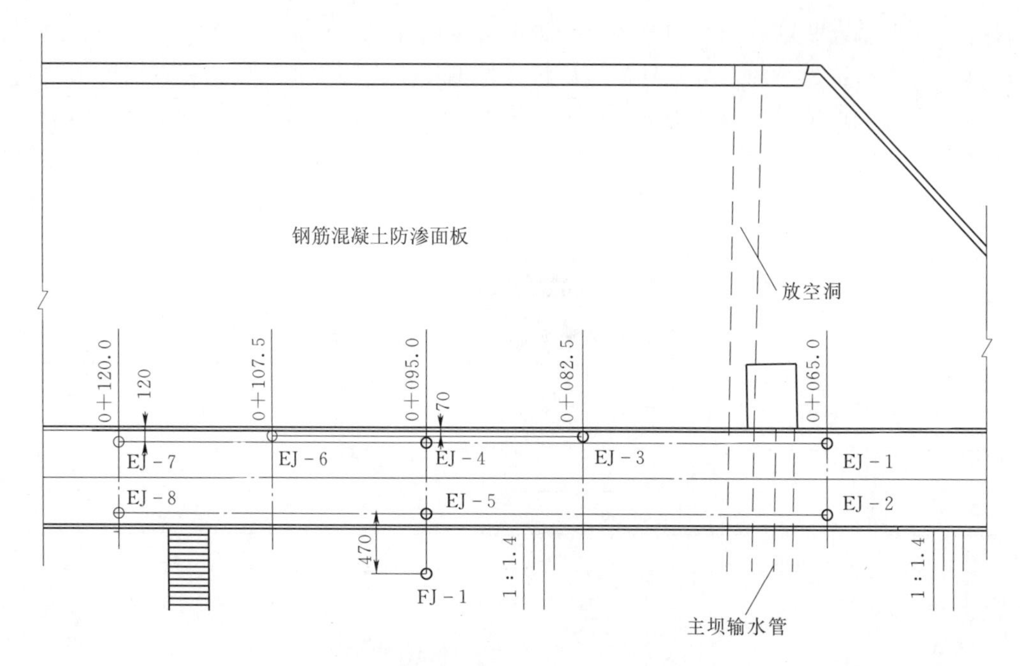

图 2.3.6　磨盘堆石坝密实度测量测孔布置图

表 2.3.3　　　大坝堆石体密实度测量测孔相关参数

孔号	桩号	孔深/m	钻孔顶角/(°)	检查区域	钻孔及套管直径
FJ－1	0+095	54	0	稳定浆液区	钻孔孔径 ϕ91mm，下 ϕ74mm 钢套管
EJ－1	0+065	47	0	水泥灌浆区	
EJ－2	0+065	47	0	水泥灌浆区	
EJ－3	0+082.5	40	23	水泥灌浆区	
EJ－4	0+095	54	0	水泥灌浆区	
EJ－5	0+095	61	0	水泥灌浆区	
EJ－6	0+107.5	40	23	水泥灌浆区	
EJ－7	0+120	54	0	水泥灌浆区	
EJ－8	0+120	54	0	水泥灌浆区	

图 2.3.7　现场检测图

(3) 堆石坝干密度检测结果。根据现场每一测孔中每个测点上 FD3019 深层型核子密

度仪所测取的 γ 射线计数率数据，并应用该仪器相应的密度测量工作曲线以确定每个测点所对应的密度值。同样依据现场每一测孔中每一侧点上 DR501 深层型核子水分—密度仪所测取得热中子计数率数据，并应用该仪器相应的水分测量工作曲线以确定每个测点所对应的含水量值，最终给出每个测孔中每一测点所对应的干密度值。本次检测的部分测孔干密度垂线分布曲线如图 2.3.8 所示。

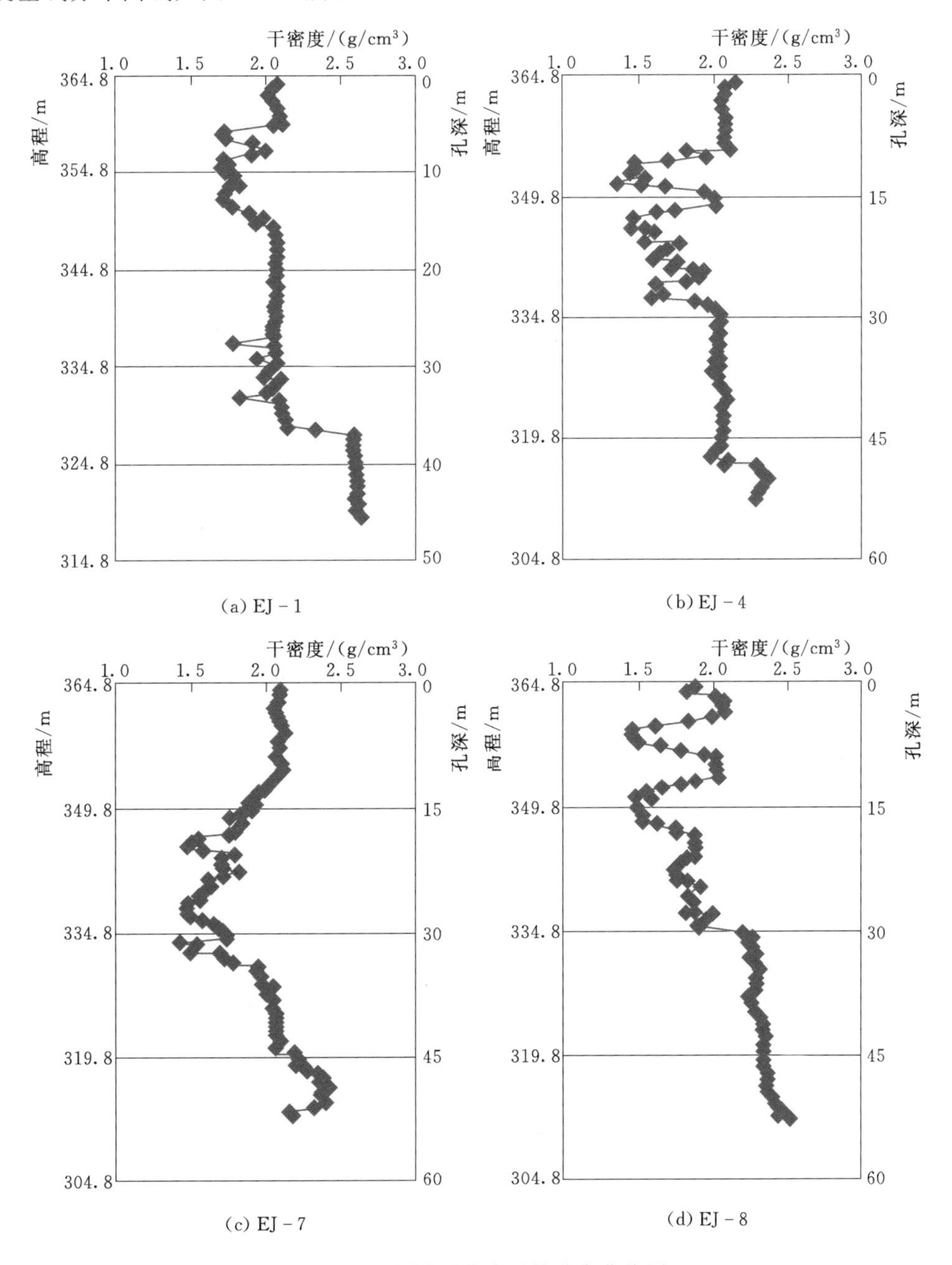

图 2.3.8 测孔干密度垂线分布曲线图

5. 检测结果及分析

深层型核子水分—密度仪测量最终能给出的结果是每一个测孔中每测点的干密度数据，而由干密度值推算出该测点的孔隙率值则必须给出该测量部位被测材料的无孔隙密度。

对于本次检测 9 个测孔的干密度测量设想以下物理模型：根据 1994 年核子水分—密度仪测量结果，磨盘水库大坝堆石体架空情况严重，其总体平均孔隙率大约为 50%，如不考虑 1997—2001 年期间的灌砂处理，而是直接进行水灰比为 0.5∶1 的水泥浆液灌浆，而水泥浆液全充满堆石的所有孔隙，当其固结为水泥石时（假定其体积基本上不收缩），其密度大约为 1.95g/cm³，这种堆石水泥石混合体的无孔隙密度约为 2.29g/cm³。由上述物理模型可以看出，对于本次灌浆处理后的堆石孔隙率测量结果，若取堆石体岩石无孔隙密度 2.64g/cm³ 对所有测点作划一计算处理是不合理的，而应有所区别地对待处于不同孔隙状态的测点，因此针对每个测孔中中段干密度明显偏低，甚至严重偏低的孔段的测点，取无孔隙密度 2.29g/cm³ 进行计算应是科学合理的，其结果也会更符合实际情况。根据以上数据整理方法，将本次检测的 9 个测孔的干密度测量结果换算成相应的孔隙率。

本次堆石坝密实度检测共布置了 9 个测孔，其孔位和孔深检测范围基本上包含了大坝堆石体加固灌浆区的主要范围，因此其检测结果可以反映加固灌浆的总体充填质量状况。在上述检测区内，有 823 个测点参与平均干密度和孔隙率统计，其总体平均干密度为 1.96g/cm³，总体平均孔隙率为 22.8%，满足现行规范要求。因此，大坝堆石体灌浆质量总体是好的，满足设计要求，就各测孔干密度随孔深变化曲线来看，每个测孔自上而下其干密度随孔深变化是均匀的。

2.4　混凝土面板脱空检测

目前混凝土面板堆石坝的面板脱空情况的检测尚缺乏公认的有效手段，主要借鉴混凝土公路脱空检测技术，包括钻孔取芯，以及红外热成像技术、地质雷达技术、声波法等无损检测技术。为避免原面板防渗结构破坏，面板脱空检测多采用无损检测的方法进行普查，重点部位采用钻孔取芯进行验证。面板脱空检测一般由具有相应检测资质的单位承担。

（1）钻孔取芯法。面板脱空检测最直接有效的方法是钻孔取芯检测，但该方法因有损面板完整性，不适于大范围普遍检测。采用取芯钻机钻孔取芯，孔径一般为 ϕ50～ϕ76mm，钻孔孔向垂直面板并深入面板以下 50cm，通过芯样判断脱空高度。必要时采用孔内电视验证、观测脱空高度。

（2）红外热成像法。红外热成像法可直接测量物体表面温度的高低，直观显示物体表面温度场，并以图像形式显示。红外热成像是探测目标物体的红外热辐射能量大小，不受强光影响，适用于面板脱空的普查。由于正常部位和脱空部位面板热容量的不同，当环境温度发生变化时，脱空部位与正常部位的温度变化速度也不相同，利用红外热成像技术的图像，在面板外部就能看到温度差异，通过图像差异判断面板脱空情况。

（3）地质雷达法。地质雷达法是利用宽频带高频电磁波信号探测介质结构分布的无损检测方法。通过雷达天线向面板及面板下部介质发射电磁信号，电磁波信号在介质内部传

播时遇到介电差异较大的介质界面时，就会反射、投射和折射，且介电常数差异越大，反射的电磁波能量也越大。反射回来的电磁波被与发射天线同步移动的接收天线接收后，经雷达主机进行信号处理，形成全断面的扫描图像。对扫描图像的解释包括图像处理和图像解释两部分工作，其中图像处理主要包括消除随机噪声压制干扰、改善信噪比、滤去高频波，以使图像更清晰，更加突出异常；图像解释即通过图像识别缺陷和异常，常需要一定的工程实践，是一个经验积累的过程。利用地质雷达法检测面板脱空时，宜布置测线网，线距宜为1～5m，点距宜为0.2～0.5m。LTD－2100型地质雷达及其天线如图2.4.1、图2.4.2所示。

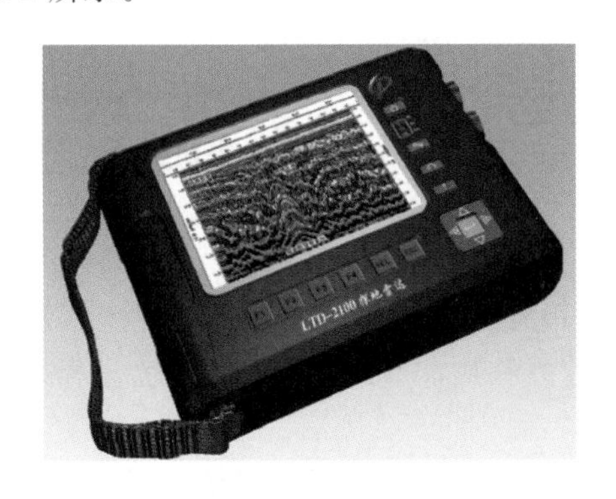

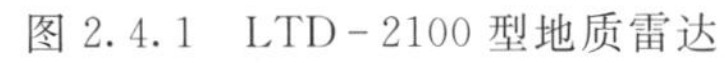

图2.4.1　LTD－2100型地质雷达

图2.4.2　900MHz屏蔽式天线

（4）声波反射法。声波反射法是依据声波的传播特性，通过测量入射声波的反射波、透射波或衍射波的特性确定是否存在脱空，因技术限制，目前实际使用不多。

各检测方法的基本理论依据不同、对物理条件的要求不同，选择面板脱空检测方法时，一般采用多种方法综合检测，对不同检测方法的成果进行相互验证，相互补充，最后再通过少量钻孔检测验证成果的可靠性。

目前得到广泛运用的是地质雷达检测方法。因面板混凝土中布置有相对密集的纵横钢筋网，对地质雷达有一定的屏蔽与干扰，影响检测结果，需要根据钻孔实测值进行修正。

2.5　混凝土防渗墙质量缺陷检测

混凝土防渗墙是堆石坝防渗加固的主要工程措施，堆石坝中造孔浇筑混凝土防渗墙时施工难度大，可能形成混凝土离析、夹泥、孔洞、裂缝等质量缺陷，影响大坝防渗效果，如何有效检测混凝土防渗墙的施工质量和运行过程中的破坏情况显得至关重要。

混凝土防渗墙检测一般要求采用无损检测法，必要时进行钻孔检测和局部开挖检测。针对钻孔检测开发出钻孔孔壁成像法检测法。无损检测方法主要有：超声法、多道瞬态面波法、高密度地震映像法、垂直反射法、弹性波CT法等。

2.5.1　混凝土防渗墙无损检测法

1. *超声法*

在我国，超声法检测混凝土缺陷起源于20世纪50年代，超声法指采用带波形显示功能的超声波检测仪，测量超声脉冲波在混凝土中的传播速度、波幅和主频率等声学参数，并根据这些参数及其相对变化判定混凝土中的缺陷情况的无损检测方法[11]。随着电子工业的发展，超声法检测仪器正向小型化、自动化和智能化发展，已广泛应用于工程实践中，我国已制订《超声法检测混凝土缺陷技术规程》(CECS21—2000)。

(1) 超声法检测技术原理。混凝土内部存在架空、蜂窝、不密实等质量缺陷时，破坏了混凝土的整体性，也影响声波的传递。其基本原理如下：

1) 声波在混凝土中遇到缺陷时产生绕射，可根据声时及声程的变化，判别和计算缺陷的大小。

2) 声波在缺陷界面产生散射和反射，到达接收换能器的声波能量（波幅）显著减小，可根据波幅变化的程度判断缺陷的性质和大小。

3) 声波中各频率成分在缺陷界面衰减程度不同，接收信号的频率明显降低，可根据接收信号主频或频率谱的变化分析判断缺陷情况。

4) 声波通过缺陷时，部分声波会产生路径和相位变化，不同路径或不同相位的声波叠加后，造成接收信号波形畸变，可参照畸变波形分析判断是否存在缺陷。

(2) 检测混凝土缺陷基本方法。混凝土缺陷检测的基本方法有单孔声波法、跨孔声波法、孔间声波层析成像法等方法。具体如下：

1) 单孔声波法。单孔声波检测用于了解沿孔深方向混凝土的质量，测量方式为点测，点距 0.2m，井下装置采用一发双收声系，源距 0.3m，间距 0.2m。换能器主频 20kHz 左右，井下装置直径有 25mm、30mm、40mm 等多种一发双收声系，可供不同孔径测试时使用。

2) 跨孔声波法。跨孔声波检测混凝土体物理特性：传播速度、振幅、频率等，主要了解孔间混凝土质量。跨孔声波检测孔距应根据地球物理条件、仪器分辨率、激发能量来确定，一般 3～4m 为宜。测量方式为点测，点距 0.2m，采用一孔发射，另一孔接收的水平同步（或斜同步）移动观测系统，收、发点距相同。

3) 孔间声波层析成像（CT）法。井间声波层析成像（CT）是在两孔之间一孔激发，另一孔单道或多道接收，形成扇形观测系统。

4) 混合检测。将一个径向振动式换能器置于钻孔中，一个厚度振动式换能器耦合于被测结构与钻孔轴线相平行的表面，进行对测和斜测。该方法适用于断面尺寸不大或不允许多钻孔的混凝土结构。

(3) 基本技术要求：

1) 测试时不宜改变仪器放大倍数。

2) 孔深应大于预计缺陷深度 0.5m 以上，CT 法测试宜采用扇形观测系统，测点距 0.4m 为宜。

3) 穿透声波应综合分析速度分布、首波振幅和主频的变化情况，判断内部缺陷的性质、位置和规模。

4) 跨孔声波幅值法用于裂缝深度的判别，应依据波幅值达到最大并基本稳定，同时应与无裂缝时混凝土声学参数相近方可确定。

(4) 混凝土防渗墙质量缺陷检测。堆石坝混凝土防渗墙质量缺陷常用跨孔声波法检

测。跨孔声波法是将防渗墙浇注时预埋的灌浆管作为换能器通道，每两根声测管为一组，其中一根放入发射换能器，另一根放入接收换能器，由防渗墙底部开始每隔一定距离取一个测点，发射并接收超声波。接收到的波形，是经过介质的物理特性调制的，不同的介质对波形的调制结果不同，因而可通过观察和分析波形的基本特征值判断混凝土质量。为准确反映缺陷的位置和缺陷情况，现场检测时分别采用平测、两次斜测的办法对两灌浆孔之间的墙体进行了检测。其中，斜测比平测能更好地反映水平裂缝，并根据声速和声幅判别防渗墙质量，当某区域的声速或声幅小于其临界值时，即可判定该区域为异常区域。现场检测布置如图 2.5.1 所示。

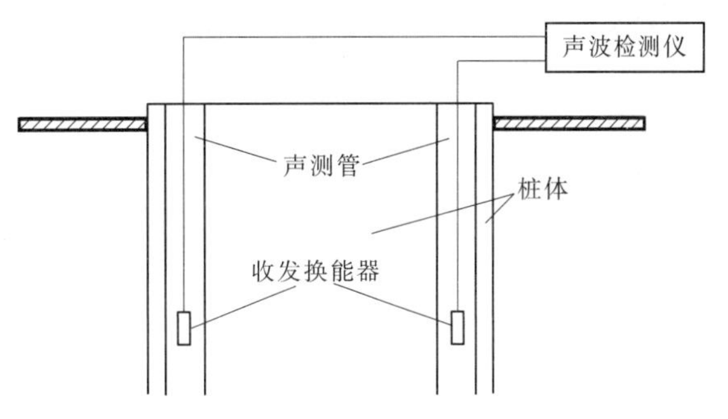

图 2.5.1 现场检测布置示意图

该方法适用于已经预埋测管或布置少量的钻孔检测混凝土防渗墙完整性，可判定墙体缺陷的程度并确定其位置，可较准确分析出混凝土缺陷的大小和位置。跨孔法先绘制声速和声幅随深度变化曲线，根据声速判据和声幅判据判别墙体质量。

2. 弹性波 CT（Computer Tomography）成像法

高精度弹性波 CT 成像技术是利用地震波或声波进行地球物理高精度层析成像。它通过人为设置的弹性波射线，让射线穿过工程探测对象，从而达到探测其内部异常（物理异常）的地球物理反演新技术，是探测地下岩溶、断层、破碎带等地质缺陷的有效手段。高精度弹性波 CT 成像和其他科学领域的成像技术（如医学 X 射线透视诊断技术）相类似，是一种边界投影反演方法，它的工作原理如下：利用物体外部边界某种物理观测数据，依据一定的物理定律和数学关系进行反演计算，以得到物体内部与观测场相关的物理参数分布，并以图像形式表现出来。

无论介质有多复杂，由点源激发的弹性波的传播可以用 Huygens（惠更斯）原理来描述。基于 Huygens（惠更斯）原理的射线追踪有两种实现方法：一是基于网络理论的最短路径算法；二是基于动力学的波阵面算法。这两种算法能模拟直达波、折射波、散射波和绕射波，而且是一次计算既可得到一个共激发点记录的全部走时，计算效率高，很适合于高精度弹性波 CT 成像的大量高精度射线追踪计算。

弹性波 CT 技术是借鉴医学 CT 技术的基本原理，通过大量的弹性波信息进行反演计算，得到被测试区域混凝土弹性波速度的分布形态，据此进行混凝土的分类和评价。密实完整的混凝土弹性波速度较高，而疏松破碎的混凝土弹性波速度较低。当混凝土均匀时，弹性波的穿透速度是一致的，当有低速混凝土存在时（视为异常体），弹性波在穿透这些低速混凝土时产生时间差。根据一条射线所产生的时间差来判别低速混凝土的具体位置是困难的，因为它的位置可能在整个射线的任何一处，如果再有另一条（或多条）射线在同一低速混凝土中穿过，则就限定了低速混凝土的位置。当采用相互交叉的致密射线穿透网络时，在空间上对低速混凝土具有较强的限定。弹性波 CT 法就是利用适当的反演计算方法绘制速度图像，从而获得低速混凝土的分布位置。该方法具有测量面积大、分辨率高、成果直观、空间位置定位准确等优点。

3. 多道瞬态面波法

多道瞬态面波技术在于多道采集方法和多道数据处理。在此以前的面波技术研究，无论是稳态法还是瞬态法，一直束缚在两个接收道采集和相关分析计算的模式下。多道瞬态面波技术，采集到瞬态激振条件下，面波在一定距离上的传播规律、传播特征和面波振形的变化等，为数据的分析计算提供了方便，为有效波形的利用和干扰波的排除提供数据基础，以较快的速度推广发展起来，成为一门高分辨勘察技术。

瞬态面波法是在混凝土防渗墙轴线上采用锤击或其他震源，使被检测体产生一个包含所需频率范围的瞬态激励，与此同时利用多个接收道接受来自同一震源的信号并进行综合分析。多道瞬态面波法是采用多个接收道同时接受来自同一震源的信号，一次实现振幅由大到小变化这一过程，以满足面波勘探对采样间隔的要求。该方法可对混凝土防渗墙进行大面积检测，且检测成本较低、效率较高，但检测深度较浅。

4. 垂直反射法

垂直反射法是利用弹性波的反射原理，采用极小等偏移距的观测方式对防渗墙进行检测。用重锤在墙顶激振，产生一列弹性波，此弹性波在向下传播的过程中，如遇到墙底或墙体缺陷，则产生反射回波，该回波由安装在墙顶的检波器接收。接收信号的振幅、相位和频率与发射波不同，通过综合分析接收信号的特征来确定墙体深度，判断墙体中有无缺陷。该方法检测效率高，对薄层夹泥等层状缺陷有较高的分辨率。但是受激振能量、激振频率及仪器的限制，检测深度有一定局限，该方法一般用于定性分析混凝土防渗墙质量缺陷[12]。

5. 高密度地震映像法

地震映像法在施工采集形式上与地震波勘探的单点反射波方法有相似之处，但与单点反射波方法又存在本质区别。主要表现在两个方面：

（1）在波形的利用方面，地震映像法采集的是以往地震波勘探中被称为干扰波的面波，是一种新近被应用的波形；而单点反射波方法采集的是纵波和横波。

（2）在波列的利用方面，单点反射波方法是利用纵波或横波的单一波；地震映像法不仅利用面波的反射，还利用面波的分解、面波的转换，以及面波的传递衰减和频率变化等方面，或称为多波列的利用。地震映像法利用面波在地层界面或地下不连续地质界面发生反射、发生面波、发生面波的分解与合成，达到勘察的目的。地震映像法有独立于以往单点反射波方法的最佳采集窗口，表现在采集偏移距比单点反射波方法小，采集记录长度比单点反射波方法长。

地震映像法分为陆地地震映像法和水域地震映像法，陆地地震映像法又称多波地震映像法。激发与接收类似于地震反射法的单点激发单点接收或单点激发多点接收，每次移动的距离相同，又类似于地震反射中的多次覆盖，但处理手段、效果和解释方法有很大不同。地震映像法的处理和解释是基于计算机数字成像技术，在计算机上把地震波压密，对反射能量以不同的、可变换的颜色表示，经过实时数据处理，以大屏幕密集显示波阻抗界面的方法形成彩色数字剖面，再现地下地质体结构形态。地震映像法的处理与解释亦利用了成熟的地震勘探方法，常用的滤波、褶积、反滤波消除鸣震等方法均可采用，以达到最

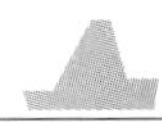

佳处理效果[12,13]。实时、直观是地震映像法的特点。

该方法应用于堆石坝混凝土防渗墙检测时的基本原理与垂直反射法相类似，但外业工作模式和内业资料处理方法不同。工作模式为1点激发，3点接收，同时对3个接收信号进行综合分析。该方法数据采集速度较快，在资料解释中可以有效利用多种波的信息，但是抗干扰能力弱，检测深度有限。

2.5.2 钻孔全孔壁成像技术

钻孔全孔壁成像是近年在钻孔电视基础上发展起来的一项新技术，通过对钻孔四周进行成像检测，可形成数字化钻孔岩芯，永久保存，特别适合于混凝土防渗墙裂缝检测。

1. 工作原理

钻孔全孔壁成像技术工作原理是在探头前端安装一个高清晰度、高分辨率的光学摄像头，摄录通过锥形镜或曲面镜反射回来的钻孔孔壁图像，随着探头在钻孔中的不断移动，形成连续的孔壁扫描图像及影像。

由于在锥形镜或曲面镜顶部的反射面积较小，形成的图像分辨率较差，工作中一般将该部分图像裁剪，主要取外侧圆环部分作为有效图像范围。通过对实时摄录的圆环图像按照一定的位顺序展开，并根据记录深度连续拼接，形成展开式钻孔孔壁图像。钻孔全孔壁成像示意如图2.5.2所示。

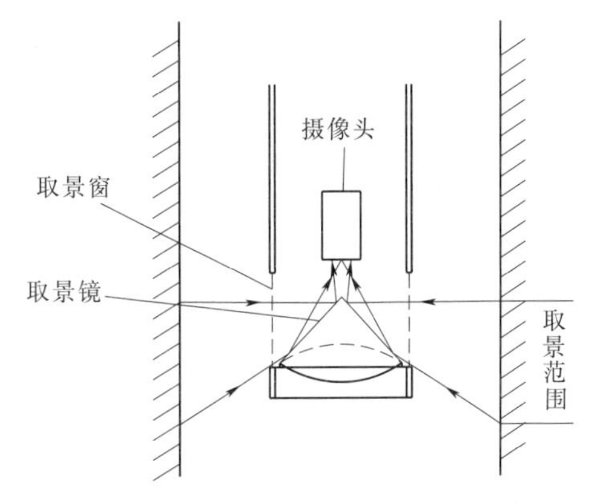

图2.5.2 钻孔全孔壁成像示意图

2. 工作方法

钻孔全孔壁成像是一种光学观测方法，主要适用于在清水孔或无水孔中进行。观测之前，要求进行如下准备工作：

（1）对探头与电缆接头部位进行防水处理，一般用硅脂等材料。

（2）对深度计数器进行零点校正，一般将取景窗中心位于地面水平线的位置定为深度零点。

（3）确定孔口孔径及钻孔变径情况，以便确定观测窗口及深度增量等参数。

（4）将孔口定位器固定好，使探头在孔中居中，并调节摄像头焦距、光圈，以期得到井壁的清晰反射图像。

在观测过程中，要注意观测速度，并且对采集过程进行监视，避免图像的重复采集或漏采。

3. 资料处理及解释

钻孔全孔壁成像资料处理主要分为图像展开、图像拼接及图像处理三部分，为了进行实时监控，绝大部分设备都将图像采集与展开同步进行。

（1）图像展开。实时采集获取的是井壁经过锥形镜或曲面镜反射的圆环形图像，为了后续的图像拼接工作，需要将圆环形图像转换为按照一定方位顺序的矩形图像。首先要根据数字罗盘或普通罗盘确定图像的方位，将圆环图像沿着指北的方向切开，因圆环内圈图像的实际深度位置大于外圈，故在展开时按照由内到外，方向按照N－E－S－W－N的顺序。由于内外圈成像的像素不同，内圈的图像以一定的比例进行的插值，使展开图像为一个规则的矩形。在观测过程中，如果出现探头不居中的情况，采集的图像会发生变形，在图像展开过程中要对其进行校正。

（2）图像拼接。每一个展开图像均为一段孔深范围的井壁图像，为了形成完整的全井剖面，要按照孔深依次进行拼接。

（3）图像处理。由于采集中光照不均匀、探头偏心等原因，拼接完成后的图像经常会出现百叶窗现象，要对图像进行亮度均衡等处理。

4. 仪器设备

为了取得较好的检测效果，开发的钻孔全孔壁成像设备及处理软件主要特点如下：

（1）附带良好的照明光源。

（2）有较好的防水抗压性能。

（3）有精度较高的方位确定方法及深度计数方法。

（4）能够准确地分析获取倾向、倾角、距离等参数。

2.5.3 广西澄碧河水库大坝混凝土防渗墙检测

1. 工程概况

广西澄碧河水库位于右江支流澄碧河的下游，具有发电、防洪、养鱼、供水等综合利用功能，为大（1）型水利枢纽工程。坝址位于百色市永乐乡南乐村那洞屯附近，水库控制流域面积2000km^2。设计洪水标准为：1000年一遇洪水设计，10000一遇洪水校核，设计洪水位187.96m（珠江基面高程，下同），校核洪水位189.29m，正常蓄水位185.00m，总库容11.21亿m^3。

澄碧河水库于1958年9月动工兴建，1961年10月基本建成，后经1963—1978年和1987—1998年两次加固形成现有规模。澄碧河水库枢纽工程现由大坝、溢洪道、引水发电管、坝后电站等建筑物组成。大坝为混凝土心墙与黏土心墙结合的土坝，坝顶高程190.40m，最大坝高70.40m，坝顶长425.0m，坝顶宽6.0m。

1972年4月，开始混凝土心墙的设计与施工。混凝土心墙厚0.8m，其轴线位于坝顶中部偏下游侧，墙顶高程188.20m，主河槽最深处底部高程133.0m，部分墙底高程140.0m，两岸的混凝土心墙底部深入基岩1.0m。在坝顶沿中心线偏下游侧1.0m，用冲击钻施工混凝土心墙。在原河床部分心墙底部高程为140m，两岸岸坡防渗墙底部均嵌入岸坡基岩1.0m。坝体填筑料主要分为：高程150.00m以下坝壳填土为一层，即为Q^{s-1}层；高程150.00m以上坝壳料物质成分基本一致，可分为一层，即Q^{s-2}；大坝心墙填土单独作为一层，即为Q^{s-3}层。混凝土心墙布置如图2.5.3所示。为了解澄碧河水库大坝混凝土心墙的质量状况及防渗情况，采用了监测资料和压水试验分析、超声波检测、钻孔全孔壁成像检测等多种方法对混凝土防渗墙质量进行综合分析评价。

2. 监测资料及压水试验分析

澄碧河水库大坝混凝土防渗墙已运行40多年，随着使用年限增长，其防渗能力逐渐降低。表2.5.1列出了1991—2010年库水位高水位运行时混凝土防渗墙上、下游侧的坝

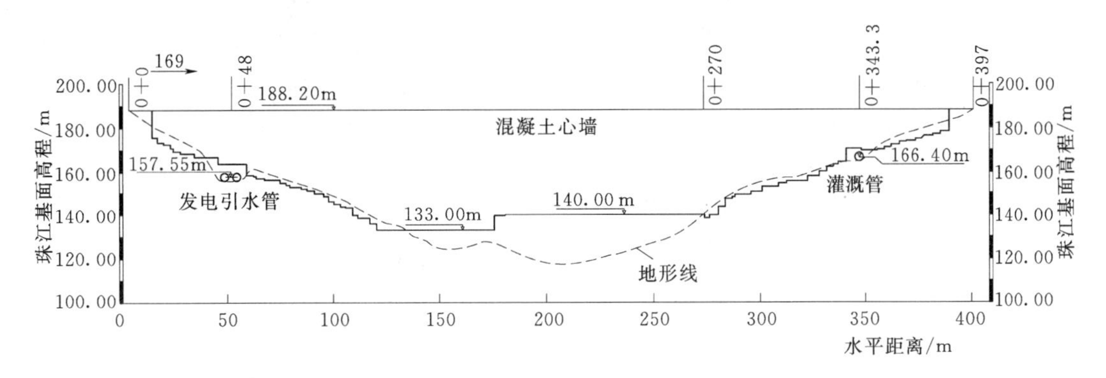

图 2.5.3 混凝土防渗墙布置示意图

体测压管水位。

表 2.5.1 **防渗墙上下游水位差** 单位：m

观测日期/(年-月-日)	库水位	坝体左端断面			坝体中部断面			坝体右端断面		
		4号测压管	3号测压管	水位差	8号测压管	7号测压管	水位差	12号测压管	11号测压管	水位差
1991-9-10	182.03	181.78	177.37	4.410	181.66	160.79	20.87	182.06	154.20	27.86
1993-8-7	182.00	181.90	167.43	14.47	179.85	156.70	23.15	180.55	153.72	26.83
1994-12-30	182.02	182.12	169.86	12.26		158.41		182.24	154.34	27.90
1995-11-30	182.44	182.49	168.93	13.56	182.76	158.24	24.52	182.59	154.24	28.35
1996-10-30	182.06	182.14	169.31	12.83	182.31	158.90	23.41	182.26	154.38	27.88
1997-12-19	182.04	182.26	169.62	12.64	182.28	158.87	23.41	182.24	154.49	27.75
1998-9-10	182.05	182.06	169.23	12.83	182.20	165.61	16.59	182.23	154.89	27.34
1999-9-20	182.72	182.66	170.17	12.49	182.28	165.73	16.55	182.81	155.10	27.71
2000-12-11	177.39	172.57	167.29	5.28	172.84	165.28	7.56	175.91	152.91	23.00
2001-8-20	184.83	184.69	177.05	7.64	184.30	167.12	17.18	184.72	157.01	27.71
2002-8-30	185.03	184.89	177.04	7.85	184.67	167.54	17.13	185.01	157.56	27.45
2003-10-20	184.31	184.17	176.53	7.64	183.69	168.10	15.59	184.20	155.11	29.09
2004-9-10	182.58	182.46	175.59	6.87	182.09	168.74	13.35	182.53	154.99	27.54
2005-7-11	180.42	180.33	174.10	6.23	178.66	166.87	11.79	180.01	154.83	25.18
2006-8-30	185.06	184.93	178.16	6.77	184.53	167.81	16.72	184.78	156.92	27.86
2007-10-10	183.19	183.10	176.84	6.26	182.81	167.62	15.19	183.11	155.16	27.95
2008-8-29	185.08	184.94	177.85	7.09	185.06	166.75	18.31	184.88	157.25	27.63
2009-1-9	182.58	182.52	176.73	5.79	182.62	167.45	15.17	182.56	155.16	27.40
2010-8-10	181.59	181.04	175.41	5.63	180.45	166.66	13.79	181.54	154.51	27.03
2010-10-9	181.86	181.76	176.00	5.76	181.47	166.54	14.93	181.93	155.26	26.67

从表 2.5.1 可知，坝体右端水位差基本保持稳定，在 26.00～27.00m 之间；坝体中部断

面在 1997 年后，水位差从之前的 20.87～23.41m 降至 13.35～16.55m；坝体左端从 1994 年灌浆处理前的 4.4m 升至 12.49～14.47m，在 2000 年后降为 5.76～6.87m。在相近的库水位下，随着防渗墙使用年限的增加，部分墙段的水位差在减小，坝体防渗能力下降。

对这 4 个钻孔的心墙段进行了压水试验（表 2.5.2），其中 16 段压水试验成果表明，大坝的混凝土心墙透水率一般在 2～10Lu，平均值为 5.14Lu，属弱透水性；但部分坝段透水率较大，超过 10Lu，且发生部位和测压管监测水位资料相符。

表 2.5.2　　　　混凝土心墙体钻孔压水试验成果表

孔号	孔深/m	高程/m	透水率/Lu
BZK4	10.4～15.4	180.0～175.0	6.53
	15.4～20.2	175.0～170.2	9.73
	20.2～29.8	170.2～160.6	10.14
BZK5	3.0～7.3	187.4～183.1	6.05
	7.1～11.4	183.3～179.0	5.04
	11.7～17.1	178.7～173.3	3.09
BZK6	10.1～14.9	180.3～175.5	6.22
	15.4～19.7	175.0～170.7	3.49
	20.2～24.5	170.2～165.9	10.23
	25.8～30.1	164.6～160.3	6.66
	29.5～34.3	160.9～156.1	2.66
BZK9	6.5～12.1	183.9～178.3	2.77
	12.1～17.9	178.3～172.5	2.75
	17.9～21.7	172.5～168.7	5.26
	26.5～31.8	163.9～158.6	1.13
	36.1～41.4	154.3～149.0	0.49

3. 超声波检测

在坝顶布置了 4 个混凝土心墙钻孔，并作了孔内超声波检测和钻孔电视检测，以此来进一步了解混凝土心墙质量状况。超声波检测情况如下：

BZK9 钻孔深度 5.0～49.0m 之间平均纵波 v_p 波速为 3950 m/s，其中有两段波速较低，分别为深度 30.2～30.4m 段的 v_p 波速为 2439～2740m/s、深度 34.6～34.8m 段的 v_p 波速为 3175～3390m/s；BZK6 钻孔深度 3.4～39.6m 之间平均纵波 v_p 波速为 4115 m/s，其中有 3 段波速较低，分别是深度 3.4m 段 v_p 波速为 531m/s，在深度 4.0～5.2m 段 v_p 波速为 1460～2632m/s，在深度 15.2～15.4m 段 v_p 波速为 2564～2985m/s；BZK5 钻孔深度 8.0～20.0m 之间全孔平均纵波 v_p 波速为 3954m/s，其中有两段波速较低，分别是深度 8.2～8.4m 段 v_p 波速为 2410～3077m/s，深度 18.6～18.8m 段 v_p 波速为 3175～3333m/s；BZK4 钻孔深度 3.0～42.1m 之间全孔平均纵波 v_p 波速为 4163m/s，没有明显的低速段，心墙连续性较好。对心墙钻孔进行的孔内声波检测结果表明，混凝土心墙连续性较差，局部存在波速较低的部位。

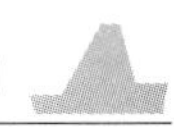

4. 钻孔检测

在心墙段取混凝土试件共10组进行混凝土抗压强度试验，其抗压强度最大值为33.6MPa，最小值为24.7MPa，平均值为28.7MPa。混凝土心墙体钻孔检测结果见表2.5.3。

表2.5.3 混凝土心墙体钻孔检测结果

钻孔编号	所处坝段	混凝土心墙钻孔检测特征
BZK4	大坝中部左侧	深度4.5m以后钻进不返水，下套管隔断后返水；深度2.2～42.1m为混凝土心墙，总体结构均匀完整，岩芯采取率90%左右，其中深度2.2～12.5m段岩芯呈长柱状，粗骨料较多，质较坚硬，混凝土岩芯表面光滑；深度12.5～35.7m段岩芯多呈柱状，质较均匀，粗骨料较少，砂浆不密实，混凝土岩芯表面粗糙，多蜂窝麻面。深度35.7～42.1m岩芯多呈柱状，粗骨料较多，质较坚硬。其中深度4.2～5.0m、12.5～13.5m、40.8～42.1m段砂浆质量较差，振捣不密实，岩芯为散块状，卵砾石骨料与砂浆胶结差
BZK5	大坝中部左侧	深度19.0m以后钻进不返水；深度2.2～20.0m为混凝土心墙，在深度2.2～12.0m总体结构完整，岩芯采取率约80%；深度12.0～20.0m总体均匀性较差，卵砾石骨料与砂浆胶结差，局部岩芯呈蜂窝状，混凝土质量差。在深度12.0～12.6m、17.0～20.0m砂浆质量较差，振捣不密实，岩芯采取率很低，多为散块状
BZK6	大坝中部左侧	深度12.7m后钻进不返水；深度2.2～39.5m为混凝土心墙，均一性较差。总体岩芯采取率为70%左右，大部分心墙段岩芯呈柱状—长柱状，强度较高。部分墙段强度较低，在深度6.3～7.3m、14.3～19.7m、21.7～25.0m段强度较低，岩芯呈碎块—岩粉状
BZK9	大坝中部	深度2.2～50.0m为混凝土心墙，均一性较差。其中深度2.2～10.0m段心墙质量较好，岩芯采取率约80%，一般呈柱状—长柱状。深度10.0～50.0m段砂浆质量较差，混凝土强度较低，岩芯多呈碎块—岩粉状，采取率极低

5. 钻孔全孔壁成像检测

对3个钻孔进行了全孔壁成像检测，其检测成果表明，不同部位混凝土心墙内存在横向和纵向裂缝。混凝土心墙体钻孔电视检测结果见表2.5.4。钻孔电视图片如图2.5.4所示，检测结果显示，混凝土心墙存在裂缝等质量缺陷[14]。

表2.5.4 混凝土防渗墙钻孔电视检测结果

钻孔编号	所处坝段	混凝土防渗墙钻孔电视检测情况
BZK4	大坝中部左侧	深度4.5m处有1条横向裂缝，宽2～6mm，充泥；深度36.9～39.0m有宽5～10cm宽缝，充泥
BZK6	大坝中部左侧	深度3.2m处有1条横向裂缝；深度3.5～4.5m有卵砾石间少砂浆，质量较差；深度14.3m处有1条横向裂缝，充泥，有空洞
BZK9	大坝中部	深度4.9m处有1条横向裂缝；深度15.0～15.8m有1条纵向裂缝，夹泥；深度17.5～26.1m有1条近垂直纵向裂缝；深度28.8～29.3m有1条纵向裂缝

2.5.4 某堆石坝混凝土防渗墙质量缺陷检测[15,16]

1. 工程概况

某水库大坝采用定向爆破填筑，坝体坝基未进行防渗处理，坝体堆积物为两岸爆破的碎块石、滚石夹少量碎土石，一般块径30～50cm，最大达5m以上，岩性主要为薄—中层状白云岩，其次为页岩、泥灰岩及硅质灰岩，呈强—弱风化，结构松散，架空十分明

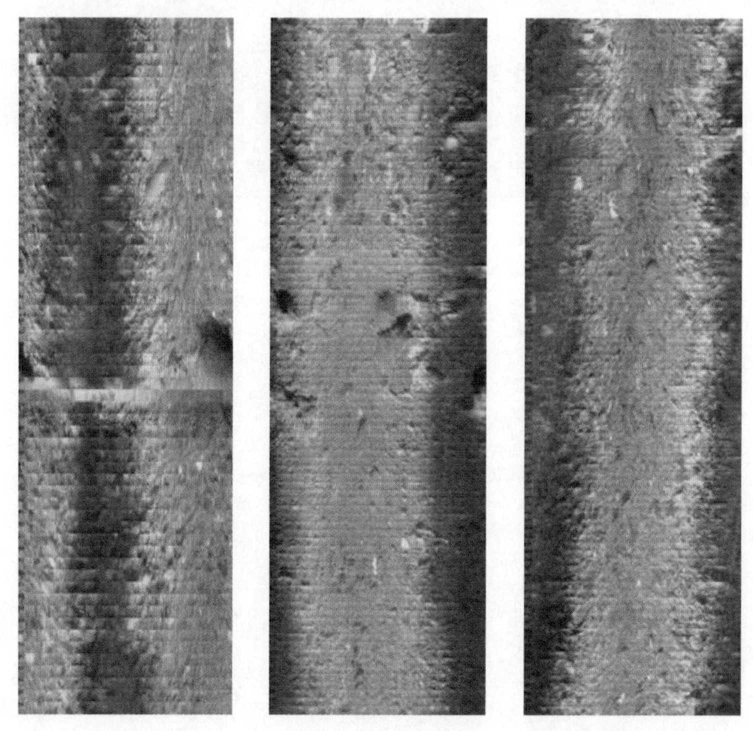

(a) BZK4 孔深 4.5m (b) BZK6 孔深 14.3m (c) BZK9 孔深 15.0～15.8m

图 2.5.4 混凝土防渗墙钻孔电视图

显。下伏河床分布第四系冲洪积砂卵砾石层，厚 2～5m，结构松散，在高水位时（水头 68.54m）大坝渗漏量达 $3.23m^3/s$，坝体渗漏严重。为减少对原爆破堆石坝两岸主、副爆破区渗漏处理的影响，同时减小在爆堆体中造孔防渗墙的深度，除险加固时的坝轴线布置在爆堆体下游位置，距离原坝轴线 82m，加高后最大坝高 85.20m。大坝防渗系统为坝体造孔浇筑混凝土和明浇加高混凝土防渗墙，同时对基础及两坝肩帷幕灌浆形成完整的防渗体系。

检测的防渗墙为大坝高程 1980m 以下造孔浇筑的混凝土防渗墙，桩号 0＋049.18～0＋137.38，长 88.2m，槽孔编号 TQ3～TQ16，防渗墙厚 0.8m，深 6.0～47.4m，混凝土防渗墙的主要设计标准为：$R_{28}\geqslant 10MPa$，弹性模量 $E=12000\sim 19000MPa$，渗透系数 $k\leqslant 1\times 10^{-7}cm/s$，密度不小于 $2.1g/cm^3$，允许渗透坡降大于 60。

根据《水利水电工程物探规程》（SL 326—2005）、《多道瞬态面波勘察技术规程》（JGJ/T 143—2004），分别采用声波法、多道瞬态面波法、垂直反射法、弹性波 CT 法等方法对混凝土防渗墙进行质量检测，然后综合分析评估防渗墙质量。

2. 跨孔声波透射法

跨孔声波透射法共检测了 40 个剖面，为了更好地评价其缺陷情况，每个剖面均采用平测、单斜测或双斜测等方式检测。剖面质量分类标准如下：①A，完好类，剖面内无异常测点，表明剖面完整；②B，基本完好类，检测剖面个别测点的声学参数异常，表明剖面有局部缺陷；③C，质量较差类，剖面连续多个测点的声学参数出现异常，表明墙体有明显缺陷；④D，质量差类，剖面连续多个测点的声学参数出现明显异常，表明墙体有较大范围的缺陷。

根据各点检测结果，参照剖面质量分类标准，剖面质量结果如下：①大部分剖面墙体质量基本完整，无缺陷，为A类，占检测剖面的77.5%；②部分剖面局部混凝土质量较差，波速、波幅低，波形畸变，为B类，占检测剖面的20%；③第84～85剖面、深度11～22m范围存在大范围异常，为C类，占检测剖面的2.5%；④墙顶1.0m以上混凝土质量普通较差，部分墙顶2m以上混凝土质量较差，应清除至完好的混凝土。

3. 弹性波CT法

弹性波CT是在超声波检测发现异常后，对异常部位作进一步检测，以进一步了解缺陷情况。弹性波CT检测成果见表2.5.5。

表2.5.5　　弹性波CT检测统计表

序号	孔号	孔间距	缺陷描述
1	57～74	25.5m	桩号0+093～0+094之间，深0～11m、28.5～30.5m处混凝土质量较差； 桩号0+101～0+103之间，深37～44m混凝土质量较差； 墙顶深1.5m范围内混凝土质量较差
2	84～89	7.5m	桩号0+125.25处，深11～22m附近混凝土质量较差； 桩号0+128～0+128.5之间，深10～11m混凝土质量较差； 桩号0+129.75处，深4.5～6.0m混凝土质量较差； 墙顶深2m范围内混凝土质量较差

4. 多道瞬态面波法

检测测线沿防渗墙中心线布置，接收道数为24道，道间距2m，排列长度48m。相邻两个排列重复40m（20道），每完成一个测点，排列向前移动8m。震源为锤击震源，采用单端两次激震工作模式，偏移距分别为2m和25m。剪切波速（横波）分布频度如图2.5.5所示。根据面波测试成果分析剪切波速的特征及分布，其检测结果如下：

（1）墙体剪切波速为800～1380m/s，呈正态分布，平均波速为1146m/s，标准差为65.6m/s，符合防渗墙混凝土材料的一般规律。根据有关规范，当速度临界值为780m/s，而墙体的剪切波速均在800m/s以上时，表明墙体中无大范围缺陷。

（2）根据波速判断，所检测的墙体深度均达到了设计深度。

（3）大多数墙段的波速呈现上低下高趋势，墙顶区域剪切波速较低，均在900m/s以下，表明墙顶的混凝土强度低于其他区域。

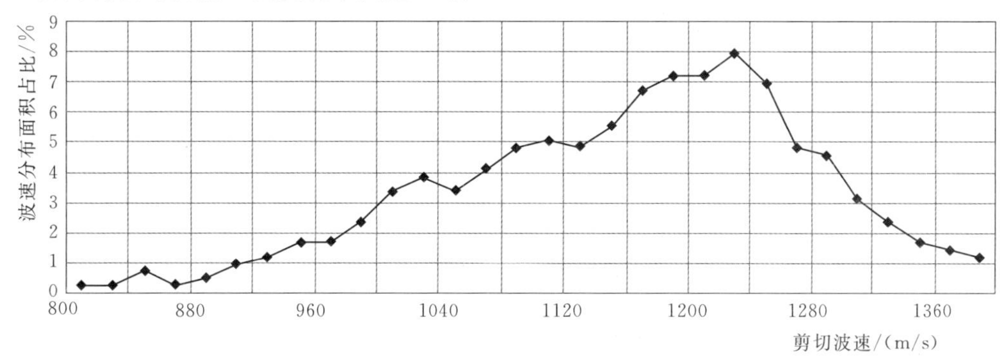

图2.5.5　剪切波速分布频度曲线

5. 垂直反射法

为了获取墙体混凝土的纵波速度，对墙身较浅的墙段进行了纵波测试。测试结果表明，墙体混凝土的波速为 2900～3200m/s。测段为 0＋049.18～0＋137.38，分析结果见表 2.5.6。检测时，混凝土墙体顶部未完全凿除到密实的混凝土部位；另外某些槽段浅部

表 2.5.6　　垂直反射波法测试分析统计表

桩号	检测深度/m	所在槽段	质量分析	桩号	检测深度/m	所在槽段	质量分析
0＋50.3	6.5	TQ3	浅部浮浆未净	0＋92.3	47.1	TQ10	质量完好
0＋51.8	7.1		浅部浮浆未净	0＋93.8	47.0		质量完好
0＋53.3	10.6		质量完好	0＋95.3	47.4		浅部混凝土质量差
0＋54.8	12.5		顶部混凝土质量较差	0＋96.8	47.4		浅部混凝土质量差
0＋56.3	12.3		质量完好	0＋98.3	47.3	TQ11	质量完好
0＋57.8	16.0		质量完好	0＋99.8	46.7		质量完好
0＋59.3	16.5		质量完好	0＋102	47.3		质量完好
0＋60.8	20.0	TQ4	质量完好	0＋103	44.6	TQ12	质量完好
0＋62.3	23.1		浅部混凝土质量较差	0＋105	46.3		质量完好
0＋63.8	30.0		质量完好	0＋106	42.5		质量完好
0＋65.3	33.3	TQ5	质量完好	0＋108	44.0		质量完好
0＋66.8	33.8		顶部混凝土质量较差	0＋109	40.6	TQ13	浅部混凝土质量差
0＋68.3	35.3		顶部混凝土质量较差	0＋111	38.6		质量完好
0＋69.8	36.3		顶部混凝土质量较差	0＋112	37.6		浅部混凝土质量差
0＋71.3	37.5	TQ6	质量完好	0＋114	40.1		质量完好
0＋72.8	38.6		顶部混凝土质量较差	0＋115	34.4	TQ14	质量完好
0＋74.3	39.0		顶部混凝土质量较差	0＋117	32.0		质量完好
0＋75.8	40.2		质量完好	0＋118	31.4		质量完好
0＋77.3	41.7	TQ7	顶部混凝土质量较差	0＋120	33.9		质量完好
0＋78.8	41.7		质量完好	0＋121	27.0	TQ15	质量完好
0＋80.3	42.5		质量完好	0＋123	25.0		质量完好
0＋81.8	43.6		质量完好	0＋124	23.0		浅部混凝土质量差
0＋82.5	45.7	TQ8	质量完好	0＋126	19.0		浅部混凝土质量差
0＋83.3	46.5		质量完好	0＋127	16.5		浅部混凝土质量差
0＋84	45.7		质量完好	0＋129	15.2	TQ16	质量完好
0＋84.8	47.5		质量完好	0＋130	13.1		质量完好
0＋86.3	47.2	TQ9	质量完好	0＋132	12.5		质量完好
0＋87.8	47.0		质量完好	0＋133	10.7		质量完好
0＋89.3	47.6		浅部混凝土质量较差	0＋135	9.3		质量完好
0＋90.8	47.2		质量完好				

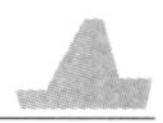

混凝土有缺陷，使曲线复杂，后来通过增加锤垫和改换力棒等方法，调整了锤击装置，取得了良好效果。检测结果表明，大部分槽段混凝土浇筑质量较好，较差部分墙段墙体顶部混凝土质量较差，分析其原因可能为，当浇筑到浅部时，泥浆比重较大，混凝土浮力不足，易产生局部夹泥现象。

6. 高密度地震映像法

对部分防渗墙墙顶进行了高密度地震映像法波速测试。波速测试结果表明，墙体的纵波速度为2860～2930m/s，平均纵波速度为2900m/s，大多数墙段在墙底正常反射时间范围之内，均有一个明显的连续性较好的反射信号；部分墙段墙顶混凝土松软，使弹性波传播困难，波形呈现低频振荡；部分墙段在反射波信号墙底反射以前存在掩盖墙顶反射的现象，表明存在缺陷反射[17]。测试结果见表2.5.7。

表2.5.7　　地震映像法检测缺陷统计表

序号	桩　号	检　测　情　况
1	0+071	墙顶区域混凝土松软
2	0+072	深12.8m处轻微缺陷
3	0+073	深12.2m处轻微缺陷
4	0+083	深20.0m处轻微缺陷
5	0+096.5～0+099.5	墙顶区域混凝土松软
6	0+098	深16.6m处轻微缺陷
7	0+101	深13.0m处轻微缺陷
8	0+102.5	深9.8m处轻微缺陷
9	0+107	墙顶区域混凝土松软
10	0+116	深14.3m处轻微缺陷
11	0+122～0+129.5	墙顶区域混凝土松软

7. 结论

通过上述多种方法检测，进行综合研究分析，认为某水库堆石坝混凝土防渗墙质量总体良好，部分墙段的墙顶混凝土松软或混凝土质量较差，墙顶1～2m高度范围内混凝土需凿除重新浇筑。

2.6 粗粒料取样与钻孔可视化技术

堆石坝坝体多采用块石或砂砾料等材料填筑而成，对堆石坝病险检测和安全诊断，钻探是最直接和有效的手段，因此需要进行必要的钻探。其主要难点是这种粗粒料物质结构松散，钻进中容易出现孔内漏失，冲洗液无法循环、孔壁失稳、缩径，钻进困难，取芯过程中岩芯易被冲蚀、磨损，取芯获得率很低，难以取到原状样进行检测试验。

为解决粗粒料钻孔取样难题，利用现代钻孔机械、数字化成像及物探等技术，从粗粒料层钻进工艺、取芯、孔内摄像、快速物理探测等方面进行进行研究，形成独具特色的粗粒料取样与可视化综合勘探技术。

2.6.1　钻具

针对复杂地层及粗粒料钻探与取样，选用合适的钻探器具，主要有：ϕ130mm 金刚石单动双管钻具、ϕ130mm 合金双管内管超前钻具、SDBϕ114mm 金刚石单动双管钻具、SBDϕ114mm 金刚石半合管式双管钻具、ϕ101mm 薄壁型金刚石单动双管钻具、孔底局部反循环单管钻具、干烧式单管钻具等，各钻具总体性能特点如下：

（1）ϕ130mm 金刚石单动双管钻具。ϕ130mm 金刚石单动双管钻具为内、外双管结构，配套普通金刚石钻头。钻进时内管不转动，起到保护岩芯作用，但钻头不太适应粗粒料，岩芯不易卡取，钻进效率较低，取芯效果不太好，钻头寿命低。此钻具比较适用于较破碎的基岩地层，不太适用于粗粒料，特别是砂卵石土层。

（2）ϕ130mm 合金双管双动内管超前钻具。ϕ130mm 合金双管双动内管超前钻具为内管外管各自配套单管合金钻头，内管超前外管长度可调。钻进时内管外管均回转破岩，通过调节内管超前长度使内管隔水，起到保护岩芯不被冲蚀作用。但易堵钻，进尺短，钻头不适应硬岩类粗粒料。钻进效率低，特别是砂卵石层易堵钻，钻头寿命低。适用于软岩类土层，不适用于砂卵石、碎块石类粗粒料。

（3）SDBϕ114mm 金刚石单动双管钻具、SBDϕ114mm 金刚石半合管式单动双管钻具。采用特制粗粒料金刚石钻头，钻进时与植物胶循环液配套，两种钻具结构基本相同，都是双管单动形式，不同的是后者内管为半合管形式，取岩芯时可通过打开半合管取出管内岩芯，避免取出岩芯时的人为破坏。钻具单动性较好，起到保护内管岩芯的作用，特制钻头比较耐冲击、耐磨损，较适应粗粒料。但钻头壁较厚，进尺较慢；不太适应较大卵石及块石地层。可兼顾一般粗粒料的钻进与取芯效果，与植物胶配合使用，钻具与钻头的基本性能较为适应粗粒料。

（4）ϕ101mm 薄壁型金刚石单动双管钻具。采用国外进口的内管材料，与外管的间隔尺寸减小，使得钻头壁较薄，利于钻进刻岩；钻进效率较高，但钻头寿命较短，单动性一般，不太适应砂卵石土层。

（5）孔底局部反循环单管钻具。此钻具冲洗液循环形式为孔底局部反循环，单管式，在砂层、细砾石类层位取芯率较高。但易堵钻、回次进尺较短，钻头寿命较短，取芯率虽高但易失去原级配状，回次进尺短，每钻需一个钻头。可作为砂层捞孔内沉淀的方法，不适应砂卵石、块石类粗粒料。

（6）干烧式单管钻具。此钻具结构为单管式，采用无冲洗液循环，干烧钻进；取芯率较高，原级配状较好。但在纯砂石层易堵钻；较好保持岩芯原级配状，取芯率高，在含泥质粗粒料钻进效率与取芯效果较理想，对操作技术有一定要求，较适应一般粗粒料特别是含泥质粗粒料。

2.6.2　固壁泥浆和冲洗液

固壁泥浆和冲洗液影响取芯效果，可选用植物胶、黏土粉、黏性土等制作泥浆和冲洗液。

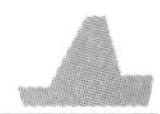

1. 植物胶

植物胶是由胶质含量较高的植物经特别加工成的一种粉状物，按一定比例与水充分搅拌配制成液体，通过调整植物胶的加入量达到不同的液体黏度等液体性能，可具有很浓的液体黏度、润滑性好、减阻与携粉能力强，较常用作钻孔冲洗液，适用于不同的复杂地层。

因植物胶冲洗液具备较好的黏度、润滑性、减阻性好、携粉能力强等特性，作为钻孔冲洗液，既有一定的堵漏护壁作用，又可在岩样周围形成一层薄膜保护岩芯，从而提高取芯率；具有较好的排粉、润滑、减阻、护壁、护芯等功能。植物胶成本较高，对于较大漏失地层堵漏效果较差，气温较高时植物胶液易变质失效。

植物胶冲洗液携粉能力强，孔内干净、沉淀少；胶状液体可保护岩芯不受冲蚀，较好保持岩样的原颗粒级配，取芯率高；减阻作用好，钻进阻力小；除较大漏失或架空地层，一般地层堵漏效果良好。成本较高、较适应一般性漏失的粗粒料。

2. 黏土粉

黏土一般分为高岭土类、蒙脱土类和伊利土类，具有较好的亲水性、分散性、稳定性、可塑性和黏着性，经厂家特别加工成一种粉粒状黏土粉，黏粒含量不少于40%～50%、含砂量少于5%、塑性指数大于14；将黏土粉按一定比例掺入碱与水搅拌配制成一定浓度的液体，具有较好的护壁、堵漏、携粉及护芯的作用，故较常用作钻孔冲洗液，适用于不同的复杂地层。

因黏土粉冲洗液具备较好护壁堵漏与保护岩芯等方面的性能，作为钻孔冲洗液，可起到防止孔壁坍塌、减少循环液漏失、提高取芯率的作用。不同厂家生产的黏土粉性能一般不太稳定，使用效果可能不同。

黏土粉冲洗液护壁堵漏能力强，通过调节浓度可解决一般及较大漏失地层的冲洗液循环问题，还可一定程度提高取芯率。目前部分厂家生产的黏土粉产品质量不稳定，出现不出浆或出浆量低、易沉淀、易分离等情况，影响使用中钻孔的护壁堵漏所需。高质量的黏土粉冲洗液较适应需护壁堵漏的各类粗粒料。

3. 黏性土

生产厂家加工黏土粉的原材料就是黏性土，因此可以用性能合适的黏性土来替代黏土粉产品，加入适量烧碱与水搅拌配制冲洗液，其性能达到甚至超过厂家的黏土粉产品，可以替代高质量黏土粉产品。

黏性土能达到堵漏、防止孔壁坍塌，提高取芯率的作用，而且质量性能稳定，运输与储存较黏性粉容易；不因气温高变质，同时也降低了生产成本。配制时需加入一定量的碱并放置一段时间再使用。黏性土冲洗液护壁堵漏能力强，可解决一般及较大漏失地层的冲洗液循环问题，还可一定程度提高取芯率。现场材料黏性土冲洗液可适应需护壁堵漏的各类粗粒料。

2.6.3 原状取样

针对地层特性和现有取样器在使用过程中出现的问题研发的ϕ130mm和ϕ110mm两种口径的单管式锤击取样器，经过试用和改进，又研制出ϕ130mm和ϕ110mm双管内筒式锤击取样器，大大提高其生产实用性和地层适应性。这种取样器的主要特点是地层适应性较广，能将 ϕ90mm 以下小粒径的砂卵石层、砂砾石层、小块石夹砂层、小块石夹泥层、砾石夹泥层等锤击装入内管样筒中，对岩样扰动较小，能够保持岩样原级配和原状结构，满足地质勘探和试验要求。

2.6.4　粗粒料钻孔可视化探测

为便于孔内彩色电视摄像，护壁套管选用透明度高、性能稳定的透明套管，透明套管口径可为与钻孔口径相匹配的 ϕ130mm、ϕ110mm、ϕ90mm，壁厚 7～8mm，便于加工连接丝扣。

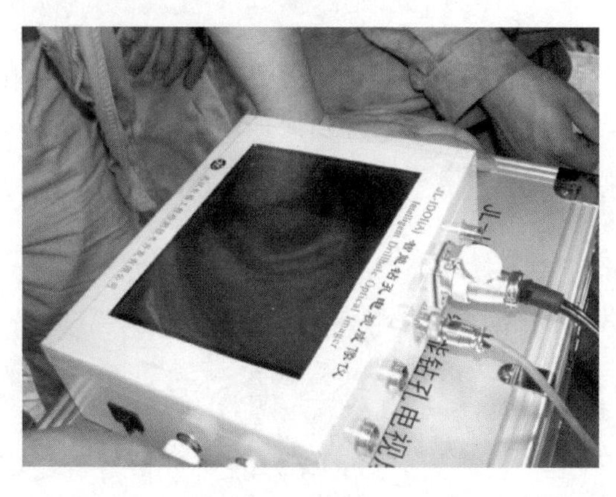

图 2.6.1　高清数字智能钻孔电视成像仪

钻孔和摄像分段方式可根据粗粒料深度与采用的循环介质情况进行选择。钻孔孔深较浅、清水作为循环液时，可采用从上至下的分段方式；钻孔较深、泥浆作为循环液时，采用从下至上的分段方式。条件允许情况下，可采取先从上至下分段实施摄像、终孔后从下至上再次进行分段补充实施摄像。新一代高清数字钻孔电视，可达 130 万像素，图像清晰度高、图像颜色还原度逼真，显示的信息精确，如图 2.6.1 所示。

参 考 文 献

[1] 杜国平. 同位素示踪技术探测水库渗漏路径 [J]. 江苏农业学报，1998，14 (1)：56-59.

[2] 谭界雄，王秘学，蔡伟，等. 水库大坝水下加固技术 [M]. 武汉：长江出版社，2015.

[3] 谭界雄，杜国平，高大水. 声呐探测白云水电站大坝渗漏点的应用研究 [J]，人民长江，2011，12 (43)：36-37.

[4] 杜国平，周和清，等. 内蒙古霍林河水库沥青混凝土心墙砂壳坝渗流声呐检测与应用 [C]. 中国水利学会 2012 学术年会论文集，2012 (11).

[5] 张智，刘雪峰，等. 测定堆石体密度的附加质量法的实验研究 [J]. 人民长江，2013，28 (1)：498-506.

[6] 楼加丁. 面板堆石坝中的堆石体密度测试的研究 [J]. 贵州水力发电，2003，15 (3)：64-67.

[7] 孙继增，高凤龙，奚美芳. 表面波无损在十三陵堆石坝填筑质量检测中的应用 [J]. 水利水电技术，1994 (8)：42-46.

[8] SL 275—2001 核子水分—密度仪现场测试规程.

[9] SL 275.2—2001 深层型核子水分—密度仪现场测试规程.

[10] 长江勘测规划设计研究有限责任公司，中国水电基础局有限公司，南京水利科学研究院. 广西磨盘水库复合堆石坝加固技术研究与实践 [R]. 2012.

[11] CECS 21：2000 超声法检测混凝土缺陷技术规程.

[12] 陈磊，刘方文，戴前伟，等. 水工混凝土质量无损检测技术研究进展 [J]. 工程地球物理学

报，2006，3（4）：325－328.

［13］ SL 326—2005 水利水电工程物探规程.

［14］ 谭界雄，高大水，周和清，等. 水库大坝加固技术［M］. 北京：中国水利水电出版社，2011.

［15］ 谢庆明. 爆破堆石坝混凝土防渗墙质量无损检测技术应用［J］. 人民长江，2015，46（8）：79－86.

［16］ 孟凡华，季海元. 爆破堆石坝建造混凝土防渗墙施工技术实例剖析［J］. 黑龙江水利科技，2010，38（1）：54－55.

［17］ 刘云祯. 工程物探新技术［M］. 北京：地质出版社，2006.

第3章 混凝土面板堆石坝加固

3.1 概述

3.1.1 混凝土面板堆石坝发展概况

混凝土面板堆石坝是近30年来迅速发展起来的一种坝型，是以碾压堆石体为支撑结构，以上游面的混凝土面板（包括趾板和趾板下部的帷幕灌浆）为防渗体的堆石坝。其主要技术特征是：薄层振动碾压、半透水级配垫层、薄趾板、面板滑模施工、多道分缝止水和新型止水材料等。由于现代面板堆石坝具有较优的安全性、经济性和地基适应性，使其迅速成为一种富有竞争力的新坝型，得到广泛的推广应用。

早期的面板堆石坝在19世纪末、20世纪初就开始出现，第一座面板堆石坝为1895年建成的美国加州察凡·派克（Chatworth Park）坝，坝高13m。该时期面板堆石坝采用厚层抛填辅以高压冲洗的方法。1925年美国建成的坝高84m的狄克斯河（Dix Rivre）坝密度不高，1931年建成的100m的美国盐泉（Salt Spring）坝为该时期混凝土面板堆石坝的典型代表，但由于是采用抛填式填筑坝体，蓄水后变形量大，面板裂缝及接缝张开而发生严重渗漏。20世纪50年代这种坝型的发展一直处于停滞状态。60年代中期，随着大型振动碾的应用，以薄层碾压堆石代替抛填堆石等一系列新的技术发展，混凝土面板堆石坝再度得到重视，特别是以1971年澳大利亚坝高110m塞沙纳工程为代表的堆石坝成功建设，奠定了现代意义混凝土面板堆石坝的设计特征与基础，有力推动了混凝土面板堆石坝的发展。澳大利亚相继建设了小帕拉（Little Para）坝（1977年，坝高54m）、马琴托士（Mackintosh）坝（1981年，坝高75m）、利斯（Reece）坝（1986年，坝高122m）等一批混凝土面板堆石坝。20世纪80年代，巴西建成的坝高160m的阿里亚工程，当时被认为是面板堆石坝新的里程碑工程，标志着具有现代意义的混凝土面板堆石坝筑坝技术的成熟[1]。目前全世界范围内业已建设现代意义的混凝土面板堆石坝640余座，发展迅速。

中华人民共和国成立后我国修建了一批早期的混凝土面板堆石坝。其基本特点是大坝下游坡等于或略缓于堆石自然休止角，坝的迎水面设钢筋混凝土面板，面板下游设置一部分干砌石体。这类面板堆石坝的代表主要为磨盘水库（坝高61m）、百花水库（坝高47m）、南山水库（坝高49m）等10多座堆石坝。

我国运用现代技术修建混凝土面板堆石坝始于20世纪80年代中期，其中以1985年开工建设的湖北西北口面板堆石坝（坝高95m）和1988年率先建成的关门山面板堆石坝（坝高58.5m）为代表，并在全国得到快速发展。据不完全统计，目前我国已建混凝土面板堆石坝达300多座，特别是已建成世界上最高的水布垭面板堆石坝，最大坝高233m，

表明我国混凝土面板堆石坝筑坝技术水平已经居于世界领先地位[2]。图 3.1.1 反映了截至 2013 年，世界各国坝高超过 70m 的已建面板堆石坝数量统计，其中中国有 142 座，占到 43.7%，这也说明面板堆石坝在我国得到迅猛发展。表 3.1.1 为全世界范围按坝高前 30 位已建和在建混凝土面板堆石坝的特征指标表，其中中国有 15 座，占到半壁江山。

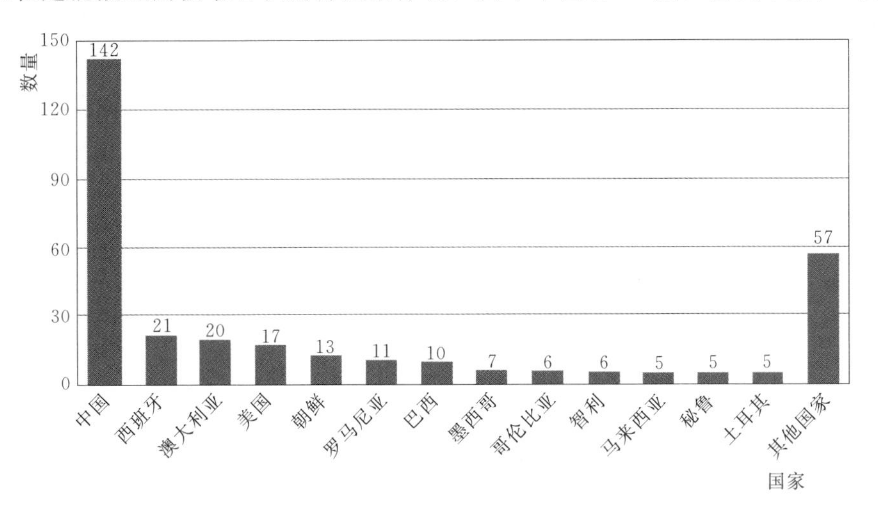

图 3.1.1 各国已建坝高超过 70m 的面板堆石坝数量统计图（截至 2013 年）

表 3.1.1 世界坝高前 30 位混凝土面板堆石坝

序号	坝　名	国家	坝高 /m	建成年份	大坝体积 /$\times10^3m^3$	库容 /$\times10^6m^3$
1	水布垭（Shuibuya）	中国	233	2008	16700	4700
2	那摩那岗（NamNgum）	老挝	220	2005	—	—
3	巴昆（Bakun）	马来西亚	205	2009	17000	360
4	肯柏诺沃（CamposNovos）	巴西	202	2006	12500	1480
5	卡拉黑乌卡（Karahyukar）	冰岛	198	2008	850	2260
6	索格莫索（Sogamoso）	哥伦比亚	190	2002	—	—
7	艾卡作恩（ElCajon）	墨西哥	189	2007	10500	1604
8	阿瓜密尔帕（Aguamilpa）	墨西哥	187	1993	12700	2500
9	三板溪（Sanbanxi）	中国	186	2006	994	41.7
10	巴拉格兰德（BarraGrande）	巴西	185	2006	12	—
11	马扎（Mazar）	厄瓜多尔	185	2008	5000	—
12	洪家渡（Hongjiadu）	中国	179.5	2006	9030	49.5
13	天生桥一级（TianshengqiaoNo.1）	中国	178	2000	18000	10260
14	卡基娃（Kajiwa）	中国	171	2014	—	375
15	响水涧（Xiangshuijian）	中国	162.4	2012	2640	16.6
16	滩坑（Tankeng）	中国	162	2009	10000	3530
17	雅肯布（Yacambu）	委内瑞拉	162	1996		435

续表

序号	坝　　名	国家	坝高 /m	建成年份	大坝体积 /×10^3m^3	库容 /×10^6m^3
18	阿里亚（FozdoAreia）	巴西	160	1980	14000	5100
19	龙背湾（longbeiwan）	中国	158.3	2014		830
20	吉林台（Jilingtai）	中国	157	2006	9200	24.4
21	紫坪铺（Zipingpu）	中国	156	2006	11670	1080
22	巴山（Bashan）	中国	155	2008	—	316.5
23	梨园（liyuan）	中国	155	2014		727
24	马鹿塘（Malutang）	中国	154	2010	—	546
25	辛戈（Xingo）	巴西	151	1994	12690	3800
26	董箐（Dongqing）	中国	150	2009	5900	958
27	新国库（NewExchequer）	美国	150	1966	3952	1266
28	培昆里（PaiQuere）	巴西	150	2008	—	—
29	萨尔瓦欣纳（Salvajina）	哥伦比亚	148	1983	4100	906
30	龙首二级（longshou2）	中国	147	2004	2530	86.2

混凝土面板堆石坝的发展，正如现代意义面板堆石坝始祖库克（Cook）先生 2000 年在北京召开的国际面板堆石坝专题会议上说的："面板堆石坝的中心从美国转移到澳大利亚，现在则转移到了巴西和中国。"

混凝土面板堆石坝在我国虽然起步较晚，但无论从建坝数量，还是坝高的突破，都实现了跨越式发展。在高面板堆石坝建设中，我国在较短的时间内即实现了 100m 级向 200m 级的跨越，目前已成为世界上面板堆石坝总数量最多、坝高超过 100m 的数量（63 座）也最多的国家。表 3.1.2 为我国已建、在建 18 座坝高 150m 以上混凝土面板堆石坝特征指标。

表 3.1.2　　我国的混凝土面板堆石坝特征指标（坝高大于 150m）

序号	坝名	位置	河流	坝高 /m	大坝体积 /×10^6m^3	面板面积 /×10^3m^2	库容 /×10^6m^3	装机容量 /MW	建成年份
1	水布垭	湖北	清江	233	15.26	138.4	4580	1600	2009
2	猴子岩	四川	大渡河	223.5		60	706	1700	在建
3	江坪河	湖北	溇水	219			1406	450	在建
4	三板溪	贵州	清水江	185.5	9.61	94.1	4090	1000	2008
5	洪家渡	贵州	六冲河	179.5	9.03	72	4947	540	2006
6	天生桥一级	贵州	南盘江	178	18	173	10257	1200	2000
7	卡基娃	四川	木里河	171			375	452.4	在建
8	平寨	贵州	三岔河	162.7			1089	140.2	在建
9	响水涧	安徽		162.4	2.64		16.6	1000	2012
10	滩坑	浙江	小溪	162	9.8	95	4190	600	2009

续表

序号	坝名	位置	河流	坝高/m	大坝体积/×10⁶m³	面板面积/×10³m²	库容/×10⁶m³	装机容量/MW	建成年份
11	溧阳抽蓄	江苏		161			14.1	1500	在建
12	龙背湾	湖北	官渡河	158.3		81.7	830	180	2014
13	吉林台	新疆	喀什河	157	9.2	74	2530	460	2005
14	紫坪铺	四川	岷江	156	11.8	132	1080	760	2006
15	巴山	重庆	任河	155			315	140	2009
16	梨园	云南	金沙江	155			727	2400	在建
17	马鹿塘二期	云南	盘龙河	154				300	2010
18	董箐	贵州	北盘江	149.5			955	880	2009

纵观30多年的发展，我国混凝土面板堆石坝具有以下几方面的特点：

(1) 建坝数量多。据统计，在目前全世界已建、在建的约640座混凝土面板堆石坝中，我国约为300座，占比约为47%。

(2) 坝高突破快。我国1982年建成第一座现代意义的柯柯亚坝（高41.5m），1985年开建第一座坝高超过70m的西北口面板堆石坝（高95m），1998年建成第一座坝高超过100m的白云面板堆石坝，再到2009年建成第一座坝高超过200m的水布垭面板堆石坝（世界上已建最高的混凝土面板堆石坝）。此外，尚有一批300m级超高面板堆石坝正在规划设计之中。图3.1.2为国内外面板堆石坝坝高发展趋势图。

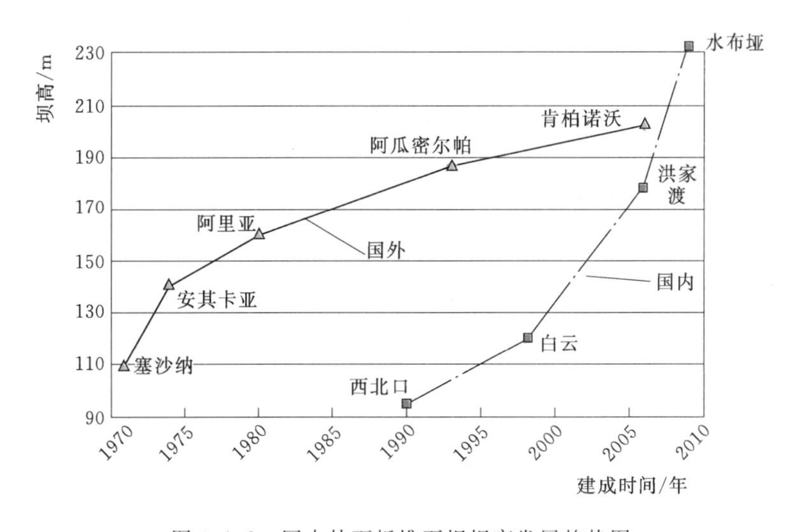

图3.1.2 国内外面板堆石坝坝高发展趋势图

(3) 高坝比例大。据不完全统计，在我国已建在建近300座面板堆石坝中，坝高超过70m的达140余座，占比40%以上。自新中国成立以来我国已建、在建各类坝型中坝高超过100m的数量为216座，而面板堆石坝占63座，占比达三成；特别是这些高面板堆石坝基本上都是2000年左右或之后建设，约占同期100m以上大坝数量的50%，占据了突出地位。

我国已建、在建超过200m的超高坝16座（全球74座，其中1995年以后建设38座），而混凝土面板堆石坝占4座，表3.1.3为我国坝高超过200m的大坝特征指标。

表3.1.3　　　　我国坝高超过200m的大坝特征指标表

序号	工程名称	所在地	坝型	坝高/m	建成年份
1	锦屏一级	四川	混凝土拱坝	305	2014
2	两河口	四川	土质心墙堆石坝	295	在建
3	小湾	云南	混凝土拱坝	294.5	2013
4	溪洛渡	四川	混凝土拱坝	284.5	在建
5	糯扎渡	云南	土质心墙堆石坝	261.5	2014
6	拉西瓦	青海	混凝土拱坝	250	2010
7	二滩	四川	混凝土拱坝	240	2000
8	长河坝	四川	土质心墙堆石坝	240	在建
9	水布垭	湖北	面板堆石坝	233	2009
10	构皮滩	贵州	混凝土拱坝	232.5	2012
11	猴子岩	四川	面板堆石坝	223.5	2015
12	江坪河	湖北	面板堆石坝	219	在建
13	玛尔挡	青海	面板堆石坝	211	在建
14	大岗山	四川	混凝土拱坝	210	在建
15	黄登	云南	碾压混凝土重力坝	203	在建
16	光照	贵州	碾压混凝土重力坝	200.5	2007

（4）地域分布广。我国已建在建混凝土面板堆石坝分布于全国29个省（市、自治区），建坝10座以上的有浙江、湖北、云南、新疆、重庆、四川、贵州、甘肃等，约占全国总数的70%以上；其中浙江最多，有近50座。

（5）建坝环境复杂。鉴于我国特有的地理环境，混凝土面板堆石坝建设环境十分复杂，目前东西南北中都有，特别是在高寒、高海拔、高地震烈度区，均有混凝土面板堆石坝建设。最寒地区面板堆石坝是坝高71.8m的莲花台大坝，极端最低气温－45.2℃；海拔最高的是查龙面板堆石坝，海拔4388m；高地震烈度区最高的是坝高157m的吉林台一级，抗震设计烈度为Ⅸ度。

3.1.2　我国面板堆石坝运行现状

根据收集到的有关资料，国外混凝土面板堆石坝大多表现较好的运行状态，但也有相当数量的大坝，特别是一些高坝，出现了诸如面板结构损伤乃至破坏，大坝渗漏量大等问题，不得不进行加固修复处理。表3.1.4为国外部分出现严重渗漏的高面板堆石坝及其处理方式与效果的统计表。

表 3.1.4 国外部分出现严重渗漏的高面板堆石坝及其处理方式与效果的统计表

工程名称	地域	建成年份	坝高/m	坝顶长度/m	面板面积/$\times10^3m^2$	破坏型式	总渗漏量/(L/s) 最大渗漏量	总渗漏量/(L/s) 处理后渗漏量	处理方式
肯柏诺沃(CamposNovos)	巴西	2006	202	592		面板挤压与剪切破坏	1300	600	放空处理
巴拉格兰德(BarraGrangge)	巴西	2006	185	665	108	面板挤压破坏	1280		
伊塔	巴西	1999	125	881	110		1700	380	
伊塔佩比	巴西	2002	120	583	67		902	127	
塞格雷多	巴西	1993	145	720	92		390	45	水下抛填处理
辛戈(Xingo)	巴西	1994	151	850	122	左岸面板拉伸性结构裂缝	210	100	
安其卡亚(AltoAnchicaya)	哥伦比亚	1974	140	240	22.3	周边缝变形过大	1800	180	放空处理
格里拉斯(Golilas)	哥伦比亚	1978	127	120	14.3	周边缝变形过大	1080		放空处理
							650	200	
谢罗罗(Shiroro)	尼日利亚	1984	125	1400	50		1800		抛砂淤填
							500	100	
新国库(NewExchequer)	美国	1985	150			坝体沉降大	140000	50	
帕拉德拉(Paradela)	葡萄牙	1958	112	600	55	面板破坏，止水损坏	1750	25	放空处理
默霍尔(Mohale)	莱索托	2000	145	600		面板挤压破坏	600	48	

由表 3.1.4 可见，国外一定数量的面板堆石坝，特别是高坝，其渗漏量远超过了一般认为可接受的 500～800L/s，表明大坝出现了较严重渗漏问题。

我国混凝土面板堆石坝发展迅速，从已建的混凝土面板堆石坝观测资料看，大都表现出了良好或较好的运行性状。特别是 2009 年建成的世界上最高的水布垭混凝土面板堆石坝，坝高 233m，自蓄水以来，运行状态良好，渗漏量稳定。在表征混凝土面板堆石坝运行状态的各项数据中，大坝的渗漏量是反映大坝状态最重要的综合性特征的指标。表 3.1.5 为我国部分混凝土面板堆石坝运行渗漏量的统计表。我国混凝土面板堆石坝在总体运行良好的同时，毋庸讳言，确有一些大坝也出现了问题，乃至严重的问题，极个别的面板堆石坝还导致了大坝溃决，造成了重大的损失。表 3.1.6 为我国部分出现严重渗漏的高面板堆石坝及其处理方式与效果的统计表。

表 3.1.5　　　我国部分高混凝土面板堆石坝渗漏量统计表

序号	坝名	位置	河流	坝高/m	大坝体积/$\times10^6m^3$	面板面积/$\times10^3m^2$	库容/$\times10^6m^3$	装机容量/MW	建成年份	渗漏量/(L/s)
1	水布垭	湖北	清江	233	15.26	138.4	4580	1600	2009	40
2	三板溪	贵州	清水江	185.5	9.61	94.1	4090	1000	2008	303
3	洪家渡	贵州	六冲河	179	9	75.1	4590	600	2006	59
4	天生桥一级	贵州	南盘江	178	18	173	10257	1200	2000	150
5	滩坑	浙江	小溪	162	9.8	95	4190	600	2009	80
6	吉林台	新疆	喀什河	157	9.2	74	2530	460	2005	278
7	紫坪铺	四川	岷江	156	11.8	132	1080	760	2006	51
8	马鹿塘二期	云南	盘龙河	154				300	2010	223
9	龙首二级	甘肃	黑河	146	2.53	26.4	86	157	2006	76.5
10	甲岩	云南	普渡河	144			185	240	2015	1677
11	普西桥	云南	阿墨江	140			531	190	2014	1870
12	九甸峡	甘肃	洮河	136.5			943	300	2008	68
13	布西	四川	雅砻江鸭嘴河	135.8	3.25	37	236	20	2011	1925
14	龙马	云南	把边江	135			590	240	2008	125
15	公伯峡	青海	黄河	132.2	4.53	58	692	1500	2006	7
16	乌鲁瓦提	新疆	喀拉喀什河	132	6.06	72.2	347	60	2000	3

湖南株树桥面板堆石坝和白云水库面板堆石坝为国内面板堆石坝的渗漏处理的典型案例。湖南株树桥面板堆石坝最大高度 78m，1990 年 11 月下闸蓄水后就出现渗漏，且逐年增加，1999 年 7 月渗漏量已超过 2500L/s。长江勘测规划设计研究院通过水下电视检测发现，多块面板下部塌陷、折断，甚至形成孔洞，大坝安全所依托的防渗体系已发生严重破坏，随即放空水库对大坝进行了全面的检查与处理。经分析，株树桥面板堆石坝破坏的主要原因是坝体不均匀变形及止水缺陷导致两岸周边缝及 L8 与 L9 的垂直缝止水失效而出现渗漏，又由于垫层料级配不良，加之过渡料不合格，不能对垫层料起到反滤保护作用，垫层料在长期渗流作用下出现渗透破坏，细料流失导致面板脱空，从而加剧面板与接缝变形，面板与止水破坏更趋严重，渗漏量逐渐加大。如此恶性循环，最终导致大坝防渗体系出现严重的破坏[3]，面板破损情况如图 3.1.3 所示。2001 年处理完成后，渗漏量一直稳定在 10L/s 以内，运行状态良好。

表 3.1.6　　我国部分出现较严重缺陷的面板堆石坝及其处理方式与效果统计表

工程名称	位置	建成年份	坝高/m	坝顶长度/m	面板面积/$\times10^3m^2$	破坏型式	总渗漏量/(L/s)		处理方式
							最大渗漏量	处理后渗漏量	
株树桥	湖南	1990	78	245	23.3	面板破坏，止水损坏	2500	10	放空处理
白云	湖南	1998	120	200	24.4	面板破坏	1240	30	放空处理

续表

工程名称	位置	建成年份	坝高/m	坝顶长度/m	面板面积/$\times 10^3 m^2$	破坏型式	总渗漏量/(L/s)		处理方式
							最大渗漏量	处理后渗漏量	
普西桥	云南	2014	140	450	53.75	垂直缝挤压破坏	1870		降低水位，抛填淤堵及基础灌浆
布西	四川	2011	135.8	271	37	施工缝破坏	1925	100	降低水位修补
天生桥一级	贵州	2000	178	1104	172.7	垂直缝挤压破坏	150	80	水下修补
三板溪	贵州	2008	185.5	423.75	94.1	面板挤压破坏	303	138	水下修补
紫坪铺	四川	2006	156		127	面板挤压破坏（地震）			降低水位处理
茄子山	云南	1999	106		26.4	趾板基础破坏	1170		放空处理
磨盘	广西	1977	61	92.6		坝体变形	880	1	放空处理

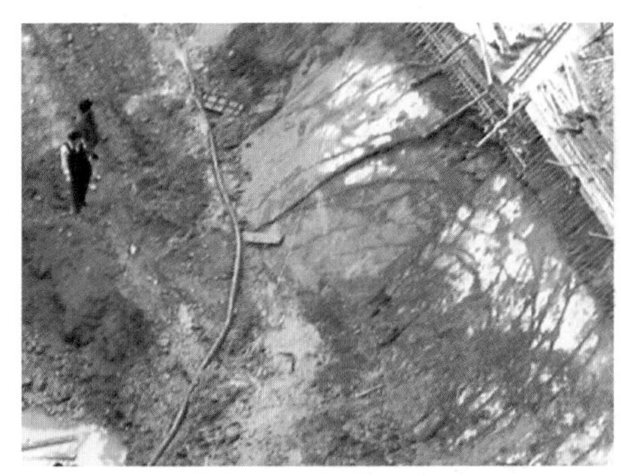

图 3.1.3　面板塌陷破损

湖南白云水库面板堆石坝，最大坝高 120m，大坝上、下游坡比均为 1∶1.4。1998 年 12 月下闸蓄水后的 10 年里，大坝渗漏量在正常值范围内；2008 年 5 月后渗漏量开始加大，达到 104L/s；2009 年 8 月达 500L/s；2010 年 10 月达 800L/s；2012 年 5 月渗漏量已增加到 1240L/s。2010 年采用先进的水下声呐、水下示踪高清摄像、水下导管示踪等声像综合查漏新技术进行了综合检测，发现大坝存在两处明显渗漏区，混凝土面板存在严重破坏[4]（图 3.1.4）。2014 年被迫采取放空水库处理，证实面板存在两处严重破损和塌陷区，面积分别为 $50m^2$ 和 $250m^2$，最大塌陷深度达 2.45m。通过对面板破损区、止水和裂缝，以及面板脱空和垫层料的系统修复处理，工程于 2015 年 4 月下闸，8 月蓄水至接近正常水位，大坝渗漏量降至 50L/s 以内，加固效果良好。

部分混凝土面板堆石坝运行中出现了病险情，有的导致了严重的大坝破坏，严重危及了大坝安全，也带来了巨大的经济损失。因此，混凝土面板堆石坝的运行特点及病害特点与除险加固值得关注和深入研究。

图 3.1.4 面板塌陷 L5～L6（高程 490.00m），面板 L4～L7（高程 460.00m）

3.1.3 面板堆石坝病害特点及成因

3.1.3.1 面板堆石坝病害特点与型式

面板堆石坝坝体材料为散粒料，而面板作为薄板防渗结构依靠在堆石体上游面，两者物理性能的巨大差异决定了其病害特点的复杂性。堆石体与防渗体是相互依存的结构，堆石体与防渗体变形不协调可导致止水结构和面板的破坏，而止水、面板等防渗体的破坏是大坝渗漏增加的直接原因，长期渗流作用又会带走垫层料中的细颗粒，加剧渗漏。

根据收集的不完全资料，目前国内渗漏量超过 1000L/s 的面板堆石坝约 10 座，比例达到 12.5%；国外坝高 100m 以上的混凝土面板堆石坝，渗漏量超过 1000L/s 的面板堆石坝也达 10 座（表 3.1.7）。

表 3.1.7　　国外渗漏严重的面板堆石坝

工程名称	国家	坝高/m	渗漏量/(L/s)
肯柏诺沃	巴西	202	1300
巴拉格兰德	巴西	185	1284
新国库	美国	150	14000（过渡期）
安奇卡亚	哥伦比亚	140	1800
考兰	泰国	130	2200
格里拉斯	哥伦比亚	127	1080
谢罗罗	尼日利亚	125	1800
伊塔	巴西	125	1700
杜利米奎	委内瑞拉	113	9800
帕拉德拉	葡萄牙	112	1750

哥伦比亚安奇卡亚面板堆石坝最大坝高 140m，坝顶高程 648.00m，1974 年 10 月 19

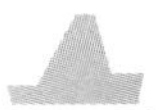

日开始蓄水，当库水位蓄至636m时，渗漏量达1800L/s，经潜水员检查发现主要渗漏点位于两岸周边缝，缝面最大张开度达10cm。造成周边缝变形过大的原因有岸坡与垫层料交界面垫层料被雨水冲走和垂直缝压缩变形累计。哥伦比亚格里拉斯面板堆石坝坝高127m，坝顶长仅110m，为狭窄河谷建坝，1983—1984年两次蓄水到接近正常蓄水位时，渗漏量达到660～1080L/s，检查发现主要渗漏源为周边缝张开过大和周边缝与基岩接触面附近的一条张开裂隙，裂隙内充填物在高水头下被冲刷所致。

根据国内外混凝土面板堆石坝运行情况资料，面板堆石坝在运行期常见的工程问题、缺陷及其主要破坏型式为：面板裂缝、面板脱空、面板挤压破坏、面板塌陷、止水失效和面板错台等，上述问题与病险情的程度不同，大坝裂缝、脱空较轻者，一般大多运行正常，随着病险情的发展，导致面板或止水破坏，大坝出现渗漏，渗漏量不断增加，渗漏发展较快，极个别严重者可导致大坝溃决。

面板堆石坝常见病害型式和特点如下。

1. 面板裂缝

面板裂缝可分为非结构性裂缝和结构性裂缝。非结构性裂缝是由于混凝土本身干缩和温降引起的收缩性裂缝，作为面板的初始缺陷，降低面板耐久性和大坝安全性。结构性裂缝是在填筑体自重和水压力等外荷载作用下，坝体的不均匀沉降变形和面板受力不均匀引起的面板裂缝。面板刚度较大，当外部受力变化和支撑条件发生变化使得内部应力过大时即产生裂缝，继续恶化发展成为贯穿性裂缝，增大渗漏量，加剧裂缝的发展。因此，结构性裂缝对工程质量和安全的影响远大于非结构性裂缝。图3.1.5为布西面板堆石坝面板裂缝分布情况。

图3.1.5　布西混凝土面板堆石坝面板裂缝

2. 面板挤压破坏

混凝土面板堆石坝挤压破坏是近年来高面板堆石坝面临的突出问题，这种挤压破坏又分垂直缝挤压破坏和水平向挤压破坏。巴西的巴拉格兰特和坎波斯诺沃斯面板堆石坝、莱索托的莫哈里面板堆石坝以及我国的天生桥一级、三板溪、紫坪铺、布西等面板堆石坝，均发现面板挤压破坏问题[6]，天生桥一级面板堆石坝垂直缝挤压破坏情况如图3.1.6所示，巴西坎波斯诺沃斯水平向挤压破坏情况如图3.1.7所示。

垂向挤压破坏多发生在蓄水初期的压性垂直缝上，从坝顶向下发展，发展至坝中或1/3坝高处，高坝水平向挤压破坏常伴有渗漏量增大等问题，如坎波斯诺沃斯面板堆石坝在发生挤压破坏后的渗漏量是之前的40多倍。水布垭蓄水过程中面板受力及坝体变形研究表明：蓄水期水荷载作用下，堆石体的应力增加部位主要集中在上游堆石区，上下游堆石体变形不一致使得垫层外法线方向向河床中心剖面偏转。这种堆石体变形不一致，是导致碾压密实的200m级面板堆石坝在运行一段时间后，垂直缝挤压破坏的重要原因。

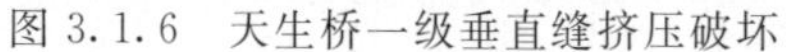

图 3.1.6　天生桥一级垂直缝挤压破坏

图 3.1.7　巴西坎波斯诺沃斯水平向挤压破坏

水平向挤压破坏分为沿水平施工缝的挤压破坏和面板内沿水平向的挤压破坏。三板溪面板堆石坝沿一、二期水平施工缝发生总长达 184m 的挤压破坏；坎波斯诺沃斯水库快速降水后大坝中下部面板水平向挤压破坏；布西面板堆石坝水平施工缝错台、面板混凝土破损、钢筋弯曲变形，挤压破坏长度达 216m。造成水平施工缝发生破坏的主要原因有：施工缝面常常是水平的，造成结构抗力不足；大坝蓄水期间变形较大，特别是蓄水过程中，面板产生偏心受压；上游坝体上、下部分的不同变形趋势，形成对施工缝的水平剪切作用；面板脱空过大或脱空不均匀，导致面板内部钢筋发生受压屈曲失稳，致使保护层混凝土开裂并引发挤压破坏。

3. 止水失效

面板分缝止水状况是面板堆石坝渗漏成败与否的关键。周边缝变形较大，一般采用顶部、中部和底部三道止水。止水结构主要破坏型式有：①顶部止水的柔性填料与混凝土粘接不好，顶部止水盖片之间没有搭接好或者未与面板紧密连接封闭，在高水头的水压力作用下填缝材料被击穿，导致顶部止水失效；②底部止水由于选用铜材缺乏足够的延展性能、施工中止水铜片翼缘嵌入的混凝土浇筑质量不好和嵌入深度不满足设计要求而容易出现缺陷和破坏，典型的止水破坏情况如图 3.1.8 所示。

图 3.1.8　止水破坏情况

除止水结构本身缺陷及坝体变形过大、水位变幅区止水材料老化等原因也会导致止水

失效。坝体变形过大易导致压性缝止水结构鼓起、缝周混凝土脱落等，也会造成周边缝剪切或张开过大，拉裂、撕破铜止水。止水结构一旦发生破坏，将直接导致大坝渗漏增大，并造成面板破坏。

4. 面板塌陷

面板是支撑在垫层和过渡料上的薄板结构，在长期渗漏作用下，垫层细料会被带走变得疏松，垫层对面板的支撑性能变弱，在外力作用下面板发生塌陷，这一过程会随着时间推移而不断恶化，如湖南白云和株树桥面板堆石坝均是在运行10年后面板出现了严重塌陷（图3.1.9）。导致面板塌陷破坏的主要因素有：①支撑面板的垫层料因渗漏或填筑质量缺陷等原因无法提供足够的支撑作用；②面板长期承受较高水头作用。白云水库放空后，发现左岸L4～L7面板高程450.00～490.00m范围内出现两处面积约500m^{2}的塌陷破损区，最大塌陷深度约2.5m，周边缝处底部铜止水可见明显的拉裂破坏，塌陷影响区内面板裂缝密布，裂缝形态为贯穿裂缝，且底部张开明显。根据破坏形态分析，面板在失去下部支撑时，在水压力作用下底部先出现裂缝，然后不断向顶部发展，直至贯穿，因钢筋布置在面板中部（中性轴附近），所以对这种裂缝并不起限裂作用。随着破坏的不断发展，裂缝逐渐增大直至拉开，导致大坝渗漏加剧。

图3.1.9 白云面板堆石坝面板塌陷

5. 面板错台

在地震荷载作用下大坝顶部“甩动”明显，而面板仅仅依靠重力和摩擦力依托于下部堆石体，由于坝体对地震波的放大效应，使得坝体上部加速度很大，在地震作用下中上部堆石体松动、滑塌，进而导致面板断裂、错台、止水结构破坏等。

紫坪铺面板堆石坝坝高156m，抗震设计烈度为8度。2008年“汶川大地震”时，工程经历了9度以上强震考验，大坝出现了明显的震损：坝顶最大沉降约100cm，水平位移超30cm；垂直缝挤压破坏；二、三期面板水平施工缝错台；坝顶下游坡滑移、坝顶结构破损严重，紫坪铺面板堆石坝震损情况如图3.1.10所示。

图3.1.10 紫坪铺面板堆石坝震害

3.1.3.2　混凝土面板堆石坝常见病害原因

面板堆石坝是一种在物理力学特性上较混凝土坝、土坝更为复杂的坝型。首先，面板堆石坝在材料组成上表现为高度非同质性，面板近似连续均质材料，而堆石体为离散颗粒材料，堆石体各分区粒径、级配、压实度各不相同，物理性能差异显著；其次，面板堆石坝变形呈现多维度，堆石体除发生空间三向变形外，高面板堆石坝在高围压条件下还具有随时间的流变特性，大坝建成后的流变变形对面板危害显著，面板呈现双向拉压、剪切、挠曲和扭曲变形等复杂受力状态；最后，面板为动力非稳定结构，面板依托于堆石体，面板之间通过止水连接，地震作用下堆石体出现震陷，坝顶“甩动”，面板“跳动”，结构动力响应十分复杂[7]。面板堆石坝坝体为散粒料填筑体，而面板作为薄板防渗结构依靠在堆石体上部，两者物理性能的巨大差异决定了其病害特点的复杂性。每一座混凝土面板堆石坝出现的病害具体原因可能各不相同，但归纳起来一般主要为以下方面。

1. 大坝结构与两岸基础变形不协调

对于面板堆石坝，大坝填筑体与面板及止水防渗结构是相互依存体，较大的坝体变形可直接导致止水结构乃至面板的破坏，而止水或面板等防渗结构的破坏则会加剧大坝的变形。大坝变形较大，直接因素在于填筑材料的特性和压实较不密实，而在两岸，因大坝坝体与两岸基岩的不协调变形，往往成为面板堆石坝防渗结构的薄弱部位。

另外，堆石体填筑结束后，其变形尚未完全完成，一般应在堆石体填筑（宜超填20m左右）结束6个月以后再浇筑混凝土面板比较合适。如因抢工期，填筑结束就浇筑混凝土面板，则会因堆石体的变形过大导致混凝土面板出现大量裂缝，甚至出现贯穿性裂缝而漏水，且影响到混凝土的使用寿命。

如白云水电站面板堆石坝河谷狭窄（大坝高120m，坝顶长约200m，宽高比1.67），两岸陡峻，处理不好往往构成坝体防渗的薄弱环节；加之坝体与两岸基岩的不协调变形，导致接缝特别是该部位周边缝变形较大，而止水系统因不能适应较大的变位导致破坏。从株树桥面板堆石坝揭露的情况看，面板破坏主要发生在与两岸的连接带及周边缝，如L1、L9、L10等，而中间的面板基本完好，这说明因为大坝与两岸基岩边界之间产生了较大的相对变形，恶化了相应部位的止水结构运用条件，且因地形的不利因素，导致周边缝剪切变形较大（从观测资料看也说明如此），而止水系统因不能适应大的变位导致破坏。

2. 面板混凝土缺陷

混凝土面板堆石坝依赖混凝土面板及其分缝的止水防渗，因此，混凝土面板是面板堆石坝防渗的关键结构之一，面板混凝土的缺陷直接导致大坝的渗漏。面板混凝土的缺陷一般表现为混凝土强度偏低，高寒高海拔地区的面板堆石坝混凝土抗冻强度偏低导致混凝土冻融破坏及脱壳、面板裂缝等。

3. 混凝土面板配筋缺陷

混凝土面板堆石坝的面板目前大多采用单层双向配筋，钢筋置于面板截面中部，每向配筋率为0.3%～0.4%，水平向配筋率低于竖向配筋率。在高坝周边缝及临近周边缝的垂直缝两侧适当配置抵抗挤压的构造钢筋，有的面板堆石坝面板局部配置了双层钢筋。总体来讲，目前面板大多数情况按经验配筋，鉴于面板运行条件下应力的复杂性，现有的面板配筋原则不完全适应混凝土面板的应力状态。

4. 面板止水结构缺陷

从面板堆石坝面世以来，设计者都在为面板堆石坝寻找一个可靠的止水结构，来防止由于止水结构的破坏而导致大坝漏水。从周边缝的三道止水结构和垂直缝的两道止水结构，发展到目前的复合型止水结构，都是力求止水结构的完整性和可靠性。

早期的周边缝止水结构，一般采用顶部、中部、底部三道止水，顶部止水通常为柔性止水，中部和底部止水为铜片止水，采用这种止水结构型式是希望当三道止水中的某一道止水破坏时，另两道止水能承担止水渗漏的作用。在这种止水结构型式中，最基本型式为底部铜止水，其防渗的有效性，一是取决于铜片翼缘嵌入混凝土处的混凝土浇筑质量和嵌入深度；二是取决于铜止水型式（尺寸）及其适应变形的能力。

由于早期止水材料性能与止水结构的局限性，一些工程的止水结构在运行过程中出现了一些问题。如株树桥面板堆石坝大坝面板的分缝表面止水采用了 EP-88 柔性填料，其上再覆盖 PVC 盖片，缝内 EP-88 填料自身缺乏黏性，伸长率为 36%（外部）和 65%（内部），远小于国内同类产品的伸长率，特别是其与混凝土完全没有黏接性；而表面 PVC 盖片，每片长仅为 1.5～2m，各片之间大多没有搭接，因此表面止水已全部失效；底部止水则由于选用铜材缺乏足够的延展性能和在施工中止水铜片翼缘嵌入混凝土处的混凝土浇筑质量不好和嵌入深度不够而出现破坏，前者如 L1 与 L0、L1 与 L2，特别是 L8 与 L9 的部分铜片止水处混凝土破碎，止水脱落于面板，导致止水失效；后者如 L9、L10 的周边缝的底部铜止水被撕裂而破坏。

除了止水结构不当导致大坝渗漏以外，鉴于顶部止水材料现在大多采用的是沥青类的有机化学材料，紫外线的照射，沥青老化往往也是止水失效的常见原因之一。

5. 垫层料级配不良

在两岸垂直分缝及周边缝附近因较大变形导致止水破坏后，垫层料的功能就具有至关重要的作用。垫层料一方面可以减少渗漏量，另一方面可以通过它与其后过渡料的联合作用，使得大坝的渗控系统正常运行而不致破坏。这就要求垫层料必须满足级配要求，具有较高的密实性和较低的渗透性。由于垫层料的级配和填筑要求相对较高，在一些工程施工中未达到要求，容易出现超径块石过多、碎石与河砂掺和不匀、含泥量和含水量超标等问题，而在止水或面板混凝土出现问题后，不能有效抵御高水头作用出现渗漏甚至渗透破坏。

6. 过渡料不合要求

垫层料与过渡料之间应符合反滤原则，过渡料对垫层料要求起到支撑、反滤保护作用。一般要求最大粒径为 300mm，小于 5mm 含量 20%～30%，小于 0.1mm 含量少于 5%，并要求过渡料具有较高的密实性。如果在施工中过渡料的密实性不能得到保证，其在运行中就可能产生较大的变形，直接引起垫层料变形和流失，当通过垫层料渗漏时，过渡料不能满足层间关系，不能起到反滤作用，就会产生垫层料中的细颗粒通过过渡料被水流带进堆石区，加大渗漏量进而造成破坏。

7. 堆石体材料与密实度不合理

混凝土面板堆石坝的面板直接坐落在堆石体上，堆石体的变形直接影响到面板及其止水结构的工作状态，过大的堆石体变形会导致面板裂缝、面板脱空乃至挤压破坏，以及止水的拉裂。因此，一般要求堆石体材料具有较高的岩块强度和软化系数，密实性好，为上游面的防渗面板提供坚实的支撑。

3.2　面板堆石坝加固措施

3.2.1　面板堆石坝加固特点

混凝土面板堆石坝在我国经历了 30 年的发展，对于出现病险情的面板堆石坝的加固，由于面板堆石坝自身结构的特点，因此其加固较其他坝型，也有其特殊性，而且，由于面板堆石坝病害形式多样性及成因的复杂性，在加固前首先要准确检测、诊断，制定针对性的加固方案。一般而言，面板堆石坝加固根据其加固方案与措施，具有如下特点：

（1）混凝土面板堆石坝防渗系统是面板堆石坝安全的生命线。面板堆石坝防渗系统包括：混凝土面板、混凝土趾板、面板垂直缝止水结构、面板与趾板的周边缝止水结构以及基础帷幕等，在上述防渗系统的各结构中，出现病险情最常见的部位为混凝土面板及垂直缝、周边缝止水结构。因此，混凝土面板及垂直缝、周边缝止水结构的加固是面板堆石坝加固的关键。

（2）对于混凝土面板堆石坝的运行状态的监测，尽管目前已经有比较成熟与系统的监测技术，但鉴于监测仪器的长期完好率较低，监测点位覆盖面有限，对于出现较大渗漏量的面板堆石坝，一般很难通过监测仪器发现渗漏部位。确定渗漏部位、查明渗漏原因是进行有效除险加固的关键。但由于面板堆石坝一般都处于运行状态，或者是不具备放空水库的条件，或者放空水库经济损失巨大。因此，面板堆石坝渗漏检测技术是面板堆石坝加固的重大技术难题。

（3）现代混凝土面板堆石坝结构复杂，上下游坝坡均较陡，大坝断面在堆石坝中最小，大坝渗漏处理时不可能在坝体内进行灌浆处理，只能采用对原防渗体修复的方法，而面板堆石坝防渗体系范围大，厚度薄，止水结构复杂。因此，面板堆石坝加固施工条件困难，施工工艺复杂。

（4）由于多方面的原因，部分混凝土面板堆石坝加固只能在水库不放空条件下进行水下施工，而水下加固技术涉及水下材料技术、水下潜水技术、水下爆破技术、水下技术装备等诸多专有技术。因此，混凝土面板堆石坝的加固技术的集成性、多学科性，是混凝土面板堆石坝加固的重要特点之一。

3.2.2　加固技术方案分析与比较

混凝土面板堆石坝加固方案从加固条件上划分，可以分为两类：一类为放空水库或降低水位至死水位的干地条件下的加固施工；另一类为不放空水库或适当降低水库水位条件下的水下加固施工。上述两类不同条件下的加固方案在加固工程投资、施工手段与方法、处理效果、施工技术及工期等方面，差别较大，必须根据面板堆石坝病险情与缺陷的部位、类型、对大坝安全的危害程度，进行总体的加固方案比较确定。

由于在干地条件下的加固施工具有施工方便，施工质量易于保证，加固效果好，处理

缺陷彻底等优点，而成为优先考虑的方案。但为形成干地条件，必须降低库水位，乃至放空水库，而这往往将严重影响水库（水电站）经济效益或者经济代价巨大。另外，对于高坝大库的面板堆石坝，有时候大坝不具备放空水库的条件，这时就必须研究采用水下施工技术进行水下处理。受潜水员潜水深度的限制，水下施工作业的水深一般不超过 40～50m。

3.2.3 混凝土面板堆石坝加固典型案例

3.2.3.1 株树桥混凝土面板堆石坝加固

株树桥水库位于湖南省浏阳市，大坝为钢筋混凝土面板堆石坝，坝顶高程 171.00m，最大坝高 78m，总库容 2.78 亿 m^3，是浏阳河的"龙头"水库。大坝坝体采用常规分区，包括垫层料、过渡料、主堆石区、次堆石区等；上游坝体采用新鲜石灰岩，坝坡为 1∶1.4，下游采用部分风化板岩代替料，坝坡为 1∶1.7；大坝左、右岸部分为贴坡面板。混凝土面板宽 9～12m，厚度顶部为 0.3m，下部为 0.5m，采用单层双向配筋，钢筋设在截面中间。面板混凝土标号 200 号，抗渗等级 W8。周边缝设有三道止水。大坝基本剖面及坝体堆石分区如图 3.2.1 所示。水库自 1990 年下闸蓄水，大坝即出现渗漏，1999 年 7 月测得漏水量已达 2500L/s 以上，渗漏非常严重，威胁大坝安全。

自 1995 年 8 月起，运行管理单位先后委托多家单位采用水下查勘、水下录像、物探、钻孔检查以及集中电流场法等方法查漏。上述渗漏检测结果均认为：水库大坝渗漏的主要通道位于大坝覆盖层下部的周边缝和跨越趾板基础的断层；其上部的面板等结构未出现明显破坏，不存在渗漏通道，并据此做了一定处理，但均未取得成效。

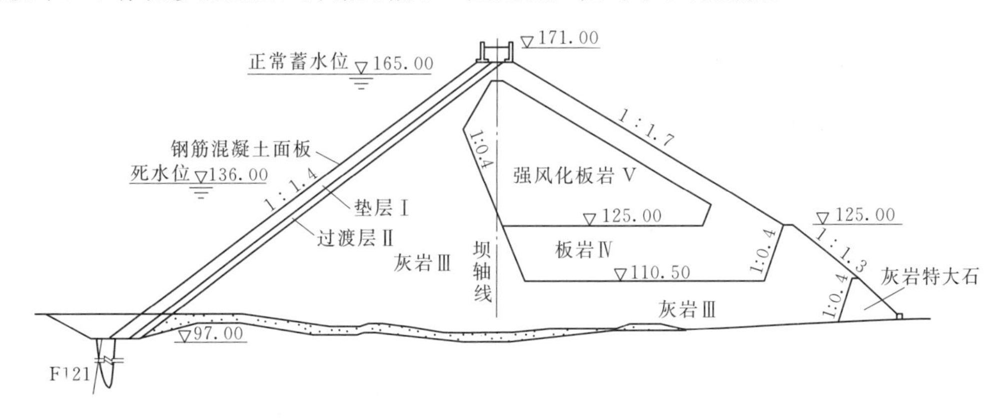

图 3.2.1 株树桥混凝土面板堆石坝典型断面图

1999 年，长江勘测规划设计研究院承担了该工程渗漏处理设计，重新采用水下彩色电视对大坝渗漏进一步详查。详查结果表明：多块面板下部塌陷、折断，甚至形成孔洞，大坝安全所依托的防渗体系已发生严重破坏。据此认为株树桥面板堆石坝险情严重、安全形势严峻，必须迅速放空水库，尽快对大坝进行全面检查和处理。

鉴于株树桥面板堆石坝大坝破坏严重，加上汛前时间紧迫，大坝处理分两个阶段进行：第一阶段在汛前放空水库，对大坝进行抢险处理，同时对大坝破坏情况进一步检查检测；第二阶段在汛后不放空水库条件下对大坝进一步加固处理。

2000 年 1—4 月完成了第一阶段的大坝度汛抢险处理，主要是对面板破坏严重部位的堵漏处理。

（1）混凝土面板修复。大坝面板受损严重的区域主要分布在两坝肩和面板底部靠近周边缝的区域。新浇混凝土面板均采用了双层双向配筋，各向配筋率约 0.4%，修复措施为凿除或凿毛原面板混凝土，重新浇筑混凝土，等级 C25W10，极限拉伸值不小于 1.0×10^{-4}。大部分新浇筑混凝土厚 20cm，仅破损严重部位的面板厚 40cm。

（2）面板裂缝处理。对面板裂缝缝宽不小于 0.2mm 的裂缝及贯穿性裂缝，均沿缝凿槽，嵌填 SR－2 材料并以 SR 防渗盖片覆盖。对小于 0.2mm 裂缝及非贯穿性裂缝，只在其表面粘贴 SR 防渗盖片。

（3）面板脱空处理。因时间所限，只对需重新浇筑钢筋混凝土的面板和面板虽完整但脱空十分严重的 L8 进行处理，以避免汛期在较高水压力作用下面板变形过大和断裂。脱空处理采用回填改性垫层料及凿孔充填灌浆的方法处理。对脱空较大的 L8 面板采用掺加 5%～8%水泥的改性垫层料回填；对其他面板脱空采用掺加适量粉煤灰的水泥砂浆进行充填灌注。

（4）止水处理。因表面止水已完全失效，设计对全部接缝的表面止水均予以更换。考虑到 L9、L10 面板底部周边缝破坏严重，预计后期变形仍较大，为增强表面止水适应变形时的止水能力，另在 SR 填料上增加了表面弧形紫铜片止水。对于周边缝的中间止水，考虑恢复困难，且当时已建同类工程中大多已取消中间塑料止水，加固处理不予修复。底部铜片止水是面板堆石坝分缝的基本止水结构，但其检查十分困难。在汛前处理中，只能结合对已破坏的面板处理进行混凝土凿除检查、修补。垂直缝底部止水修复，采取沿分缝两侧凿除宽 60～80cm 的条带，检查和修复铜片止水，然后重新浇筑混凝土。

观测表明，抢险处理后大坝渗漏量大大减小，当年在库水位为 151.89m 时渗漏量不到 14L/s，表明处理是基本成功的。但由于受时间和施工条件的限制，对大坝面板脱空、垫层疏松及部分止水结构修复等项目还未及时进行处理。

根据大坝的结构受力特点和破坏情况，2002 年汛前对大坝在不放空水库条件下进一步加固处理，加固处理主要从两方面进行：

（1）对垫层进行充填与加密灌浆，为面板提供可靠的支撑。面板下的垫层主要存在两方面的问题，一是垫层与面板脱空。因脱空范围较大，汛前抢险处理仅对已修复面板的脱空部位进行了处理，大部分脱空都还来不及充填。面板与垫层间的这种脱空，在高水头的作用下，有可能导致面板再度破坏而引起渗漏，因而必须对脱空进行充填处理。

垫层存在的另一问题是密实度非常低。抽样检测干密度只有 1.54～1.99g/cm^3，远小于原设计要求的 2.20g/cm^3。这样疏松的垫层，在水荷载的作用下将产生较大的压缩变形，可能会导致面板开裂。因此，必须对其采取灌浆加密处理，灌浆材料采用水泥、粉煤灰、膨润土混合浆液。

（2）修复大坝辅助防渗体系，封堵渗漏通道。汛前的度汛抢险处理，仅对面板破坏比较严重的局部进行了处理，堵住了大的渗漏通道，但并没有封闭所有的渗漏源，在库水位蓄高时渗漏量增加即表明大坝还存在其他的渗漏点。2002 年水下彩色电视检测表明，在 L12～L13 面板周边缝仍存在渗漏点，通过灌注粉细砂、粉煤灰，并浇筑水下速凝柔性混

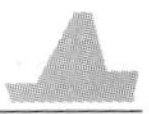

凝土，在正常蓄水位时，大坝的渗漏量降至10L/s，大坝的渗漏处理取得了显著效果，运行状态良好。

经过上述处理，在正常蓄水位时，大坝的渗漏量降至10L/s并稳定至今已10余年，大坝的渗漏处理取得了显著效果，运行状态良好。

3.2.3.2 白云混凝土面板堆石坝加固

白云水库工程位于湖南省沅水一级支流巫水上游，坝址位于邵阳市城步县境内，为巫水流域九个梯级开发方案中的第一级电站，坝址以上控制流域面积556km^2，占巫水流域面积的13.5%，年径流量5.14亿m^3，水库总库容3.6亿m^3，其中有效库容2.19亿m^3，为多年调节水库，电站装机54MW，多年平均年发电量1.168亿kW·h，是一座以发电为主，兼有防洪、航运等综合利用效益的大（2）型水利枢纽工程。

枢纽工程由大坝、泄洪隧洞（兼施工导流）、引水发电隧洞（兼放空）、电站厂房等建筑物组成。大坝布置于河床，左坝肩布置泄洪兼导流隧洞，右坝肩布置引水发电（兼放空）隧洞。本工程于1992年3月开工，当年11月截流，1994年4月开始填筑大坝，1998年12月下闸蓄水。

大坝为混凝土面板堆石坝，坝顶长度198.80m，坝顶高程550.00m，趾板基础最低高程430.00m，最大坝高120m，坝顶宽8m，坝顶上游防浪墙顶高程551.20m。大坝上、下游坡比均为1∶1.4。坝体填筑量约170万m^3，除次堆石料采用弱风化料外，垫层料、过渡料和主堆石料均采用新鲜灰岩料。大坝混凝土面板顶部厚度30cm，渐变至底部厚度60cm。

坝址岸陡谷窄，面板用垂直缝分为21块，河床部位7块，宽12m。靠近岸坡两岸各7块，宽7m。靠左右陡岸面板底部，在高差大的部位又分两小块。为施工进度和分期蓄水度汛要求，面板以高程510.00m为界分两期浇筑，并设置一道水平施工缝。白云水库混凝土面板堆石坝典型横剖面如图3.2.2所示。

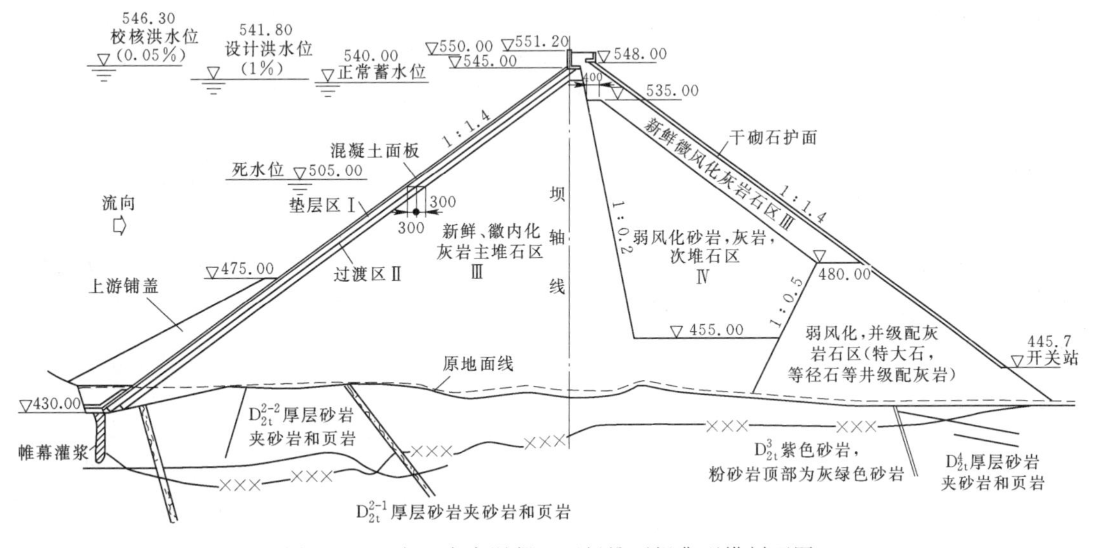

图3.2.2 白云水库混凝土面板堆石坝典型横剖面图

在大坝蓄水运行后的10年时间里，渗漏观测值在正常值范围内。2008年5月后渗漏量开始加大，达到104L/s，8月达到200L/s，9月达到300L/s；2009年2月达到400L/s，8月达到500L/s，10月达到512L/s；2010年10月已达到800L/s；2012年5月渗漏量已增加到1200L/s，9月达到最大值1240L/s。

1. 放空水库和施工导流方案研究

白云水电站原导流隧洞全长696.7m，在导0+429.64m与泄0+128.637m桩号相连接，结合段长263.1m。原导流隧洞进口底板高程443.00m，出口与泄洪隧洞结合处高程440.00m。隧洞横断面为6m×6.6m城门洞型。导流隧洞自进口起依次设置进口闸门、临时堵头、永久堵头、三岔口堵头。原导流隧洞进口设4片混凝土叠梁门，门厚1.0m，宽6.8m，总高度7m，自下至上梁高分别为1.5m、1.5m、2m、2m，单梁最大重量约34t。

白云水电站面板堆石坝只能利用发电洞将水库水位降至475m，还有45m水深无法放空。治理设计中，曾研究过重新打一条新导流隧洞、打通原导流隧洞和打旁通洞等多种放空水库和施工导流方案，原导流隧洞纵剖面图如图3.2.3所示。重新打一条新导流隧洞方案，因上游头部水下岩塞爆破难度大，工程造价高被放弃；而打通原导流隧洞，三岔口堵头爆破拆除复杂，后期恢复工期无法满足度汛要求，经比较选用绕过三岔口堵头的旁通洞方案，即在靠山体侧布置一条旁通洞，绕过三岔管堵头，旁通洞的上游和下游利用原有导流隧洞。当库水位降至475.00m后，依次提起导流洞进口封堵闸门、爆破拆除永久堵头、水下一次性爆破（岩塞爆破）拆除临时堵头，放空水库。为了在水库放空过程中控制下泄流量以免下游发生淹没灾害，在导流隧洞尾部浇筑一段控泄堵头，待水库放空后，即将控泄堵头爆破拆除以正常导流。

导流洞进口封堵闸门位于水下38m，且存在门前淤积、门槽内填充杂物、吊耳及埋件锈蚀等情况，封堵闸门水下深水启吊具有较大难度，没有类似工程经验可资借鉴。设计中曾研究过爆破拆除方案，因其可能对闸门槽造成破坏，修复困难，不利于后期下闸封堵而未采用。最后确定采取架设水上浮台启吊、水下潜水员提供辅助支持，水下切割分块启吊为备用的综合启吊方案，即在闸门无法提起时（闸门被卡、错位、吊点无法使用），可采用切割方式将每节叠梁门切割分块后再吊出。

水上平台采用钢管焊接而成，两侧配两个拖船作为动力，同时三个方向牵引，确保平台不倾覆。闸门提起时由水面启吊人员将钢丝绳慢慢放入水下，由潜水员将钢丝绳穿入吊耳并进行锚固后启吊。

导流洞堵头爆破包括永久堵头爆破和临时堵头爆破，其中关键是最后的临时堵头岩塞爆破。其难点主要是，在约40m的水头下对6m长混凝土临时堵头要求一次爆破贯通，且要避免爆破对衬砌与围岩的破坏，爆破难度极大。

结合永久堵头的爆破，对临时堵头岩塞爆破进行了试验研究，并确定选用二号岩石乳化炸药，掏槽孔、辅助孔采用连续装药结构，周边孔底部采用连续装药、中间和孔口部位采用间隔装药结构。爆破网路采用非电导爆管雷管孔内延时起爆网路，在孔内敷设导爆索，孔底的非电毫秒延期导爆管雷管与导爆索相连接。孔内采用非电秒延期雷管和导爆索起爆，孔外采用非电秒延期雷管传爆，引爆采用电雷管起爆。临时堵头于2014年11月25日爆除成功，至12月7日，水库基本放空，下泄水流也未对下游产生明显淹没，水库

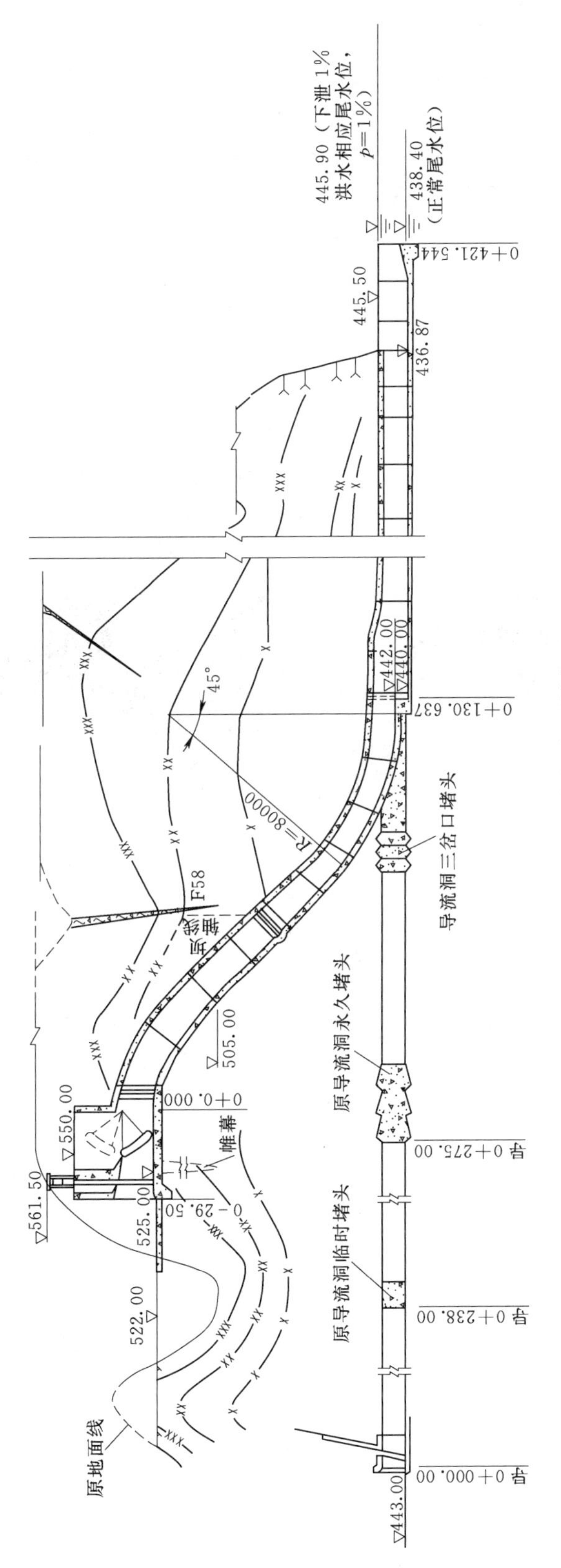

图 3.2.3 原导流隧洞纵剖面图

放空任务顺利完成。

2. 大坝存在的问题与加固内容

白云水电站水库放空检查显示，面板堆石坝主要存在以下问题：

（1）L5、L6面板在高程490.00m上下出现一处面积约50m²的塌陷区。

（2）L4、L5、L6、L7面板在高程473.00m以下出现较大范围塌陷破坏，塌陷面积约250m²，影响面积约600m²，最大塌陷深度2.45m，面板破坏十分严重，破坏程度国内外罕见。

（3）顶部止水老化严重。

（4）高程500.00m以上裂缝密布。

（5）周边缝底部铜止水拉裂。如图3.2.4～图3.2.7所示。

图3.2.4　高程92.00mL5-L6面板破坏

图3.2.5　高程72.00mL4-L7面板塌陷破坏

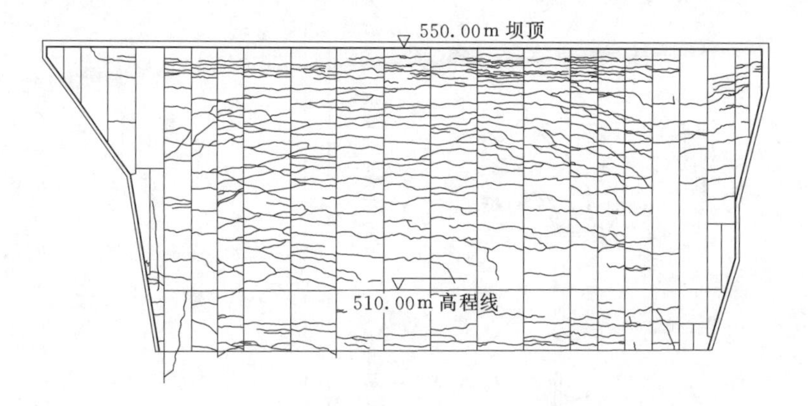

图3.2.6　高程500.00m以上裂缝图

经过充分研究论证，对大坝加固采取如下措施：①坝前辅助防渗区任意料盖重及黏土铺盖清理，面板及止板破损情况检查；②混凝土面板塌陷、断裂、破碎部位的修复；③混凝土面板裂缝处理；④混凝土面板脱空部位灌浆处理；⑤疏松垫层料加密灌浆处理；⑥止水修复：结合面板的修复对底部止水进行局部更换；对表面止水，拆除现有结构全部进行更换；⑦防渗帷幕检查与加强灌浆处理。

2014年7月治理工程开始施工，2015年4月初下闸蓄水，11月蓄水到高程

539.00m，距正常蓄水位仅差1m，大坝渗漏量在50L/s以内，大坝渗漏治理取得成功。

3.2.3.3 安奇卡亚混凝土面板堆石坝

图3.2.7 底部铜止水拉裂

安奇卡亚混凝土面板堆石坝位于哥伦比亚，于1974年建成，最大坝高140m，上、下游坝坡均为1∶1.4，采用角闪岩堆石料碾压而成，坝体压缩性较低，在自重荷载作用下的变形模量138MPa，堆石干密度2.29g/cm^3，孔隙率22.5%。1974年10月19日开始蓄水，5d内蓄水到溢洪道堰顶高程634.00m（坝顶高程648.00m）。当库水位达到588.00m时，漏水量为14L/s。库水位达到636.00m时，漏水量达1800L/s。从10月24日到11月8日水位保持在634.00m，派出潜水员检查漏水点。漏水量稳定，漏水清澈，集中于坝的中部，相当于原河床处，在观察期间没有看到细料被漏水带出。降低库水位后，对面板及周边缝作了详细检查，发现漏水主要源于两岸周边缝的局部地段，缝面的最大张开达10cm。检查时还发现，位于周边缝中的橡胶止水带及其下面的混凝土接触面上存在空洞。周边缝的过大张开是由于整个面板内垂直缝受到压缩变形造成的。

降低库水位后对有缺陷的周边缝用IGAS填塞。水库于1974年12月3日第2次蓄水，12月30日水位达到了高程634.00m，漏水量减少了80%，1975年2月21日—3月2日，水位从634.00m升至646.00m，此时漏水仍有466L/s，用声呐探漏仪查出了新的漏水点，决定待堆石体变形进一步稳定以后再进行第2次堵漏处理。1976年1月声呐查出漏水点在右岸周边缝高程590.00～600.00m处（距坝顶约50m），潜水员的进一步检查证实漏水点在高程600.00m。用砾石、砂、黏土及膨润土覆盖漏水点，库水位为641.00m时，漏水量下降为130L/s。该大坝漏水的主要原因有：

（1）垫层料未及时进行固坡保护，施工期遭受暴雨时，在岸坡与垫层料交界面上形成汇流，冲走大量垫层料，回填时对质量未加严格控制，蓄水后导致周边缝两侧产生较大沉降差，造成止水破坏，是导致水库漏水的主要原因。

（2）周边缝只设一道中央橡胶止水带，这种止水材料不能承受较大的拉伸变形，而且一旦破坏，也无法修复。这是一种不可靠的止水，它影响了其下的混凝土捣实，造成面板混凝土中的空洞。

（3）垂直缝内使用了可压缩的填料。各垂直缝累积压缩，造成了周边缝张开度过大。

（4）在主坝与溢洪道之间有一小山包分隔，岩石甚为破碎，未作灌浆处理，也是渗漏原因之一。

3.2.3.4 格里拉斯混凝土面板堆石坝

格里拉斯混凝土面板堆石坝位于哥伦比亚，最大坝高127m，坝顶长110m，河谷的宽高比仅为0.87。1976年10月至1978年7月间建成，但到1982年才开始蓄水，在库水位达到2960.00m时，渗漏量达520L/s（最高蓄水位2999.50m），于是决定在降低库水位后进行检查和修补。找出渗漏源为周边缝与基岩接触面附近的一条张开裂隙。其冲填物在高水头下被冲刷，以及某些周边缝张开所致。修补后再抬高水位，在 1983 年及 1984 年水库两次蓄水到接近正常蓄水位时，渗漏量达到 660～1080L/s，虽然对安全无碍，但仍进行了一些修补工作，包括堵塞坝头基岩中冲开的洞穴及张开节理，清除周边缝上的覆盖物，设置玛蹄脂封闭层，用 PVC 膜覆盖，并将它锚定在混凝土面板上。还将松散物质放在缝上面，用水枪冲射，使细粒土进入缝中，以进一步减少渗漏量。经处理后在 1984 年投入正常运行，渗漏量约为 440L/s，大部分为绕坝渗漏，对右坝头岩体通过灌浆平洞作进一步防渗处理。在修补时进行的清理工作中，发现周边缝附近的混凝土有破碎，有的地方 PVC 止水片被剪断。

3.2.3.5　谢罗罗混凝土面板堆石坝

谢罗罗混凝土面板堆石坝位于尼日利亚，最大坝高 125m，坝顶长 560m，主堆石区为花岗岩填筑料，面板周边缝底部为 PVC 止水，中间为橡胶止水。1984 年开始蓄水，渗漏量达 1800L/s。经抛砂、粉煤灰等材料淤堵后，渗漏量降至 500L/s，在加大抛填量后，渗漏量慢降至 100L/s。

3.3　混凝土防渗面板加固

混凝土面板是面板堆石坝防渗的主体结构，位于坝体的上游表面，其变形、应力状态受水压力和堆石体的沉降影响。理论计算和监测分析表明，正常情况下，混凝土面板承受水压力荷载作用，面板大部分处于双向受压状态，在周边缝和面板顶部附近较小的区域会出现拉应力。

混凝土面板支撑在垫层料及其下部的过渡料、堆石体上，如果堆石体变形较大，尤其是不均匀变形较大，混凝土面板往往会在大坝挡水前即出现裂缝；在大坝挡水后，这些裂缝部分会由于水压力的作用闭合，但位于受拉区的裂缝宽度则会加大。

如果混凝土面板裂缝宽度较大，导致裂缝部位出现漏水且漏水量较大时，如果其下的垫层料、过渡料质量稍差，就有可能导致出现渗漏破坏，细小颗粒被水流带走，造成局部塌陷。混凝土面板在水压力的作用下，会由于挤压应力太大而破碎。株树桥、白云水库都出现过此类混凝土面板严重破碎、塌陷的情况。

因此，混凝土面板常见的病害主要有两类：面板裂缝和面板破损。这两类病害会导致面板堆石坝渗漏、坝体塌陷，需要进行加固处理，早期面板堆石坝面板破损严重无法修补时，应考虑重建面板，确保大坝安全。

3.3.1　混凝土面板裂缝处理

3.3.1.1　面板裂缝处理

由于施工期间混凝土养护不当、基础不均匀沉降、温度应力等因素影响，混凝土面板往往会出现裂缝，而裂缝是导致混凝土面板耐久性及防渗性能降低的主要原因。裂缝分类一般以缝宽作为主要参考因素，并综合考虑裂缝的深度及工程裂缝处理经验，将混凝土面板裂缝分为以下 3 类：

Ⅰ类裂缝：表面缝宽 $\delta \leqslant 0.2$mm 且不贯穿；

Ⅱ类裂缝：表面缝宽 0.2mm<δ≤0.5mm 且不贯穿，或缝宽 δ≤0.2mm 且为贯穿缝；

Ⅲ类裂缝：表面缝宽 δ>0.5mm 裂缝，或缝宽 δ>0.2mm 且为贯穿缝。

目前，在国内外工程实践中，对混凝土面板裂缝多采用缝内化学灌浆加表面处理的方式。对于Ⅰ类裂缝，不进行化学灌浆，仅对裂缝进行表面处理；Ⅱ、Ⅲ类裂缝，需进行化学灌浆处理，再进行表面处理。化学灌浆材料一般采用双组分、无溶剂、低黏度、亲水型环氧树脂灌浆材料，具有黏度小、可灌性好、黏接力高、无毒等优点，见表 3.3.1。

表 3.3.1　　无溶剂型高强环保环氧裂缝灌浆材料性能指标

项　　目		单位	指标
可灌性能	初始黏度（T=25℃）	MPa·s	<80
	凝胶时间（T=25℃）	h	4～6
力学性能	抗压强度（T=25℃）	MPa	>80
	抗拉强度（T=25℃）	MPa	>15
	干黏强度（T=25℃）	MPa	>6.0
	湿黏强度（T=25℃）	MPa	>3.5
	无约束线收缩系数		≤0.1%

混凝土面板裂缝化学灌浆完成并验收后，再进行裂缝表面处理，一般分为刚性处理和柔性处理两种方法。

（1）刚性处理法。采用相对刚性材料对面板裂缝进行修补，常用的材料有环氧砂浆、混凝土砂浆类、预缩砂浆等材料，或者采用在裂缝表面浇筑薄层钢筋（或钢纤维）混凝土等方法。

对面板裂缝刚性封闭处理的优点是能有效封堵由面板裂缝产生的渗漏，部分恢复面板应有的刚度，适用于存在大量裂缝的混凝土面板修补处理；缺点是当坝体变形尚未停止时，修补后的混凝土面板可能重新产生裂缝。

（2）柔性处理法。通过对裂缝进行灌浆、表面粘贴柔性材料的工程措施，对混凝土面板裂缝进行修补。用于表面粘贴的常用材料有柔性盖片、喷涂防渗聚脲、快速修补带等。柔性处理法优点：有效封堵面板细微裂缝，防止由其引起渗漏，可以适应面板裂缝修补后的一般变形。工程实践中，采用柔性处理法修补混凝土面板裂缝的工程实例较多。

3.3.1.2　柔性盖片修复

柔性盖片是一种三元乙丙橡胶片，颜色为黑色，盖片厚度可根据工程需求选择；作为混凝土面板裂缝表面覆盖材料，一般选择厚度 1.0cm 的盖片，宽度 25cm 左右。施工时，在混凝土基面涂刷配套底胶，采用人工跨缝粘贴盖片，盖片两侧采用弹性封边剂封边，在裂缝转弯和交叉部位需进行搭接处理。目前，柔性盖片在混凝土面板裂缝处理中应用较多，湖南白云水库、株树桥面板堆石坝大坝混凝土面板裂缝修补都有应用。

防渗盖片粘贴应在裂缝化学灌浆完成后进行，施工流程为：表面清理→底胶涂刷→找平层施工→粘贴防渗盖片→封边→质量检查。

（1）裂缝清理。首先应将裂缝表面原有涂层、杂物清理干净，并用磨光机打磨裂缝表面老化混凝土，清理宽度不小于 40cm，裂缝交叉和转弯处应扩大清理范围，以满足防渗盖片搭接和接头处理的要求，打磨后的基面用高压水冲洗干净并干燥。

（2）底胶涂刷。在防渗盖片粘贴范围内均匀刷涂第一道底胶，晾干后（常温1h以上）再刷涂底二道底胶，待表面晾干（手摸不粘手，常温下0.5h），即可进入下道工序。

（3）找平层施工。将柔性填料搓成细长条，用木板从缝中部向两侧抹刮，在粘贴防渗盖片的混凝土表面形成1～2mm厚的柔性填缝材料找平层后，再进行防渗盖片粘贴，以确保盖片与混凝土面之间连接成密实的整体。

（4）防渗盖片粘贴。待找平层施工完成后，逐渐展开防渗盖片，撕去面上的防粘保护纸，将防渗盖片粘贴在混凝土基面上，用力从盖片中部向两边赶尽空气，使防渗盖片粘贴密实。

（5）防渗盖片搭接。对于需要搭接的部位，搭接长度为20～30cm，并在搭接段防渗盖片（橡胶面）上先涂刷配套底胶，再进行搭接粘贴。

（6）封边。封边前用钢丝刷对防渗盖片周边10cm范围的混凝土部位打磨干净，并除去浮尘。首先将防渗盖片两侧翼边掀起，在混凝土基面上均匀涂刷一层封边剂，涂刷范围应超出翼边宽度至少2cm，然后将翼边粘贴在封边剂上，再用封边剂在翼边上部均匀涂刷一层，涂刷宽度以将整个翼边包裹为准。

（7）质量检查。防渗盖片修复施工完毕，目视检查表面是否平整，有无翘边，封边是否到位；检查防渗盖片下部有无气泡或粘贴不密实，可采用手按或橡胶锤轻轻敲击防渗盖片表面，观察有无虚空现象。

3.3.1.3　喷涂防渗聚脲覆盖表面裂缝

对混凝土面板进行维修加固处理时，面板表面发现的裂缝一般应进行封闭处理，处理材料要求封闭性能好、耐老化、适应裂缝变形能力强等特点。传统的做法是采用环氧类材料和SR材料覆盖封闭混凝土面板表面裂缝，但施工难度大，耐久性较差，一般在10年左右就会出现老化现象。聚脲是一种双组分新型环保材料，防渗性能、耐老化性能较好，适应冷热气温变化，耐紫外线照射，使用寿命超过20年。白云面板加固和其他多个工程裂缝处理时，采用喷涂聚脲对面板表面裂缝进行封闭处理，喷涂聚脲作为裂缝覆盖材料，满足裂缝封闭、防渗要求，施工快速方便，具有推广使用前景。

喷涂聚脲一般要求如下：先对裂缝进行检查，必要时进行灌浆处理，再对裂缝及两侧混凝土表面打磨，修补孔洞，涂刷防水性能好的渗透结晶材料，刷涂底涂，最后喷涂聚脲。具体要求和做法如下：

（1）基面清理。混凝土面板裂缝进行必要的灌浆处理并经验收后，用角磨机清理、打磨混凝土基面，裂缝两侧清理宽度不小于50cm。基面打磨完成后，用高压水或者高压风清理基面，将基面松散物、泥沙、污垢等清洗干净。对于难以清除的污垢，可采用汽油、乙醇等溶剂辅助擦洗干净。基面应进行干燥处理，基面含水率要求小于7%～9%。

（2）孔洞修补。基面孔洞需要进行修补处理，较大孔洞可采用环氧砂浆修补：基面清理后先施工一层环氧底胶，再用腻子板将环氧砂浆刮涂在基面上，待环氧砂浆固化后，用钢刷选择性的除掉表面凸起。细小孔洞可采用环氧树脂腻子进行修补：先用环氧树脂胶液浸润干燥基面，然后将环氧树脂与水泥粉按比例调制的修补腻子用金属刮刀刮涂在混凝土基面上，修补厚度不超过1mm。

(3) 水性渗透结晶型无机防水材料 (DPS)。在混凝土基面喷涂水性渗透结晶型防水材料 (DPS)。该材料下渗容易，结晶慢，能渗入混凝土结构内部，并在混凝土毛细管发生物化作用，形成不溶于水的结晶体，与混凝土结构结合成封闭式的防水层整体。进行混凝土结构防水处理后，可以阻止混凝土基面以下的水汽上行，防止聚脲涂层发生鼓包、涂层脱落等现象。

施工注意事项：①DPS防水材料严禁加水或其他物质使用，不能加入任何其他成分；②打开DPS防水材料包装前，上下摇晃1min左右；③喷涂DPS防水材料时，要注意喷时速度需缓慢、均匀，防止漏喷、多喷，以混凝土表面湿润，出现水迹现象即可；④雨天不宜进行室外喷涂作业，如果施工过程有大水冲过，要重新喷涂；风力大于5级以上的天气不宜进行室外喷涂作业；⑤在气温高于35℃时的烈日环境下进行喷涂作业时，要洒用适当的清水润湿混凝土表面，以防止DPS防水材料过度挥发；⑥气温低于0℃时不宜施工；⑦喷涂DPS防水材料时选用低压喷雾器即可；⑧基面干燥后进行下一步工序。

(4) 聚脲底涂施工。底涂可采用聚氨酯类底涂，在需要喷涂聚脲的部位均匀刷涂一层底涂，底涂刷涂要求在混凝土表面形成均匀薄层，混凝土基面不能漏涂。底涂面干燥并验收合格后，方可进行聚脲喷涂作业。

(5) 聚脲喷涂。喷涂施工前应检查A、B两组分物料是否正常，使用时将B料用气动搅拌器进行充分搅拌。严禁现场向涂料中添加任何稀释剂。严禁混淆A、B组分进料系统。

聚脲喷涂宽度50cm，厚度为2.0mm，应根据现场情况设计喷涂的步骤和层数，对于裂缝交叉位置应做好搭接喷涂。将双组分聚脲加热。温度达到材料要求的温度后，方可喷涂。试喷合格后，方可进行正式喷涂作业。

聚脲喷涂时，下一道要覆盖上一道的50%（俗称“压枪”），同时下一道和上一道的喷涂方向要垂直，以保证喷涂厚度大致均匀。

聚脲喷涂边缘与混凝土基面应平缓过渡，不宜出现台阶。

喷涂时应随时观察和调整压力、温度等参数。调节喷枪的喷射角度、高度以及与底材的距离，以得到表面光滑的效果，提高美观性。

3.3.1.4 土工膜封闭面板裂缝

土工膜是一种优质、经济、可靠的土工合成防渗材料，它施工方便快捷，适应变形能力强，有很好的防渗性，如图3.3.1所示。在裂缝部位混凝土面板表面铺设一层连续的土工膜，形成封闭的防渗系统，达到防漏堵水的目的。该技术常用于坝高较低的混凝土面板堆石坝的上游水下渗漏处理。工程上运用比较普遍的防渗土工膜为聚氯乙烯 (PVC) 和聚乙烯 (PE)。

水下土工膜防渗的施工工艺流程为：作业面清理→柔性填料封缝和找平→土工膜接缝处理→土工膜下放→土工膜下沉→土工膜铺贴→土工膜固定→周边压条固定并封边，处理结构剖面示意图如图3.3.2所示。

3.3.2 破损混凝土面板加固

混凝土面板破损主要原因有：①面板裂缝密集，引发强渗漏，并导致面板下部垫层

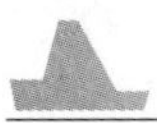

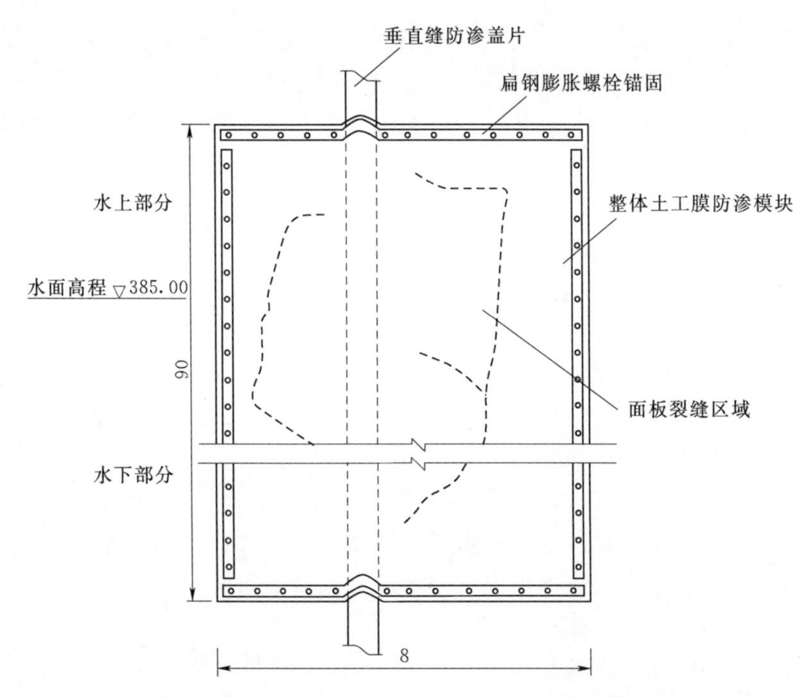

图 3.3.1 某面板堆石坝上游面板土工膜防渗平面布置图（单位：m）

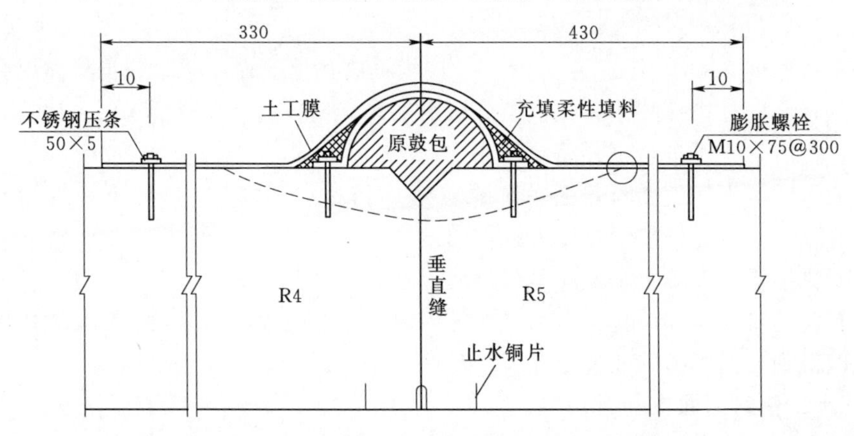

图 3.3.2 土工膜防渗处理结构剖面示意图（单位：mm）

料、过渡料产生渗透破坏，细颗粒被水流带走，造成坝体局部塌陷，混凝土面板在水压力作用下挤压破损；②在河谷上修筑的面板堆石坝，由于堆石体向河床中央长期变形的影响，两岸面板逐渐向中央“漂移”，造成河床部位混凝土面板遭受来自两侧面板的挤压作用，而出现面板破损现象。上述现象在株树桥面板堆石坝、白云水库和天生桥一级水库面板堆石坝均有出现，并造成混凝土面板的局部破损；重庆巫溪县刘家沟水库混凝土面板堆石坝面板施工期间，坝体内外水位高差过大，形成反向水压力，导致面板被抬起并被挤压破坏。

破损混凝土面板的处理，一般采用将破碎混凝土凿除、修复破坏的止水、浇筑新的混凝土或者加厚混凝土面板，新浇筑的混凝土面板应布置钢筋网，可提高混凝土标号和在混凝土中掺加纤维等措施，恢复混凝土面板的防渗功能。

3.3.3 止水系统修复

可靠的止水结构是防止由于止水结构的破坏而导致大坝漏水的基础。从周边缝的三道止水结构和垂直缝的两道止水结构，发展到目前周边缝和垂直缝的复合型止水结构，都是力求保证止水结构的完整性和可靠性。

早期的周边缝止水结构，一般采用顶部、中部、底部三道止水，顶部止水通常为柔性止水，中部和底部止水为铜片止水，采用这种止水结构型式是希望当三道止水中的某一道止水破坏时，另两道止水能承担防水渗漏的作用。在这种止水结构型式中，最基本型式为底部铜止水，其防渗的有效性，一是取决于铜片翼缘嵌入混凝土处的混凝土浇筑质量和嵌入深度；二是取决于铜止水型式（尺寸）、适应变形的能力。

受早期止水材料性能和对止水结构认识的局限性影响，部分面板堆石坝的止水结构在运行过程中出现了严重止水破坏问题。如株树桥面板堆石坝大坝面板的分缝表面止水采用了 EP-88 柔性填料，其上再覆盖 PVC 盖片，缝内 EP-88 填料自身缺乏黏性，伸长率为 36%（外部）和 65%（内部），远小于国内同类产品的伸长率，特别是其与混凝土完全没有粘接性；而表面 PVC 盖片，每片长仅为 1.5～2m，各片之间大多没有搭接，因此全部表面止水已失效；底部止水则由于选用铜材缺乏足够的延展性能，且在施工中止水铜片翼缘嵌入混凝土处的混凝土浇筑质量不好、嵌入深度不够而出现破坏，前者如 L1 与 L0、L1 与 L2，特别是 L8 与 L9 的部分铜片止水处混凝土破碎，止水脱落于面板，导致止水失效；后者如 L9、L10 的底周边缝的铜止水被撕裂而破坏。

在对因缺陷造成混凝土面板堆石坝渗漏的工程中，止水结构型式和材料、施工工艺研究往往是止水系统修复的重点，本节将从止水结构型式、止水材料、修复工艺及应用等方面阐述止水系统修复技术。

3.3.3.1 止水结构型式

面板分块浇筑的板间接缝、面板与连接基础的趾板周边缝共同构成大坝防渗体系，传统的止水结构依靠底部铜止水，起主要防渗作用，承受剪切变形的能力较小，顶部止水仅为一道辅助防渗系统，起淤堵与自愈作用，接缝止水是防渗体系的关键和薄弱点。

止水结构的设计必须能满足接缝位移的要求，也是止水结构研究和止水修复研究的重点。表 3.3.2 列出了国内外部分高面板堆石坝周边缝设计与实测位移。可见，在 200m 级高面板堆石坝中，国内高面板堆石坝的周边缝实测最大张开位移值为 27.3mm（紫坪铺震后值），沉陷值为 45.3mm（水布垭），剪切位移值为 43.7mm（水布垭）。

表 3.3.2 国内外部分高面板堆石坝周边缝设计与实测位移值表

坝名	坝高/m	坝顶长/m	张开位移/mm		沉陷位移/mm		剪切位移/mm	
			设计值/计算值	实测值	设计值/计算值	实测值	设计值/计算值	实测值
水布垭	233	675	50	13.0	100/	45.3	50	43.7
巴贡	205	740	100/24.4	—	50/34.1	—	50/27.8	—
Kárahnjúkar	193	700	—	20	—	16	—	11

续表

坝名	坝高/m	坝顶长/m	张开位移/mm		沉陷位移/mm		剪切位移/mm	
			设计值/计算值	实测值	设计值/计算值	实测值	设计值/计算值	实测值
El Cajon	188	550	—	8.8	—	24.4	—	3.4
Aguamilpa	185.5	660	—	25	—	18	—	5
三板溪	185.5	423.3	60/	—	100/	—	60/	—
洪家渡	179.5	427.8	52/	13.9	52/	26.6	32/	34.8
天生桥一级	178	1104	22/	21	42/	28	25/	21
Foz do Areia	160	828	—	24	—	55	—	25
吉林台	157	445	55/	11.9	22/	35.1	30/	3.5
紫坪铺	156	634.8	30/	15.2 震前 27.3 震后	30/	11.5 震前 28.9 震后	30/	27.4 震前 34.4 震后
Mohale	145	540	—	55	—	28	—	46
芹山	122	259.8	30/29	7.8	6/3	15.0	45/45	11.2

20 世纪 70 年代以前的面板堆石坝，周边缝止水比较简单，仅设一道橡胶或铜止水，如哥伦比亚的安奇卡亚和格里拉斯等坝。1971 年建成的塞沙那坝，周边缝设二道止水，底部为铜片止水，中部设橡胶止水。1980 年建成的巴西阿里亚坝，周边缝采用三道止水，顶部为柔性填料，中部 PVC 止水带，底部采用铜片止水。这种结构型式奠定了周边缝止水最基本的模式。

我国小干沟面板堆石坝原设计在周边缝内布置了上、中、下三道止水。1989 年 10 月开始浇筑趾板混凝土时，发现由于趾板端部设置的钢筋较多，不仅增加了架设橡胶止水的困难，而且在混凝土振捣时，因大量气泡不易排除，停滞在止水带底部，使得止水带下混凝土局部质量不良。由于泌水与气泡的存在，必然使止水带与混凝土黏结不好，失去止水效果。因此，在施工中取消了中部止水。1993 年建成的辛戈坝，也取消了中部止水。中部橡胶止水另一弱点是容易体缩而产生绕渗，天生桥为此将中部止水改为铜片止水。株树桥在检查时，也发现中部止水带下的混凝土质量较差，主要表现在混凝土顺面板向成层脱落，可能是由于中部止水影响了其下部的混凝土浇筑质量。

受新国库、谢罗罗和安奇卡亚等混凝土面板堆石坝渗漏后采用粉质土淤堵裂缝的启发，阿瓜米尔帕坝采用表面设有保护的粉煤灰取代柔性嵌缝材料，首次采用自愈性止水结构，这种结构的可靠性取决于接缝下面的小区料和垫层料对表层自愈材料的反滤作用。

由于顶部止水位于面板的表面，施工、安装、质量检查都有可靠的保证，因此，人们越来越多地把注意力集中在顶部这道止水上。为了改善顶部柔性填料向缝内的流动止水，有的高面板堆石坝（如滩坑等）在缝口和接缝中部设置了橡胶棒。国内外一些高混凝土面板堆石坝（如水布垭、芹山、黑泉、洪家渡、巴贡、三板溪、紫坪铺、吉林台等）将中部止水带移至顶部。

福建省芹山混凝土面板堆石坝采用了表层有橡胶波纹止水的顶部止水系统，其工作原理是：①通过缝口的橡胶棒对其上部的各部分止水起支撑作用，确保顶部止水在水压作用

下不会沉入缝中；②波形止水带能适应周边缝的大变形，能单独起止水作用，同时对上部的柔性填料实施密闭；③上部的柔性止水填料和表面的加筋橡胶带，既起顶部止水单独防渗的作用，又可在顶部止水发生渗漏或破坏时，仍能像传统型式柔性填料那样流入缝腔发挥其防渗的作用（图 3.3.3）。

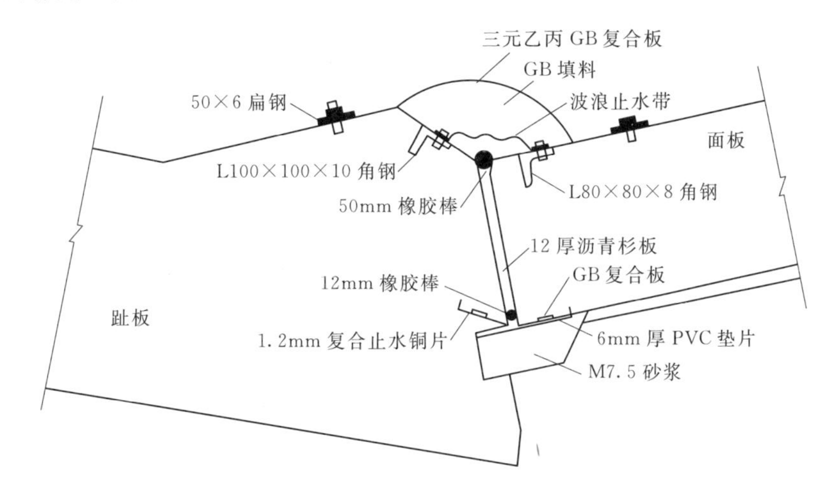

图 3.3.3 芹山面板堆石坝周边缝止水结构

青海省黑泉水库混凝土面板堆石坝则采用了双金属波纹不锈钢止水结构。其主要特点是：①顶部和底部各设一道金属止水片；②采用不锈钢片作为止水材料，代替传统的铜片止水；③顶部止水与两侧预埋角钢焊接。该种新型止水结构可充分发挥不锈钢片优良的材料性能，波纹体形能够适应高坝止水的大变形，并克服中间 PVC 止水给混凝土施工带来的不利影响，实现止水系统的后施工，以确保质量。黑泉水库面板堆石坝周边缝及垂直缝止水结构如图 3.3.4～图 3.3.6 所示。

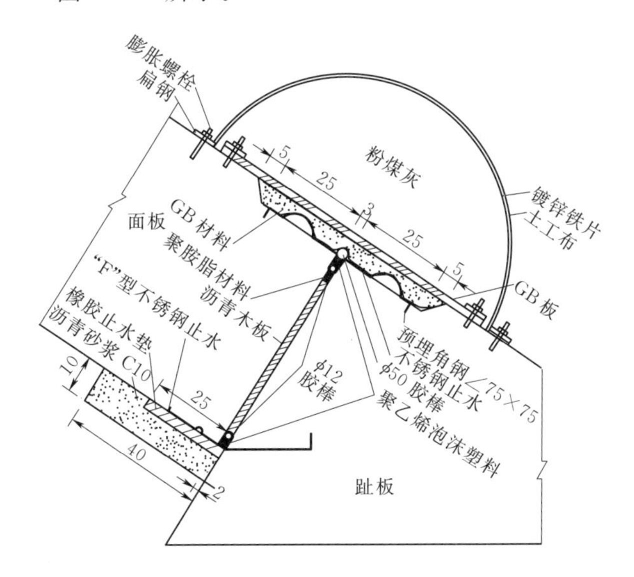

图 3.3.4 黑泉面板堆石坝周边缝止水结构（单位：cm）

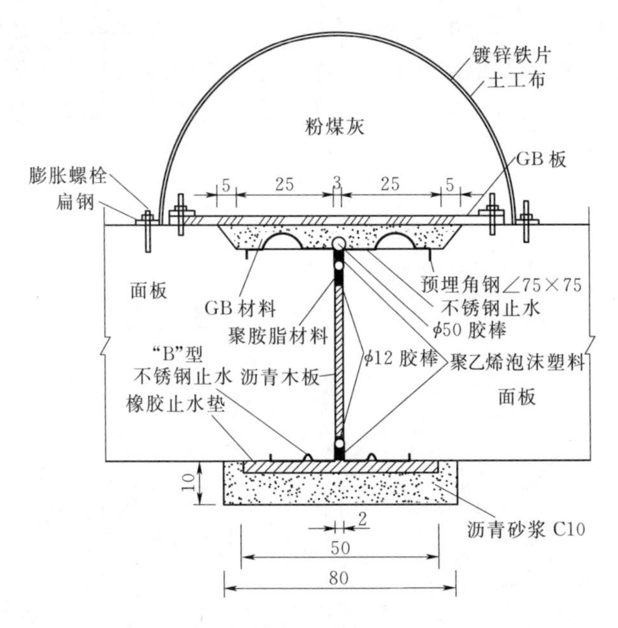

图 3.3.5 黑泉面板堆石坝拉性缝止水结构（单位：cm）

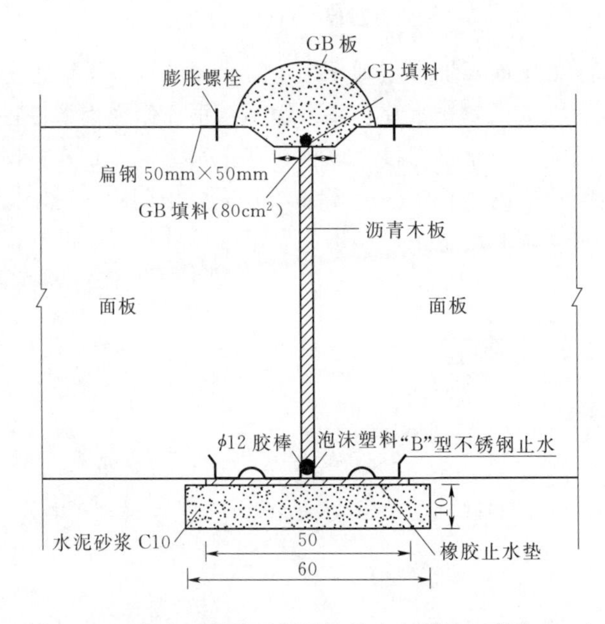

图 3.3.6 黑泉面板堆石坝压性缝止水结构（单位：cm）

清江水布垭面板堆石坝是世界已建最高的面板堆石坝，其接缝位移达5cm量级，作用水头超过200m，国内外已有的止水型式不能够承受这么高的水头。设计者突破传统观点，提出以顶部止水为主，表、中、底层止水结构各自自成一体，以防渗为主，兼有自愈功能的多重止水和限漏的适应大变形需要的止水系统，周边缝止水结构如图3.3.7和图3.3.8所示。研发的表层波纹止水带作为一道单独的防渗系统，起到防渗作用，可以根据预估的变形量设计其结构适应较大变形，实现了适应变形能力的可控化，且因其在表层便

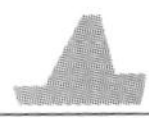

于安装和质量控制。

面板周边缝在高程350.00m以下采用三道止水，顶部止水则分别采用SR防渗盖片+SR柔性填料+塑料止水带+底部支撑的橡胶棒这种复合模式，加强了表面止水结构的可靠程度，使得表面止水成为周边缝止水结构的重要组成部分，中部止水和底部止水则仍然采用铜片，但铜片的材料选用了软铜。高程350.00m以上，取消中部止水，只设顶、底两道止水。中部止水为“Ω”型紫铜片，布置在周边缝中央偏表部，底部止水采用“F”型紫铜片。由于面板垂直缝的张、压特性既随面板的受力状态而发生变化，且现有计算分析手段也不可能准确预计，从保证止水系统的安全考虑，水布垭面板垂直缝均按张性缝进行止水结构设计，均为底部“W1”型铜片止水，顶部柔性填料止水。

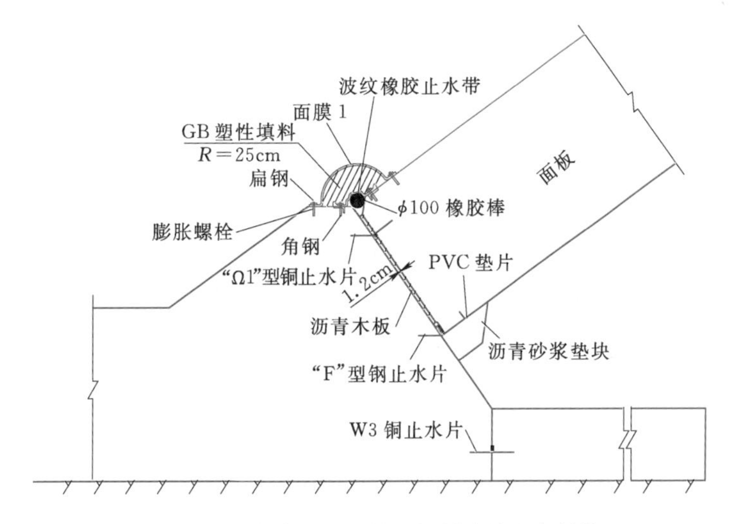

图3.3.7 水布垭面板堆石坝周边缝止水结构

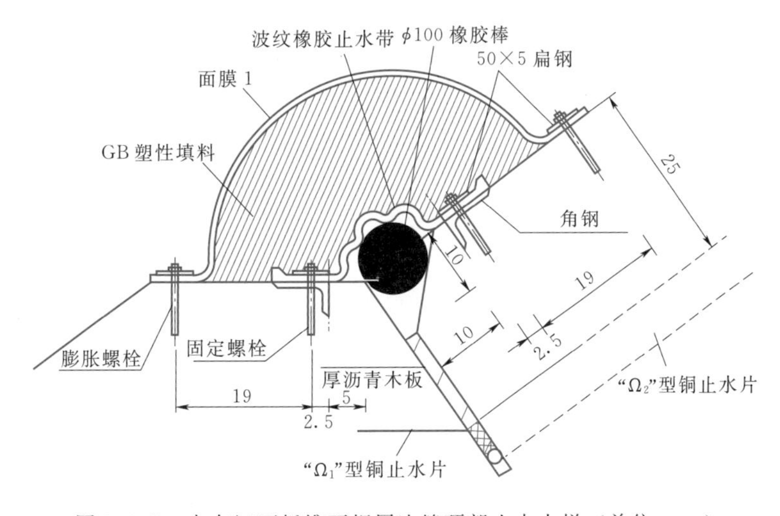

图3.3.8 水布垭面板堆石坝周边缝顶部止水大样（单位：cm）

3.3.3.2 止水材料

止水材料是保障止水结构能达到设计效果的基础。面板堆石坝常用的止水材料有：金属止水片（铜片和不锈钢片）、SR和GB防渗盖片、SR和GB柔性填料，此外，粉煤灰和IGAS玛蹄脂等材料也经常用于面板堆石坝防渗。本节对目前工程中应用较多的铜片、SR和GB防渗盖片、SR和GB柔性填料性能进行介绍。

1. 金属止水片

金属止水片主要指铜片止水和不锈钢止水带。底部止水和中部止水最常用的止水材料为铜片止水，表3.3.3为各种标准铜片的力学性能要求，长江科学院对T2软铜片材料进行了材料性能试验，试验成果见表3.3.4。铜片的选择，可根据大坝挡水高度、周边缝（垂直缝）的容许变形条件等，进行适当的选择。株树桥面板堆石坝大坝修复时，选择变形能力较强的软铜片，铜片厚度1mm。底部铜片止水是面板堆石坝分缝止水的基本形式，其防渗的有效性，一是取决于铜片翼缘嵌入混凝土处的混凝土浇筑质量和嵌入深度；二是取决于铜片止水型式（尺寸）适应变形的能力。在止水结构中铜片形状的研究中发现，加大铜片中的自由段长度可以提高抗剪切位移能力的能力，也为铜片形状的设计提供了很好的启示。

表3.3.3　不同标准下铜片的力学性能要求

牌号	执行标准		力学性能	
			抗拉强度/MPa	伸长率/%
C103	BS2870	软（M）	≥210	≥35
		半硬（1/2）	≥240	≥10
		硬（H）	≥310	
T2	GB2059	软（M）	≥206	≥30
		半硬（Y2）	245～345	≥8
		硬（Y）	≥295	≥3

表3.3.4　不同厚度T2软铜片的力学性能试验成果

铜片厚度/mm	抗拉强度/MPa	伸长率/%
0.8	249	44.5
1.0	251	43.0
1.2	226	47.0

我国采用不锈钢止水带的工程较少，在黑泉面板堆石坝和引子渡面板堆石坝的周边缝止水中采用了不锈钢止水带。黑泉面板堆石坝不锈钢止水带物理力学性能指标见表3.3.5。根据《水工建筑物止水带技术规范》（DL/T 5215—2005）的要求，不锈钢止水带的拉伸强度应不小于205MPa，伸长率应不小于35%。

表3.3.5　黑泉面板堆石坝不锈钢止水带物理力学性能实测值

不锈钢牌号	抗拉强度/MPa	屈服强度/MPa	延伸率/%	弹性模量/MPa	泊松比
$OCr_{18}Ni_{9}$	700	365	59	2×105	0.27

2. 柔性填料

柔性填料的作用是，一旦其下部的止水带发生破坏，应能满足流入接缝并实施封闭的作用。因此，柔性填料的流动止水性能是关键。目前的填料已经能够满足在接缝张开100mm的情况下，流动1.1m、承受3MPa的水压力不渗漏。柔性填料种类较多，常用的是GB和SR两种。GB柔性填料的性能指标见表3.3.6，SR柔性填料的主要性能指标见表3.3.7。

表3.3.6　GB柔性填料性能指标

测试项目及测试条件		单位	指标
耐水耐化学性（在溶液中浸泡五个月后的质量变化率）	水	%	−3～+3
	饱和氢氧化钙溶液	%	−3～+3
	10%NaCl溶液	%	−3～+3
抗拉强度	20±2℃	MPa	≥0.05
	−30±2℃	MPa	≥0.7
断裂伸长率	20±2℃	%	≥400
	−30±2℃	%	≥200
密度	20±2℃	g/cm^3	1.4±0.1
高温流淌性（耐热性）	60℃、75°倾角、48h	mm	不流淌
施工度（针入度）	25℃，5s	0.1mm	≥70
流动止水性能	流入接缝的柔性填料体积与缝顶初始嵌填体积之比	%	>50
	接缝宽5cm、填料流动1.1m后的耐水压力	MPa	≥2.5
冻融循环耐久性（快速冻融循环300次）	冻融后，柔性填料与混凝土的黏结强度与冻融前黏结强度之比	%	≥90
	冻融后，柔性填料与混凝土面的黏结性能，材料拉断后黏结面完好比例	%	≥90
抗渗性（抗击穿性）	填料厚5cm，其下为2.5～5mm的垫层料，64h不渗水压力	MPa	>2.7
黏结性能（20±2℃）	柔性填料与硬化后混凝土（砂浆）面的黏结性能（界面涂刷SK底胶），材料拉断后黏结面完好比例	%	≥95
	柔性填料与新拌混凝土（砂浆）面的黏结性能（界面不涂刷SK底胶，混凝土硬化后检测），材料拉断后黏结面完好比例	%	≥95
	浸水6个月后，柔性填料与混凝土的黏结强度与初始黏结强度之比	%	>90
耐寒性	−40℃	材料不变脆、表面无裂纹	

3. 防渗盖片

防渗盖片常作为顶部止水结构的最外层结构，与柔性填料共同使用作为周边缝或两岸张性垂直缝顶部止水结构或单独使用作为压性垂直缝顶部止水结构。防渗盖片表面复合有柔性材料，与混凝土基面黏合密封，均匀传递水压力，具有较好防渗密封效果；且防渗盖片耐候性较好，可保护盖片下的柔性填料，避免老化和流失。

表 3.3.7　　　　SR 柔性填料主要性能指标

项目	检测方法	SR-1	SR-2	SR-3	SR-4	IGAS
黏结伸长率	－20～20℃断裂伸长率/(%)	＞500	＞800	＞1000		100～200
耐寒性	伸长率＞200%时温度/℃	－20	－40	－50	－50	
耐热性	45°倾角，80℃5h 淌值/mm	＜4	＜4	＜4	＜4	＜4
冻融循环	－20℃2h～20℃2h/次	＞300	＞300	＞300		10 脱开
耐介质浸泡	在 3%浓度的 HCl、NaOH、HaCl 中浸泡一周黏结面状况	完好	完好	完好		脱开
抗渗性	5mm 厚，48h 不渗透水压/MPa	＞2.0	＞2.0	＞2.0	＞2.0	＞1.5
	1.5MPa 水压 8h 不击穿裂缝宽度/mm	0.2	0.2	0.2	10	
施工度	25℃锥入度值/mm	8～15	9～15	9～15		5～9
比重	称量法	1.4～1.5	1.4～1.5	1.4～1.5		1.5～1.6
适用性		南方气候	南方气候	北方高坝	超高坝	

防渗盖片分为均质片和复合片，主要成分为三元乙丙橡胶，其主要性能见表 3.3.8。复合片是由柔性止水材料和增强型聚酯布复合而成，与混凝土基面粘结的是柔性止水材料，当接缝变形时，柔性止水材料发生变形，避免防渗盖片受到应力破坏。因防渗盖片内复合聚酯布的增强作用，其抗拉强度和抗撕裂性能大幅提高。防渗盖片因其施工简便，适用于水上和水下施工，抗拉强度和耐老化性能好等特点，已成为面板堆石坝止水结构顶部止水最常用的材料。

表 3.3.8　　　　三元乙丙橡胶防渗保护盖片性能指标

序号	项　目		指标	
			均质片	复合片
1	断裂拉伸强度（常温）		≥7.5MPa	≥80N/cm
2	扯断伸长率（常温）		≥450%	≥300%
3	撕裂强度		≥25kN/m	≥40N
4	低温弯折		≤－40℃	≤－35℃
5	热空气老化（80℃×168h）	断裂拉伸强度保持率	≥80%	≥80%
		扯断伸长率保持率	≥70%	≥70%
		100%伸长率外观	无裂纹	—
6	耐碱性［10%$Ca(OH)_2$ 常温×168h］	断裂拉伸强度保持率	≥80%	≥80%
		扯断伸长率保持率	≥80%	≥80%
7	臭氧老化（40℃×168h）	伸长率 40%。500pphm	无裂纹	—
		伸长率 20%。200pphm	—	无裂纹
8	抗渗性		≥1.0MPa	≥1.0MPa

注　1. 出厂检验项目为项目 1、2、3，型式检验项目为所有项目。有特殊要求时还可增加其他检测项目。
2. 抗渗性指标的检测方法参照《水工混凝土试验规程》（DL/T 5150—2001）中第 4.21 和 4.22 条款进行。对于高坝，抗渗性指标根据坝高确定，要求不小于所承受的设计水头。
3. 均质片型和复合片型在力学性能《断裂拉伸强度和撕裂强度》指标上的表述方式不相同，使用中要注意。

4. PVC及橡胶止水带

中部止水常用PVC止水带或橡胶止水带。止水带两侧边埋入混凝土内，并充分振捣使止水带与混凝土接触紧密，起到防渗作用。当接缝变形时，止水带可变性以适应接缝变形。表3.3.9和表3.3.10给出了PVC止水带和橡胶止水带的物理力学性能。

表3.3.9　　PVC止水带物理力学性能

序号	项　　目		单位	指标	试验方法
1	硬度（邵尔A）		度	≥65	GB2411
2	拉伸强度		MPa	≥14	GB/T1040 Ⅱ型试件
3	拉断伸长率		%	≥300	
4	低温弯折		℃	≤−20	GB18173.1试片厚度采用2mm
5	热空气老化 （70℃×168h）	拉伸强度	MPa	≥12	GB/T1040 Ⅱ型试件
		扯断伸长率	%	≥280	
6	耐碱性 10%Ca(OH)$_2$ 常温(23±2)℃×168h	拉伸强度保持率	%	≥80	GB/T1690
		扯断伸长率保持率	%	≥80	

注　出厂检验项目为项目1、2、3，型式检验项目为所有项目。有特殊要求时还可增加其他检测项目。

表3.3.10　　橡胶止水带物理力学性能

序号	项　　目			单位	指标		
					B	S	J
1	硬度（邵尔A）			度	60±5	60±5	60±5
2	拉伸强度			MPa	≥15	≥12	≥10
3	扯断伸长率			%	≥380	≥380	≥300
4	压缩永久变形		70℃×24h	%	≤35	≤35	≤35
			23℃×168h	%	≤20	≤20	≤20
5	撕裂强度			kN/m	≥30	≥25	≥25
6	脆性温度			℃	≤−45	≤−40	≤−40
7	热空气老化	70℃×168h	硬度变化	度	≤+8	≤+8	—
			拉伸强度	MPa	≥12	≥10	
			扯断伸长率	%	≥300	≥300	
		100℃×168h	硬度变化	度	—	—	≤+8
			拉伸强度	MPa			≥9
			扯断伸长率	%			≥250
8	臭氧老化50pphm：20%，48h			—	2级	2级	2级
9	橡胶与金属黏合			—	断面在弹性体内		

注　1. 出厂检验项目为项目1、2、3，型式检验项目为所有项目。有特殊要求时还可增加其他检测项目。

2. 抗B为适用于变形缝的止水带，S为适用于施工缝的止水带，J为适用于有特殊耐老化要求接缝的止水带。

3. 橡胶与金属黏合项仅适用于具有钢边的止水带。

4. 试验方法按照GB18173.2规定的方法执行。

3.3.3.3　修复方案研究

止水结构对于面板堆石坝来说，是一道防渗的生命线，也是维持大坝安全的生命线。混凝土面板堆石坝产生较大漏水的起因大部分是两岸岸坡与坝体接触带的大坝填筑体相对变形较大导致周边缝止水破坏，通过破坏了的止水进入坝体的高压水流又破坏了不密实、细料偏少的垫层料，最终造成严重的漏水。如株树桥面板堆石坝就是止水破坏导致大坝漏水，并引起大坝局部产生防渗结构的破坏，尤其是 L9、L10 面板底周边缝破坏严重，产生缝中漏水。

如何修复并增强止水适应变形时能力，是止水修复方案研究的重点。根据国内外混凝土面板堆石坝技术发展经验，近期修建的混凝土面板堆石坝，除超高坝外，大多倾向于取消中部止水，因此在修复方案中可不考虑对中部止水的修复。

对于底部铜止水，由于无法完全揭露出来，目前尚缺乏有效手段进行无损检测，因而只能结合面板的修复进行，或者对周边缝、垂直缝的混凝土表面进行检查，对出现塌陷变形的部位的接缝，宜凿开面板，视其破坏情况决定是否更换。为便于与原止水结构焊接，其材料与结构型式与原设计相同。

由于中部和底部止水的种种局限，无法全面检查修复，为保证大坝防渗系统的封闭性，止水修复的原则是：对发现业已破坏的底部止水进行修复；对已破裂面板的底部止水进行检查，已破坏的进行修复，对顶部止水进行全面修复。

（1）底部止水。底部铜片止水是面板堆石坝分缝基本止水型式，但检查十分困难，在处理中，只能结合对已破坏的面板处理进行混凝土凿除检查、修补。周边缝底部止水修复方法采取沿面板侧凿除宽 60～80cm 的条带，检查和修复铜片止水，然后重新浇筑面板混凝土。

（2）顶部止水。对于顶部止水已完全失效的情况，应全面修复。顶部止水结构型式可选择单一的柔性材料止水、金属止水和自愈性止水或这三种型式的组合。前两者适用于垫层和过渡层已经破坏的情况，后者适用于垫层和过渡层尚未破坏的情况。

株树桥大坝面板下的垫层料采用机制灰岩碎石，掺和通过 40mm 筛的天然砂砾料和机制灰岩砂，施工时取样检测 5mm 含量的平均值为 25.3%，低于设计要求的 30%～40%，局部甚至有直接使用爆破料，加上建成后长期渗漏，垫层料的自身渗透稳定性比较差，对自愈材料不能起到反滤保护作用。因此，顶部止水不宜采用自愈性止水结构。

3.3.4　混凝土面板加固典型案例

3.3.4.1　白云水库面板裂缝处理

湖南省白云水库混凝土面板堆石坝因混凝土防渗面板变形、破损、开裂，导致大坝渗漏严重，影响大坝安全，需要进行加固处理。对高程 501.0m 以上无明显变形的混凝土面板裂缝进行灌浆处理后，沿裂缝喷涂聚脲条带，宽度 50cm，厚度 2cm，喷涂总面积约 1500m^2。

1. 底涂材料及施工

底涂材料选用的聚氨酯底漆，常温固化型 DYW1130 聚氨酯底漆（腻子）：是一种双组分（溶剂型）高黏结强度的混凝土封孔、基材打底产品，材料指标见表 3.3.11，是适

用于常温环境下（5～40℃）普通混凝土的基层处理剂。

表 3.3.11　　底涂材料指标

序号	项目	技术指标	试验方法
1	外观质量	淡黄色液体	目测
2	表干时间/min	≤180	GB/T 16777
3	黏结强度/MPa	干燥基面≥2.5	

（1）为了提高与混凝土基面的黏结力并封闭其毛细孔，将 DYW1130 聚氨酯底漆称量好，搅拌 5min 至体系均匀。再用干燥的 42.5 级水泥同上述母液进行配制，搅拌 5min 至体系均匀。搅匀后涂布于混凝土表面。刷涂（刮涂）必须薄而均匀，不得涂抹过厚，不得漏涂。

（2）如混凝土表面存在轻微缺陷或有轻微孔洞，须用该腻子进行修补，从而将基面的孔洞、缝隙、砂眼等彻底封闭。刷涂（刮涂）必须薄而均匀。不得涂抹过厚，不得漏涂。常温下约 2～4h 后即可进入下道工序。

（3）如第一道腻子层固化后仍有部分孔洞，则可薄而均匀的再刮涂第二道腻子层。

（4）使用本品腻子作用于基材，必须在该腻子表干后的 2h 内喷涂聚脲。

（5）腻子必须表干后方可喷涂聚脲，不得提前喷涂聚脲。

2. 聚脲材料

聚脲材料选用的是芳香族防渗型纯聚脲，DYW1013 喷涂聚脲国标 II 型，是一种新型无溶剂、无污染绿色环保双组分防水涂料，材料指标见表 3.3.12。A 组分由端羟基化合物与异氰酸酯反应制得的半预聚体；B 组分由端氨基聚醚、端氨基扩链剂和填料助剂组成的混合物。具有固化快，对水分湿度不敏感等特点，适用于各种混凝土防水防渗工程，需用专用的喷涂设备进行喷涂。

表 3.3.12　　DYW1013 喷涂聚脲材料指标

序号	项　　目	性能
1	固含量	≥99.0%
2	拉伸强度	16.0MPa
3	断裂延伸率	450%
4	直角撕裂强度	60.0N/mm
5	低温弯折型（−40℃，2h）	无裂纹
6	与干燥基层黏结强度	2.5MPa
7	与基层剥离强度	10N/mm
8	不透水性（0.4MPa，2h）	不透水
9	硬度（邵 A）	90

DYW1013 喷涂聚脲特点如下：

（1）不含催化剂，快速固化，10s 凝胶，60s 表干，5min 即可达到步行强度。

（2）对环境湿气不敏感。

（3）100%固含量，不含任何挥发性有机物（VOC），属新型环保材料。

（4）优异的物理性能，拉伸强度高，伸长率好，经受冷热交替和应力变化后不易开裂。

（5）涂层连续、致密、无接缝，抗渗透性强，防水、防渗漏效果极佳。

（6）耐候性好，户外长期使用不粉化、不开裂、不脱落。

3. 施工效果

施工过程中，聚脲喷涂层未发生鼓包、起皮脱落等异常现象。施工完成 7d 后，现场采用拉拔仪进行检测，聚脲涂层正拉黏结强度均超过 2.5MPa，满足规范要求（图 3.3.9）。施工完成 1 年后，聚脲涂层黏结良好，未发现破损情况，涂层变色现象不明显，达到了预期效果（图 3.3.10）。

图 3.3.9　聚脲喷涂施工

图 3.3.10　聚脲喷涂效果

3.3.4.2　白云水库破损面板加固

白云水库放空以后检查，发现大坝左下部面板局部破损严重，最大塌陷深度约 2.45m（图 3.3.11）。对整个面板破损区混凝土全部凿除，重新浇筑混凝土面板。具体加固措施

如下：

（1）塌陷、破碎的混凝土面板全部予以凿除。采用混凝土切割机械将面板切割成1.0m×1.5m的小块运走，大大加快了工期。为保证新老面板混凝土的结合，对处理区周边原混凝土板凿成台阶状。

（2）面板塌陷及破碎部位进行缺失垫层料回填。回填垫层与原垫层所用的材料及级配组成基本一致。考虑局部施工无法进行碾压，在级配垫层料中掺适量的水泥拌和。

（3）破损区面板浇筑。新浇混凝土面板厚度与该部位原混凝土面板厚度相同，经计算，配筋采用双层双向配筋。考虑原面板混凝土强度较高，且汛期来临马上须挡水，混凝土强度等级提高为C35，抗渗等级W12（图3.3.12）。

图3.3.11　面板局部破损严重

图3.3.12　面板修复处理

3.3.4.3　株树桥面板堆石坝破损面板加固

株树桥面板堆石坝放空后检查发现，大坝混凝土面板局部破损严重，图3.3.13为面板破坏现场照片。具体加固措施如下：

（1）对于面板混凝土破坏严重的部位，先将混凝土凿至上层钢筋网，对于凿出的钢筋网锈蚀严重或混凝土断裂夹泥的部位，则全部凿除，直至垫层料。

（2）面板破坏严重、分缝明显变形，则沿分缝位置左右两侧各凿除60～80cm宽的条带，检查止水系统并更换已破坏的止水铜片。

（3）对于面板基本完好、分缝位置无明显变形的部位，依据破坏的关联性，在适当位置开孔，检查止水是否破损。

图3.3.13　面板破坏

破损部位的混凝土面板，修复时适当加大混凝土面板的厚度，并在新浇筑的混凝土中设置钢筋，提高混凝土强度和抗渗等级，使混凝土面板具有一定刚度，延长混凝土面板使用寿命，图3.3.14为钢筋混凝土面板修复现场照片。面板修复混凝土技术指标：混凝土强度等级C25；抗渗等级大于W10。

图 3.3.14　钢筋混凝土面板修复

3.3.4.4　某水库面板抬动破损加固

1. 工程概况

某水库工程由钢筋混凝土面板堆石坝、溢洪道和取水塔及引水隧洞、调压井及压力管道、厂房等建筑物组成。大坝为碾压式混凝土钢筋面板堆石坝，坝长 206.5m，坝顶宽 6.0m，坝底宽 184.43m，最大坝高 70.0m，总填筑方量 79 万 m^3。大坝上游坝坡坡比 1∶1.4，下游坝坡坡比 1∶1.4，下游设二级马道。坝体从上游至下游填筑料依次分为混凝土面板、挤压边墙区、特殊垫层料区、垫层料区、过渡区、主堆石区、次堆石区、下游排水区和坡面干砌石料。面板堆石坝面板为 C25W10F100 钢筋混凝土，采用科华 P.O 42.5 级普通硅酸盐水泥，二级配，厚度 40cm。

2. 面板抬动情况

2012 年 5 月 8—9 日发生大暴雨，上游围堰过水，基坑被淹，洪水淹没高程达 405m。2012 年 5 月 9 日下午雨停过后，在坝前坝后安装水泵平衡降水抽排。2012 年 5 月 21 日，水位下降至 390.00m 高程时，发现面板 MB12～MB16 在高程 389.00～393.12m 段发生了抬动断裂现象，遂降低抽排水速度，每天下降水位控制在 0.5m。但由于后期接连下暴雨，基坑水位上涨，未能及时进行面板抬动情况监测。2012 年 6 月 13 日，水位下降至 385.00m 后组织人员对面板抬动及裂缝情况进行初步检测，发生抬动变形断裂的面板为 MB12～MB16，共 5 块，均位于河床段，面板宽度均为 12m，抬动面积约 1440m^2，最长抬动斜长 25.16m，抬动断裂范围为高程 393.13m 以下，其中 M13、MB14、MB15 块面板抬动变形严重，MB14 面板最为严重。面板抬动范围值在 2.8～47.1cm（沿水平方向），最大抬动值发生在 MB14 仓，面板两侧抬动值为 44.5cm 和 47.1cm，最低抬动值发生在 MB12 仓，面板两侧抬动值为 4.5cm 和 4.0cm。整个面板抬动均呈挤压破坏状态，裂缝纵横向无规则发展，面板抬动区被切割成大小不等的碎块状，其中 MB14 仓最为明显，整块面板已经比相邻的 MB13、MB15 仓突出达 10～14cm。

3. 面板抬动主要原因

面板 MB12～MB16 抬动 5 块中，最早的面板 MB15 仓浇筑完成时间为 2012 年 2 月 21 日下午，均未完全达到设计 90d 强度，而最后两块面板 MB12 仓的浇筑完成时间为 2012 年 4 月 20 日下午 7 点，MB14 仓的浇筑完成时间为 2012 年 5 月 4 日下午 5 点，距 2012 年 5 月 8—9 日暴雨只有 18d 和 4d 时间，强度相当低，尚未达到设计规定强度即发生了 2012 年 5 月 8—9 日大暴雨，洪水翻过围堰将基坑淹没。在反向排水孔未封堵，表止水未施工的情况下造成坝前水位随之升高至 405m，将面板连同坝体一起浸泡在水中。且之后连续降雨频繁，造成坝体水位大幅度抬高，由于坝前预留的反向排水孔被沉淀的淤泥堵塞失效，坝体内积水不能及时排除，造成坝体内外水位高差过大，形成巨大的反向水压

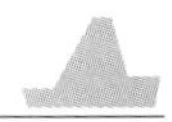

力，是导致面板被抬起并被挤压破坏的主要原因。

由于河床段 MB12～MB16 段 5 块面板下部端头 25m 范围内，即最大坝高段的面板下部均被整体抬动挤压成碎块状破坏，抬动面积达 1440m²，其涉及的高程为 393.12m 以及与之临近的 3m 左右的范围内（即高程 396.00m 以下）的分仓缝止水，抬动范围内的周边缝止水均可能已被拉伸破坏，其结构和止水系统已根本不能满足设计结构挡水的需要，需重新拆除后进行处理。

4. 加固措施

根据面板抬动原因、抬动破坏的范围、抬动的现状以及对工程产生的危害和影响等的分析研究，对面板抬动区进行了拆除和加固，施工情况如图 3.3.15 和图 3.3.16 所示。

图 3.3.15 面板抬动区图

图 3.3.16 抬动面板加固图

面板拆除加固处理措施如下：

(1) 对 MB12～MB16 仓 5 块面板高程 396.00m 以下的钢筋混凝土、止水等结构全部分块拆除后重新进行分块安装和浇筑修复。拆除方式拟选择切割拆除、钻孔取芯或人工风镐凿除等相结合的方式，以免对临近结构再次产生损害。同时应加强下部趾板的保护和对上部面板的支撑，防止拆除时对趾板和上部面板产生破坏。

(2) 对 MB12～MB16 仓 5 块面板抬动影响范围内的周边缝止水，视拆除后的破坏情况可采取修复或重新安装的方式进行处理。如可采用修复，则直接将破坏部分割掉，重新按设计尺寸加工该部分进行焊接安装修复。如不能修复需更换，则全部进行更换。

(3) 由于处理部位是位于面板的下部，在处理的过程中需考虑上部面板的稳定问题。为此，拟初步拟定面板的处理方式采取分块分期处理的方式，即每仓面板分两期进行拆除，分两期进行浇筑处理，将原 12m 宽的面板划分为两块 6m 宽的面板，中间设一道竖向施工缝，顶部 396m 高程与原面板结合处设一道横向施工缝。面板浇筑完成后所有设置的施工缝均按分缝的要求进行处理。具体处理方式为：面板浇筑完成后，将施工缝两侧各 1m 的混凝土表面进行凿毛，凿毛深度不得少于 1cm，冲洗干净干燥后在其表面涂刷一层 KT1，再采用植筋的施工方式在凿毛范围内埋设 ϕ14@250mm 的插筋，伸入原好混凝土 20cm，外露 15cm。并布设单层 ϕ18@150mm 的钢筋网片，在原混凝土表面涂刷一层无漆界面胶后，表面再浇筑 20cm 厚的 C25 盖板混凝土进行遮盖。最后再在盖板混凝土四周及表面再涂刷一层无漆界面胶。

（4）根据每块每期面板拆除后挤压边墙的破坏情况，确定是否需要对挤压边墙进行修复处理。如挤压边墙已产生破坏，则将破坏的部分进行拆除，重新采用原设计C25挤压边墙混凝土进行修复至设计尺寸。同时，对整个修复区的挤压边墙面重新按设计要求进行喷涂改性沥青（两油一砂），以减少面板的约束。

（5）修复时，如面板分期拆除后上部脱空的部位能自然回归至原部位的情况，则将面板的厚度由原设计40cm提高至50cm，面板的设计指标由C25W10F100提高到C30W10F100，以提高面板的自重和刚度。同时在每块面板的下部距周边缝1m的处，每块增设1～2个150mm的排水孔（采用预埋钢管的方式，并在钢管末端装设同规格的闸阀，为后期封堵作准备），作为施工修复时降低坝内水位的泄水孔，防止在面板修复过程中坝体再次产生反向水压力，影响面板修复的质量。如抬动区面板拆除后，发现上部脱空的面板不能自然回归至原部位的情况，面板修复时，其厚度按结合处396m高程面板现状厚度（抬动表面至挤压边墙面的厚度）进行修复控制。

（6）面板修复完成后对上部脱空不能自然回归的面板，则采取在面板上部每隔一定的距离钻设一个灌浆孔，采用挤密式灌浆的方式灌浆水泥浆将脱空部位全部充填密实，施工过程中应严格控制灌浆压力，并进行严格的抬动观测，以免发生再次抬动。具体的钻孔间距及灌注压力经试验后确定。充填灌浆完成后按设计或规范要求对灌浆孔进行封闭处理。

（7）面板修复时，面板结构的钢筋、底部及表层止水、砂浆垫层、结构分缝等型号、型式、尺寸、设计技术指标等按原设计指标及要求进行施工。

3.3.5 防渗面板重建

3.3.5.1 面板重建设计原则

对于混凝土面板堆石坝而言，若其防渗的混凝土面板施工质量较差，破损、开裂严重、止水系统已整体老化损坏，局部对防渗面板加固、修补难以保证防渗系统长期有效时，在水库具备放空的条件下，可研究面板重建方案。

重建面板可考虑拆除原面板重建新钢筋混凝土面板和防渗系统，也可考虑在原面板上重新浇筑钢筋混凝土面板，重设面板防渗系统。两类方案各有优缺点，拆除原面板重建新钢筋混凝土面板方案可对面板下的垫层进行直接检查和处理，可彻底处理大坝渗漏病害，缺点是面板拆除难度大，占用施工时间太长，往往难以满足度汛和尽早发挥工程效益的要求，无法在有限的时间内完成施工，目前国内尚无先例；原面板上重新浇筑钢筋混凝土面板方案的优点是施工周期相对较快，原面板对新面板可直到支撑作用，可避免拆除原面板对坝体堆石体和垫层的扰动，缺点是难以处理垫层存在的问题，可能还会留下隐患。具体采用哪种方案需根据工程实际情况和各种检测结果，经方案综合比较后确定。鉴于目前我国面板堆石坝的现状，相信今后会出现拆除原面板重建新防渗系统的案例出现。

重建防渗面板应按现行面板堆石坝设计规范进行设计，但也要考虑工程实际情况和堆石体变形收敛情况。由于我国面板堆石坝筑坝历史较短，经验不断总结，正式设计规范颁布时间不长，20世纪70—80年代所建面板堆石坝是在无规范的情况下进行设计和施工，很多技术和经验不成熟，新的防渗系统应较原防渗系统适当加强建，新面板较原面板加厚，适当增加配筋，有条件可配双层钢筋。

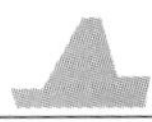

广西磨盘水库建于20世纪70年代，面板堆石坝段上游为干砌块石，上游坝坡较陡，坝体变形和防渗面板破坏严重，曾经两次重建混凝土面板，以磨盘水库堆石坝第二次重建防渗面板为例介绍面板重建有关技术上的问题。

3.3.5.2 磨盘水库堆石坝面板重建

1. 混凝土面板的缺陷

广西磨盘水库混凝土面板堆石坝段位于河床（桩号0＋048～0＋140.6），水库放空后对面板堆石坝段混凝土面板进行了详细检查，混凝土面板的缺陷总体情况如下：

（1）混凝土强度。面板混凝土强度较低，平均抗压强度为22.7MPa，14块面板中约有26％的面板混凝土强度低于20MPa。

（2）混凝土碳化。面板混凝土平均碳化深度4～6mm，碳化程度不是很严重。

（3）裂缝。面板上分布多条横向裂缝，有1条贯穿整个坝面处于中部的水平裂缝，裂缝平均深65～75cm，属贯穿性裂缝，有白色渗出物，放空管竖井相交部位开裂、错位严重。

2. 新建面板下部趾墙强度和稳定复核

面板底部趾墙顺面板方向存在抗剪破坏和整体抗滑、抗倾稳定问题，水库未蓄水的空库为控制工况，面板及趾墙结构如图3.3.17所示。

（1）趾墙抗剪强度复核。根据《水工混凝土结构设计规范》（SL 191—2008），结合工程实际情况，对下部趾墙顺面板方向抗剪强度进行复核，复核时将原面板和新浇面板作为整体，取单宽（1.0m）面板，将面板重力分解为顺面板向的力和垂直面板向的力，按灌浆后浆砌石体不产生推力考虑。混凝土面板与灌浆后干砌石体的摩擦系数 f 取0.5，混凝土承载力安全系数 $K=1.3$。复核计算表明，趾墙顺面板方向剪切强度满足要求。

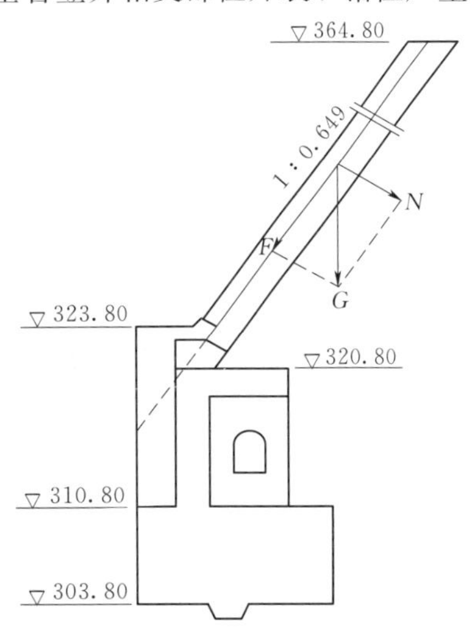

图3.3.17 面板下部趾墙结构图

（2）趾墙整体稳定复核：

1）抗滑稳定复核。按以下抗剪强度公式复核计算下部趾墙整体抗滑稳定：

$$K_c=\frac{f\sum W}{\sum P} \tag{3.3.1}$$

式中 K_c——按抗剪强度计算的抗滑稳定安全系数；

f——趾墙混凝土与基岩接触面的抗剪摩擦系数，取0.55；

$\sum W$——作用于边墙上的全部荷载对计算滑动面的法向分量；

$\sum P$——作用于边墙上的全部荷载对计算滑动面的切向分量。

水库未蓄水的空库工况时，复核计算的抗滑稳定安全系数 $K_c=2.39$，满足规范要求。

2）趾墙整体抗倾覆稳定复核。下部趾墙整体抗倾稳定按以下公式复核计算：

$$K_o=\frac{\sum M_y}{\sum M_o} \tag{3.3.2}$$

式中 $\sum M_y$——作用于墙体的荷载对墙前趾产生的稳定力矩；

$\sum M_o$——作用于墙体的荷载对墙前趾产生的倾覆力矩；

K_o——抗倾稳定安全系数。

水库未蓄水的空库工况时，抗倾稳定安全系数 $K_o=1.59$，满足规范要求。

3. 混凝土面板重建施工

2009年进行的除险加固原设计方案是拆除原混凝土防渗面板，并对浆砌石垫层修补，然后重建混凝土防渗面板，并在钢筋混凝土防渗面板下设置复合土工膜防渗。后由于原面板拆除难度太大，施工时间不允许，变更为不拆除原混凝土防渗面板，在原混凝土防渗面板上重新浇筑的钢筋混凝土面板，面板厚0.80m，混凝土强度等级C25，抗渗等级W8，设置双层钢筋，采用直径ϕ20mm的Ⅱ级钢筋，按间距20cm布置。原面板底部趾墙表面凿毛，新浇1.0m高趾墙，趾墙前端浆砌石拆除采用混凝土浇筑至高程323.80m，并设置插筋和趾墙混凝土体锚固[8]。

混凝土面板与两侧坝段边墙衔接部位设置周边缝。面板浇注前，黏土斜墙堆石坝的前段斜边墙进行加高，其后段边墙和浆砌石挡墙堆石坝段边墙的老混凝土或浆砌石沿面板方向局部凿除，凿除深度不少于50cm，采用C30混凝土回填，级配为一级配，并掺适量膨胀剂。混凝土回填时应预埋止水。

新浇面板垂直缝和老面板垂直缝设置一致，面板自顶部至底部设置纵缝（垂直缝）9条，中间段面板纵缝间距10.0m，两端面板纵缝间距6.30m。老面板横缝部位的新浇混凝土面板底部设置过缝钢筋（直径ϕ20mm、间距20cm，单根长3.0m）。混凝土面板纵缝及周边缝，缝宽均为3.0cm，采用双层铜片止水，铜片厚1.0mm。新老面板间设置直径25mm的锚杆，孔距2.0m、排距2.0m，相间布置，单根长2.0m，与原防渗面板锚固。底部趾墙部位设置直径25mm的锚筋，间距2.0m、单根长2.0m。新浇面板与黏土斜墙堆石坝段和浆砌石重力墙坝段衔接部位布置直径25mm的插筋，单根长1.5m、间距1.0m。锚筋及插筋钻孔采用植筋胶锚固，使用的植筋胶在正式施工前进行了生产性试验。

新老混凝土结合面的处理是施工难点，结合面处理的施工技术要求如下：

(1) 对原混凝土面板表面进行修整，清除原面板平台凸出部位的混凝土，减少应力集中。

(2) 将老混凝土表面凿毛，露出坚硬石子和水泥石，控制表面粗糙度在3～4mm。其结合面粗糙度建议用灌砂法测定。若粗糙度不够，采用刻槽机在老混凝土表面刻槽，增加粗糙度。结合面上涂刷无机界面胶，涂刷厚度1.0mm，涂刷后浇筑新混凝土。使用的无机界面胶为水泥系无机材料，在正式施工前进行了现场生产性试验，试验结果表明，新老混凝土结合效果良好，满足新老面板变形协调要求。

(3) 面板混凝土浇筑完成后，加强对新浇混凝土的养护。混凝土终凝后，立即进行洒水养护，确保混凝土面板表面保持湿润。面板混凝土避免中午太阳直照，可选择麻袋或毡布湿水覆盖。低温天气或发生寒潮时，做好混凝土表面保温，可选择麻袋、毡布、聚乙烯泡沫板等材料。

(4) 原混凝土面板裂缝修补。对原混凝土面板凿毛后，对贯穿性裂缝进行处理，再浇注新的混凝土面板。混贯穿性裂缝修补采用缝面深层化学灌浆方法，即骑缝贴嘴灌浆与跨缝斜孔灌浆处理。布孔分骑缝贴嘴布孔各跨缝布斜钻孔两种。骑缝贴嘴布孔沿缝面布置，

每 30cm 间距布置一个贴嘴孔。跨缝布斜钻孔与裂缝夹角 45°～60°，孔距 0.6～1.0m。采用风钻孔，孔径不小于 16mm。灌浆嘴采用环氧胶液粘贴，要求粘贴牢固，且灌浆畅通。跨缝斜孔灌浆管埋入钻孔深不小于 10cm，采用环氧胶液黏结，孔口环氧胶泥封口。

4. 磨盘水库面板重建后的运行情况

磨盘水库面板堆石坝段面板重建于 2010 年 12 月底完工，为大坝的其他加固项目创造了条件，确保了 2011 年汛期水库安全度汛，水库也按期发挥了效益，目前混凝土面板堆石坝段运行正常。

3.4　面板脱空处理

3.4.1　面板脱空原因及危害

面板脱空是面板堆石坝常见问题，是指面板下的垫层料因沉陷或流失等原因引起的面板与垫层料脱离，垫层无法对面板形成支撑的破坏的现象。导致面板脱空的根本原因是面板和垫层料及堆石体的变形特性不同，在自重和外荷载作用下，面板无法适应坝体变形，在面板和垫层之间形成脱开。大致有以下几方面：

(1) 当面板浇筑后，支撑面板的堆石（包括垫层料）的变形较大，而由于面板的相对刚性，其变形并不与堆石体的变形同步，在两者之间出现的变形差导致了面板脱空现象的发生。在堆石体碾压质量不高的部位，则脱空会更严重。

(2) 对分期浇筑的面板，一期面板浇筑完成后，在后续坝体填筑及蓄水的影响下，大坝仍有较大的沉降，过大的沉降发生时在上一期面板的中上部会出现面板脱空现象。

(3) 大坝蓄水影响下，坝体及面板虽都向下游变形，但堆石体及垫层料变形量值较大，而面板的量值较小。对于峡谷型面板堆石坝，由于面板与垫层的变形不能协调，容易出现面板脱空。

(4) 库水位下降和基坑退水时，面板变形有所恢复，而坝体的变形则恢复的很小，从而产生面板脱空。

总的来看，主要是面板钢筋混凝土与堆石是两种弹性模量相差很大的材料，施工过程中由于后续坝体填筑及蓄水的影响，当垫层料与面板不能协调变形时，即会出现面板脱空现象。面板作为大坝重要的防渗结构，面板脱空使面板的工作状况恶化、产生过大的拉应力和压应力，是产生面板裂缝的主要原因之一，如果脱空值较大，面板常常形成贯穿性裂缝或塌陷，导致大坝渗漏的发生，严重影响大坝的安全。

根据研究成果，面板分期浇筑高程、垫层料和堆石体材料变形特性、预沉降时间等因素对脱空均有明显影响[9]。当堆石体填筑高度超过面板浇筑顶高程 5～10m 时，对减小面板顶部的脱空有利；填筑体预沉降时间在 3～6 个月内的，随着预沉降时间的增加，脱空值逐渐减小，但预沉降超过 6 个月后，脱空值减小的幅度较小；垫层料宜选用低压缩性和高抗剪强度的材料，并加强垫层的碾压强度，使面板底部形成均匀平整的支撑；堆石体的变形特征是影响脱空的重要因素，因为堆石体体积较大，所以变形值也比垫层和过渡料大得多，其变形对面板的不协调性影响更大。

面板脱空在施工期和运行期都有可能发生，施工期发生的脱空会加剧运行期的脱空。天生桥一级面板堆石坝，最大坝高178m，坝顶长1104m，坝体填筑量1770万m^3，面板面积17.3万m^2。坝轴线上游为主堆石区，材料主要来自溢洪道的石灰岩开挖。坝轴线下游为下游堆石区，部分材料利用了砂岩及泥岩的开挖料。大坝剖面如图3.4.1所示。

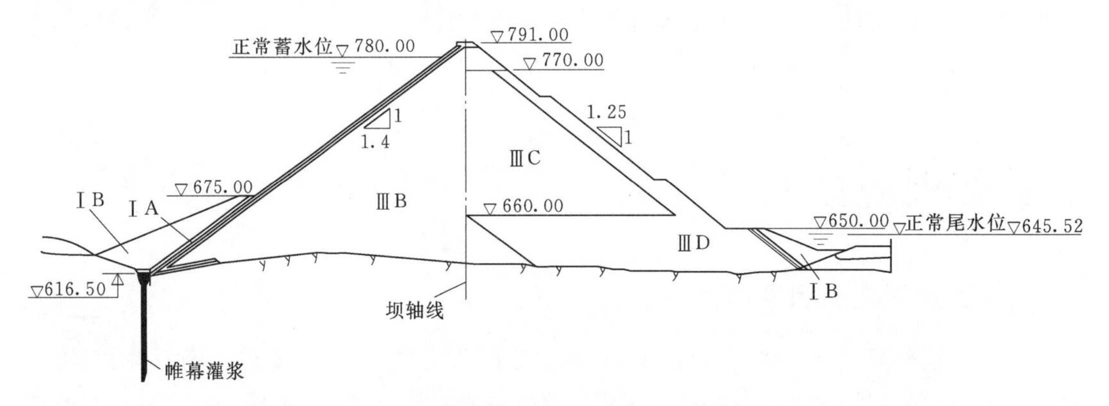

图3.4.1　天生桥一级大坝最大剖面

ⅠA—上游铺盖；ⅠB—盖重；ⅢB—主堆石区，石灰岩，层厚80cm，17t自行式振动碾6～8遍，压缩模量45MPa；ⅢC—下游堆石区，泥岩、砂岩混合料，层厚80cm，17t自行式振动碾6～8遍，压缩模量22MPa；ⅢD—下游堆石区，石灰岩，层厚160cm

工程于1991年开工，1994年底截流，1996年11月开始全年导流与坝体大规模填筑，1998年8月开始初期蓄水，年底第一台机组发电。1999年5月初完成面板的施工，2000年7月完成全部填筑，至791m高程，2000年5月底开始终期蓄水，2000年9月蓄水至正常蓄水位780m。

为了施工度汛及提前发电，坝体分成7期填筑，面板分成三期施工，如图3.4.2所示。

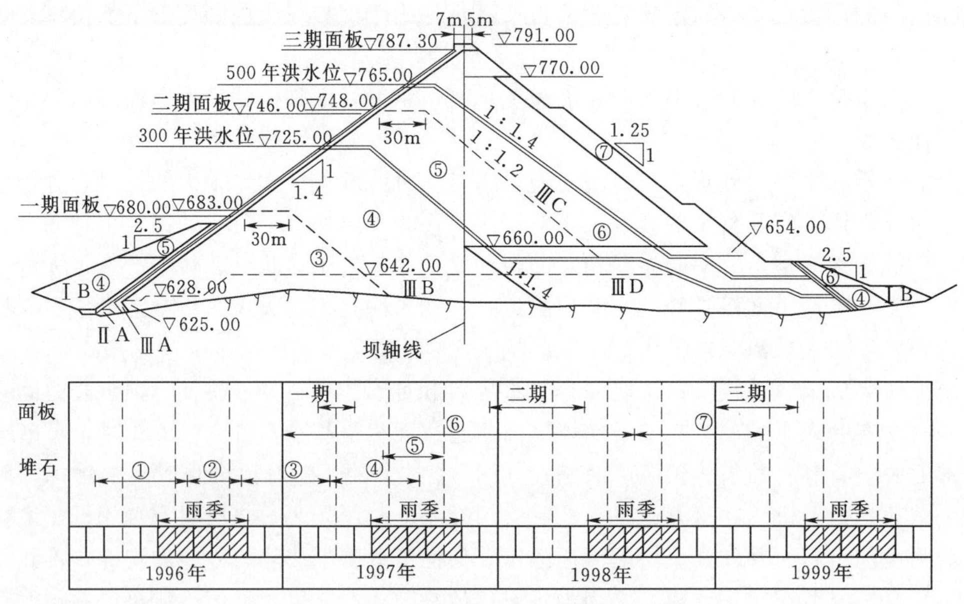

图3.4.2　天生桥一级坝坝体施工分期

①～⑦—填筑顺序号。

其中第1期填筑的过水断面于1996年6月即汛前才完成。1996年11月—1997年6月填筑至高程725.00m，抵御300年一遇全年设计洪水，并于1997年3月填筑至高程682.00m以便进行一期面板施工，一期面板施工在1997年5月2日完成。1997年8月19日—1998年7月完成5、6期堆石体填筑，以便达到抵御500年一遇洪水标准，并于1998年4月5日将堆石体填到高程748.00m，为二期面板施工及1998年底发电创造条件。二期面板在1998年5月24日完成施工。7期堆石体于1998年1月才开始填筑，于3月29日到达堆石体顶部高程787.30m。1997—1998年枯水期形成填筑高峰，在1997年9—12月完成400万m^3填筑量，其中9月完成了117万m^3。

水库蓄水分初期蓄水及终期蓄水两个阶段：初期蓄水以达到初期发电水位740.00m（死水位739.00m）为目的，利用二期面板挡水于1998年底发电；终期蓄水以尽快达到正常蓄水位为目的，利用三期面板挡水。按此要求，1997年12月15日导流洞闸门关闭，1997年12月28日放空洞开始过水，到12月30日库水位上升到669m，并保持在高程668.00m达6个月。1998年5月完成二期面板施工，8月25日放空洞下闸，水库进行初期蓄水，11月10日到达当年最高水位740.36m，12月28日开始发电。1999年5月完成三期面板后，8月24日达到当年最高水位767.4m。2000年10月9日达到当年最高水位779.96m（正常蓄水位为780m）。

面板共69块，块宽16m。各期面板均在汛前5月完成施工，以便尽可能由面板挡水度汛。一期面板（高程680.00m以下）于1997年5月2日完成施工，二期面板（高程680.00～746.00m）于1998年5月24日完成，三期面板（高程746.00～787.30m）于1999年5月18日完成。次年2月在后一期面板浇筑前，均进行面板顶部脱空检查与脱空处理。发现面板顶部存在脱空及弯曲性结构裂缝、垫层料开裂；运行期发生面板沿一条最长的垂直缝压碎。

面板分三期浇筑，在施工过程中就发现每期面板的多数顶部均出现脱空现象，脱空面板数分别占各期面板数的85%、85%和52%，顶部脱空情况具体如下：一期面板共27块，脱空23块，最大脱空长度6.8m，最大开口15cm；二期面板共53块，脱空45块，最长脱空长度4.7m，最大开口10cm；三期面板共69块，脱空36块（L25～R12，R1未脱空），脱空长度最大10m，最大开口15cm。三期面板裂缝距面板顶部约20m。天生桥一级坝脱空程度是目前的最大纪录。

脱空都发生在河床部位面板，脱空前顶部面板就呈悬臂梁工作状态，面板顶部失去有效支撑，因此分期面板顶部都发生裂缝，都是由堆石相对于面板的“脱空趋势”产生的。天生桥一级大坝施工期对脱空部位检查后，采用水泥粉煤灰稳定浆液灌浆进行了处理。

三期面板于1999年5月18日完成，其中河床代表断面0+630之R1面板约于5月1日浇筑完毕，R1板顶部M7面板观测点（高程788.00m，L3视准线上）及下游堆石面上的M8观测点在5月9日开始观测。表3.4.1为面板出现弯曲裂缝及脱空的情况。

2002年6月，采用物探手段再次对高程760.00m以上、桩号0+446～1+038范围内的面板脱空进行探测，共探测面积27805m^2。探测结果表明在34块面板中有64个脱空区，总脱空面积8314m^2，单块脱空最大面积400m^2；脱空高度1～5cm，其中4～5cm者有8个脱空区。

表 3.4.1　　天生桥一级大坝 R1 面板顶部挠度、堆石沉降和脱空情况

日期/(年-月-日)	历时/月	堆石顶部沉降/cm	堆石法向位移/cm	位移完成/%	面板挠度cm	面板脱空/cm	三期面板裂缝总数/条	备　注
1999-5-1	0	0	0	0	0	0	0	面板完工
1999-6-21	1.7	37	45	32	45	0	297	施工期面板第一次检查，库水位 721m
1999-10-1	5.0	76	93	66	90	3	未检查	1999-10-1—2000-9-15
2000-1-24	8.8	90	111	79	96	15	613	施工期面板第 2 次检查，高程 725.00m 点开始停止上坡位移，脱空砂浆回填
2000-9-15	16.5	101	(124)	88	109	—	—	水库蓄满，堆石法向位移由面板挠度加 15cm 得到
2000-11-1	18	102	(126)	89	111	—	—	运行期
2001-1-6	20.2		(126)	89	111			运行期
2001-6-25	25.8		(129)	91	114			运行期
2001-12-25	31.8		(134)	95	119			运行期
2002-12-25	43.8		(138)	98	123			运行期
2003-6-25	49.8		(139)	99	124			运行期
2003-7-17	50.5		(139)	99	124			运行期
2003-12-25	55.8		(141)	100	126			运行期
2004-5-22	60.7		(141)	100	126			运行期

由于钢筋混凝土面板是一防渗薄板结构，面板完全依赖于垫层料的支撑，而半透水性的垫层料直接位于面板下部，是混凝土面板堆石坝中最重要的部位之一，它既是防渗面板的可靠基础，又是坝体防渗的第二道防线。而面板与垫层料之间脱空，直接影响了面板的受力状态，使面板的工作状况恶化，大的脱空使面板局部产生过大的拉应力或压应力，导致面板裂缝，严重者因产生大的变形，造成面板混凝土被挤压破碎、断裂，从而导致大坝严重渗漏，危及大坝安全，必须进行处理。

3.4.2　面板脱空处理方案

施工过程中发现的面板脱空应马上研究方案进行处理，蓄水前必须处理好。蓄水前处理相对容易，可从面板顶部缝口向内灌注水泥粉煤灰浆，也可在面板钻少量小孔径钻孔进行灌浆处理。天生桥一级大坝采用从面板顶部缝口向内灌注水泥粉煤灰浆。

面板堆石坝发生严重渗漏后，几个工程检查表明，面板脱空是普遍现象，只不过是严重程度不同而已。株树桥、白云面板堆石坝在放空水库后，结合面板处理对面板脱空进行了检查，发现面板现大范围的脱空现象，脱空严重部位面板表面凹陷，混凝土被挤压造成破碎、断裂，继而形成集中渗漏通道。解决面板脱空问题，是株树桥与白云面板堆石坝面板加固工程的重点，两座面板堆石坝均采用钻孔灌浆方法处理面板脱空问题。

根据多个工程的总结探索，对于脱空部位，采用灌浆的办法进行处理是一种比级适宜的方式。灌浆方式对于已建成的水库则存在两类：①在放空水库情况下在面板表面钻铅直孔灌浆；②在不放空水库情况下直接在水库水面钻垂直孔或在坝顶沿面板底面钻斜孔进行灌浆。

1. 放空水库灌浆处理

水库放空后，在面板上布置灌浆孔，搭设施工平台，用钻机钻铅直钻孔，穿过混凝土面板，深入面板下的脱空部位，然后进行灌浆。该方法施工简单，容易控制，灌注质量也有保证，造价低。但面板上钻有较多的孔，如封孔质量不好，则影响面板的防渗性能。且该方法须放空水库，在水库已放空的情况下，采用该方法处理效果较好，但专门放空水库进行面板脱空充填灌浆，会严重影响水库发电、供水等效益。

2. 不放空水库灌浆处理

（1）坝顶钻斜孔灌浆。坝顶钻斜孔灌浆则是利用坝顶作施工平台，用钻机钻孔，钻孔沿面板底部平行于面板倾斜向下进行，待钻至设计高程后，自下而上分段对脱空部位进行灌浆，达到充填空隙的目的。该方法优点在于不放空水库，避免放空水库带来的发电和用水效益损失，但施工精度要求高，质量控制难度大，成本也比较高。

（2）库水面铅直钻孔灌浆。库水面铅直钻孔灌浆是在水面搭施工平台，用钻机钻孔，穿过混凝土面板，深入面板下的脱空部位进行灌浆。该方法如钻孔水封控制不好，高压水通过钻孔流入坝体，威胁坝体安全，因此只适宜在水库水位较低的情况下进行，但仍然存在质量控制难度大、成本高的缺点，不宜采用。

相比较而言，在不放空水库的条件下，采用比较严格的施工控制措施，能够用钻斜孔灌浆解决面板与垫层之间脱空的问题是比较经济的一种方法。

3.4.3 灌浆处理材料与施工

垫层料脱空灌浆材料要求：浆液流动性好、稳定性高、强度适中、结石强度 1～2MPa，弹模不超过 2000MPa，能适应后期变形。特别要求浆材流淌性好，是为了能通过灌浆，脱空部位形成均匀的支撑体而不是点状支撑，以免蓄水加载后破坏面板。

（1）灌浆次序：同一面板同一排的灌浆孔分两序单孔灌注，每单元面板充填灌浆由下部向上部推进。

（2）灌浆压力。为防止对面板产生抬动破坏，一般采用自流式灌浆。灌浆压力应根据灌浆试验确定。

（3）灌浆施工。灌浆配比及工艺根据生产性试验确定。

3.4.4 面板堆石坝脱空处理典型案例

1. 株树桥面板堆石坝面板脱空处理

株树桥水库 1990 年蓄水后，大坝即出现渗漏，且逐年增加，至 1999 年 7 月测得漏水量已达 2500L/s 以上，渗漏非常严重，威胁工程安全。

1999 年发现上游面板多处折断，下部塌陷形成孔洞，防渗体系已发生严重破坏，必须尽快放空水库进行加固处理。

2000 年年初，水库放空后对已出露的面板、止水与垫层料等进行检查，发现大坝防渗体系破坏非常严重（图 3.4.3～图 3.4.4），情况归纳如下：

（1）靠近两岸边坡岩体的底部面板出现不同程度的破坏，特别是 L1、L9～L11 等面板下部严重塌陷、破裂，形成集中渗漏通道。

（2）所有表面止水已基本失效，部分接缝底部止水撕裂，或因混凝土破碎而脱落，形成漏水通道。

（3）混凝土面板严重脱空，L8 面板下部最大脱空高度达 130cm。当时面板脱空尚无好的无损检查手段，只能通过钻孔检查。

（4）面板裂缝密集，部分裂缝发展成断裂。

（5）垫层料细颗粒流失严重。

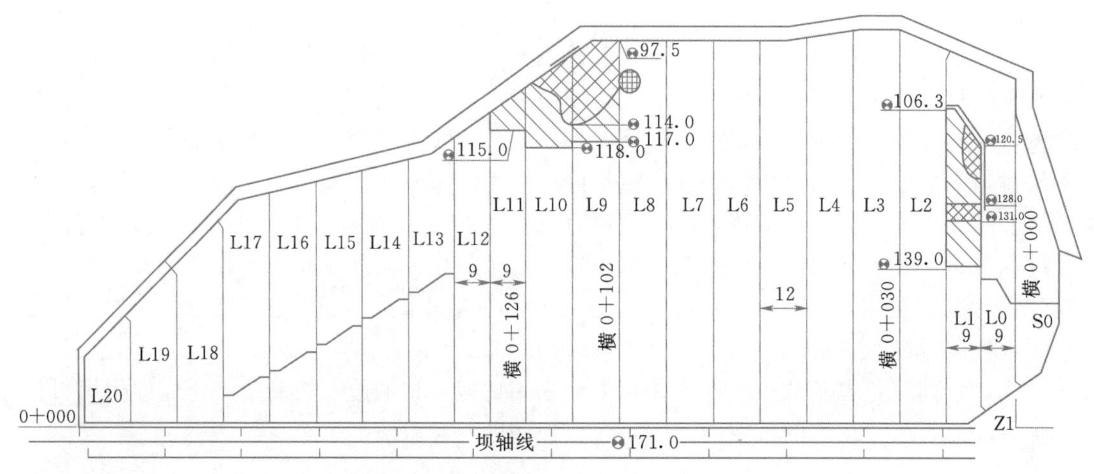

图 3.4.3　大坝严重破坏部位平面示意图（单位：m）

图 3.4.4　L8 面板脱空 130cm

2000 年 1—4 月完成了第一阶段的大坝度汛抢险处理，主要完成了对面板破坏严重部位的堵漏处理，混凝土面板修复、面板裂缝处理、面板脱空处理、表止水更换与局部底止水修复。2002 年汛前对大坝进一步加固处理，对垫层进行充填与加密灌浆、修复大坝辅助防渗体系。

脱空处理采用回填改性垫层料及凿孔充填灌浆的方法处理；对脱空较大的 L8 面板采用掺加 5%～8%水泥的改性垫层料回填；对其他面板脱空采用参加适量粉煤灰的水泥砂浆进行充填灌注。

大坝渗漏处理后，一直稳定，在正常蓄水位时，渗漏量保持在 10L/s 以内，大坝渗

漏处理取得了显著效果。

2. 白云水电站面板堆石坝面板脱空处理

白云水电站大坝蓄水运行后的前 10 年，渗漏量基本正常。自 2008 年 5 月后，渗漏量开始加大并持续增加，2012 年 9 月达到最大 1240L/s。从渗漏量的整体变化规律来看，大坝渗漏趋势是在不断加剧。

经反复比较，采取了放空水库的加固方案。2015 年 1 月水库放空后，大坝破坏情况主要为：①L5、L6 面板在高程 490.00m 上下出现一处面积约 $50m^2$ 的塌陷区；②L4、L5、L6、L7 面板在高程 473.00m 以下出现较大范围塌陷破坏，塌陷面积约 $250m^2$，影响面积约 $600m^2$，最大塌陷深度 2.5m，面板破坏十分严重，破坏程度国内外罕见；③高程 500.00m 以上裂缝密布；④周边缝底部铜止水拉裂。面板脱空与塌陷情况如图 3.4.5～图 3.4.6 所示。

图 3.4.5　面板 L5～L6（高程 492.00m）

图 3.4.6　面板 L4～L7（高程 472.00m）

（1）面板脱空检测。水库放空后，分两期分别对高程 501.00m 以上和高程 460.00～501.00m 区域混凝土面板脱空缺陷进行了检测。通过采用 LTD-2100 型地质雷达，0.2～0.5m 条带间距坐标测线网格（采用 GC900MHz、GC400MHz、GC270MHz 三种天线进行浅部、中部及深部范围探测），对面板进行详细普查。

通过检测成果发现，高程 501.00m 以上面板大部分存在脱空，最大脱空高度大于 7cm，一般在 3～5cm 范围，面板下非连续性明显脱空区域（带）面积占面板全面积的 61.4%；一般脱空区域（带）面积占面板全面积的 19.7%（图 3.4.7～图 3.4.10）。高程 460.00～501.00m 区域面板脱空情况稍好，最大脱空 6cm，一般在 3～5cm，面板下非连续性明显脱空区域（带）面积占面板全面积的 25.9%；一般脱空区域（带）面积占面板全面积的 9.7%。经 6 个面板钻孔验证，地质雷达测值基本准确，相对略大。

（2）面板脱空处理。考虑水库放空后面板有所回弹，决定对脱空深度大于 3cm 的区域进行处理。但从检测成果可见，小于 3cm 的区域与大于 3cm 的区域是相互交错在一起的，而浆液是具有流动性的，为此面板脱空处理的范围确定为高程 501.00m 以上全部面板和高程 469.00～501.00m 范围 L7～L13 面板区域。面板脱空采用面板表面垂直孔灌浆处理，即在面板上布置灌浆孔，搭设施工平台，用钻机垂直面板钻孔，穿过面板后进行灌浆。

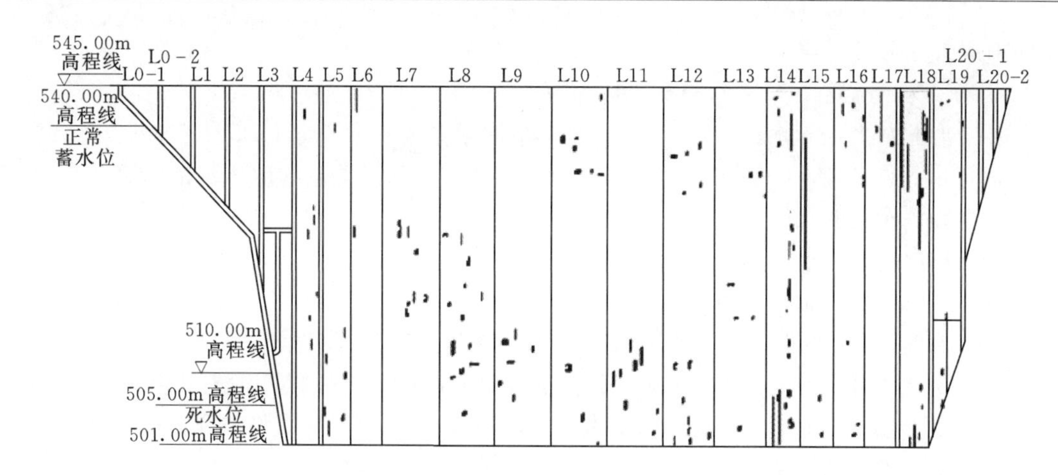

图 3.4.7　脱空深度大于 7cm 区域

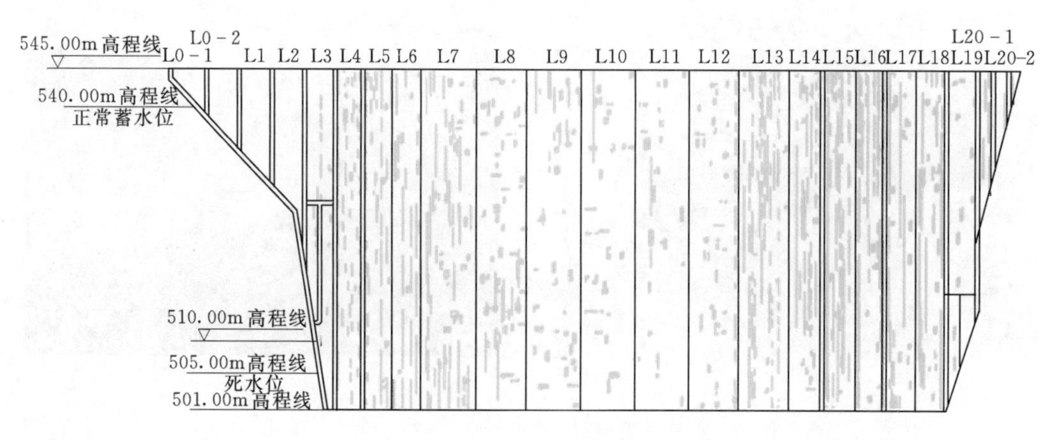

图 3.4.8　脱空深度 5～7cm 区域

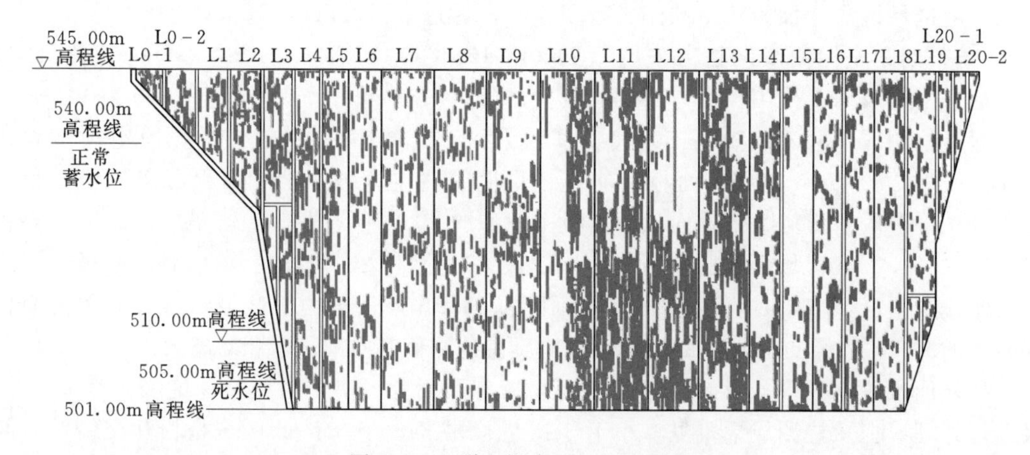

图 3.4.9　脱空深度 3～5cm 区域

1）灌浆材料。根据类似工程经验，灌浆材料选用粉煤灰水泥砂浆。材料要求：浆液流动性好、稳定性高、强度适中。

2）灌浆孔布置。灌浆采用面板表面设垂直孔，梅花形布置，水平孔距中部面板为

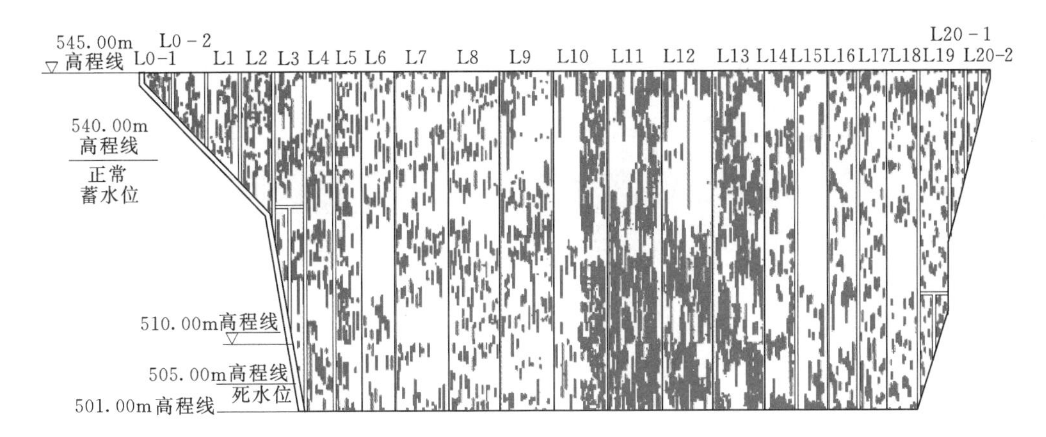

图 3.4.10 脱空深度小于 3cm 区域

8m，左右岸面板为 5.5～7.5m，顺坡向孔距高程差为 6m。钻孔采用手风钻，孔径不小于 50mm，孔深以穿过混凝土面板即可。对于同一块面板同一高程布有两个孔时，为防止面板开裂，孔位高程宜错开布置。

3）灌浆工艺参数。在现场进行了生产性试验，根据试验成果，对部分灌浆参数进行了调整：L7～L13 面板水平孔距为 8m，其他面板为 7m，顺坡向孔距高程差为 3.5m。

图 3.4.11 面板脱空灌浆施工照片

灌浆结束后采用预缩砂浆封孔。预缩砂浆水灰比采用 0.32，灰砂比 1∶2，并掺入 3/100000 的引气剂。面板脱空充填灌浆施工如图 3.4.11 所示。

白云水电站面板堆石坝脱空处理灌浆孔位布置如图 3.4.12 所示。根据施工记载，L10～L19 高程 501.00m 以上全部面板和 L7～L9 高程 501.00m 至高程 516.00m 部分面板的灌浆孔脱空灌浆成果（表 3.4.2），合计钻孔 160 个，充填面积 7367m²，灌入浆液 304483L，平均充填厚度 4.13cm，与面板脱空检测成果较吻合。其中，L7、L8、L9 面板由于只灌注了下部 6 个孔，灌注浆液可能流入下部脱空区，故计算得出的平均充填脱空厚度稍大，这也与监测成果相一致。

表 3.4.2　　部分面板脱空灌浆成果表

面板编号	灌浆孔数	灌浆面积/m²	单孔最大注入浆量/L	单孔最小注入浆量/L	总注入浆量/L	单孔平均注入浆量/L	平均充填脱空厚度/cm
L19	10	502.5	1735	90	9060	906.0	1.8
L18	12	505.8	2400	250	13500	1125.0	2.7
L17	12	505.8	3250	75	14775	1231.3	2.9
L16	12	505.8	2750	450	15510	1292.5	3.1

续表

面板编号	灌浆孔数	灌浆面积/m²	单孔最大注入浆量/L	单孔最小注入浆量/L	总注入浆量/L	单孔平均注入浆量/L	平均充填脱空厚度/cm
L15	12	505.8	3500	350	22020	1835.0	4.4
L14	12	505.8	4020	370	12895	1074.6	2.5
L13	18	867.1	5750	400	30400	1688.9	3.5
L12	18	867.1	3825	625	31485	1749.2	3.6
L11	18	867.1	4320	1100	38720	2151.1	4.5
L10	18	867.1	4875	1075	41775	2320.8	4.8
L9	6	289.0	4325	3650	23671	3945.2	8.2
L8	6	289.0	4970	3790	25580	4263.3	8.9
L7	6	289.0	4760	3760	25092	4182.0	8.7

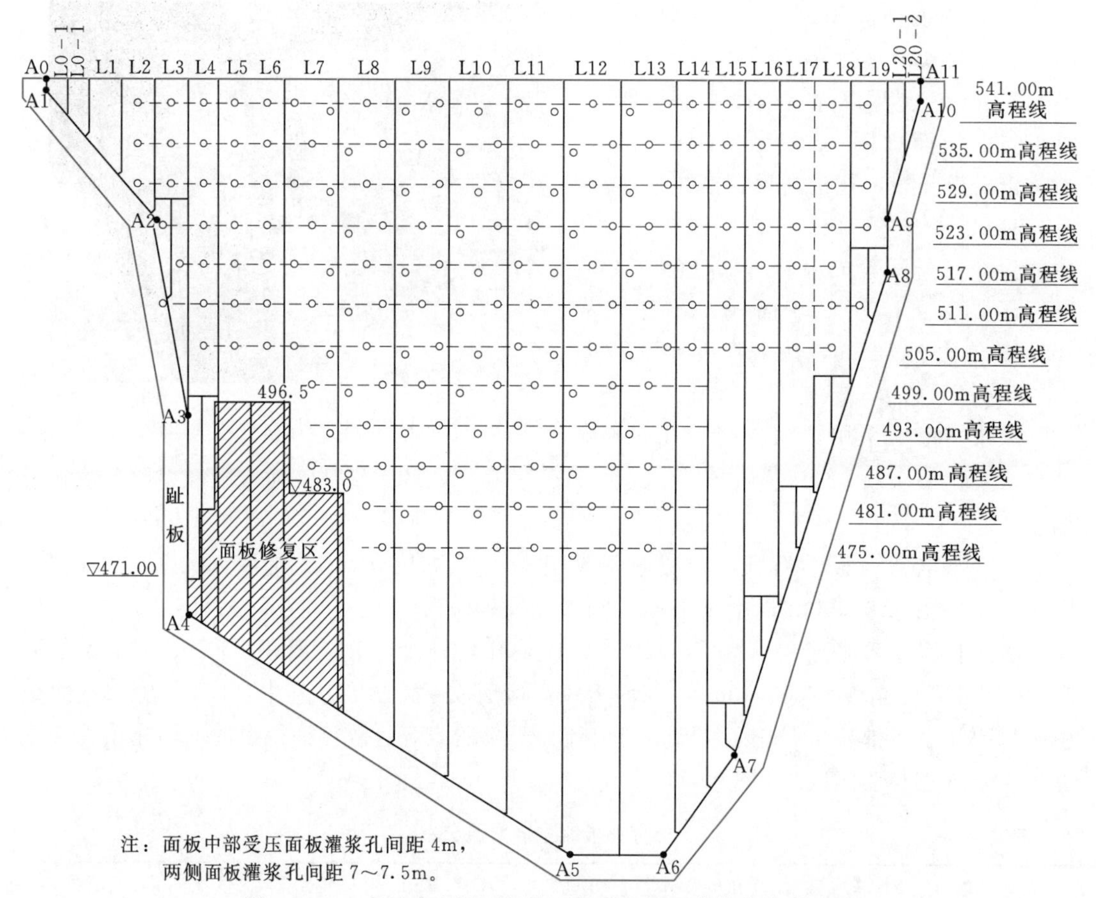

图 3.4.12 白云水电站面板堆石坝脱空处理灌浆孔位布置图

3.5 垫层料加密处理

面板堆石坝加固中，坝体密实度问题突出表现为垫层料疏松和堆石体孔隙率偏大。如

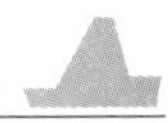

湖南株树桥、白云面板堆石坝，因长期渗漏导致的垫层料细料含量降低而疏松；再如广西磨盘面板堆石坝，1997—2001年堆石坝坝体先后灌砂总计约16万m^3，但不久面板就再次开裂，坝体变形持续发展，面板裂缝及漏水严重。下面就这两个主要问题进行论述。

根据有关设计规范要求和目前的认识，面板堆石坝垫层料应符合下列要求：

（1）变形和强度特性。具有低压缩性，确保在自重和水压力作用下变形较小，以防止面板开裂和止水系统的破坏而失去防渗性能。

（2）渗透和渗透稳定性。垫层料自身应有足够的抗渗性和抗渗强度，其抗渗比降应能满足所承受工作水头作用下渗透稳定性的要求；垫层料应具有半透水性（较小的渗透系数），当面板和止水系统一旦失效时，垫层料可以限制进入坝体的渗透流量。

（3）保砂性。垫层料应对粉细砂、粉质土或粉煤灰起到反滤作用；在面板开裂或止水失效时，它能阻挡被渗流携带的细颗粒淤塞在开裂的缝隙中而使其自愈，减少渗漏。

3.5.1 疏松垫层料加密处理的必要性

垫层直接位于面板下部，是混凝土面板堆石坝最重要的部位之一，它既是防渗面板的基础，又是坝体防渗的第二道防线，而作为面板基础是其最基本、最重要的功能。因此，要求垫层料具备均匀、连续和较高的压缩模量，给面板提供有效支撑。特别是面板破损及其周围部位，因渗漏水流长期作用，将垫层料区内的细颗粒带走，导致垫层料区脱空严重，形成疏松垫层料，使得面板失去可靠支撑，面板出现更大范围的开裂、塌陷等破坏。

如株树桥面板堆石坝，垫层料主要存在两方面的问题：一是垫层料与面板脱空，而且脱空的范围与程度均较大，在高水头的作用下，很有可能导致面板因变形大而开裂进而引起渗漏；另一问题是密实度非常低，抽样检测垫层料干密度只有1.54～1.99g/cm^3，远小于原设计要求的2.20g/cm^3。这样疏松的垫层料，在水荷载的作用下，将产生较大的压缩变形，也可能会导致面板开裂。

因此必须对疏松垫层料进行处理，以提高其对面板的支撑能力，减少因面板脱空和垫层料疏松变形对面板的不利影响。

3.5.2 疏松垫层料加密灌浆处理方案

对于疏松垫层料加密处理方案，经综合比较，考虑灌浆法适应性强，灌浆材料可选择性大，施工也比较简便，且可以与面板脱空处理一并进行，优先采用灌浆的方法加密垫层料。

和面板脱空灌浆一样，疏松垫层料加密灌浆处理可采用两种灌浆方法：①在面板表面钻铅直孔灌浆。这种方法需在面板上布置灌浆孔，搭设施工平台，用钻机钻铅直孔，穿过混凝土面板，深入垫层料或过渡层内进行灌浆。该方法施工简单，容易控制，灌注质量也有保证，造价低。但面板上钻有较多的孔，如封孔质量不好，则影响面板的防渗性能；又容易打断面板钢筋，不利于面板受力。②在坝顶沿垫层料或过渡层钻斜孔进行灌浆。此法是利用坝顶作施工平台，用钻机钻孔，钻孔沿面板底部平行于面板倾斜向下进行，待钻至设计高程后，自下而上分段对脱空部位进行灌浆，达到充填空隙的目的。该方法优点在于可不放空水库，但施工精度要求高，质量控制难度大。

加密灌浆浆液结石要求具有弱胶结、较低的模量、适宜的透水性等特点。垫层料加密灌浆技术难度大、施工工艺特殊，为了寻找可行的施工方案，保证灌浆效果，在施工前应对灌浆方案、技术参数、施工工艺和灌浆材料进行必要的试验研究。

1. 面板铅直钻孔灌浆

（1）灌浆孔的布置。垫层料处理灌浆孔采用梅花形布置，孔排距通过灌浆试验确定。

灌浆孔的深度以不钻穿垫层料为原则，并适当留有余地，以免浆体大量进入过渡料及主堆石区，影响坝体排水。

（2）灌浆材料。垫层料的灌浆处理主要目的是通过灌浆，充填部分孔隙，提高密实度，但又不能使垫层料强度过高，变形模量过大；而且浆液的颗粒要能灌入垫层料的孔隙内。面板铅直钻孔灌浆方法施工简单，关键是要解决疏松垫层料的可灌性问题。

目前，垫层料加密灌浆处理工程中采用最多的灌浆材料是采用水泥、粉煤灰、膨润土混合浆液。在施工过程中，如吸浆量很大，可考虑掺一定比例的砂；如吸浆量很小，普通浆液难以注入，则可考虑磨细浆液。掺粉煤灰可节省水泥，降低浆液结石的强度；掺膨润土可降低浆液结石的强度和弹模，提高浆液的稳定性。浆液结石的强度控制不高于10MPa。

（3）灌浆技术参数：

1）灌浆压力。为防止面板抬动，并使浆液结石具有弱胶结、较低的变模、适宜的透水性，垫层料灌浆不宜采用较大的灌浆压力，一般采用自流式灌浆，不加压。

2）灌浆结束标准。垫层料加密处理灌浆灌至吸浆量不大于1L/min，并持续30min即可结束。

2. 坝顶钻斜孔灌浆

坝顶钻斜孔灌浆主要难题是钻孔在松散的垫层料如何钻至设计孔深；如何控制孔斜，使钻孔不钻穿面板或钻入过渡料内；灌浆采用的施工工艺保证灌浆质量的措施及确定钻孔灌浆的各项技术参数。由于是在松散的垫层料内钻斜孔，孔深又大，钻孔与灌浆难度大、工艺复杂、造价较高。在2002年汛前，采取此种方法对株树桥面板堆石坝中间几块破坏严重面板下部垫层料进行了加密灌浆。

（1）灌浆孔的布置。灌浆斜孔布置1排孔，孔距3.0m，灌浆分2序施工。钻孔终孔孔径不小于75mm，和面板平行。垫层料内钻孔距面板底面的垂直距离0.50m，距垫层料底部距离1.82m。钻孔深度钻至距基岩或趾板2.0m为止。

（2）灌浆材料。坝顶钻斜孔灌浆采用的灌浆材料和面板钻铅直孔灌浆相同，最终要通过灌浆试验成果确定。

（3）灌浆技术参数。为防止面板抬动，并使浆液结石具有弱胶结、低变模、适宜的透水性，垫层料灌浆不宜采用较大的灌浆压力，灌浆采用自流灌浆，不加压，并采用限量灌浆。灌浆前，在库水位以上面板安设抬动变形观测装置，并在灌浆时进行监测，面板允许抬动变形值为500μm，可根据实际情况进行调整。

坝顶钻斜孔灌浆采用自下而上灌浆法，灌浆段长采用2.0～3.0m。

3. 灌浆方案比较

面板钻铅直孔灌浆方案在面板上钻孔，孔深浅，进入垫层料的深度只有2.0m，施工

简单。只要垫层料具备可灌性，施工不存在问题。而且钻孔钻穿面板后可先进行面板脱空充填灌浆，然后再钻入垫层料进行垫层料加密灌浆，可以确切了解垫层料加密灌浆灌浆效果。钻灌施工本身的造价比较低，但该方案须放空水库或降低库水位后才能进行，这样就影响发电，而且影响库区生态及下游供水；在放空水库后还需进行抽水和加固围堰，且该方案需在面板上钻孔，而面板布置有钢筋，增加了钻孔的难度，如钻孔封孔质量不好，则会影响面板的防渗性能。

坝顶钻斜孔方案在坝顶上进行钻孔，钻孔方向与面板平行。该方案是在坝顶上进行钻孔灌浆，不需放空水库，不影响发电，无需抽水及加固围堰，也不会在面板上钻很多孔。但面板脱空充填灌浆和垫层料加密灌浆一次性进行，如何判断灌浆效果有一定的难度。由于是在松散的垫层料内钻斜孔，孔深大，孔斜控制要求严，钻孔灌浆的难度大，工艺复杂，对施工人员和设备的要求高，施工中可能会出现一些意想不到的困难。

在两种灌浆方案均可行的情况下，需综合比较工程造价、发电损失和实际水位、施工工期、技术保障、施工难度等，择优选用垫层料加密灌浆方案。

3.5.3 垫层料加密处理案例

1. 株树桥面板堆石坝垫层料加密处理

根据检测结果，株树桥面板堆石坝出现严重破坏的一个重要原因，就是垫层料和过渡料不符合要求，具体如下：①垫层料小于 5mm 颗粒含量较少，且施工质量存在缺陷；②过渡料小于 5mm 颗粒含量偏低，且大部分使用了主堆石料，对垫层料未起到有效地支撑、反滤保护作用；③大坝止水失效后，垫层料长期在一定水头作用下而出现渗透破坏和流失，造成面板严重脱空、塌陷，加剧了面板的破坏。

株树桥面板堆石坝 2000 年大坝度汛抢险处理施工时，在 L1、L2、L7.2、L10 部分面板进行了脱空充填灌浆。钻孔布置在面板上，孔位布置按顺坡向孔距 5.0m，水平向孔距 3.0m 梅花形布孔，孔径不小于 ϕ50mm，孔向铅直。灌浆次序：同一高程的灌浆孔先灌两侧孔，再灌中间孔，单孔灌注。面板充填灌浆由面板下部向上部推进。灌浆压力为 0.01MP，以孔口压力表压力读数为准。共钻孔了 47 个，灌浆充填面积 2636m^2，灌入浆液 107230L，平均充填厚度 4cm。

2002 年初，开始进行大坝渗漏处理二期工程的施工，针对面板脱空和垫层疏松，经研究比较，确定采用不放空水库条件下坝顶钻斜孔灌浆方案对面板脱空和垫层疏松进行处理。坝顶斜孔灌浆采用自流限量灌浆，限定浆量一般为 3000～5000L，灌注完限定的浆量后即可结束灌浆。

由于坝顶斜孔灌浆须对面板脱空和垫层疏松一并灌浆处理，因此坝顶斜孔灌浆需综合两种灌浆要求并考虑施工条件选择配合比。

从实施情况看，钻孔和灌浆难度均很大，钻孔过程中，经常断钻杆，有时一个钻孔要反复钻多次。从测斜情况看钻孔基本往上游偏，为避免钻穿面板，采用了挤压性钻头，这种钻头把松散体挤开钻进，不钻入坚硬物体，可保证不会钻穿面板。垫层料超长斜孔加密灌浆如图 3.5.1 所示。

从灌浆情况看，钻孔吸浆量均比较大，多采用限量灌浆。从 3 个试验孔看，平均充填

图3.5.1　垫层料超长斜孔加密灌浆

空隙厚度56cm，注入量比较大。从面板脱空检查情况看，除面板已产生断裂等严重破坏的部位脱空较大外，一般部位脱空高度为3～30cm。

根据试验成果，坝顶钻斜孔灌浆在L1、L2、L10、L7.4、L12面板布置了18个钻孔（包括灌浆试验孔），钻进最深为88.8m。从灌浆资料分析，Ⅱ序孔吸浆量和注入量一般小于Ⅰ序孔，18个钻孔灌浆总进尺7438.3m，灌浆面积3415m²，平均单耗1226kg/m。Ⅰ序孔注入干料重量平均单耗1373kg/m，Ⅱ序孔注入干料重量平均单耗1027kg/m。浆液平均充填脱空和空隙厚度37.2cm。面板铅直孔灌浆按灌浆面积浆液平均充填脱空和空隙厚度13cm，坝顶钻斜孔灌浆按灌浆面积浆液平均充填脱空和空隙厚度37.2cm。从灌浆情况看，坝顶钻斜孔灌浆效果好于面板钻铅直孔灌浆。

在水库蓄水的条件下，进行面板堆石坝面板脱空和垫层料加密处理，钻孔难度大，施工工艺复杂，该技术为国内外首创，第一次用于处理面板堆石坝面板脱空和垫层料加密。检测后近15年的大坝运行性态表明，坝顶钻斜孔灌注效果良好，达到了充填面板脱空部位和垫层料加密的要求。

2. 白云水电站面板堆石坝垫层料加密处理

(1) 垫层料原设计与施工。白云大坝设计要求垫层料干密度2.2t/m³，孔隙率小于20%，小于0.1mm的细粒含量控制在5%～11%。垫层料采用机械破碎和人工掺配比法制备，其中碎石系爆破开采灰岩料，经粗中两级破碎后不经筛分的混合级配料；人工砂采用棒磨机磨制。根据室内试验成果，碎石料与人工机制砂按体积比1∶0.7～1∶0.8掺和，现场分2层摊铺。

根据施工期43组现场垫层料筛分试验原始资料，垫层料的颗粒级配包络图如图3.5.2所示。从实测成果看，小于5mm颗粒含量最大52%，最小22%，平均33%，尽管平均值满足30%～40%的原设计要求，但垫层料填筑质量非常不均匀，也不满足现行规范35%～55%的要求。根据垫层料填筑实测资料，高程475.00m以下共进行了19组垫层料取样检测，结果表明小于5mm的含量为23.7%～52.3%，其中有12个测点小于5mm

的含量低于35%（占6成以上），不满足现行规范的要求，垫层料难以起到反滤作用。

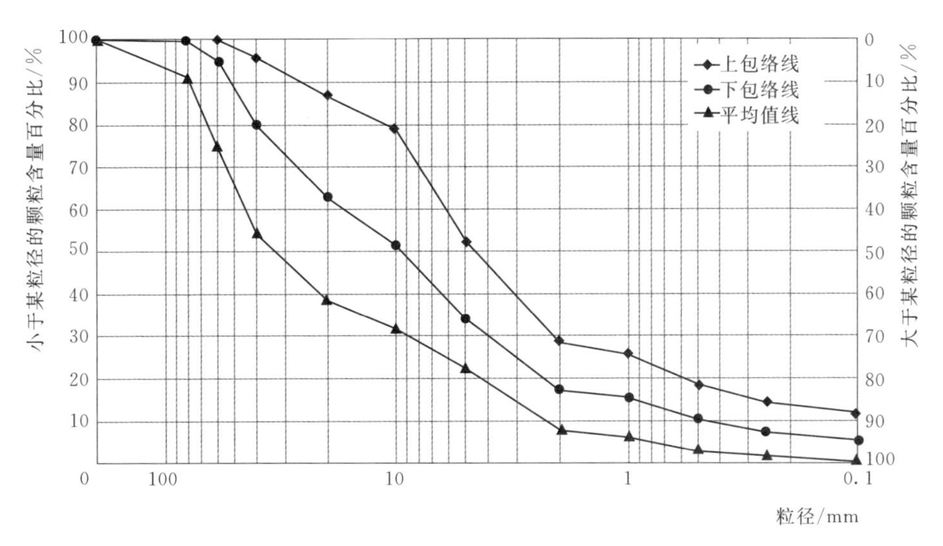

图3.5.2 施工期垫层料实测颗粒级配包络图

（2）疏松垫层料检测结果。白云水电站渗漏量逐年加大，且已渗漏多年，渗漏区受水流冲刷，垫层料中细颗粒被水流逐步带走，粗颗粒被架空，必然形成疏松垫层。尤其在面板已破碎或塌陷的集中渗漏区域，其周围更易产生垫层料疏松现象。鉴于疏松垫层料隐患大，必须对疏松垫层料进行检测与处理，以提高其对面板的支撑能力，减少因面板脱空和垫层料疏松变形对面板的不利影响。检测现场如图3.5.3和图3.5.4所示。

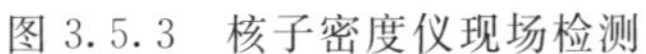

图3.5.3 核子密度仪现场检测

图3.5.4 灌砂标定

现场取样、实验室检测的疏松垫层料级配曲线如图3.5.5所示，可见小于5mm含量颗粒约30%，不满足现行规范35%～55%的要求；特别是小于1mm含量颗粒，从两图对比可以看出，从 17%降低到 5%左右，细颗粒被渗漏水流带走严重。

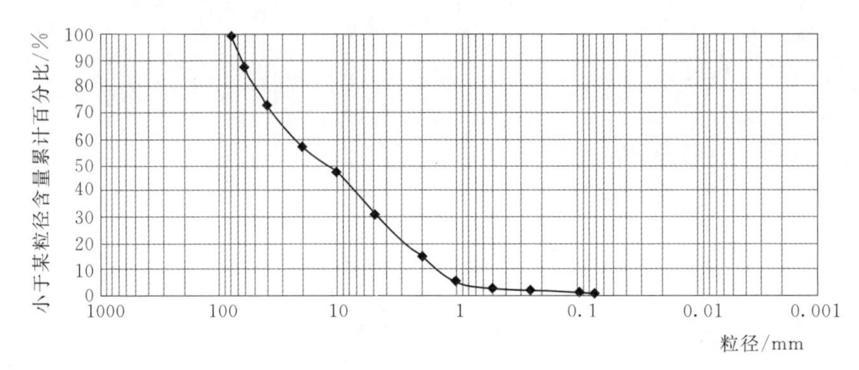

图 3.5.5　疏松垫层料的级配曲线图

（3）垫层料加密灌浆设计。白云面板堆石坝面板严重破损区垫层料细颗粒流失严重，垫层料疏松，采用加密灌浆的方式进行处理。疏松垫层料加密处理范围为破损面板拆除修复区域。白云水库采用放空水库的方式进行处理，加密灌浆采用施工简便的面板垂直钻孔灌浆方法（部分钻孔可结合脱空处理钻孔）。

1）灌浆材料。灌浆材料配合：主要为水泥，粉煤灰，水泥采用 42.5 级普通硅酸盐水泥，粉煤灰采用Ⅱ级粉煤灰。

2）灌浆孔布置。灌浆采用铅直钻孔灌浆，灌浆孔按 2m×2m 梅花形布设，采用管孔径不小于 50mm。高程 470.00m 面板明显塌陷破损区域及其周边 1m 范围灌浆孔孔深为 6m，其余部分孔深为 3m，面板周边缝附近灌浆钻孔至基岩即可。

（4）垫层料加密灌浆前后检测。利用核子密度/湿度检测仪，对垫层料加密灌浆前后的表层检测，以及未破坏区域抽样检测结果统计分析成果见表 3.5.1 和表 3.5.2。

表 3.5.1　疏松垫层料加密灌浆前、后的密实度检测结果统计

项目	灌浆前		灌浆后	
	含水率/%	干密度/(g/cm^3)	含水率/%	干密度/(g/cm^3)
组数	36	36	36	36
平均值	7.20	2.128	7.22	2.175
最大值	12.75	2.277	13.06	2.348
最小值	3.59	1.949	3.58	2.017
标准差	2.15	0.08	2.16	0.08

表 3.5.2　大坝其他部位抽样检测结果分析表

项目	湿密度/(g/cm^3)	含水率/%	干密度/(g/cm^3)
平均值	2.280	6.84	2.135
最大值	2.393	8.91	2.226
最小值	2.181	4.73	2.027
标准差	0.06	1.56	0.07

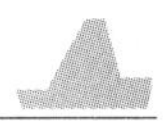

1）对原疏松垫层料检测结果（浅表层），该水库大坝在灌浆前的干密度1.949～2.277g/cm³，其平均值为2.128g/cm³；在灌浆后的干密度2.017～2.348g/cm³，其平均值为2.175g/cm³；干密度平均提高了2.21%，其离差均较小。

2）大坝面板未破坏区域的部位垫层料抽样检测结果（浅表层）表明，其干密度在2.027～2.226g/cm³，其平均值为2.135g/cm³。

根据《混凝土面板堆石坝设计规范》（DL/T 5016—2011），垫层料应具有良好的级配，最大粒径为80～100mm，小于5mm的颗粒含量宜为35%～55%，小于0.075mm的颗粒含量不宜超过8%。压实后具有低压缩性、高抗剪强度，设计孔隙率15%～20%，平均干密度不应小于相应设计孔隙率的换算值，其标准差不大于0.1g/cm³。

从检测结果看，36个检测点中，有18点灌后垫层料的干密度小于2.20g/cm³的设计要求，合格率50%；最小值为2.02g/cm³，为设计指标的91.8%。疏松垫层料干密度平均值在加密灌浆前为2.128g/cm³，灌浆后为2.175g/cm³，平均提高2.21%，也较面板未破坏区域部位垫层料（未灌浆2.135g/cm³）有了改善。同时，灌浆处理的垫层料孔隙率约18%，满足现行规范要求，从这一点上看，垫层料处理基本满足工程运行要求。

3.6 水下防渗加固

3.6.1 水下柔性混凝土防渗处理

面板堆石坝常因面板裂缝或止水破损而发生漏水现象，放空水库检查和维修则会影响水库的供水和发电。因此，需要找到一种无须放空水库就可进行加固处理的方法。近年来，水下速凝柔性混凝土作为一种新材料得到广泛应用，在面板堆石坝出现渗漏的情况下，可用来研究在不放空水库、通过在水上搭建施工平台，利用导管在渗漏点灌注粉细砂和粉煤灰混合料，再灌注水下速凝柔性混凝土进行处理的方法。

3.6.1.1 水下速凝柔性混凝土性能指标

由于铺盖材料不仅要起到防渗作用，同时还应具有较强的适应变形能力，又由于采用水下导管施工，要求灌注材料流动性大，水下抗分散能力强。为满足水下铺盖设计和施工要求，对水下灌注材料主要性能指标要求如下：

（1）流动性。坍扩度为40～45cm。

（2）抗分散性。水下成型灌筑材料抗压强度与陆上成型灌注材料抗压度之比满足14d大于60%，28d大于70%，同时用pH计测定不同拌合物过水的pH值及拌合物通过40cm水层自由落下后的筛选试验。

（3）泌水性。泌水率不大于3%。

（4）凝结特性：①初凝时间3～4h；终凝时间不大于10h；②初凝时间约60min。

（5）抗压强度。水下成型不分散材料强度为3～5MPa。

（6）弹强比。灌注材料抗压弹性模量与抗压强度之比为200～250。

（7）抗渗性。14d抗渗等级不小于W4；28d抗渗等级不小于W6。

3.6.1.2　水下速凝柔性混凝土原材料

1. 水泥及高水速凝材料

（1）水泥。水泥可采用普通硅酸盐水泥 52.5 级。

（2）高水速凝填充材料。高水速凝材料（简称：高水材料）分甲、乙两种粉料。甲料主要是硫铝酸盐熟料，其主要矿物是无水硫铝酸钙和β一硅酸二钙；乙料主要是石灰、石膏。甲乙料中分别加入少量添加剂后，形成注浆用原料，其细度比表面积不小于 300m^2/kg，多大孔筛筛分余量不大于 8%。甲、乙料加水混合后形成大量钙矾石，钙矾石是含结晶水高的水化物中最常见的一种，在钙矾石晶胞中，水分子容积高达 81.16%。同时也形成其他水化产物——硅酸凝胶，铝酸凝胶等。

高水材料就是通过加入充足石膏、石灰和适量添加剂，使水化反应生成大量钙矾石。在其凝结硬化后，钙矾石的生成量愈多，其结石体强度愈高，所结合的水就愈多。按照水泥厂提供的配比，即甲料与乙料比 1∶1，其结合体强度 1d 不小于 3MPa，7d 不小于 4MPa。初凝时间一般 20～30min。其膨胀性能由其钙矾石结晶特征决定，钙矾石含量越高，晶体越细，膨胀愈大。

作为注浆材料通过实验室和现场试验，具有下列特征：

1）高水材料能跟大量水反应形成高水矿物使其结合体含水率高。配一定结石体的浆液需要的材料仅为水泥浆的不足 50%。

2）结石率高。水泥浆结石率随水灰比的变化有很大变化，稀水泥浆结石率很低，高水材料结石率受浓度影响较小，甚至在水灰比 3∶1 时结石率仍可达 100%以上。

3）结石体初期强度高，稳定性好。

4）凝结时间可通过调整甲、乙配比，浓度，添加剂来实现。初凝时间可控制在 5～10min 之内。

5）该材料由甲、乙两种固体粉料组成，使用时分别加水搅拌成浆液，然后分别用两套系统泵送或自流到使用地点，并通过混合器将甲、乙两种浆液混合后进行充填。

6）甲、乙两种浆液单独放置 24h 以上不凝固，可长距离、长时间输送。堵管事故少、省水、省电。

7）甲、乙两种浆液均匀混合后 5～30min 凝固，1h 强度可达 0.5～1.0MPa，2h 可达 1.5MPa 以上，1d 强度不小于 3.5MPa，5d 可达 5.5MPa 以上。材料残余强度高，适合作为支护和充填材料使用。

8）体积比含水率为 87%～90%，与之相对应的重量水固化为（2.2～3）∶1；重量比含水率为 69%～75%；重量比浓度为 25%～31%。

高水材料具有快速凝结及早期强度高的特点，适宜于快速堵漏工程。

2. 粉煤灰

粉煤灰可就近选用，其化学成分和物理性能满足国家Ⅱ级粉煤灰标准即可。

3. 细骨料

细骨料可采用天然砂或人工砂，其物理性能指标与混凝土骨料中砂指标接近即可。

4. 粗骨料

粗骨料采用可进行开采，粒径 5～20mm，物理性能与混凝土骨料相同。

5. 膨润土

膨润土可采购商品膨润土。

6. 絮凝剂及防渗堵漏剂

（1）絮凝剂。絮凝剂采用改性 UWB 型絮凝剂，是由水溶性高分子聚合物及表面活性剂等物质组成的粉状产品，用 UWB 型絮凝剂配制的水下速凝柔性混凝土简称 UWB 混凝土。SCR 型絮凝剂是由纤维素类材料为主要成分复配其他材料而成，掺 SCR 型絮凝剂的水下速凝柔性混凝土简称 SCR 混凝土。

由于水下混凝土施工的特殊性，要求混凝土具有水中不分散、不离析、自流平及密度、强度接近陆地混凝土强度的特性。而普通混凝土是难以胜任的。众所周知，新拌混凝土是一种溶液粗分散体系，仅有少量水泥水化成 C—S—C，它们附着在水泥颗粒表面，水泥颗粒被游离水隔开，仅靠微弱的范德华力联系。W/C 为 0.5 的水泥净浆中仅有约 40％体积为水泥颗粒，水泥颗粒被约 60％的毛细管水隔开，这样一种溶液粗分散体系一旦倒入水中即被环境水稀释、冲散。因此，不可能在大量接触环境水条件下进行水下施工。而絮凝剂含有水溶性高分子聚合物，这种聚合物能与水泥颗粒发生离子、共价结合，起到压缩双电层、吸附架桥等作用，形成空间柔性网络，从而使本不抗水洗的普通水下混凝土变成既有很高的流动性又能抵抗环境水冲洗的水下速凝柔性混凝土。该聚合物的特点为：①能在混凝土搅拌过程中全部溶解；②链结构和链长度与水泥的活性粒级及水泥浆中颗粒间距相匹配；③活性基团及其离子性与水泥浆中悬浮颗粒的电荷状态相适应；④不发生过度的交联。掺絮凝剂的水下分散混凝土的质量指标见表 3.6.1。

表 3.6.1　　　水下速凝柔性混凝土质量指标

项目			指标	
			UWB 型	SCR 型
流动性/mm			200±20	200±20
凝结时间/h	初凝		＞5	＞5
	终凝		＜30	＜30
抗分散性（水中落下试验）	悬浮物/(mg/L)		＜150	150
	pH 值		＜10	＜10
混凝土抗压强度	水中成型试件/MPa	7d	16	12
		28d	24	21
	水陆强度比/％	7d	＞60	＞60
		28d	＞70	＞70

改性 UWB 型和 SCR 型絮凝剂均为固体粉末，施工时采用同掺法，与水泥（或其他胶凝材料）、砂、石同时加入强制式搅拌机拌和，掺量占水泥用量的 1％～3％。

（2）防渗堵漏剂。防渗堵漏剂可采用 PCC－84 型防渗堵漏剂，是采用高分子聚合物为原材料，经过处理后再掺入水泥及添加剂等组成的聚合物水泥复合材料。PCC 防渗堵漏剂为液体状，其使用量约为水泥用量的 50％，另掺入为水泥重量 1％的 NF 减水剂。

3.6.1.3　水下速凝柔性混凝土配合比

水下速凝柔性混凝土的配合比，必须满足强度、水下抗分散性、耐久性、填充性、抗渗性以及施工和易性的要求。与普通混凝土相比，水下速凝柔性混凝土具有黏稠性强及流动性好的特点。由于在水下施工的质量在很大程度上由材料的黏稠性及流动性所决定，所以，在进行配合比设计时，必须考虑到全面满足这些特性要求。

水下速凝柔性混凝土的配合比设计，一般指决定水泥（或其他胶凝材料、掺合料）、水、细骨料、粗骨料、硫化剂及絮凝剂的组成比例。影响水下速凝柔性混凝土质量的主要因素：①对强度来说是水灰比；②对水下抗分散性来说是絮凝剂的掺入量；③对于抗渗性及其他耐久性能来说是水灰比；④对于和易性及填充性来说是单位用水量、硫化剂掺量及砂率等。

从普通混凝土来看，即使其和易性差一些，如果能充分进行捣固的话，也可缓解其流动性不足的缺陷。但是，对于水下速凝柔性混凝土，由于不可能在水下进行捣固作业，这种流动性不足往往是导致构筑物产生缺陷的原因。所以，在设计配合比时必须特别注意上述问题。

在株树桥面板堆石坝大坝渗漏处理设计中，根据防渗铺盖及水下施工对灌筑材料技术性能的要求，进行了各种系列的水下灌筑材料配合比的设计（表 3.6.2），从中选出能满足设计提出的强度、弹性模量、水下抗分散性、抗渗及和易性等要求。同时，根据原材料情况符合经济原则的水下灌注材料。

表 3.6.2　　水下灌注材料配合比

编号	每 m^3 灌注材料中各原材料用量/kg											
	$H_甲$	$H_乙$	C	P	F	W	S	G	UWB	$FDN-1$	PCC	NF
S-1			327	130	195	367	394	588	9.8*	3.91		
S-2			260	195	195	371	394	588	9.8*	3.25		
S-3			141	221	155	427	422	634	7.6*	2.58		
N-1			327	130	195	373	394	588			260	6.52
N-2			260	195	195	371	394	588			260	5.20
N-3			120	189	133	504	358	538			176	3.54
H-1	150	150			300	420	392	588	12			
H-3			300		300	420	392	588	12	30**		
P-1	123	82		411		650	137	68	6.2			
P-2	131	87		273	164	618	145	73	9.8			
P-3	139	93			465	581	155	77	10.5			
F-1	141	141			563	615			12.7			
F-2	107	107		235	192	711			9.6			
F-3	136	136		81	464	630			12.3			
F-4	117	117		70	399	541	166	166	10.5			
F-5			272	81	464	630			12.3	32.7**		

注　$H_甲$ 和 $H_乙$ 分别为高水速凝填充材料中的甲料和乙料；C 为水泥；P 为膨润土；F 为粉煤灰；W 为水；S 为细骨料；G 为粗骨料；UWB 为絮凝剂；$FDN-1$ 为早强型高效减水剂；NF 为高效减水剂；PCC 为防渗堵漏剂。

*　使用 SCR 絮凝剂；

**为速凝剂；

F 系列采用第Ⅱ种粉煤灰。

水下灌注材料配合比的设计原则是在保证灌注材料抗压强度的基础上，尽可能多地降低灌注材料的弹性模量，即减小弹强比（弹性模量与抗压强度之比），使灌注材料具有较大的变形能力、满足属薄层结构的铺盖防渗和抗裂的要求。

在表 3.6.2 的水下灌注材料配比设计中，S、N 和 H 系数分别选用水下速凝柔性外加剂——絮凝剂、PCC 防渗堵漏剂及高水速凝填充材料与絮凝剂复合进行使用，P 和 F 系列灌注材料配合比是在 S 和 N 系列配合比的基础上进一步改进以满足水下灌注材料的性能要求。表 3.6.2 中水下灌注材料的性能试验见后面内容。

水下速凝柔性混凝土配合比试验表明：①为了获得弹性模量低，弹强比低的水下速凝柔性混凝土，应增大胶凝材料用量（实际上 $1m^3$ 的胶结材料用量增加并不很多，容重反而减小）；②为了满足灌注材料不分散、自流平的特性，应掺絮凝剂；③在施工条件许可的情况下，应使用高水速凝材料以满足水下快凝的要求；④膨润土可以起到降低弹模、增加抗渗的作用，但掺多后又会流动性差，影响施工，因此应选择合适掺量。

水下速凝柔性灌注材料选择合适的配合比，不仅具有良好的施工性，而且满足强度、水陆强度比、弹强比及抗渗的设计要求，又相对较经济，可以用于水下渗漏修补，满足设计要求。

3.6.1.4 工程应用

株树桥面板堆石坝大坝加固处理中，采用了不放空水库，通过在水上搭建施工平台，利用导管灌注水下速凝柔性混凝土的处理方案。该方法为类似加固运用中的技术创新，不仅能有效地减少渗漏量，且由于水下速凝柔性混凝土具有水下速凝、能适应面板变形的特点，可有效地抵御较高水流速度的冲击作用，使得堵漏效果迅速、有效，达到了预期效果。

在水上作业平台上采用木板装钉一个可移动的搅拌槽，槽体积 $0.5m^3$，槽中间开孔与水下 ϕ100mm 导管相连，导管管脚距缝高 0.5m。施工前采用水下电视检测导管是否就位，并由缆绳将水上操作平台固定。搅拌时用木塞将管口堵住，待混凝土拌制均匀后，拔除木塞，将混凝土灌至渗漏点，因其具有高流动性，可达到自动铺摊效果。水下电视检测混凝土覆盖缝面约 50cm，覆盖范围达缝面两侧各 1.0m 后，将操作平台移至下一渗漏点进行水下混凝土浇筑。

图 3.6.1 水下速凝柔性混凝土

水下堵漏采用材料及柔性混凝土配合比见表 3.6.3。水下速凝柔性混凝土如图 3.6.1 所示。

表 3.6.3 水下柔性混凝土配合比 单位：kg/m^3

高水速凝材料		膨润土	粉煤灰	水	砂	*UWB* 型絮凝剂
$H_甲$	$H_乙$					
7.47	7.47	70	37.27	541	322	10.5

该方法为类似加固运用中的技术创新，可有效地减少渗漏量，如图3.6.2所示。

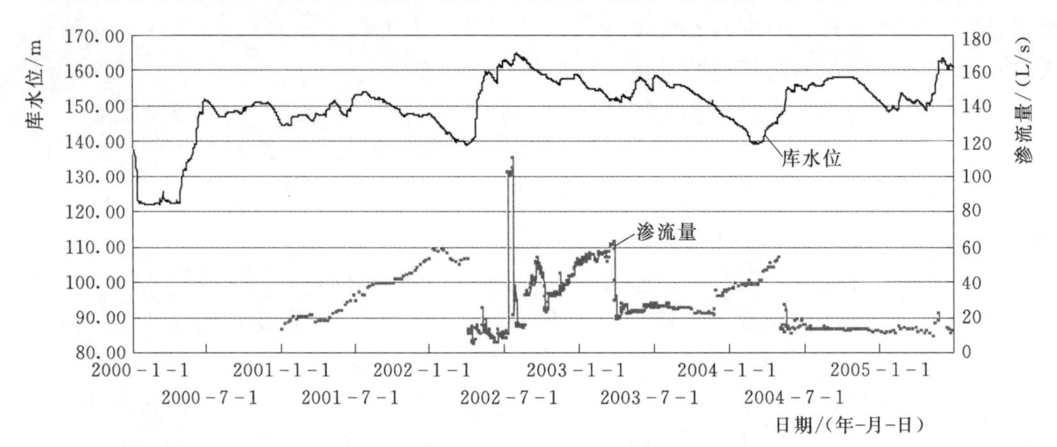

图3.6.2　加固后库水位—渗漏量过程线

3.6.2　渗漏抛投堵漏处理

混凝土面板堆石坝渗漏的处理，如不放空水库，还可采用在水面上对水下渗漏部位抛投粉煤灰、黏土、粉砂土、砂砾石等，以期渗漏水流将粉煤灰、黏土、粉砂土带进渗漏部位，充填缝隙，减少渗漏量，最终达到阻止渗漏的目的。如安奇卡亚（哥伦比亚）、谢罗罗等面板堆石坝，就通过抛填砾石、砂、黏土及膨润土覆盖漏水点来减少渗漏量。由于渗漏部位和原因各不相同，抛役堵漏效果往往不理想，多应用在面板堆石坝渗漏辅助防渗处理和应急处理。本节结合工程应用介绍采用水下粉煤灰、级配料（砂、碎石混合料）、黏土渗漏抛投堵漏处理技术。

3.6.2.1　粉煤灰淤堵

粉煤灰是无黏性自愈材料，其颗粒较细，易在垫层料中产生淤堵，减小垫层料的渗透系数，是常用的水下抛投堵漏材料，一般掺合粉细砂等其他细颗粒材料混合使用，但在渗流流速较小时，细颗粒抛填材料难以渗入漏水部位，往往解决渗漏问题效果不理想。

1. 粉煤灰特性

（1）粉煤灰的特点。粉煤灰是无黏性自愈材料，其颗粒较细，易在垫层料中产生淤堵，减小垫层料的渗透系数。

（2）粉煤灰的物理化学成分。在株树桥面板堆石坝大坝渗漏处理中，曾选择了某地生产的粉煤灰，试验共选用两种粉煤灰，其化学成分和物理性能测试结果分别见表3.6.4和表3.6.5。

表3.6.4　　粉煤灰的化学成分（%）

标准 \ 成分 \ 种类	SiO_2	Fe_2O_3	Al_2O_3	CaO	MgO	SO_3	K_2O	Na_2O	TiO_2
Ⅰ	40.00	20.38	25.89	3.49	0.82	0.71	0.78	0.52	1.92
Ⅱ	50.88	6.28	25.85	8.23	1.70	1.21	2.36	0.89	—

表 3.6.5　　粉煤灰的物理性能测试结果

指标 标准	烧失量/%	SO_3/%	密度/(g/cm^3)	细度/%	需水量比/%	强度比/%	含水量/%
Ⅰ	5.56	3.21	2.27	20.5	101.5	78	<1
Ⅱ	1.64	1.21	2.28	18	95.6	83	<1

(3) 粉煤灰的自愈试验。为了解粉煤灰的自愈特性，对粉煤灰进行了试验。试验按垫层料中无缝和有缝两种状态进行，有缝状态又模拟不同缝宽，分别进行了试验。

试验垫层料级配见表 3.6.6。

表 3.6.6　　垫层料级配

粒径/mm	40～20	20～10	10～5	5～2.5	2.5～0.6	0.6～0.16	<0.16	合计
重量/%	18	21	20	13	16	9	3	100

自愈试验抗渗试验结果见表 3.6.7、表 3.6.8。

表 3.6.7　　粉煤灰抗渗试验结果（Ⅰ）

参数 材料	水压/MPa	恒压时间/h	漏水量/(mL/min)
垫层料			3200
粉煤灰	0.8	0.5	1600
	0.8	1.0	1850
	0.8	1.5	1298
	0.8	2.0	1204
粉煤灰试验后垫层料			2200

表 3.6.8　　粉煤灰抗渗试验结果（Ⅱ）

参数 材料	水压/MPa	恒压时间/h	漏水量/(mL/min)
垫层料			3000
粉煤灰试验 缝宽 20mm 缝长 300mm 粉煤灰厚度 300mm	1.0	0.5	340
	1.5	0.5	400
	2.0	0.5	550
	2.5	0.5	630
粉煤灰试验中改变 缝宽 30mm 缝长 300mm 粉煤灰厚度 300mm	1.0	0.7	1100
	1.0	0.5	360
	1.5	0.5	430
	2.0	0.5	540

2. 粉煤灰抛投应用

抛投散粒料与水下速凝柔性混凝土灌注的施工方法相似，也是通过在水上搭建施工平台，利用导管向水下渗漏部位抛投散粒料。抛投的散粒料的粒径级配随渗漏部位的破坏情况而定，通常是先投放粒径较大的散粒料，以起到填补较大空洞部位、减小渗漏量的作用；待这部分填料发挥作用时，即可投放粒径相对较小的材料，直至投放防渗料，使得渗漏部位的渗漏量减少到一定程度。

(1) 株树桥面板堆石坝。株树桥面板堆石坝大坝渗漏处理向水下渗漏部位抛投的散粒料为粉煤灰与粉细砂，按 1∶1 比例混合。粉煤灰可用Ⅱ级粉煤灰，粉细砂有机质含量不大于 5%，使用时对半混合均匀。灌注过程中对缝口流速进行施测，如有缝口流速有明显降低，继续灌注粉煤灰与粉细砂混合料至不能继续吸入为止。如果缝口流速未有明显变化，则改用粉煤灰与中粗砂混合料灌注，灌注过程中持续进行观察，待流速降低后改用粉煤灰和粉细砂掺和料继续灌注，直至不能继续吸入为止。

株树桥大坝渗漏处理时试验发现：当采用粉煤灰作自愈材料时，在 0.8MPa 的水压作用下，通过垫层料的漏水量随时间的推移而减少，2h 后由最初的 1600mL/min 减少到 1204mL/min，效果明显；而垫层料的漏量也减少到 2200mL/min；当垫层料中出现缝宽 20～30mm 时，用粉煤灰作自愈材料，在水压高达 2.0MPa 时，虽然渗漏量未减小，甚至略有增大，但以粉煤灰和垫层料组成的防渗结构未出现渗透破坏，可见用粉煤灰作为垫层料的自愈材料是可行和安全的。

(2) 谢罗罗面板堆石坝。谢罗罗坝最大坝高 125m，坝顶长 560m，主堆石区为花岗岩填筑料，面板周边缝底部为 PVC 止水，中间为橡胶止水。1984 年开始蓄水，渗漏量达 1800L/s。经抛砂、粉煤灰等材料淤堵后，渗漏量降至 500L/s，在加大抛填量后，渗漏量慢慢降至 100L/s。

3.6.2.2　级配料淤堵

级配料为碎石、砂、粉细砂按一定比例配比组成的混合料，对较大范围的面板、趾板破损以及近坝基础渗漏有较好的淤堵效果。较大粒径的碎石可充填空洞和破损面板下的空腔，细料充填碎石缝隙，提高抛投料的密实度，已达到降低渗漏量的作用。但因抛投料均为无黏性散粒料，故级配料淤堵可有效降低渗漏量和渗漏部位的渗漏量，一般很难彻底淤堵大坝渗漏。

湖南白云面板堆石坝 2008 年出现渗漏，经水下声呐、水下示踪高清摄像、水下导管示踪等多种渗漏检测新技术进行综合检测，确定主要渗漏发生左岸下部面板及趾板附近，最大集中渗漏点为 B 点和 A 点，流速分别为 0.66m/s、0.32m/s，右岸未见明显渗漏区域。白云水库左岸泄洪隧洞进口底板高程 525m，右岸引水发电隧洞进口底板高程 475m，与大坝上游铺盖顶部齐平，水库无放空水库条件，考虑汛期度汛安全，2013 年汛前湖南巫水水电开发有限公司决定在不放空水库的情况下（库水位维持在 495～505m），先对大坝已查明的渗漏区进行水下应急处理，以减少大坝渗漏量。

应急处理方案采用定点水下抛投碎石级配料。抛投工程共计分为三次进行，每次抛投过程中对大坝下游进行渗漏量观测，每个工作班抛投结束后对抛投数量、位置及渗透量数据进行分析整理，应急处理前后库水位与渗漏量变化曲线如图 3.6.3 所示。

1. 第一次抛投

第一次抛投工作自 2013 年 4 月 14 日开始至 4 月 19 日，水上抛投级配碎石共计

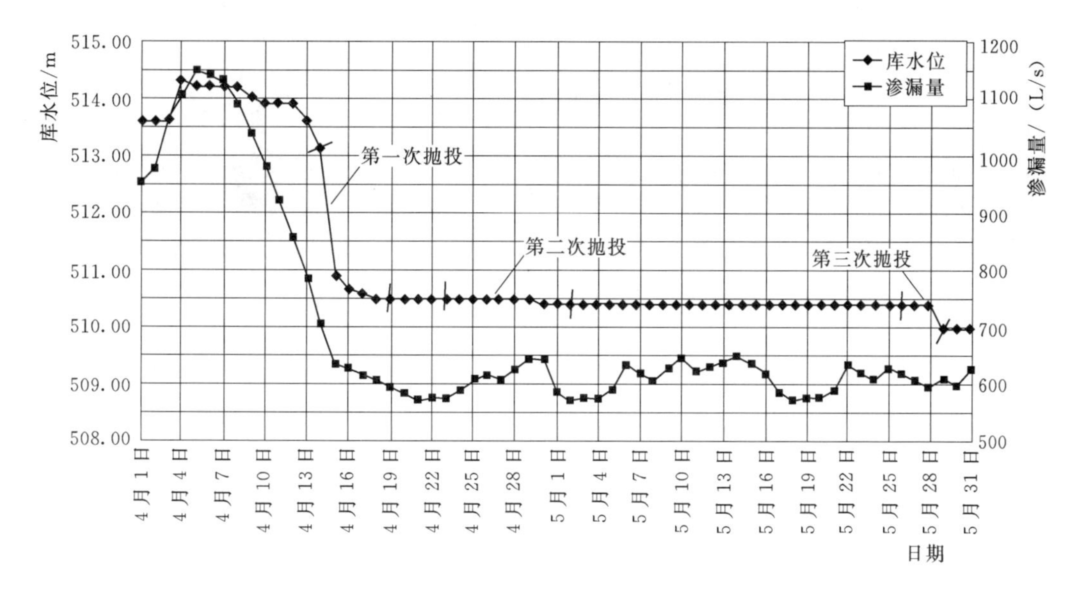

图 3.6.3 白云水电站大坝应急处理前后渗漏量变化过程线

7880m³，第一次抛投后，渗漏量减少较为明显，从 1013.37L/s 减少至 748.70L/s，详见表 3.6.9。

从抛投前后渗流量监测情况看，渗流量减小明显，且减小后连续监测结果显示，数天内渗流量无增加，处于相对稳定的状态。从抛投前后测量的地形等高线图对比，可明显看出，A、B 两渗漏点附近抛投厚度达到 5～7m。

表 3.6.9　　第一次抛投观测记录表

序号	日期	水位/m	抛投量/m³	抛投位置	渗漏量/(L/s)	渗漏量减少量/(L/s)	渗漏水质	备注
1	4月14日	510.87	237	渗漏点 A	1013.27		清澈	每船抛投 2h 后水质明显混浊
2	4月15日	510.05	465	渗漏点 A	790.42	222.85	清澈	
3	4月16日	509.35	1860	5区—2区	765.29	25.13	混浊	
4	4月17日	509.28	1624	2区—1区	757.00	8.29	混浊	
5	4月18日	509.17	1848	1区—3区	748.75	8.25	混浊	
6	4月19日	509.08	1848	3区—5区	748.70	0.05	混浊	
合计			7882			264.57		

2. 第二次抛投

2013 年 4 月 22 日，业主单位召开了白云水电站大坝渗漏应急处理工程第一次抛投后效果分析暨现场协调会，会议研究决定采取第二次抛投：①先用级配料对 C、D、E、F、G 共 5 个渗漏点进行抛投，抛投厚度为 1.6m；②再对设计拟定的二次抛投范围抛投机制砂，平均厚度先按 1.0m 考虑，抛投后视抛投效果再决定后续抛投材料种类，如果抛投效果明显，则继续采用机制砂抛投。

自 4 月 23 日开始抛投至 5 月 2 日水上抛投级配碎石共计 2604m³，抛投机制砂

5457m³；第二次抛投后，渗漏量无明显变化，渗漏水质变化微弱。

3. 第三次抛投

第三次抛投对A、B范围首先使用级配料抛投1.6m，然后采用机制砂对A范围进行全面的覆盖，B范围则采用机制砂对5个渗漏点进行覆盖，机制砂覆盖厚度为1m。

第三次抛投自2013年5月26—27日，渗漏量未见明显变化，渗漏水未见混浊。5月27日开始对A范围进行级配料的抛投，截至5月29日上午对A8、A9两个区域进行了级配料抛投后，中午11：08下游渗漏观测渗漏量由740.53L/s减少至696.36L/s。自此后，抛投级配料及机制砂下游渗漏量未见明显变化。第三次抛投总量约0.8万m³。

级配料抛投淤堵之后库水位维持在509.00m左右运行时，渗漏量维持在690L/s左右，根据库水位—渗漏量关系曲线，应急处理之前，库水位509.00m左右时，2013年3月渗漏量为1040L/s、2012年10月渗漏量为1200L/s、2012年3月渗漏量为900L/s、2011年10月渗漏量为920L/s，可见应急处理在一定程度上减小了渗漏量，但第二次和第三次抛投时渗漏量变化较小。

抛投级配料很难将上游任意料表面及风化岩体入渗面全部封闭。因此采用上游抛投散粒体级配料的方式进行渗漏治理，难以取得较好效果。2013年对左岸集中渗漏部位进行水下抛投级配料应急处理，实测抛投厚度达到5～7m，第一次抛投渗漏量减少较为明显，第二次和第三次抛投效果不明显也证明了这一点。

3.6.2.3 黏土淤堵

黏土料抛投是另一种水上抛投处理渗漏的方式，施工方式与水上抛投级配料类似，采用机动船在渗漏点上方抛投。但考虑水上抛投黏土的不均匀性，以及黏土水下崩解的不均匀性，其防渗效果的不确定性较大。抛投料黏粒和含水量较高时，在水下易板结、难以崩解成黏土颗粒均匀地封堵渗漏通道，其效果受水头、抛投料形态影响较大，防渗耐久性宜难确定。工程实际应用中，黏土料常选用粉质黏土或砂质黏土，并且于粉煤灰、粉细砂等无黏性料混合使用，以增强可抛投性以及水下淤堵效果。以下结合几个工程案例对黏土淤堵技术进行阐述。

1. 安奇卡亚面板堆石坝

安奇卡亚坝1974年建成，最大坝高140m，上、下游坝坡均为1：1.4，采用角闪岩堆石料碾压而成，至今已运行40余年。坝体压缩性较低，在自重荷载作用下的变形模量138MPa，堆石干密度2.29g/cm³，孔隙率22.5%。1974年10月19日开始蓄水，5d内蓄水到溢洪道堰顶高程634.00m（坝顶高程648.00m）。当库水位达到588m时，漏水量为14L/s。库水位达到636.00m时，漏水量达1800 L/s。从10月24日到11月8日水位保持在634m，派出潜水员检查漏水点。漏水量稳定，漏水清澈，集中于坝的中部，相当于原河床处，在观察期间没有看到细料被漏水带出。降低库水位后，对面板及周边缝作了详细检查，发现漏水主要源于两岸周边缝的局部地段，缝面的最大张开达10cm。检查时还发现，位于周边缝中的橡胶止水带及其下面的混凝土接触面上存在空洞。周边缝的过大张开是由于整个面板内垂直缝受到压缩变形造成的。大坝渗漏原因如下：

（1）垫层料未及时进行固坡保护，施工期遭受暴雨时，在岸坡与垫层料交界面上形成汇流，冲走大量垫层料，回填时对质量未加严格控制，蓄水后导致周边缝两侧产生较大沉

降差，造成止水破坏，是导致水库漏水的主要原因。

（2）周边缝只设一道中央橡胶止水带，这种止水材料不能承受较大的拉伸变形，而且一旦破坏，也无法修复。这是一种不可靠的止水，它影响了其下的混凝土捣实，造成面板混凝土中的空洞。

（3）垂直缝内使用了可压缩的填料。各垂直缝累积压缩，造成了周边缝张开度过大。

（4）在主坝与溢洪道之间有一小山包分隔，岩石甚为破碎，未作灌浆处理，也是渗漏原因之一。

对于安奇卡亚面板堆石坝渗漏处理，初次处理采用降低库水位后对有缺陷的周边缝用IGAS填塞。水库于1974年12月3日第2次蓄水，12月30日水位达到了高程634.00m，漏水量减少了80%，1975年2月21日—3月2日，水位从634.00m升至646.00m，此时漏水仍有466L/s，用声呐探漏仪查出了新的漏水点。当时决定待堆石体变形进一步稳定以后再进行第2次堵漏处理。1976年1月声呐查出漏水点在右岸周边缝高程590.00～600.00m处（距坝顶约50m），潜水员的进一步检查证实漏水点在高程600.00m。用砾石、砂、黏土及膨润土覆盖漏水点，库水位为641.00m时，漏水量下降为180L/s。

2. 云南某面板堆石坝

云南某水电站水库总库容5.31亿m^3，面板堆石坝最大坝高130m，坝顶高程742.00m，坝顶长460m。水库2014年9月蓄水后即发生渗漏，渗漏量随库水位升高而不断增大，最大渗漏量1.6m^3/s，死水位705.00m左右运行时，渗漏量仍有1.1m^3/s。

2015年采用声呐渗漏检测技术和查漏钻孔分析、连通性试验、水下机器人喷墨示踪等综合方法对大坝渗漏进行检测，发现大坝面板存在3个明显渗漏异常区，右岸坝基存在岩溶渗漏通道。

为在不放空情况下对渗漏进行处理，提出在渗漏异常区抛投黏土的堵漏措施方案：对坝前两岸可能存在渗漏通道的范围抛投粉土、粉煤灰或粉煤灰黏土混合料，抛投工作采取分区、分时段原则开展。

各区抛投范围如下：Ⅰ区——右岸趾板至上游围堰；Ⅱ区——导流洞进口至旧寨箐临时存渣场；Ⅲ区——趾板水平段至上游围堰下游坡脚；Ⅳ区——左岸趾板至上游围堰；Ⅴ区——旧寨箐临时存渣场至上游约550m范围；Ⅵ区——上游围堰左岸至上游约500m范围；Ⅶ区——上游围堰上游坡脚至上游约470m阿墨江原河道范围；Ⅷ区——面板高程690.00m以下范围。其中Ⅰ区粉土抛投施工先期开展，分区如图3.6.4所示。

抛投料设计要求：土料成分主要为含碎砾石黏土、粉质黏土。因上述料场土料黏粒含量较高，建议与粉煤灰混合使用。抛投料要求不大于1mm粒径含量不小于50%，不大于0.1mm粒径含量不小于40%。各料源在开采使用前需剥离地表耕植层及人工堆积物，剔除植物根系及碎块石，进行筛选后尽量使用细料。

Ⅰ区抛投自2015年10月14日开始，共计抛投黏土约29400m^3。截至2016年1月中旬，黏土抛投完成情况如下：Ⅰ区抛投完成，Ⅱ区完成导流洞进口部分，Ⅲ区抛投完成，Ⅳ区坝前铺盖顶高程660m线上游部分已抛投完成，合计抛投黏土方量8万余m^3，其中声呐检测发现的③号异常区抛投黏土约7500m^3。

根据2015年和2016年两次声呐渗漏检测成果，③号渗漏区渗漏流速平均值由

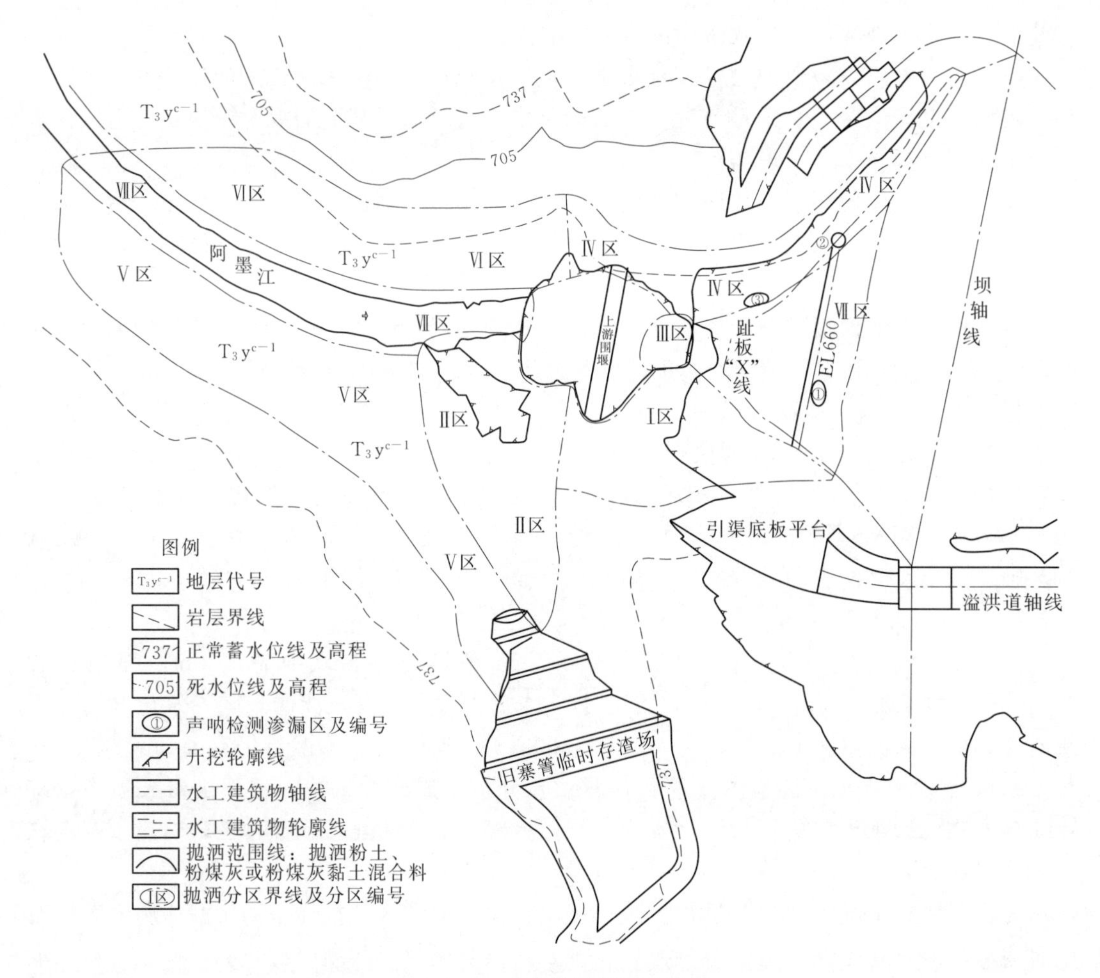

图 3.6.4　黏土抛投范围示意图

10^{-3}cm/s降低到 10^{-4}cm/s 量级，根据下游量水堰渗漏量变化，③号渗漏区抛投期间渗漏量降低约 50L/s。故抛投黏土对③号渗漏区起到了一定的堵漏作用。

3.7　堆石体控制灌浆加固

3.7.1　概述

面板堆石坝出现变形和渗漏问题后，比较有效和常用的加固方法是控制灌浆，工程实践中往往能用灌浆方法解决的问题尽量采取合适的浆材进行控制灌浆处理。广西磨盘水库除险加固通过对病险堆石坝特点及病因的分析，采用以控制堆石坝变形为目的可控充填灌浆技术，解决了堆石体变形问题，有效地降低了堆石体的孔隙率，使大坝变形得到有效控制，确保重建的防渗面板不会因坝体变形产生破坏；贵州红枫水库为木质面板防渗的堆石坝，运行 20 年后木质面板腐蚀严重，采用控制灌浆技术在上游侧干砌石内重构防渗体，取得了良好的效果。结合广西磨盘水库面板堆石坝加固和贵州红枫水库面板堆石坝防渗处

理，介绍堆石体控制灌浆加固技术。

3.7.2 堆石体变形控制灌浆

干砌石和堆石体变形较大的主要原因是孔隙率偏大，可采用控制灌浆，通过灌入合适的材料，减小干砌石和堆石体孔隙率，以控制坝体变形。由于堆石体均一性差，采用控制灌浆处理变形问题时，其主要难题是灌浆材料和钻孔灌浆工艺。

灌浆材料应具有一定的可控性能和可灌性，具有一定的胶结性能和强度，能够在堆石体均匀扩散，可根据堆石体的情况选择细石混凝土、细石、砂、水泥粉煤灰混合浆、水泥砂浆、水泥黏土混合浆、浓水泥浆等。

在钻孔与灌浆工艺方面，由于高孔隙率堆石坝坝体材料均一性差，堆石材料复杂，施工工艺难于掌握，尤其深斜孔的灌浆施工工艺问题更为突出，需主要解决以下几个问题：

（1）钻孔。堆石坝造孔易卡钻、烧钻、孔壁失稳、塌孔、钻孔冲洗液漏失严重，成孔十分困难，一直是灌浆施工的难点。通过研究及现场实践，探索适用于堆石体材料，尤其深斜孔的完整造孔工艺，使造孔过程中钻具损失较小，有较高的造孔效率（造孔效率不小于 1.0m/h）。

（2）灌浆压力。影响浆液扩散能力及胶结质量的主要因素之一，是堆石体灌浆重要的参数，需要结合排序、孔序和孔深来确定合适的灌浆压力。

（3）灌浆段长。合理选择灌浆段长能够提高灌浆质量和生产功效，按照排序和孔序分别选择灌浆段长度，并确定适合于高孔隙率堆石坝灌浆的限压、限流、间歇、待凝及结束等标准。

（3）灌浆设备。由于普通的充填灌浆方法，材料充填不均匀，效率低下，难以满足大规模的施工要求，需要合适的灌浆设备。

3.7.2.1 灌浆材料

堆石体控制灌浆要求灌浆材料具有一定的可控性，灌浆料须有良好的流动性，能在坝体内均匀充填，且有一定的胶结强度，能够有效地减小坝体孔隙率，改善堆石坝坝体特性，弥补原坝体的填筑质量缺陷，控制坝体变形。浆液的运动特性由屈服强度、黏度及重度等参数决定。

灌浆材料主要有水泥、黏土、膨润土、粉煤灰、水玻璃、减水剂等。通过选择合理的灌浆材料及配比，浆液在堆石体体内达到一定范围即停止扩散，可避免浆液过多流失，形成的结石强度高，分布均匀，抗溶蚀能力强。

由于病险堆石坝坝体孔隙率大，坝体主堆石区为坝体的高应力应变区，面板堆石坝主堆石区灌浆胶结体抗压强度一般不小于 7.5MPa，灌浆材料尽量均匀充填，灌浆后孔隙率应满足规范要求；以防渗为主的控制灌浆胶结体抗压强度不小于 5.0MPa，以满足长期渗流稳定要求。

1. 原材料性能

（1）水泥。水泥宜采用拌制浆液稳定性较好，早期强度较高，通过 0.08mm 方孔筛筛余量不超过 5%，强度等级不低于 32.5 级的普通硅酸盐水泥或硅酸盐大坝水泥。在有流动地下水孔洞堵漏施工中，可掺用硬化开始后便能迅速增加强度的铝酸盐水泥作为速凝剂。

（2）黏土。黏土的化学成分为含水铝酸盐及一些金属氧化物。细粒含量高，亲水性好。黏土浆中的黏粒与浆液中的水间产生界面能的吸附作用，使水泥浆液自成整体，阻止外界水进入浆液内部。在水泥浆中添加黏土，可提高浆液的稳定性，增加浆液的抗水流冲蚀能力。掺用的黏土塑性指数应不小于 17，小于 0.005mm 的黏粒含量宜为 40%～50%，含砂量不大于 5%，SiO_2/Al_2O_3 为 3～4，有机物含量不大于 3%。黏土主要用于降低浆液析水率，提高稳定性。

（3）膨润土。膨润土以具有强烈的同晶置换作用的蒙脱石为主要成分。充分与水接触后的颗粒体积可达膨化前的 10～15 倍。膨化后与水泥浆搅拌中，能与水泥浆中的二价钙离子发生交换，产生絮凝物质，分散水泥颗粒，阻止其沉淀，浆液析水率明显下降。

（4）粉煤灰。粉煤灰为呈微酸性具有潜在活性的粉状体，遇到水泥熟料、石膏及生石灰等活化剂和水时，能生成含水硅酸钙和含水铝酸钙。掺量小于 30%时，可提高结石强度。掺入粉煤灰的水泥结石体能减少氢氧化钙游离和溶蚀，提高抗溶蚀性，提高结石的耐久性。粉煤灰不仅可代替部分水泥，还可改善浆液和易性、均匀性、泌水性和可灌性；还可延长浆液凝结时间，也有利于防堵管。当掺量超过 40%时，结石强度会显著下降。选用粉煤灰细度宜小于水泥细度，不大于 5～30μm，以改善浆液稳定性；烧失量应小于 8%，SO_3 含量小于 3%。

（5）赤泥。赤泥为提炼氧化铝后的废渣经烘干、磨细和风选而成，主要化学成分为氧化铝、氧化钙和氧化硅等活性成分，具有胶凝性能。赤泥颗粒很细，比表面积达 13000cm^2/g，颗粒粒径小于 0.1μm，可以提高灌注浆液的稳定性和可灌性，增强结石的密实度和抗渗性能，更主要的是它具有微膨胀性，能够弥补黏土掺量大所产生的收缩现象，从而提高结石的抗渗性和耐久性。红枫大坝灌浆时采用了贵州铝厂的赤泥。

（6）水玻璃。水玻璃为硅酸钠的水溶液，呈碱性，分子式为 $Na_2O \cdot nSiO_2$。模数为 2.4～2.8，浓度为 30～45Be。掺量为水泥重量的 1%～5%，便能加快水泥的水化作用，从而缩短水泥系浆液凝固时间，还能与黏土中的碱性金属作用，生产碱金属水合硅酸盐和二氧化硅凝胶，改善水泥浆结石的防渗性能。

（7）减水剂。减水剂能吸附在水泥颗粒表面，在一定时间内阻碍或破坏水泥颗粒间的凝聚作用，从而降低浆液的塑性黏度，缩短灌浆时间，塑性屈服强度也有所降低，有利于改善浆液的可灌性，增加浆液在孔隙中的扩散距离。减水剂掺量过少，不能发挥降黏作用；掺量过多，水泥颗粒过分分散，大颗粒沉于下部，形成分层现象，增大吸水率。最优掺量在 1%以内，一般不超过 2%。

2. 浆液的特性

（1）浆液流动基本原理。堆石体控制灌浆采用的浆液一般为水泥掺加适当的混合料，属黏—塑性流体，为宾汉姆（Bingham）流体。当流体所受的剪切应力小于某一固定值 τ_0（塑性屈服强度）之前，剪切速率为零，流体不流动，但有类似固体的弹性变形。当剪切应力大于 τ_0 后，浆液产生流动。

（2）浆液流变参数：

1）水泥浆的流变参数。纯水泥浆的塑性屈服强度 τ_0、塑性黏度 μ 及漏斗黏度均随水

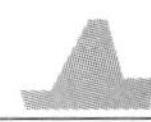

灰比增大而减小。当水灰比大于（1.5～2.0）∶1后，τ_0 及 μ 值减小便不明显，这样的稀浆起不到改善浆液流动性、增加可灌浆性目的。加入少量膨润土便能明显提高水泥浆的塑性屈服强度和漏斗黏度，减少析水率。随着减水剂产量的加大，水泥浆的塑性屈服强度逐渐降低，则可改善可灌性。

2）水泥砂浆的流变参数。水泥砂浆的流变参数随水灰比增大而减小，与灰砂比关系受砂粒形状及级配影响大（表3.7.1）。水泥砂浆遇水易被稀释，不适于在动水中灌注。

表3.7.1　　水泥砂浆流变参数

灰砂比	1∶1	1∶2	1∶2.5	1∶3	1∶4
水灰比	0.49～0.60	0.55～0.79	0.64～0.81	0.78～0.91	1.03
密度/(g/cm³)	2.24～2.18	2.16～2.10	2.20～2.15	2.12～2.0	2.05
塑性屈服强度/Pa	42.80～40.0	41.5～40.0	50.5～39.5	46.0～40.6	39.0
塑性黏度/(Pa·s)	0.68～0.60	0.52～0.49	0.54～0.48	0.52～0.46	0.59

3）稳定浆液的流变参数。稳定浆液按材料成分的不同，可分为水泥稳定浆液、混合稳定浆液、膏状稳定浆液和速凝膏状稳定浆液。

水泥稳定浆液为水灰比不大于0.6∶1的纯水泥浆、水灰比不大于1.0∶1的磨细水泥浆或水灰比（0.7～1.0）∶1的水泥浆中掺入少量膨润土、硅粉等稳定剂的水泥系浆液。为使浆液有一定扩散范围，宜控制塑性屈服强度不大于10MPa。主要用于基岩固结及帷幕灌浆、粗粒土灌浆。

混合稳定浆液为掺有粉煤灰、黏土或其他掺合料的水泥系浆液，塑性屈服可达10～20MPa，主要用于有架空现象的粗粒土灌浆。

膏状稳定浆液由水、水泥、粉煤灰或磨细矿渣、膨润土或黏土等材料组成的塑性屈服强度大于20MPa的低水固比膏状混合浆液。仅在自重作用下不流动，具有自堆性，适用于封堵较大渗漏通道。

速凝稳定膏状浆液是掺加速凝剂制成的膏状浆液，不仅具有自堆性，且凝结时间短，具有较强高的抗水流稀释和冲刷能力，有利于动水条件下封堵集中渗漏处。

（3）浆液扩散半径。根据宾汉姆流体在散粒体中的渗透扩散理论，浆液扩散半径 R（单位：m）为

$$R=\sqrt{\frac{\left[\frac{E(P_0-P_1)}{AM}-\frac{\tau_0}{M}BR\right]\cdot 2t}{n\ln\left(\frac{R}{r_0}\right)}} \tag{3.7.1}$$

其中
$$E=\frac{n^{0.1}\cdot d_0^4}{1.2D_0^2},B=\frac{d_0^3}{3.2n^{0.3}\cdot D_0^2}$$

式中　A——实验常数；

P_0——孔底最大灌浆压力，Pa；

P_1——地下水压力，Pa；

t——灌浆时间，s；

n——孔隙率；

r_0——灌浆半径，m；

D_0——土颗粒直径，m；

d_0——土的孔隙直径，m。

工程中常根据灌浆试验中得出的灌入量 W（单位：m^3），由下式计算扩算半径：

$$R=\sqrt{\frac{W}{\pi a n}} \tag{3.7.2}$$

其中

$$W=Qt$$

式中　Q——灌入流量，m^3/s；

t——实际灌浆时间，h；

a——灌浆段高度，m。

浆液具有较高的塑性屈服强度。当流动剪切应力小于塑性屈服强度时，浆液不再流动，可以通过调整灌浆压力来控制扩散半径。

3. 灌浆材料配比

浆液配比需要通过室内试验和现场试验确定，根据试验结果选择使用，并在实践中调整优化，以达到良好的灌浆效果，满足不同的灌浆要求。

最优配比选择与堆石体孔隙状况有关，常根据现场压水试验结果选择，根据吸浆量大小调整变浆速度，可使大孔隙灌注稠浆，细小缝隙多灌注稀浆，从而得到较好的灌注效果。

灌浆材料中若掺加粉煤灰、黏土和外加剂时，浆液将具有较好的黏塑性、稳定性，且触变性强，流动性适度可调，可泵性好，不易堵塞管路、裂隙，往往可获得满意的灌注效果。

为防止浆液大量流失，堆石体控制灌浆应先在背水侧排孔中灌注膏状稳定浆液，再在迎水侧排孔中灌注混合稳定浆液。有较大地下水流速的集中渗漏坝体内，先灌注添加有增黏剂（膨润土等）、速凝剂（硫铝酸盐水泥等）的水泥稳定浆液与水玻璃等形成的速凝膏状稳定浆液，然后中间补孔灌注水泥稳定浆液。

3.7.2.2　钻孔技术

由于堆石坝孔隙率大，坝体材料均一性差，坝体材料复杂，钻孔过程一般不返水，往往形成干孔钻进，钻进过程中产生强振、烧钻和孔壁不稳定等问题，常出现掉块卡钻等孔内故障，严重影响造孔效率。

1. 钻机选择

回转型钻机对堆石体扰动影响小，能满足取芯要求，尽量采用回转型钻机。XY-2PC 型钻机重量轻、体积小，搬迁灵活，适用于金刚石和硬质合金钻头钻进，钻杆加卸方便，能确保成孔质量等特点。

2. 钻头选取与改进

在大孔隙堆石体中钻孔，钻孔冲洗液漏失严重，孔壁失稳，易卡钻、烧钻、塌孔成孔困难，通过对多种不同材质、不同结构的现场钻材试验，最后选定金刚石钻头。

金刚石钻头主要选取金刚石复合片钻头和金刚石破芯钻头，这两种钻头钻进过程中不

用取芯。金刚石复合片钻头在钻进含沙量大的堆石体时易出现出水口堵塞，而金刚石破芯钻头则无此缺点。磨盘堆石坝坝体灌浆施工中，在堆石体含沙量小时采用金刚石复合片钻头钻进，钻进工效为2.0m/h；在堆石体含沙量大时采用金刚石破芯钻头钻进，钻进工效为1.7m/h。且对金刚石破芯钻头进行了结构上的改进，传统上的破芯钻头破芯牙轮在钻头内，而本工程破芯牙轮在扩孔器内，这样在钻头报废后破芯扩孔器还能继续使用，提高了效率，节约了成本。

小口径金刚石钻具长度尽量选用长度为5m的长钻具，以保证钻具长度大于或等于灌浆段长度。

3. 金刚石牙轮破芯钻头

钻具在工作过程中，金刚石孕镶钻头采取磨削钻进，合金轮采用牙轮钻头破碎岩体，无压浸渍扩孔器用于扶正及保护金刚石钻头及钻杆。金刚石钻头在钻进时为安装在无压浸渍扩孔器内的合金轮导向。合金轮采用压碎岩体的方式将多余岩芯破碎成岩粒。一部分较细岩粒在水压作用下从排岩孔排出、较粗岩粒在随后的碎岩过程和磨削中变细排出。在造孔完成段可直接灌浆。

由于合金轮破岩、岩粒较金刚石钻头钻进中排出的岩粒粗，更有利于金刚石钻头自锐，单位时间内的钻进效率更高，同时在造孔过程中无需提钻取芯，大大增加纯钻时间，减轻劳动强度。金刚石牙轮破芯钻头如图3.7.1所示。

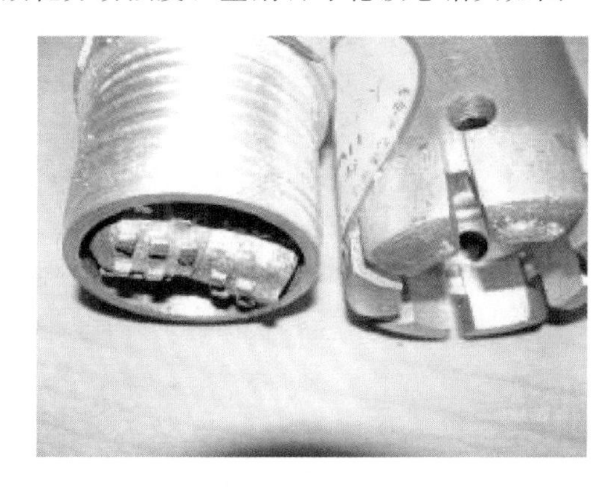

图3.7.1 金刚石牙轮破芯钻头照片

4. 钻孔冲洗

为保证造孔质量，提高造孔效率，采用清水和黏土浆相结合的方式对钻孔进行冲洗。钻进时同时从钻孔内和孔口注水，钻孔内注水量控制在50～75L/min，用来冷却钻具，清除孔底岩粉，防止烧钻，保证钻具工作正常。孔口注水应大于75L/min，使大部分钻孔处于充水状态，可避免钻具发生强振，减少事故。

堆石体内钻孔时，大部分孔段在钻孔时不返水，孔内冲洗液状态无法监控，不能调整冲洗浆液的大小，容易造成烧钻事故。磨盘堆石坝加固工程实践中在孔口进水管路上安装水表，通过监控水表是否正常运行来监控钻孔冲洗液，这样既保证了不会因进水口堵塞造成“烧钻”事故，又可根据单位时间内进水量来调整冲洗液的大小使钻进处于最佳状态，此项措施基本杜绝了钻孔施工中的烧钻事故。

3.7.2.3　控制灌浆工艺

1. 灌浆压力

灌浆压力是堆石体灌浆重要的参数，是影响浆液扩散能力及结石质量的主要因素之一。堆石体灌浆时形成的上抬力很小，采用的灌浆压力可大于其周围有效压应力，以挤压密实土层，达到要求灌注量。

灌浆压力一般按照排序、孔序和孔深来确定。下部灌注压力大于上部灌注压力，后序孔灌注压力大于前序孔灌注压力，内排孔灌注压力大于边孔灌注压力。由于随着逐孔加密灌浆，大孔隙将先充填，中、小缝隙随着逐序提高灌浆压力，可增加其可灌性。

纯压式灌注方式以孔口进浆管路上的压力表控制灌浆压力，自上而下分段灌注水泥稳定浆液时，灌注压力控制为Ⅰ序孔 0.2～0.5MPa，Ⅱ、Ⅲ序孔 0.5～1.0MPa。孔内循环法灌浆，控制回浆管口压力为 0.5～1.0MPa，表层 3m 孔口段经灌浆处理后，可承受约 3.0MPa 以内的灌注压力。套管法可控灌注膏状稳定浆液时，各序孔灌浆压力控制为 0.2～0.8MPa，提升套管时，边提边灌，灌浆孔内应始终处于有压状态。

红枫堆石坝防渗帷幕设计的厚度是底部厚上部小，灌注时随着孔深提高了灌浆压力。

2. 灌浆段长

合理选择灌浆段长能够提高灌浆质量和生产功效。一般按照排序和孔序分别选择灌浆段长度。随着灌浆时逐序加密，可逐渐增加灌浆段长度。这样既能使供浆强度能满足灌浆需要，减少浆液下沉现象，同时又能使中、小裂隙避免堵塞，得到良好的灌注。

采用孔口封闭法自上而下灌注时，Ⅰ序孔的孔口段长一般为 2.0m，以下各段长 3.0m；Ⅱ、Ⅲ序孔孔口段长 3.0m，以下各段为 5.0m，钻孔过程中遇失水，则停止钻进，进行钻进。

采用自下而上灌注水泥浆液或混合浆液时，分段长度宜为 2.0～3.0m；采用自下而上灌注水泥—水玻璃浆液时，分段长度宜为 1.0～2.0m；套管法灌注膏状稳定浆液时，段长可根据套管长确定，一般为 1.5m 左右。

3. 灌浆方法

为保证灌浆质量，并减少浆体浪费，灌浆顺序一般为先灌注下游排孔，再上游排孔，最后灌注中间排孔。钻孔次序和灌浆次序一致。距离不小于 4.0m 的同次序孔可同时进行钻灌，相邻同次序孔灌注完成 36h 后，再进行下一次序孔的灌注。一般有以下 4 种灌浆方法：

（1）自下而上灌注法。一次钻孔到底，利用钻杆或在固壁套管内下钢管作为射浆管，用于灌注水泥稳定浆液、混合稳定浆液。盖头封闭管口，射浆管下到距孔底不大于 1.0m 后，起拔套管。自下而上分段，纯压灌注，每灌完一段，拔出相应长度的射浆管。

（2）孔口封闭法。本方法采用小孔径钻孔，镶铸孔口管，孔口封闭待凝 48h 后，自上而下分段，不待凝，纯压式或孔内循环式灌注。

（3）套管法。本方法直接利用钻孔跟进的套管作为灌浆管，在套管顶部安装盖头连接灌浆管和压力表。由于套管与孔壁接触紧密，浆液难以冒出，可采用较大灌浆压力；套管管径大，不易堵塞，适用于灌注膏状稳定浆液。

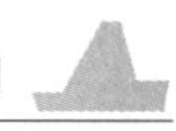

(4) 双液法。用于灌注以水玻璃为速凝剂的速凝膏状浆液。同时用两套灌浆设备向同一个孔内灌入水泥稳定浆液（水灰比为1∶0.5的纯水泥浆）和一定浓度的水玻璃，在孔内混合后被压入渗漏通道。采用带逆止阀的双液灌浆装置卡塞于管段上部，内管进基浆，外管进速凝剂，孔内混合同步灌注。

4. 结束标准

灌浆结束标准主要控制灌浆压力和累计灌注量，以控制浆液的扩散半径。

5. 特殊情况处理

孔间串浆时，采用多孔同时灌注时，钻孔中发现不返水或严重塌孔，应停止钻孔进行灌浆，耗浆量大于1000L/m后，采用变浆或间歇灌浆。

灌注膏状稳定浆液时吸浆量过大段，可在螺杆泵进料斗内的膏状稳定浆液上直接掺加浓度30～38Be的水玻璃，加入量为浆液体积的2%～5%，以加速初凝，还可采用适当降低灌浆压力、限制流量、间歇、待凝等措施减少浆液流失。

对于严重架空区，可采用混凝土泵泵送高流态一级配混凝土或水泥砂浆（扩散半径50～70cm）至钻孔套管内，利用混凝土泵排量大的优点，快速封堵。

3.7.2.4 广西磨盘堆石坝灌浆控制坝体变形

1. 工程概况

磨盘水库位于广西全州县境内湘江支流上，水库总库容4196万m^3。磨盘堆石坝是由黏土斜墙堆石坝段、混凝土面板堆石坝段和浆砌石挡墙堆石坝段三个坝段组成，是一座由多种防渗材料组合而成的堆石坝，坝型独特。其混凝土面板堆石坝段位于河床，坝顶高程364.80m，最大坝高61m。大坝上游面坡比为1∶0.649，下游坡从上至下坡比分别为1∶1.4、1∶1.5、1∶1.75和1∶2.0，下游设置1.0m宽的马道。大坝上游面设置钢筋混凝土防渗面板，防渗面板后为干砌石体，干砌石下游为堆石体。

水库建于20世纪70年代，大坝采用人工填筑，堆石体孔隙率达48%。1977—1996年堆石坝局部最大累计水平位移1617mm，最大累计竖向位移1261mm。1997年对大坝采用灌砂处理，加固后大坝险情有所缓解。但加固不久，坝顶裂缝及混凝土面板裂缝又逐渐发展，坝体渗漏增加，且坝脚多处出现翻砂渗漏及坝坡局部塌陷。历史上曾对混凝土面板进行过几次加固，但效果均不明显，2005年后坝体险情突出，且还在进一步发展。磨盘大坝的突出险情及防汛的严峻形势，受到水利部、长江水利委员会、广西壮族自治区水利厅的高度重视。

2. 堆石体控制灌浆设计

根据磨盘堆石坝的坝体特点，经分析，坝体上游侧主堆石区为坝体的高应力应变区，该区域内隙率大，是造成大坝变形破坏的主要原因。拟对大坝主堆石区进行灌浆，改变坝体特性，控制坝体变形。

要求充填区域灌浆料分布均匀，胶结体抗压强度设计值不小于7.5MPa（28d）。由于大坝主堆石区后半部分坝基为砂卵石，坝基承载力有限，要求灌浆后坝体孔隙率$20\%\leqslant n\leqslant 25\%$之间，能够满足地基承载力，且可使灌浆方案经济上更优。稳定浆液灌浆区要求形成连续有效的封闭区域，胶结体抗压强度设计值不小于5.0MPa（28d）。

灌浆区域为混凝土面板下游的主堆石区，在坝顶布置8排灌浆孔。其中下游2排灌注稳定浆液，孔距 2.0m，排距 1.0m，起封闭作用，本区域也是坝体充填灌浆区和下游堆石体的过渡区。其余 6 排为堆石体充填灌浆孔，孔距 2.0m，排距 1.0m。灌浆孔基本为斜孔，最大倾斜角为 27°，斜孔深度均超过 60.0m，最深斜孔近 70.0m。堆石体灌浆深度总计约为 3.0 万 m。磨盘堆石体灌浆如图 3.7.2 所示。

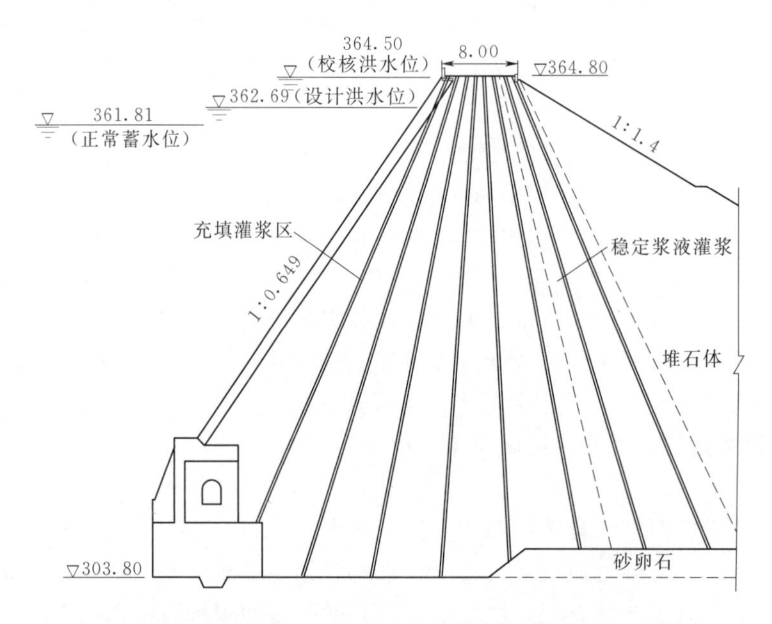

图 3.7.2　磨盘堆石体灌浆横剖面图（单位：m）

3. *堆石体控制灌浆现场试验*

(1) 稳定浆液灌浆。稳定浆液的设计要求为，浆液结石体强度不小于 5.0MPa (28d)，塑性黏性 0.15～0.25Pa.s。稳定浆液由水泥、粉煤灰、膨润土等按照不同的比例掺拌，通过现场配比试验，选取 G-1、G-2、G-3 这 3 种配比[10]。

灌浆试验中主要使用 G-2、G-3 组配比（图 3.7.3、图 3.7.4），下游 A2 排均使用 G-3 组配比，上游 A1 排钻孔无返水孔段使用 G-3 组配比，有返水孔段使用 G-2 组配比，G-1 组配比结石强度较低，未采用。

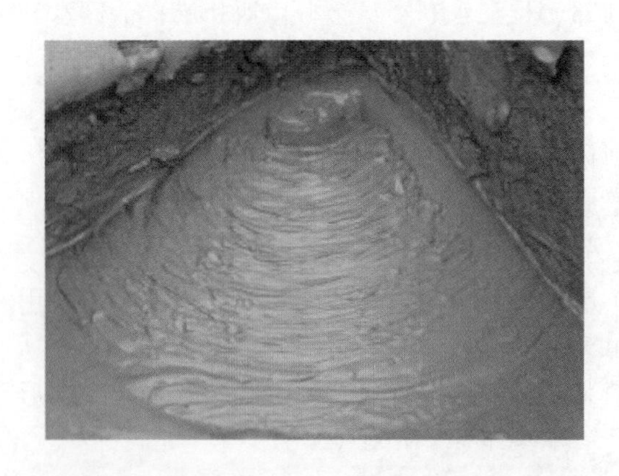

图 3.7.3　G-2 组配比照片

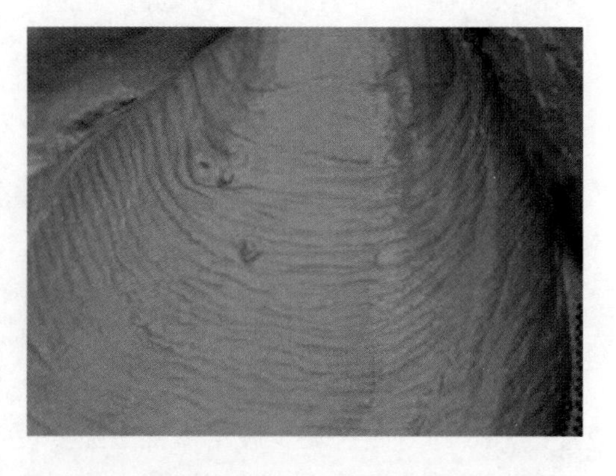

图 3.7.4　G-3 组配比照片

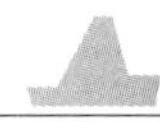

（2）可控充填灌浆。由于大坝堆石体孔隙大，在充填灌浆区灌注水泥砂浆。灌浆用砂浆与普通砂浆不同，要求有好的流动性，一定时间内能保持稳定性，不离析沉淀，且结石强度应满足相关要求。

为保证砂浆具有良好的可灌性，采用水灰比0.5∶1纯水泥浆液在孔口通过自制的砂浆搅拌器的搅拌叶，射流对砂体充分搅拌，再灌入孔内。

4. 主要施工工艺

按照先灌注下游排，后灌注上游排的顺序施工。在同一排内，先施工Ⅰ序孔后施工Ⅱ序孔。单孔施工程序为：钻机就位固定→钻灌第一段→镶嵌孔口管（孔口段长度2m，镶管后待凝24h）→钻灌第二段……依次循环，直至整孔灌浆结束。

根据磨盘堆石坝钻孔施工实际条件，经现场试验选用XY-2PC型钻机作为钻孔主要设备。选用金刚石复合片钻头和金刚石破芯钻头，钻进过程中不取芯。金刚石破芯钻头为本工程选定的主要钻头类型，破芯牙轮在扩孔器内。

小口径金刚石钻具长度选用长度为5m的长钻具。采用清水和黏土浆相结合的方式对钻孔进行冲洗，钻孔内注水量控制在50～75L/min，孔口注水应大于75L/min。在孔口进水管路上安装水表，通过监控水表是否正常运行来监控钻孔冲洗液，根据单位时间内进水量来调整冲洗液的大小使钻进处于最佳状态。

5. 稳定浆液灌浆

灌浆时孔口段采用ϕ89mm灌浆塞灌注，以下各段均采用孔口卡塞纯压式灌浆法。稳定浆液灌浆孔分段段长见表3.7.2。灌浆压力以安装在进浆管路上的压力表读数作为灌浆压力值，Ⅰ序孔灌浆压力为0.05～0.10MPa，Ⅱ序孔灌浆压力为0.10～0.30MPa。

表3.7.2　　稳定浆液段长表

灌浆孔段序	第一段	第二段	第三段	第四段及以下
Ⅰ序孔分段段长/m	2.00	3.00	3.00	3.00
Ⅱ序孔分段段长/m	3.00	5.00	5.00	5.00

达到设计灌浆压力后，注入率不大于1～3L/min，继续灌注10min，结束该段灌浆。

6. 可控充填灌浆

采用自行研制的孔口搅砂器进行充填。灌浆时孔口段采用ϕ89mm灌浆塞灌注，以下各段均采用孔口封闭孔内循环式灌浆法。灌浆时用ϕ50mm的钻杆作射浆管，射浆管距灌浆段底不大于50cm。堆石体灌浆孔分段段长及灌浆压力，见表3.7.3。

表3.7.3　　充填灌浆段长及灌浆压力表

项目	第一段	第二段	第三段	第四段及以下
段长/m	2.00	3.00	5.00	5.00
灌浆压力/MPa	0.05	0.05	0.05	0.10

在规定的灌浆压力下，当注入率不大于0.4L/min时，继续灌注5min；或注入率不大

于 1L/min 时，继续灌注 10min，灌浆结束。

7. 质量检查

A、B 区灌浆质量检查采用单孔注浆试验或双孔连通试验。单孔注浆试验时，向检查孔内注入水灰比为 1∶2 的水泥浆，压力与灌浆压力相同，初始 10min 内注入浆量不大于 10L/m 为合格。双孔连通试验时，在指定部位布置 2 个间距为 2.0～3.0m 的检查孔，向其小一孔注入水灰比为 2∶1 的水泥浆，压力与灌浆压力相同，若另一孔出浆流量小于 1L/(min·m) 为合格。

8. 灌浆试验成果

(1) 稳定浆液灌浆。试验区坝顶部位有 2.3～2.8m 的黏土碎石层，有少量返水；在钻孔进入堆石体后返水消失，钻进速度时快时慢，部分孔段存在直径 5～10cm 的空洞，且钻孔过程中塌孔严重、成孔困难。

整个钻孔过程中除孔口段外共计 5 段有微弱返水，占总孔段的 9.6%，说明大坝堆石体存在很大的孔隙。平均注入干料量为 1923.0kg/m，其中下游排为 2451.0kg/m，上游排为 1374kg/m，下游排Ⅰ、Ⅱ序孔分别为 2981.2kg/m、1390.5kg/m，上游排Ⅰ、Ⅱ序孔分别为 1668.1kg/m、792.1kg/m。绝大部分孔段注入干料量为 1000～3000kg/m，占总段数的 67%。下游排注入干料量大于 1000kg/m 孔段为 23 段，上游排注入量大于 1000kg/m 的孔段为 19 段，注入量大的孔段上、下游排相差不大，说明灌浆孔排距偏大。

在灌浆施工中遇到的特殊情况主要为：注入量大，难以达到结束标准。采取：限压、限流灌注；间歇灌浆或待凝：灌浆流量 40L/min 以上时，持续灌注 40～60min，流量、压力均无变化时采取灌注 20～40min，间歇 10～20min 然后恢复灌浆。注入干料量达到 2000kg/m 时，如注入流量变化不大，采取待凝措施，待凝 8～12h 再进行复灌；掺加速凝剂：灌浆时第一次间歇结束，继续灌注时掺加水玻璃，掺量为水泥重量的 1%～2%，直至灌浆孔返浆。

在检查孔钻孔过程中各孔段均有返水，从侧面反映了灌浆取得了较好效果。各检查孔灌浆段单位注入量为 37.17～104.81kg/m，平均单位注入量为 79.75kg/m，均较小，说明试区范围内堆石体灌浆孔灌浆后残留的孔隙或裂隙状缝隙较少，大坝堆石体孔隙率降低较多。

(2) 可控充填浆液灌浆。平均单位注入干料量为 3919.6kg/m，其中下游排为 4407.5kg/m，上游排为 2755.2kg/m，下游排Ⅰ、Ⅱ序孔分别为 5345.3kg/m、2532.0kg/m，上游排Ⅰ、Ⅱ序孔分别为 3786.3kg/m、693.0kg/m。大注入量的孔段所占比例很大，说明灌浆孔排距偏大。上游排末序孔单位注入量仍然有 693.0kg/m，说明在堆石体仍存在较多孔隙。

在灌浆施工中遇到的特殊情况主要为：注入量大，难以达到结束标准。采取了如下处理措施：限压、限流灌注；间歇灌浆或待凝：在灌浆流量在 40L/min 以上，持续灌注 40～60min，流量、压力均无变化时采取灌注 20～40min，间歇 10～20min 然后恢复灌浆，如此反复进行。在单位注入水泥量达到 2000～3000kg/m 时，如注入流量变化不大，采取待凝措施，待凝 8～12h 进行复灌；灌注水泥砂浆：灌浆时第一次间歇结束继续灌注时开

始灌注砂浆（砂：水泥＝0.7～1.2），直至灌浆孔返浆灌注纯水泥浆。

在检查孔钻孔过程中大部分孔段不返水，2个检查孔共计8个孔段，只有JB－1号孔4段及JB－2号孔1、2段3个孔段返水，为总孔段的37.5％。

检查孔水泥结石与岩石胶结良好，充填密实，强度较高。结合灌浆孔末序孔单位注入量分析，说明地层中仍然存在较多孔隙或裂缝，但相较于灌浆前，大坝堆石体孔隙率大幅降低。

各检查孔灌浆段单位注入量为155.0～591.13kg/m，平均单位注入量为271.34kg/m，说明堆石体灌浆后孔隙仍较大。通过检查孔灌浆过程分析，2个检查孔8个灌浆段除JB－1号孔第3段为0.5：1浓浆灌注结束，其余各孔段均为1：1稀浆灌注结束；而B区灌浆孔所有孔段均为0.5：1浓浆灌注结束；说明灌浆孔在灌浆过程中使用浓浆封堵了大的孔隙和缝隙，较好的降低了大坝孔隙率。A区单位注入量为1923.0kg/m，B区为3919.6kg/m，是A区单位注入量的2.04倍。主要是A区灌注稳定浆液，稳定浆液相较于水泥浆液有更大的塑性黏度和屈服强度，浆液扩散被控制在一定范围内，减少了干料的单位注入量。A、B区单位注入量的差异也说明了试验中采用的稳定浆液配比是适用的，稳定浆液适配试验是成功的。

9. 灌浆方案调整

根据现场灌浆试验中发现的问题，为保证堆石坝的灌浆效果，灌浆方案进行适当调整，具体如图3.7.5所示。

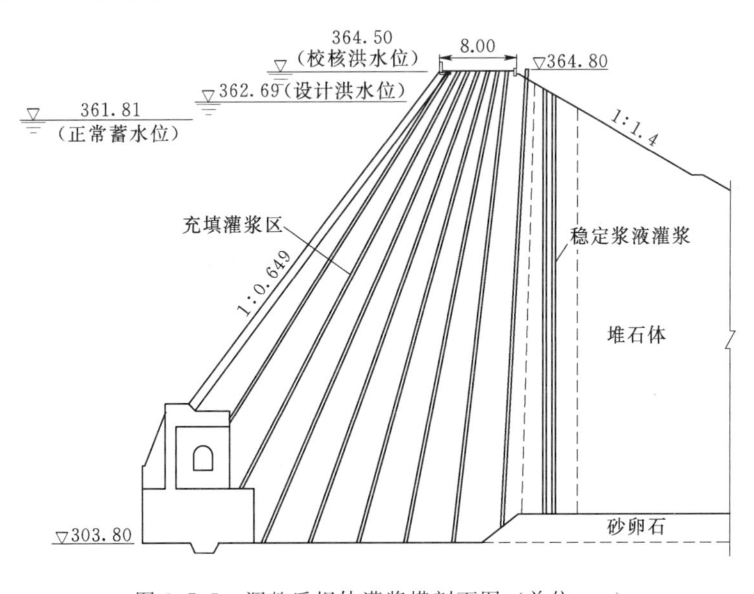

图3.7.5 调整后坝体灌浆横剖面图（单位：m）

（1）下游的2排（F1、F1排）稳定浆液灌浆孔由斜孔调整为垂直孔，孔距由2.0m调整为1.0m，排距1.0m不变，以确保其封闭效果。

（2）为保证坝体充填灌浆的均匀性，水泥浆液充填灌浆孔由6排增至8排（E1～E8排），同时减小钻孔的倾斜角，孔距由2.0m调整为1.50m、排距1.0m保持不变[11]。坝体灌浆孔特性见表3.7.4。

表 3.7.4　　坝体灌浆特性表

坝段	排号	钻孔编号	钻孔倾斜角	单孔深/m
混凝土面板堆石坝段	E1	E1-1～E1-44	27.0°	51.0
	E2	E2-1～E2-43	23.0°	59.0
	E3	E3-1～ E3-46	19.5°	65.0
	E4	E4-1～ E4-45	16.1°	64.0
	E5	E5-1 ～E5-46	12.5°	62.0
	E6	E6-1～E6-45	8.9°	62.0
	E7	E7-1～E7-46	5.2°	61.0
	E8	E8-1～E8-45	2.5°	58.0
	F1	F1-1 ～F1-61		55.0
	F2	F2-1～F2-60		54.0

10. 稳定浆液灌浆施工

(1) 总体施工程序。按照先灌注下游排，后灌注上游排的顺序施工。在同一排内，先施工Ⅰ序孔，再施工Ⅱ序孔，最后施工Ⅲ序孔。

(2) 灌浆孔单孔施工程序。钻机就位固定→钻灌第一段→镶嵌孔口管（孔口段长度2.0m，镶管后待凝 24h）→钻灌第二段……依次循环，直至整孔灌浆结束。

(3) 钻孔。采用回旋式钻机和金刚石钻头钻进，钻孔冲洗液采用清水和黏土浆。灌浆孔开孔孔径 ϕ91mm，终孔孔径不小于 ϕ56mm。

钻孔孔斜测量选用 KXP-1 型测斜仪，灌浆孔每隔 10m 设置一个检测点。

堆石体中垂直或顶角小于 5°的灌浆孔，其孔底偏差值不得大于表 3.7.5 的规定值。发现钻孔偏斜值超过设计规定时，应及时纠正或采取补救措施。

表 3.7.5　　堆石体灌浆孔孔底偏差规定值表

检测孔深/m	20	30
最大允许偏差值/m	0.70	1.00

(4) 特殊情况处理。在分散性地层钻进困难或钻孔失水严重影响钻孔施工时，可采用黏土浆作为钻孔冲洗液。钻孔遇到塌孔或掉块等难以钻进时，可缩短钻进段长度。将缩短后的钻段，作为一个灌浆段进行灌浆处理，待凝后再继续钻进。

(5) 钻孔冲洗。灌浆段在钻孔结束后，视钻孔实际情况进行钻孔冲洗，保证孔底沉积厚度不得超过 20cm。

(6) 浆液制备。稳定浆液的配合比经现场灌浆试验和室内试配确。

(7) 灌浆。孔口段采用 ϕ89mm 灌浆塞灌注，以下各段均采用孔口卡塞纯压式灌浆法，灌浆时采用 FEC-GJ3000 灌浆自动记录仪自动监测、记录灌浆压力、流量，以保证施工质量。

堆石体稳定浆液灌浆孔分段段长见表 3.7.6。

Ⅰ序孔灌浆压力控制在 0～0.05MPa，Ⅱ序孔灌浆压力控制在 0.05～0.10MPa，Ⅲ序

孔灌浆压力控制在0.10～0.20MPa。以安装在进浆管路上的压力表读数作为灌浆压力值。

表3.7.6　　堆石体分段段长表

灌浆孔段序	第一段	第二段	第三段	第四段及以下
Ⅰ序孔分段段长/m	2.00	3.00	3.00	3.00
Ⅱ序孔分段段长/m	3.00	5.00	5.00	5.00
Ⅲ序孔分段段长/m	3.00	5.00	5.00	5.00

达到设计灌浆压力后，注入率不大于1～3L/min，继续灌注5min，结束该段灌浆。

采用分段压力灌浆封孔法。

(8) 特殊情况处理。稳定浆液灌浆施工中，部分孔段钻孔、灌浆作业中出现特殊情况采用限压、限流灌注，间歇灌浆或待凝等措施。

11. 可控充填灌浆施工

(1) 总体施工顺序。堆石坝段有8排孔（E1～E8排）充填灌浆孔，先灌注下游排、再灌注上游排、最后灌注中游排的顺序施工。同一排内，先施工Ⅰ序孔，再施工Ⅱ序孔，最后施工Ⅲ序孔。

(2) 单孔施工顺序。钻机就位固定→钻灌第一段→镶嵌孔口管（孔口段长度2.0m，镶管后待凝24h）→钻灌第二段……依次循环，直至整孔灌浆结束。

(3) 钻孔。钻孔和灌浆试验时的相同。孔口段灌浆结束后，镶嵌孔口管。

(4) 钻孔冲洗。灌浆段在钻孔结束后，视钻孔实际情况进行钻孔冲洗，保证孔底沉积厚度不得超过20cm。

(5) 灌浆。Ⅰ序孔采用孔口无压注浆法（水泥砂浆）；Ⅱ序孔应首先灌注水泥砂浆，待孔口返浆时采用孔口封闭孔内循环灌浆法灌注纯水泥浆液；Ⅲ序孔首先采用孔口封闭孔内循环灌浆法灌注纯水泥浆液。在遇到较大空洞或吸浆量较大时，采用先灌注水泥砂浆再灌注纯水泥浆液。

堆石体水泥浆液灌浆孔分段段长及灌浆压力见表3.7.7。

表3.7.7　　灌浆分段及灌浆压力表

孔序	项目	第一段	第二段	第三段	第四段及以下
	段长/m	2.00	3.00	5.00	5.00
Ⅰ序孔	压力/MPa	0	0	0	0
Ⅱ、Ⅲ序孔	压力/MPa	0.05	0.05	0.05	0.1

灌浆压力值以安装在孔口附近回浆管路上的压力表读数为准。

(6) 灌浆结束标准。在规定的压力下，当注入率不大于1.0L/min时，继续灌注5min，灌浆可以结束。采用分段压力灌浆封孔法。

(7) 特殊情况处理。本工程水泥浆液灌浆E5、E8排Ⅰ序孔灌浆作业中有部分孔段灌浆出现特殊情况，①限压、限流灌注；②间歇灌浆或待凝；③灌注水泥砂浆。

12. 稳定浆液灌浆成果

工程范围内共有121个稳定浆液灌浆孔，其中下游排灌浆孔60个，上游排灌浆孔

61个。

由灌浆统计结果知，各次序灌浆孔干料单位注入率随灌浆次序的增加而减小的趋势明显，上游排较下游排减小30%，其中下游排Ⅱ序孔较Ⅰ序孔减小40%，Ⅲ序孔较Ⅱ序孔减小54%。单位干料注入量300～1000kg/m孔段占51%，1000～3000kg/m孔段占40%，3000～5000kg/m孔段占4%。通过分析，下游排Ⅰ、Ⅱ序孔灌浆有效填充了大部分较大坝体孔隙，下游排Ⅲ序孔、上游排Ⅰ、Ⅱ序孔对少部分较大孔隙及中等孔隙进行了填充，上游排Ⅲ序孔对较小孔隙进行了进一步填充，且末序孔单位注入量大多在400kg/m左右。灌区内各次序孔干料单位注入量递减规律明显，区间分布情况合理，符合一般灌浆规律，灌浆效果良好。

经研究，采用核子—水分密度仪对大坝孔隙率进行检测。2个检查孔钻孔的不同孔深部位均存在稳定浆液结石，且结石均充填密实、与堆石体胶结好、强度较高，说明稳定浆液灌浆效果是明显的，灌浆质量良好。

13. *可控充填灌浆成果*

工程范围内共有358个水泥浆液充填灌浆孔，其中E5、E8排灌浆孔91个，E1、E6排灌浆孔88个，E2、E7排灌浆孔88个，E3、E4排灌浆孔91个。

灌区内各次序孔干料单位注入量递减规律明显，区间分布情况合理，符合一般灌浆规律，灌浆效果良好。

20坝亦采用核子—水分密度仪对大坝孔隙率进行检测，同时检查孔进行取芯。在不同检查孔钻孔的不同孔深部位均有水泥结石的存在，且水泥结石均充填密实、与岩面胶结好、强度高，说明灌浆效果是明显的，灌浆质量良好。

水泥浆液灌浆施工过程中，坝体未发生抬动变形。所有钻孔孔斜均满足设计要求，最大孔斜率出现在E2-II-27号孔，孔底偏距0.58m，孔斜率1.06%。

结合磨盘堆石坝的具体实际情况，通过现场灌浆试验，探索出适合本工程的堆石体变形控制灌的施工材料配比和施工工艺等，通过合理的资源配置，磨盘堆石坝灌浆加固在3个月内完成3.0万m的灌注量，“两机一泵”配置的施工机组单月钻灌工程量达到1000m以上，创造了国内堆石体钻工灌浆施工强度纪录。

经检测，灌浆料充填均匀，堆石坝灌浆后孔隙率为22.8%，且胶结强度满足设计要求。

14. *灌浆加固成效*

(1) 加固前坝体的变形及渗漏情况。混凝土面板堆石坝主堆石区为干砌石体，高程356.00m以上主要为石灰岩，其岩性坚硬，块径10～30cm，高程356.00m以下主要为紫红色砂岩、粉砂岩，干砌石体局部架空。堆石体灰岩石料干容重为14.1～15.0kN/m^3，块径5～40cm，孔隙率为48.0%。

由于坝体填筑质量差，坝体孔隙率大，导致坝体变形很大。1977—1996年混凝土面板堆石坝局部最大累计水平位移1617mm，最大累计竖向位移1261mm。1997—2001年对混凝土面板堆石坝段采用灌砂加固后，2000—2005年大坝局部最大累计水平位移53mm，最大累计竖向位移47mm。但灌砂处理不久，坝顶裂缝及混凝土面板裂缝又逐渐发展，漏水量为140L/s以上。坝体渗漏增加，且坝脚多处出现翻砂渗漏及坝坡局部塌陷。由于大

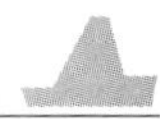

坝漏水严重，2005 年后，将所灌砂料带出，又增大了坝体孔隙率，使坝体变形加大，危及大坝安全。

(2) 加固后坝体的变形及渗漏情况。大坝上游堆石体控制灌浆于 2010 年 2 月完成施工，至 2013 年 12 月，安全经过 3 年汛期洪水考验。

根据变形监测资料分析，2010 年大坝加固后初次蓄水时，大坝垂直位移 3～5mm，水平位移 2～4mm。水库运行期间 2011—2013 年，大坝垂直位移 1～2mm，水平位移 1～3mm，坝体变形总体很小，坝体变形呈逐年减小趋稳的趋势。

2013 年 4 月水库库水位 355.11m，水库渗漏小于 10L/s，即使在较高水位运行时，坝体渗漏也小于 15L/s，远小于原渗漏量 140L/s，渗漏量也趋于稳定。坝体渗漏也得到了有效控制。

根据检测，坝体可控充填灌浆材料充填均匀，胶结体强度满足设计要求，具有良好的稳定性和耐久性，灌浆后坝体孔隙率 22.8%，满足规范要求和设计要求。

3.7.3　堆石体防渗灌浆

坝体采用干砌石砌筑的早期修建的面板堆石坝和高度不大、坝坡较缓面板堆石坝，不能放空水库进行加固处理时，可考虑在堆石体内灌注水泥、膨润土、水玻璃和外加剂等组成稳定浆液和膏状浆液，在坝体上游侧形成灌浆防渗体，特别是膏状稳定浆液灌浆可在水库渗漏较大的动水条件下进行灌注，稳定浆液用来进一步加强幕体的防渗性能。

3.7.3.1　稳定浆液的流变特性

稳定浆液是指浆液在 2h 内析水率不超过 5%的水泥混合浆液。有学者认为，稳定浆液为黏—塑性流体，属宾汉姆（Bingham）流体，有关单位对稳定浆液性能进行了研究。根据宾汉姆流体理论，流体所受的剪切应力小于某一固定值 τ_0（塑性屈服强度）之前，剪切速率为零，流体不流动，但有类似固体的弹性变形。当剪切应力大于 τ_0 后，浆液产生流动，其流变特性可用下述流变方程和图 3.7.6 表示。

$$\tau=\tau_0+\mu\dot{\gamma} \tag{3.7.3}$$

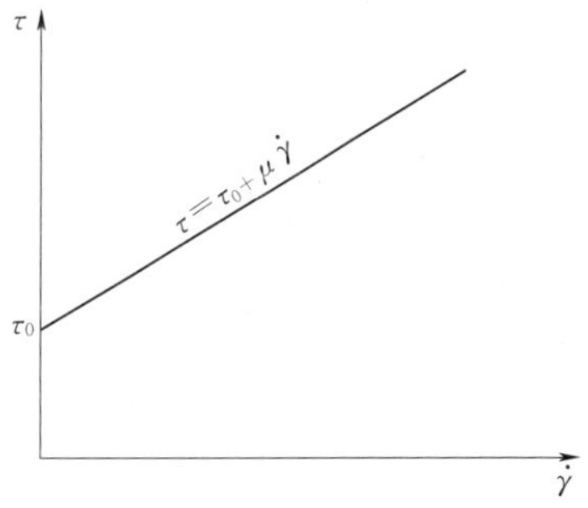

图 3.7.6　宾汉姆（Bingham）流体的流变曲线

式中　τ_0——塑性屈服强度，Pa；

μ——塑性黏度，Pa·s；

$\dot{\gamma}$——剪切速率，s^{-1}。

当 $\tau\leqslant\tau_0$ 时，$\dot{\gamma}=0$；当 $\tau>\tau_0$ 时，$\tau=\tau_0+\mu\dot{\gamma}$。塑性屈服强度 τ_0 为反映浆液黏聚力大小的极限剪应力，是有一定浓度的黏性细颗粒形成絮状结构后产生的。灌浆区内应使浆液中产生的剪应力大于塑性屈服强度。剪应力在扩散的过程中逐渐减小至小于 τ_0 后，浆液区边缘不再扩散。塑性黏度 μ 则制约浆液的流动速度，影响过程的历时长短。

当浆液中掺有砂粒等硬物质形成的内摩擦角后，浆液的流变方程为

$$\tau=\tau_0+\mu\dot{\gamma}+p_s\tan\varphi_s \tag{3.7.4}$$

式中　p_s——局部压力，Pa；

φ_s——浆液的内摩擦角，(°)。

即使浆液内摩擦角 $\varphi_s=1°$，浆液扩散距离也在 1.0m 以内，有利于充填孔洞，但可灌性差。

1. 水泥浆的流变参数

纯水泥浆的塑性屈服强度 τ_0、塑性黏度 μ 及漏斗黏度均随水灰比增大而减小。当水灰比大于 1.5～2.0 后，τ_0 及 μ 值减小便不明显，大于 3.0 后几乎无变化。因此，采用水灰比 1.5～2.0 的稀浆起不到改善浆液流动性，增加可灌浆性目的。加入少量膨润土便能明显提高水泥浆的塑性屈服强度和漏斗黏度，减少析水率。随着减水剂用量的加大，水泥浆的塑性屈服强度逐渐降低，则可改善可灌性。

2. 水泥砂浆的流变参数

水泥砂浆的流变参数随水灰比增大而减小，与灰砂比关系受砂粒形状及级配影响大，见表 3.7.8。水泥砂浆遇水易被稀释，不适于在动水中灌注。

表 3.7.8　　水泥砂浆流变参数

灰砂比	1：1	1：2	1：2.5	1：3	1：4
水灰比	0.49～0.60	0.55～0.79	0.64～0.81	0.78～0.91	1.03
密度/(g/cm^3)	2.24～2.18	2.16～2.10	2.20～2.15	2.12～2.0	2.05
塑性屈服强度/Pa	42.80～40.0	41.5～40.0	50.5～39.5	46.0～40.6	39.0
塑性黏度/(Pa·s)	0.68～0.60	0.52～0.49	0.54～0.48	0.52～0.46	0.59

3. 稳定浆液的流变参数

稳定浆液按材料成分的不同，可分为水泥稳定浆液、混合稳定浆液、膏状稳定浆液和速凝膏状稳定浆液。

水泥稳定浆液为水灰比不大于 0.6：1 的纯水泥浆、水灰比不大于 1.0 的磨细水泥浆或水灰比 0.7～1.0 的水泥浆中掺入少量膨润土，硅粉等稳定剂的水泥系浆液。为使浆液有一定扩散范围，宜控制塑性屈服强度不大于 10Pa。主要用于基岩固结及帷幕灌浆、粗粒土灌浆。

混合稳定浆液为掺有粉煤灰、黏土或其他掺合料的水泥系稳定浆液。塑性屈服强度 10～20Pa。主要用于有架空现象的粗粒土灌浆。

膏状稳定浆液由水、水泥、粉煤灰或磨细矿渣、膨润土或黏土等材料组成的塑性屈服强度大于 20Pa 的低水固比膏状混合稳定浆液，在自重作用下不流动，具有自堆性，适用于封堵较大渗漏通道和位于动水区的架空渗漏通道。

速凝膏状稳定浆液是掺加速凝剂制成的膏状稳定浆液，不仅具有自堆性，且凝结时间短，具有较强高的抗水流稀释和冲刷能力，有利于动水条件下封堵集中渗漏处。

3.7.3.2　膏状浆液的特点

膏状浆液是在水泥浆液中通过添加高黏性土（膨润土、赤泥等）、粉煤灰、增塑剂、速凝剂等材料配制的稳定性浆液，具有很大的屈服强度和塑性黏度，膏状浆液在灌浆过程中不仅具有很好的可控性，而且具有较好的抗水冲性能，适合于大孔隙和地下水流动介质的灌浆。其主要性能和特点如下：

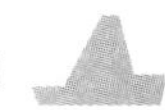

（1）抗流水稀释性能：膏状稳定浆液中含有大量的黏土、膨润土等掺合料，黏土的黏结作用和抗渗透作用使膏浆自成一体，流水不能进入膏浆的内部，使膏浆的水泥颗粒、黏土颗粒不会产生离析。流水只能从膏浆的边缘进行淘刷，使之逐步从外围产生离析，而不会像普通水泥浆液、砂浆或混凝土那样遇水就产生离析，因此膏状稳定浆液具有一定的抗水稀释的能力。

（2）抗流水冲刷性能：普通膏状稳定浆液的抗水稀释能力使膏浆体作为一个整体来抗击水流的冲刷，而膏状稳定浆液可以缩短膏浆胶凝时间，使其快速凝固，更加减小了边缘的冲刷。要使膏状稳定浆液产生流动，流水必须克服膏浆的剪切屈服强度，而膏状稳定浆液的剪切屈服强度值最大可以达到100Pa以上，且随着时间的增加，剪切屈服强度是逐步增大的，故膏状稳定浆液具有相当的抗冲能力，能在散粒料中抵抗1～2m/s的流速冲刷，可以用于有中等开度（如10～20cm）渗漏通道且具有一定流速的堆积体渗漏地层。

（3）流动特性和扩散特性：膏状稳定浆液是典型的宾汉流体，与普通高含水量水泥悬胶体浆液灌浆相比，浆液扩散形式完全不同。当使用高含水量水泥悬胶体浆材时，裂隙的填充是由水泥颗粒在流动的途径中逐渐沉淀形成的，这是因为浆液的流动速度随着钻孔距离增加而逐渐减小，随着时间的增加，在离开钻孔一定距离处形成了由水泥细颗粒构成的堵塞，通过这个堵塞，对水泥凝固不需要的多余水分就逐渐被排除。而使用膏状稳定浆液时，则形成明显的扩散前缘，在水泥快速初凝后，膏浆就形成较为坚硬而密实的水泥结石，在其后面的裂隙和空洞就会被膏浆完全填满。

（4）触变性：膏状稳定浆液具有触变性质，当膏状稳定浆液承受的推力大于其自身的屈服强度，浆体将产生流动，并将出现典型的流体性质，一旦小于其自身的屈服强度，膏浆的黏度得到恢复，表现出特定的固体性质。浆体固有的触变性在灌浆过程中提高了浆体的稳定性，当浆体的运动速率减慢或停止运动时，浆体结构的恢复使得水泥颗粒不至分层沉淀，利于灌浆过程的控制。对特殊地层中的灌浆（在大裂隙或孔洞），触变性可防止浆体流动过远，减少浆材的浪费，在地下水流速较大的地段灌浆，触变性可提高抗冲刷能力。

（5）速凝性：通过速凝剂调节水泥膏浆的凝结时间，在普通水泥膏浆的基础上改进为膏状稳定浆液，加快了浆体初凝速度，使浆体从流态迅速转变成固体，减少了流水对浆体的冲刷和稀释，能有效地控制浆体扩散半径。解决了普通水泥膏浆在水下凝结时间长，不利于动水下堵漏施工的难题。

3.7.3.3 贵州红枫水电站木面板堆石坝防渗加固

1. 概述

红枫水电站位于贵州省清镇市，为猫跳河上6个梯级电站的龙头电站，总库容6亿m^3，装机2万kW，水库具有供水、防洪、发电、水产养殖、旅游及调节下游梯级电站的保证出力等综合功能。水库始建于1958年，1960年建成运行。水库枢纽由大坝、溢洪道、引水发电洞及厂房等建筑物组成。大坝为木面板堆石坝，木面板厚0.17m，坝顶长203.0m，最大坝高52.50m，坝体上游侧为干砌石，坡比为1∶0.7，下游侧为堆石体，下游坡从上至下坡比分别为1∶1.2、1∶1.3和1∶1.4。基础设混凝土基座，基下采用帷幕灌浆防渗，大坝结构如图3.7.7所示。

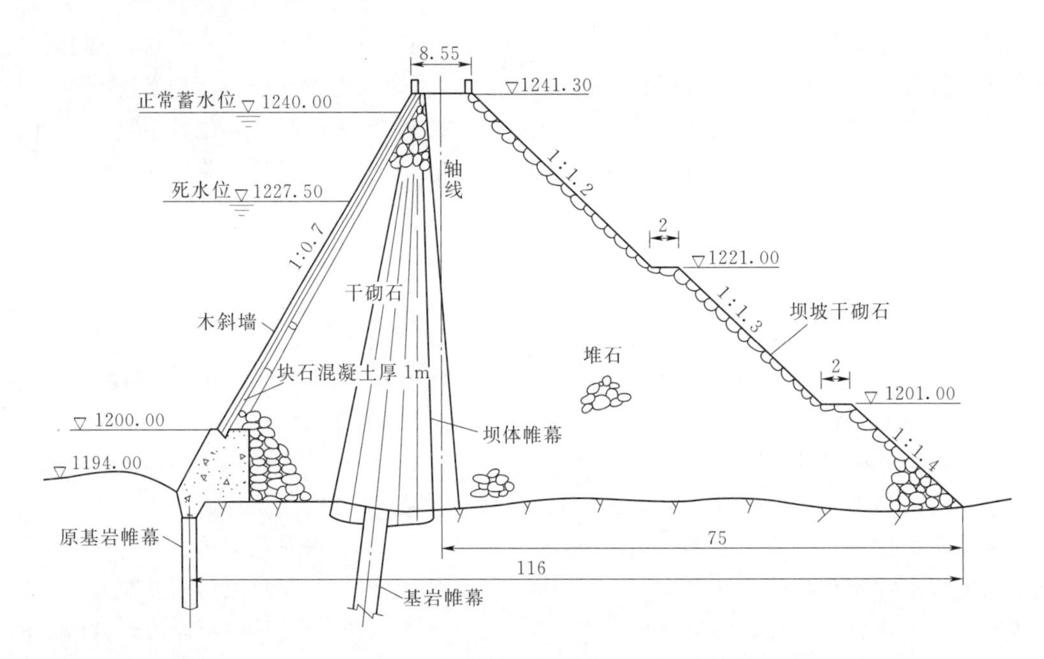

图3.7.7 红枫水电站堆石坝膏状稳定浆液加固剖面图（单位：m）

根据检测，堆石坝上游侧干砌石孔隙率达30%，下游侧堆石体孔隙率达38%，干砌石体和堆石体填筑质量差，大坝刚建成不久，坝体就有较大变形，致使面板局部错位，坝体产生漏水。大坝设计使用年限为15～20年，到1984年，大坝运行20多年后，木面板腐烂严重，水下部分修复十分困难，必须进行防渗处理。

由于该水库需要向多家工厂和企业供水，大坝处理不允许放空水库，只能在保持水库正常运行的条件下进行。通过对各种大坝防渗处理方案进行分析比较，1987年最终选定采用膏状稳定浆液，灌浆形成防渗帷幕的处理方案[12]。

2. 灌浆试验

在堆石坝体建造防渗帷幕国内外尚无先例，具有较大难度。一是灌浆帷幕位于干砌石体内，钻孔漏水量大，钻进时孔口不回水，孔壁也不稳定；干孔钻进，易发生事故，钻斜孔更加困难。二是砌石体孔隙率高，孔隙大小悬殊。灌注大孔隙，耗浆量大，灌浆易失控；一旦浆液向下游扩散过远，将影响坝体排水而危及工程安全；灌注细小孔隙，可灌性差，难以灌注。三是在水库运行期间，高水头作用下进行灌浆，难度大。更为困难的是，必须保证木斜墙绝对安全，砌石体孔隙率高，连通性好，而木斜墙防渗体系单薄，万一遭受灌注浆液的抬动破坏，就会造成重大事故。因此必须严格控制灌浆压力和限制注入率，制定详细的灌浆施工细则，确保安全。四是在前述三大难点前提下，如何能保证帷幕的连续性和完整性，满足防渗要求是最后一个大难题。

为了探索在堆石坝体进行钻孔灌浆的可行性，先在室内做了大量浆材试验，共配制了几十种浆液，测试其各项性能，然后在大坝现场进行灌浆试验，取得初步成果后，又在桩号0+177～0+209m和0+165.5～0+173.5地段进行生产性试验灌浆施工。经过两年多的努力，灌浆试验成功，证实坝体帷幕灌浆方案技术上切实可行。试验成果表明：在大孔

隙堆石坝体中采用小口径金刚石清水钻进效果好，用螺杆泵灌注膏状浆液使大孔隙堆石坝体具有了可控性，但单排孔成幕困难，检查孔压水合格率低。为此又在大坝 0＋177 至 0＋209 地段于 1989 年 4 月月了三排孔的成幕试验，由于多种原因，此次试验失败了。接着又在 0＋165.5 至 0＋173.5 地段于 9 月 15 日至 11 月 10 日进行第二次成幕试验，采取的措施有：严格控制灌浆材料粒径，缩短孔距和灌浆段段长，采用合适的灌浆设备，适度提高灌浆压力，并严密监测木斜墙的抬动。本次试验获得成功，检查孔压水成果满足设计要求。

3. 灌浆技术措施[13]

防渗帷幕灌浆地段为 0＋010.75～0＋253.00m，全长 242.25m。

（1）幕体防渗标准，见表 3.7.9。

表 3.7.9　　防　渗　标　准

孔深/m	0～2	2～3	3～10	大于 10
透水率 q/Lu	10	≤10	≤3	≤3

（2）帷幕排数和灌浆孔深度。除大坝两端为单排孔外，其余部位为三排孔或四排孔。三排孔各排钻孔倾角：下游 A 排 90°，上游 D 排 83°，中间 C 排 86°。边排孔孔距 1～2m，中间排孔距 1～1.5m。四排孔各排钻孔倾角：A 排 90°、D 排 81°，中间的 B、C 排分别为 87°和 84°。边排孔距 1～1.5m，中间排孔距 1.5m。施工中个别地段少数排孔距加密到 0.5m。C 排孔深入基岩 20m 左右，作为基岩灌浆帷幕，其余各排孔均入基岩 1m。

（3）灌注浆液。采用水泥、粉煤灰、黏土、赤泥和减水剂等多种材料配制成的膏状浆液或稳定浆液，抗剪屈服强度 τ_0 值大，一般在 20Pa 以上，大值达 84Pa；塑性黏度 η 值高，一般在 0.2Pa·s 以上，大值达 0.52Pa·s。浆液的可控性强，可灌性好，适合红枫堆石坝体帷幕灌浆，而且省时、省料、成幕质量好。浆液配方及其性能见表 3.7.10。

表 3.7.10　　红枫水电站堆石坝坝体帷幕灌浆膏状浆液推荐配方的配比和性能表

部位	浆液名称和配比/(kg/m³)						水胶比	密度 /(g/cm³)	析水率 /%	渗变参数		结石抗压强度 /MPa
	水泥	粉煤灰	黏土	赤泥	减水剂	水				抗剪屈服强度 τ_c /Pa	塑性黏度 η /(Pa·s)	
上游排	100	100	20	5～7	0～0.25	113 123	0.5 0.55	1.67	2.2	71.4	0.22	17.5
下游排	100	100 50	50	5～10	0～0.25	150 160	0.5 0.6	1.69	1.8	84.0	0.52	15.7
中间排	100	50	60	10	0.5	168	0.7 0.6	1.62	2.0	21.4	0.25	3.1 (7d)
	100		60	10	0.5	105 135	0.6 0.8					
基岩	100		20	15	0.5		0.6 1.2					

（4）钻孔。采用小口径金刚石钻具清水钻进，供水要充足，成功地解决了干砌石坝体钻孔的困难。

（5）灌浆方法。采用孔口封闭、孔内循环灌注法。

（6）灌浆次序。先边排孔，再中间排孔，最后为C排孔。每排孔分为三序。

（7）灌浆段长。下、上游排Ⅰ、Ⅱ序孔段长1m，Ⅲ序孔段长1～1.5m；中间排Ⅰ、Ⅱ序孔段长1～1.5m，Ⅲ序孔段长1～2m。基岩中灌浆段长度：第一段为2m，第二段为3m，第三段及其以下为5m。

（8）灌浆压力。下、上游排孔起始段0.20～0.25MPa，15m以下最大压力分别达到0.7MPa，0.8MPa；中间排孔起始段0.25～0.3MPa，15m以下达到1.0～1.2MPa。

4. 灌浆施工情况

1988年开始灌浆试验，1992年帷幕灌浆完工，帷幕灌浆施工总计完成坝体帷幕钻孔605个，灌浆21406m，注入干料29974.5t（其中水泥15358.5t，粉煤灰6668.9t，黏土5925.8t，赤泥1982.5t，减水剂38.8t），平均单位干料注入量1400kg/m。基岩帷幕钻孔151个（其中140个孔是坝体帷幕孔延长的），灌浆3445m，注入干料452.3t（其中水泥310.4t，黏土94.8t，赤泥45.6t，减水剂1.5t），平均单位干料注入量131kg/m。

防渗帷幕共钻检查孔23个，压水试验455段，其中坝体部位393段，合格的383段，占97.5%，不合格部位均做了补灌处理；基岩部位62段，全部合格。

5. 灌浆处理效果

红枫水电站堆石坝膏状稳定浆防渗帷灌浆施工后，重新设置了安全监测设施[14]。坝体浸润线和坝基扬压力监测成果表明，堆石体内形成的灌浆帷幕承受了大部分水头压力，取得了良好的防渗效果；堆石体灌浆处理形成防渗帷幕后，大坝渗漏量大大减少，渗漏量小于6.5L/S。同时在防渗帷幕设计剖面以外浆液外渗形成过渡区，渗透系数大于防渗体而小于堆石体，对坝体防渗排水有利。

参考文献

［1］曹克明，等. 混凝土面板堆石坝［M］. 北京：中国水利水电出版社，2008.

［2］蒋国澄，等. 中国混凝土面板堆石坝20年——综合·设计·施工·运行·科研（1985—2005）［M］. 北京：中国水利水电出版社，2005.

［3］谭界雄，高大水，周和清，等，水库大坝加固技术［M］. 北京：中国水利水电出版社，2011. 3.

［4］湖南省城步县白云水电站大坝渗漏治理工程可行性研究报告［R］. 长江勘测规划设计研究有限责任公司，2014.

［5］钮新强，谭界雄，田金章. 混凝土面板堆石坝病害特点及基础除险加固［J］. 人民长江，2016（13）：1-5.

［6］关志诚. 面板堆石坝的挤压破坏和渗漏处理. 水利规划与设计［J］. 2012（2）：23-27.

［7］钮新强. 高面板堆石坝安全与思考［J］. 水力发电学报，2017（36）：104-111.

［8］广西磨盘水库复合堆石坝加固技术研究与实践［R］. 长江勘测规划设计研究有限责任公司，中国水电基础局有限公司，南京水利科学研究院，2010.

［9］沈长松. 李艳丽. 郑福寿. 面板堆石坝面板脱空现象成因分析及预防措施［J］. 河海大学学

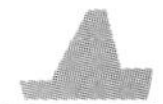

报（自然科学版）2006，34（6）：635－639.

[10] 谭界雄，卢建华，田波，等. 堆石坝加固技术研究与应用 [J]. 人民长江，2010，（15）：38－42.

[11] 卢建华，田波，谷元亮. 复合堆石坝加固技术研究与创新 [J]. 人民长江，2011（12）：60－65.

[12] 胡迪煜. 红枫水电站堆石坝防渗帷幕灌浆 [J]. 水利水电技术，1994（2）.

[13] 但云贵，杨建. 红枫堆石坝安全监测设计及实施 [J]. 人民长江，1999（7）.

[14] Lu Jianhua，Yan Yong，Tan Jiexiong. Study and Application of Grouting Technology for Controlling Deformation of Rock－fill Dam [C]. Inernational Commission on Large Dams 81st Annual Meeting Symposium. Seattle，Washington USA，2013.

第4章　沥青混凝土心墙堆石坝加固

4.1　概述

4.1.1　沥青混凝土心墙堆石坝发展现状

20世纪30年代欧洲开始修建沥青混凝土心墙堆石坝，我国在20世纪70年代以来开始修建沥青混凝土心墙堆石坝，目前已建成近百座沥青混凝土心墙堆石坝。近年来工程实践表明，有为数不少的沥青混凝土心墙堆石坝在水库蓄水初期出现渗漏量偏大的问题，不得不采取进一步的渗漏处理措施。由于沥青混凝土心墙厚度薄，无法直接修补处理，渗漏处理难度很大，渗漏处理投资也相当大。目前，我国有多座沥青混凝土心墙堆石坝渗漏处理耗费的时间和直接投资接近大坝建设直接投资。本章根据几座沥青混凝土心墙堆石坝渗漏处理工程案例介绍沥青混凝土心墙堆石坝的加固技术。

沥青混凝土是以沥青材料将天然或人工矿物骨料、填充料及各种掺加料等通过物理作用胶结在一起所形成的一种人工合成材料。骨料可分为粗骨料和细骨料，粗骨料系指粒径大于2.5mm的骨料，细骨料系指粒径在2.5～0.074mm的骨料，一般宜选用石灰岩加工而成，也可用其他碱性岩石加工；特殊情况下，也允许由天然的酸性岩石加工而成，但必须掺加适量的沥青改性材料。填充料一般采用岩石加工所得的粉料，颗粒直径小于0.074mm；也可选用或掺加经试验论证了的其他碱性粉料（如水泥、粉煤灰等）；特殊情况下，也允许选用酸性粉料，但必须掺加适量的沥青改性材料。另外，为改变和提高沥青混凝土的某些特定力学性能，也可在沥青混合料中掺加外加剂。

沥青混凝土早期主要用于交通道路工程，英国于1833年开始用沥青碎石铺装路面；1854年，法国巴黎首次采用碾压法进行路面铺装。因为有足够的力学强度，沥青路面能很好地承受车辆通过路面所产生的各种作用力；沥青混凝土有一定的弹性和塑性变形能力，因而能承受发生的应变而不致破坏；与汽车轮胎的附着力好，可保证交通安全；减振性能好，可保证汽车快速行驶平稳而无噪声。由于沥青混凝土性能优异，目前世界上大部分高等级公路均采用沥青混凝土路面[1]。

由于沥青混凝土具有良好的防渗性能，渗透系数小于10^{-8}cm/s，20世纪20年代开始应用于水利工程防渗结构，主要用于修建大坝防渗面板和防渗心墙。采用沥青混凝土心墙防渗始于20世纪30年代，因沥青混凝土具有防渗性能好，变形协调能力强，具有抗震自愈能力，厚度薄，工程量小，受气候等条件影响小，施工速度快，结构较简单且与基岩、混凝土等刚性结构的连接简单可靠等优点，国内外建设了较多的沥青混凝土心墙坝。其中我国去学水电站的沥青混凝土心墙堆石坝最大坝高164.2m，心墙最大高度132m，是

世界上正在施工的最高的沥青混凝土心墙堆石坝。奥地利的 Finstertal 坝坝高 149m，沥青混凝土心墙垂直高度 96m[2]，是世界上已建成的最高沥青混凝土心墙堆石坝。

一般情况下，沥青混凝土心墙根据施工要求顶厚不小于 40cm，底厚一般为坝高的 1/70～1/130，其间成台阶形变化。心墙一般采用垂直型，也有略倾向上游的，其斜坡宜为 1∶0.2～1∶0.4（垂直：水平）。沥青混凝土心墙一般设置混凝土底座与基岩或岸坡相连接，底座顶面可做成弧面或平面。为了灌浆及观测检查，重要的工程一般在底座中设置廊道。

为满足排水要求，一般在心墙下游侧设置厚度为 1.5～3.0m 的碎石过渡层；过渡层要求采用质密、坚硬、抗风化、耐侵蚀的颗粒料，颗粒级配连续，小于 5mm 粒径含量为 25%～40%，小于 0.075mm 粒径含量不超过 5%，最大粒径不宜超过 80mm。有的在上游侧也设置过渡带或预埋灌浆管以备心墙漏水时补救。在严寒地区有的在厚 1.2～1.5m 的心墙中设 20～30cm 厚的铅直沥青夹层，中间埋有电热用的钢筋，通过加热以消除各种裂缝或砂眼等缺陷。沥青混凝土的变形模量较小，坝壳料的变形模量较大，在沥青混凝土心墙两侧与坝壳料之间设置碎石或砂砾石的过渡层，使其变形模量介于心墙与坝壳料之间，可使心墙、过渡层、坝壳料的变形平缓过渡，改善心墙的受力条件。

沥青混凝土心墙坝与沥青混凝土面板堆石坝相比，它的主要优点是：受外界气候及光照影响较小，几乎不受酷暑及严寒冰冻的影响，沥青混凝土的摊铺、压实较面板简单；与河床及两岸混凝土底座易于连接，帷幕灌浆工作量较面板堆石坝小；防爆及抗震性能优于面板。缺点是：不仅受水平推力，而且受到坝体沉陷时附加垂直荷载的影响，应力状态较复杂；下游坝坡应比填料自然安息角大，坝体工程量一般大于面板堆石坝；施工有干扰，影响填筑速度；检查漏水及修理补强比较困难。

当坝址附近缺乏天然防渗土料时，可考虑采用沥青混凝土作为堆石坝的心墙防渗材料。沥青混凝土心墙防渗性能好，墙体厚度小，沥青材料用量小，材料运输压力小。如三峡茅坪溪土石坝心墙沥青混凝土的总量约为 5 万 m^3，沥青材料的总量含损耗在内也只用了不到 1 万 t。现在，随着环境保护要求的提高，人们对耕地、植被保护意识的加强，使用黏土材料作为土石坝防渗体而进行大范围开挖黏土层将越来越困难，沥青混凝土材料可以解决这一困难。

沥青混凝土心墙也适应在高寒和多雨地区施工。沥青混凝土是从高温流变状态通过自重或者碾压振动，在降温的过程中逐步实现密实的。只要控制好施工工序，保证密实过程中不因温度损失过大而影响密实效果，确保不渗入雨水或者其他杂物，沥青混凝土心墙都能保证施工质量和防渗效果。沥青混凝土施工受降雨、气温影响较小，这已经为大量工程实践所证明。

沥青混凝土心墙，按其防渗结构特点可分为沥青混凝土垂直心墙、沥青混凝土斜心墙、沥青混凝土垂直心墙上接沥青混凝土斜心墙等型式。根据沥青混凝土心墙的计算成果和安全监测资料的分析结果，垂直形式的沥青混凝土心墙工作情况良好。近 20 年来，世界绝大多数沥青混凝土心墙坝的防渗心墙采用垂直型式；我国的沥青混凝土心墙均为垂直型式。

按照施工方式不同，沥青混凝土心墙可分为碾压式沥青混凝土心墙和浇筑式沥青混凝土心墙等型式。碾压式沥青混凝土心墙，其配合比参数范围可为：沥青占沥青混合料总重的6%～7.5%，填料占矿料总重的10%～14%，骨料的最大粒径不宜大于19mm，级配指数0.35～0.44。沥青宜采用70号或90号水工沥青或者道路沥青。碾压式沥青混凝土心墙主要技术指标见表4.1.1。

浇筑式沥青混凝土心墙，其配合比参数范围可为：沥青占沥青混合料总重的10%～15%，填料占矿料总重的12%～18%，骨料的最大粒径不宜大于16～19mm，级配指数0.30～0.36。沥青可采用50号水工沥青、道路沥青或者掺配沥青。浇筑式沥青混凝土心墙主要技术指标见表4.1.2。

表4.1.1　　碾压式沥青混凝土心墙主要技术指标

序号	项目	单位	指标	说明
1	孔隙率	%	≤3	芯样
		%	≤2	马歇尔试件
2	渗透系数	cm/s	$\leq 1\times10^{-8}$	
3	水稳定系数		≥0.90	
4	弯曲强度	kPa	≥400	
5	弯曲应变	%	≥1	
6	内摩擦角	(°)	≥25	
7	黏结力	kPa	≥300	
8	抗拉、抗压、变形模量等力学性能		根据当地温度、工程特点和运用条件等通过计算提出要求	

表4.1.2　　浇筑式沥青混凝土心墙主要技术指标

序号	项目	单位	指标	说明
1	孔隙率	%	≤3	
2	渗透系数	cm/s	$\leq 1\times10^{-8}$	
3	水稳定系数		≥0.90	
4	分离度		≤1.05	试验方法见规范条文说明
5	施工黏度	Pa·s	$1\times10^{2}\sim1\times10^{4}$	试验方法见规范条文说明
6	流变结构黏度、异变指数	根据温度、工程特点和运用条件通过流变计算进行选择		

浇筑式沥青混凝土一般用于小规模施工，其施工设备较简易，基本没有大型专用施工设备。碾压式沥青混凝土一般用于大规模施工，采用专用成套设备进行施工，设备主要包括：矿料加工设备，沥青混合料拌和设备，沥青混合料运输、摊铺、碾压设备。由于碾压式沥青混凝土心墙沥青用量较少、强度较大、心墙与坝壳的变形较协调、便于施工，国内外多采用碾压式沥青混凝土心墙。

根据长期工程实践及经验总结，沥青混凝土心墙坝具有如下优点：①沥青混凝土心墙防渗性能好，渗透系数小于10^{-8}cm/s；②心墙不与外界直接接触，运行环境稳定，耐久性较好；③适应坝体、地基变形能力较强，尤其适用于“U”形与不对称型河谷、深厚覆盖层地区及抗震设防地区；④抗冻性好，沥青混凝土心墙不需进行特别的防冻处理与保

护，适合寒冷地区施工与运行；⑤沥青混凝土心墙施工受气候条件影响较小，可缩短施工工期；⑥无须设置沉降、变形缝。

由于沥青混凝土心墙坝具备众多优点，该坝型经过几十年的建设和发展，已在水利工程中占有一席之地。随着茅坪溪、冶勒和尼尔基等大型工程沥青混凝土心墙坝的成功修建和运行，工程技术人员对沥青混凝土心墙坝的认识不断加深，为我国沥青混凝土心墙坝的建设和发展积累了宝贵经验。

我国20世纪70年代开始修建沥青混凝土心墙坝，相继建成了一批大中型沥青混凝土心墙坝，国内部分沥青混凝土心墙坝特性见表4.1.3。其中，茅坪溪、冶勒和尼尔基等大型工程代表了我国沥青混凝土心墙坝建设和发展水平。

表4.1.3　　我国部分沥青混凝土心墙坝特性表

工程名称	省(自治区、直辖市)	坝高/m	心墙厚度/cm	完建年份
党河（一期）	甘肃	58	50～150	1974
郭台子	辽宁	21	30	1977
杨家台	北京	15	30	1980
库尔滨	黑龙江	23	20	1981
碧流河（左坝）	辽宁	49	50～80	1983
碧流河（右坝）	辽宁	33	40～50	1983
党河（二期）	甘肃	74	50	1994
洞塘	重庆	48	50	2000
坎尔其	新疆	51.3	40～60	2001
马家沟	重庆	38.0	50	2002
牙塘	甘肃	57	50～100	2003
茅坪溪	湖北	104.0	50～120	2003
冶勒	四川	125.0	60～120	2005
尼尔基	黑龙江/内蒙古	41.5	50～70	2005
照壁山	新疆	71	50～70	2005
霍林河	内蒙古	26.1	50	2008
平堤	广东	43.4	50～80	2007
龙头石	四川	72.5	50～100	2008
城北	重庆	47	50	2008
大竹河	四川	61.0	40～70	2011

1. 茅坪溪沥青混凝土心墙堆石坝

茅坪溪沥青混凝土心墙坝位于三峡坝区右岸原茅坪溪出口河谷处，为三峡枢纽的重要组成部分。坝址覆盖层为砂卵石、砂壤土，其下基岩以闪云斜长花岗岩为主。

大坝按1级永久建筑物设计，坝顶高程185.00m，坝顶宽度20m，最大坝高104m。上游坝坡在高程160.00m、145.00m、130.00m处设置马道，坝坡坡比从上往下依次为1∶2.25、1∶2.5、1∶3；下游坝坡在高程165.00m、145.00m、125.00m处设置马道，坝坡坡比从上往下依次为1∶2、1∶2.25、1∶2。大坝填筑工程量1213万m^3，沥青混凝土4.94万m^3。工程于1994年1月开工建设，2003年6月完工。大坝典型横剖如图4.1.1所示。

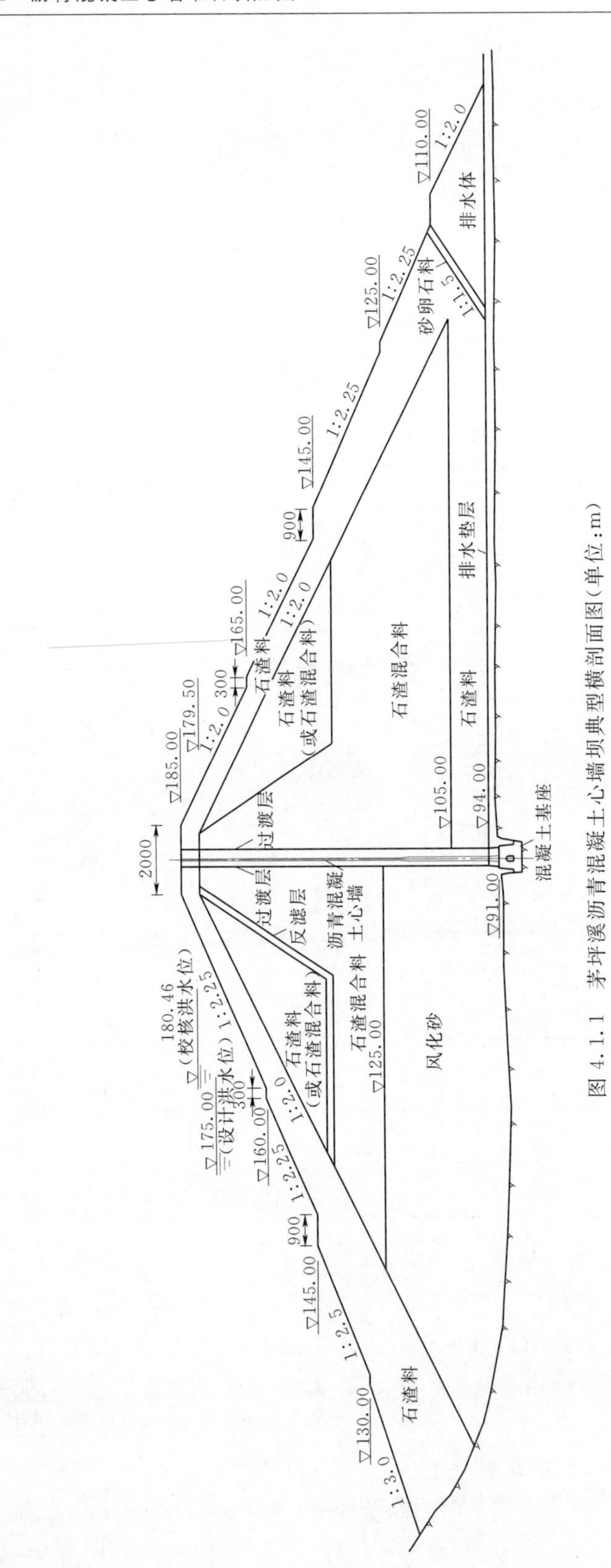

图 4.1.1　茅坪溪沥青混凝土心墙坝典型横剖面图(单位:m)

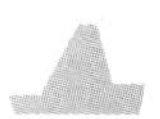

坝址为深厚透水性强的全、强风化花岗岩体，为减少开挖，坝体采用垂直沥青混凝土心墙防渗，心墙与坝基间设混凝土基座，其下为灌浆帷幕。沥青混凝土心墙顶高程184.00m，顶宽0.5m，两侧均为1∶0.004的斜坡面，至高程94.00m处，心墙宽度渐变为1.2m。心墙上、下游侧设厚度3m的过渡层，下游坝壳底部设厚度3m的排水垫层连接至坝脚排水棱体，过渡层及排水垫层均采用级配良好的砂砾石料。上游坝体外侧高程110.00m以下填筑石碴混合料，以上填筑石碴料，加强水位变动区的排水性和抗风化能力，增强坝坡稳定；坝体内侧高程125.00m以下填筑风化砂，以上填筑石碴混合料。下游坝体排水垫层以上至高程105.00m填筑石碴料；坝体外侧高程105.00m以上填筑石碴料，坡脚设排水棱体；坝体内侧高程105.00～145.00m填筑石碴混合料，高程145.00m以上填筑石碴混合料或风化砂混合料。

沥青混凝土主要由沥青及粗、细骨料和填料组成，粗骨料采用碱性石灰岩人工碎石，按粒径分为20～10mm、10～5mm、5～2.5mm，细骨料粒径范围为2.5～0.074mm，天然砂掺量不大于细骨料总量的30%。填料是石灰岩经加工粉磨后粒径小于0.074mm的矿粉颗粒。沥青采用优质石油沥青，要求质量符合我国高等级道路用沥青标准。根据工程的料源、环境条件、沥青混凝土配合比试验和坝体应力应变计算成果，茅坪溪沥青混凝土质量要求见表4.1.4。

表4.1.4　茅坪溪沥青混凝土质量要求

序号	项　目	技术要求	备　注
1	密度/(g/cm^3)	≈2.4	
2	孔隙率/%	<2	室内马歇尔击实试件
3	渗透系数	<1×10^{-7}	
4	马歇尔稳定度/N	>5000	60℃
5	马歇尔流值/(L/100cm)	30～100	60℃
6	水稳定性	>0.85	
7	模量数K	≥100	室内三轴试验：稳定16.4℃；静压10MPa。
8	内摩擦角/(°)	26～35	
9	黏聚力/MPa	0.35～0.5	

茅坪溪沥青混凝土心墙坝建成运行后，观测资料表明坝体沥青混凝土心墙、过渡层和坝壳的各项实测性态正常，大坝渗流量较小，运行情况良好。

2. 尼尔基沥青混凝土心墙砂砾石坝

尼尔基水利枢纽工程位于黑龙江省与内蒙古自治区交界的嫩江干流上，水库总库容86.1亿m^3，为大（1）型水库，拦河坝为1级建筑物。坝址河床中部上覆砂砾石为主的冲积层，厚度20～40m，其下基岩以花岗闪长岩为主。

水库枢纽由拦河主坝、左右岸副坝、右岸岸坡开敞式溢洪道、右岸河床式电站及两岸灌溉输水洞组成。主坝为沥青混凝土心墙砂砾石坝，最大坝高41.5m，坝顶高程221.00m，坝顶宽8m，坝顶长1658.31m。上、下游坝坡均在高程205.00m设宽度3m的马道，上游坝坡坡比均为1∶2.2；下游坝坡马道以上为1∶1.9，马道以下为1∶2。主坝典型横剖如图4.1.2所示。

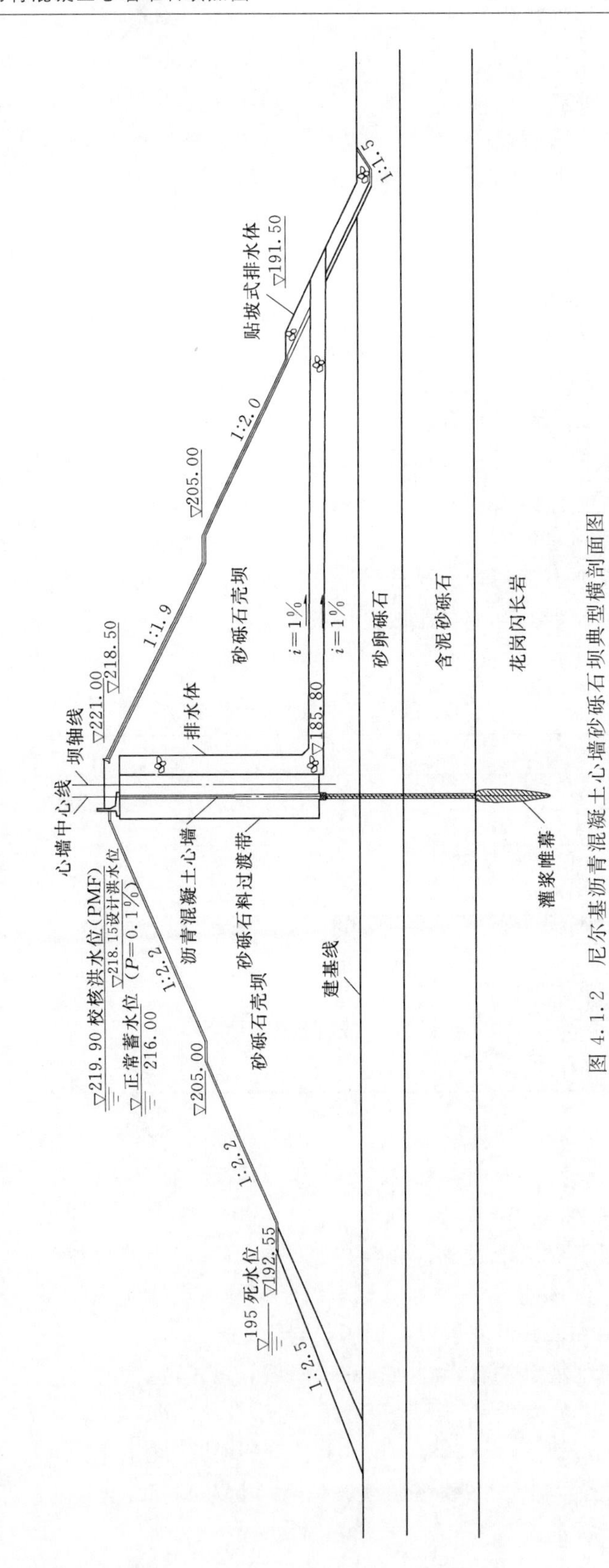

图 4.1.2　尼尔基沥青混凝土心墙砂砾石坝典型横剖面图

主坝防渗体以碾压式沥青混凝土心墙为主，一期导流明渠段采用了可在寒冷季节施工的浇筑式沥青混凝土心墙。沥青混凝土心墙中心线位于坝轴线上游，距坝轴线2m。碾压式沥青混凝土心墙厚度在高程200.00m以下为0.7m，以上为0.5m。心墙两侧各设厚度3m的砂砾石过渡层，下游过渡层后设L形排水体，其垂直向厚度3m，水平向每隔50m设宽10m、厚4m的排水条带与下游的贴坡排水相连。坝基砂卵砾石、砂砾石层采用混凝土防渗墙防渗，沥青混凝土心墙与坝基混凝土防渗墙采用混凝土基座连接，并设有铜片止水，混凝土防渗墙下接灌浆帷幕。

主坝坝壳料及过渡料采用砂砾石填筑，设计标准为：相对密度不小于0.8，不均匀系数大于15，小于5mm颗粒含量不大于40%，小于0.1mm颗粒含量不大于3%，含水率小于5%，干重度为2.15g/cm^3。排水体及贴坡排水采用弱风化或新鲜岩石。

尼尔基枢纽工程沥青混凝土心墙砂砾石主坝具有如下特点：施工工期短、强度大、气候条件恶劣；坝壳料颗粒较细（最大粒径60mm，小于5mm细粒含量一般在25%～50%），为此坝体设置L形排水体。该工程研究了碾压式沥青混凝土低温条件下的施工技术。根据监测资料分析，尼尔基主坝建成后运行情况良好。

4.1.2 沥青混凝土心墙堆石坝常见病害与成因

沥青混凝土防渗性能好，正常情况下，沥青混凝土心墙渗透系数小于10^{-8}cm/s，几乎是不透水的，可达到很好的防渗效果。

在实际工程中，有部分沥青混凝土心墙堆石坝出现病害，甚至危及大坝安全。最常见的病害是大坝渗漏，渗漏一般是由设计不合理、施工方法不当、质量控制不严等原因引起，应综合分析原设计、施工资料，找出渗漏问题的主要原因；并采取可行的检测方法进行渗漏检测，确定渗漏部位、范围。根据工程实践经验总结，导致沥青混凝土心墙堆石坝渗漏的主要因素有：沥青混凝土心墙质量缺陷、坝壳料质量缺陷和坝基处理质量缺陷。

4.1.2.1 沥青混凝土心墙质量缺陷

沥青混凝土心墙的施工过程是一个复杂的系统工程，施工环节众多、工艺复杂和技术标准高，一个环节出现问题，如拌和设备、运输设备、摊铺及碾压设备的故障，施工过程中的各种人为的及非人为的影响因素，都会造成沥青混凝土心墙的质量缺陷。

根据有关沥青混凝土心墙堆石坝工程的施工实践，可以将沥青混凝土心墙的主要质量缺陷分为四类：第一类为表面质量裂缝；第二类为孔隙率、渗透系数等性能指标达不到设计要求；第三类为心墙有效宽度达不到设计要求；第四类为心墙表面“返油”。

1. 质量裂缝

质量裂缝是施工过程中由于施工工艺偏差不能满足要求而造成的施工缺陷。质量裂缝产生主要有以下几个方面的原因：

当沥青混凝土的配合比发生了较大的误差，主要是沥青含量远远小于预定值，砂或矿粉用量有较大偏差时，颗粒之间的内摩擦力较小，使沥青混合料无法形成紧密的内部结构，无法在正常的碾压情况下达到理想的压实度，沥青混凝土表面形成大量裂纹。其次，如果矿料加热温度不够，沥青与矿料的黏聚力变小，沥青混凝土在摊铺碾压后，表面也将产生很宽很深的贯穿性裂纹。另外，沥青混合料在摊铺后，碾压不及时，碾压时沥青混合料温度偏低，同样会形成表面裂纹。

在施工过程中，沥青混凝土的配合比及施工工艺控制正常的情况下，由于气温的骤降而使沥青混凝土表面形成的裂缝为温度裂缝。温度裂缝的宽度，长度不等，宽度一般为0.1～2mm，深度一般为0～10mm。温度裂缝对沥青混凝土的渗透性影响不大，沥青混凝土的自愈能力较强，此类裂缝在一定条件下，如温度升高条件下可愈合。一般情况下，不对此类裂缝进行处理。在下一层施工时，对心墙表面进行加热，裂缝就能完全愈合。

沥青混凝土心墙碾压完毕后要特别注意加强保护，减少外界因素对心墙的污染、侵蚀。由于其成因较为特殊，裂缝的存在会大大降低沥青混凝土的防渗性能，成为工程渗漏隐患，必须进行处理；在大坝施工阶段，通常采用贴沥青玛蹄脂、或者彻底挖除的方式进行处理。

2. 孔隙率、渗透系数达不到设计要求

孔隙率、渗透系数达不到设计要求，主要是因为沥青混凝土的配合比发生了较大的偏差，如沥青含量小于设计值，矿粉或砂的用量有较大偏差，无法通过碾压达到理想的压实度，无法形成密实结构。

3. 心墙有效宽度达不到设计要求

过渡料摊铺厚度过大，碾压沥青混合料时采用骑缝碾压，因过渡料对振动碾的架撑作用，降低振动碾对沥青混合料的压实功能；心墙与两侧过渡料动碾时未呈“品”字形行进；或者碾压沥青混合料之前，碾压过渡料时振动碾离心墙边缘过近，采用贴缝碾压，易将心墙两侧过渡料挤入心墙断面，致使心墙厚度不足；摊铺机行走速度过快，沥青混合料发生“漏铺”或“薄铺”现象，也可导致心墙厚度不足。

4. 沥青混凝土表面“返油”

施工过程中，追求表面效果而加大碾压力度，形成明显的“返油”现象，将直接影响沥青混凝土心墙的性能。这类“返油”主要是沥青胶浆，厚度可达0.5～1cm，称为“过碾返油”。当沥青混凝土碾压遍数过多、碾压温度偏高或者沥青用量远高于设计值时，往往造成过碾返油现象。

表面返油将对沥青混凝土的力学和变形性能造成很大的影响，返油层是沥青混凝土心墙施工存在的一个薄弱环节。从抽取的芯样看，层间形成明显的沥青胶浆层，没有因上一层的铺筑而消失。同时，返油层的中下部芯样的孔隙率较大，影响沥青混凝土的抗渗性能。如果施工中出现“过碾返油”现象，首先要检查沥青混凝土的孔隙率是否满足设计要求，如果沥青混凝土心墙过碾返油层中下部沥青混凝土满足设计要求，则可将过碾返油浇筑层表面清除，否则，需要将过碾返油层全部挖除。

大坝施工期间，发现问题部位的沥青混凝土心墙，补充钻孔取芯，对沥青混凝土的性能指标（主要指孔隙率、渗透系数）进行检测，若沥青混凝土芯样的检测结果仍然不能满足设计要求，通常采用补贴沥青玛蹄脂和将质量缺陷段彻底挖除的两种办法进行处理。

（1）贴沥青玛蹄脂法：对发现问题的部位，可以在缺陷部位的心墙上游面贴5～10cm厚沥青玛蹄脂，以增强沥青混凝土的防渗效果，贴面范围以将缺陷部位全部包裹为准。沥青玛蹄脂配合比必须根据试验确定。通常情况下，沥青：填充料（矿粉）：人工砂＝1：2：2或1：2：4。具体做法是：继续进行下一层的沥青混凝土施工，施工结束后将心墙上

游面过渡料挖开，在侧面将其表面进行处理，要求表面平整，且无过渡料镶嵌。在对心墙迎水侧表面处理完成并通过验收后，就可以在缺陷部位支立模板。模板要求平整、稳定，能够满足设计要求，并确保沥青玛蹄脂的最小厚度满足处理要求。立模完成后，采用同沥青混凝土与混凝土结合部沥青玛蹄脂加热、拌和相同的工艺，按照试验确定的沥青玛蹄脂的配合比，在迎水侧的沥青混凝土心墙表面，浇筑一层厚5～10cm的沥青玛蹄脂。通常情况下，当缺陷部位的区间长度较大且经分析采用沥青玛蹄脂贴面处理完全可以解决，不会给工程留下质量隐患时，才能采用沥青玛蹄脂贴面的处理方法。

(2) 挖除法：挖出处理的方法首先需要人工配合、反铲挖开缺陷心墙两侧过渡料，保证足够深度和宽度。然后将木材放在沥青混凝土心墙表面，浇上柴油，点火灼烧，对沥青混凝土加热升温，待沥青混凝土软化后，人工配合反铲挖除心墙上不合格的沥青混凝土。废弃的沥青混合料和燃烧后的木材残渣装运到大坝范围之外。用钢丝刷剔除心墙表面的松散颗粒，人工清扫配合高压风将心墙层面处理干净。再用振动碾碾压，边角部分用电动夯夯实，保证心墙表面不平整度不超过10mm，必要时在层面上均匀喷涂一层沥青玛蹄脂。心墙层面处理完成后，按正常工艺补填沥青混合料及过渡料，并进行碾压，特别注意控制心墙层面结合质量。挖除处理是一种最彻底的处理方式，采用此种处理方式将不会给工程留下隐患。但挖除处理也有其局限性，当需要进行处理的范围过大时，处理难度大，费时费力，同时在处理过程中，不可避免地会对下层沥青混凝土造成影响，尽管这种影响可能较小。通常情况下，当缺陷的处理范围较小时，采用这种办法进行处理。

5. 接触部位渗漏

沥青混凝土心墙与刚性建筑物接触部位结构设计不当或施工质量差，会导致接触部位发生集中渗漏。沥青混凝土心墙与穿坝建筑物接触部位，心墙与坝基（坝肩）岩体接触部位，心墙与坝基混凝土防渗墙接触部位，需要作为重要的节点进行设计和施工，主要的工程措施有：设置混凝土基座、设置止水结构、增大接触部位的沥青混凝土心墙尺寸、接触面涂刷沥青玛蹄脂等。这些工程措施缺失或者施工质量差，会导致接触部位渗漏。

4.1.2.2 坝壳料质量缺陷

坝壳料应具有比较高的强度、较大的变形模量、较低的压缩性及良好的排水性能，坝体填筑时要求碾压充分，以保证蓄水后坝体变形在允许范围内，不影响沥青混凝土心墙安全。沥青混凝土心墙下游过渡层、坝壳料应满足水力过渡的要求，透水性宜按水力过渡要求从上游向下游增加。砂、砾石、卵石、漂石、碎石等无黏性土料以及料场开采的石料和开挖的石渣料，均可用作坝壳材料，但应根据其性质配置于坝壳的不同部位。

沥青混凝土心墙上游过渡层，要求颗粒粒径相对较小，相对不透水，万一沥青混凝土心墙出现裂缝、漏水，上游过渡层可减小渗漏量，并提供细颗粒物质来堵塞沥青混凝土心墙较小的裂缝，必要时允许在上游过渡层钻孔灌浆，进行防渗加固处理。

沥青混凝土心墙下游过渡层填料要求级配连续，最大粒径不超过80mm，含泥量宜小于5%，压实后应具有低压缩性和高抗剪强度，并具有自由排水性能。下游过渡层可采用专门开采的堆石料、经筛选加工的天然砂砾石料或开挖石渣料等。

沥青混凝土心墙堆石坝施工是一个极其重要而又复杂的过程，沥青混凝土心墙对施工工艺要求高，且心墙施工与坝体的填筑施工过程需相协调，稍有不慎，极易出现质量问题。常见的坝壳料质量缺陷主要有：

（1）坝体填筑料强度低、或碾压不充分，坝体变形偏大，导致沥青混凝土心墙变形偏大、开裂，降低沥青混凝土心墙防渗性能。

（2）沥青混凝土心墙下游过渡层填筑料含泥量偏高，不满足水力过渡要求，细颗粒物质容易被水流带走，导致下游过渡层松散、变形，对沥青混凝土心墙的支撑作用减弱，导致沥青混凝土心墙变形偏大、开裂，降低沥青混凝土心墙防渗性能。

（3）沥青混凝土心墙下游坝壳料排水性能较差，导致下游坝内渗流浸润线偏高，下游坝坡湿软，坝坡稳定性能降低。

4.1.2.3　坝基处理质量缺陷

沥青混凝土心墙坝的坝基处理十分重要。坝基覆盖层，如果厚度小，宜清除坝基覆盖层；如果覆盖层厚度大，难以清除，应采取振冲、强夯等工程措施，加密覆盖层，防止大坝沉降变形过大、或发生不均匀沉降变形，而导致沥青混凝土心墙变形、开裂、防渗性能降低。

坝基还需要进行彻底的防渗处理，坝基防渗措施不当，会造成大坝渗漏。沥青混凝土心墙坝坝基渗漏主要有以下几种情况：

（1）坝基岩体岩溶或裂隙发育、透水性较大，未进行防渗处理或处理不彻底，导致坝基渗漏。

（2）坝基存在可溶成分，地下水浸蚀作用使坝基透水性增大，并产生坝基渗漏。

（3）大坝坐落在透水性较强的覆盖层上，坝基防渗墙、防渗帷幕处理范围、深度不足，或者坝基防渗体不完整、存在薄弱部位，导致坝基渗漏。

（4）大坝两岸坝肩山体岩石裂隙、节理发育；或存在断层、岩溶；或为透水性较大的覆盖层，而施工时未进行防渗处理或处理不彻底，导致两岸坝肩渗漏。

4.2　沥青混凝土心墙坝防渗加固措施

4.2.1　沥青混凝土心墙堆石坝加固特点

沥青混凝土心墙堆石坝施工时，心墙沥青混凝土与堆石坝体同时填筑、同步上升，沥青混凝土心墙位于堆石坝体内部，而且心墙需要依靠坝体填料来支撑。沥青混凝土由骨料、填充料及具备一定黏结力的沥青混合而成，由于沥青的存在而产生黏聚力，具有黏弹性或者黏弹塑性。沥青混凝土心墙经过碾压、密实，孔隙率一般小于 3%，黏结力大于 300kPa。由于沥青混凝土心墙坝的结构特点，对沥青混凝土心墙加固存在如下特点与难点：

（1）沥青混凝土心墙位于坝体内部，基本不具备检修条件，查明心墙缺陷部位和渗漏通道的具体位置及分布比较困难。

（2）沥青混凝土心墙一般厚度在 1.0m 以内，若对沥青混凝土心墙钻孔灌浆处理，钻孔孔斜控制精度要求高，钻孔难度极大，稍有不慎就可能打穿心墙，造成破坏。同时，由于沥青混凝土与灌浆材料难以紧密结合，对沥青混凝土心墙灌浆处理难度大。

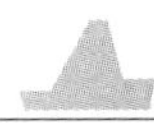

（3）对沥青混凝土心墙修补处理，可研究灌注热沥青，灌注前应对钻孔进行清理、烘干、热融化，可对心墙顶部深度 1m 以内的浅孔进行处理，对深孔无法采用此措施处理。

由于对沥青混凝土心墙自身进行修补非常困难，沥青混凝土心墙坝一旦出现渗漏问题时，须研究重新构筑防渗体的必要性和可行性。

4.2.2 常用加固方案

沥青混凝土心墙堆石坝渗漏处理常用方案主要有：混凝土防渗墙、静压灌浆和高喷灌浆，具体采用哪种方案，需进行方案设计比选，采用灌浆为主的方案时，正式施工前应进行现场灌浆试验，切不可盲目采用。

4.2.2.1 混凝土防渗墙方案

由于沥青混凝土心墙厚度薄、难以准确确定沥青混凝土心墙缺陷位置、无法直接修补破坏的沥青混凝土心墙等原因，多个工程渗漏处理方案研究表明，在沥青混凝土心墙上游过渡料内重新修建混凝土防渗墙是最为有效的处理方案。

混凝土防渗墙是利用钻凿、抓斗等造孔机械设备在坝体或地基中建造槽孔，以泥浆固壁，用直升导管在注满泥浆的槽孔内浇筑黏土混凝土，形成连续的黏土混凝土墙，以达到防渗目的。混凝土防渗墙施工技术比较成熟，可建造低弹模、柔性连续墙，以适应周围土体应力应变，已广泛应用于国内外水利水电工程中的防渗处理，这种防渗技术特点：①适用于各种地质条件，如砂土、砂壤土、黏土、卵砾石层等，都可以建造混凝土防渗墙，深度可超过 100m；②防渗安全、可靠，墙段之间的接头施工技术有了很大进步，防渗墙渗透系数可达到 10^{-7}cm/s 以下，允许渗透比降达 80～100；③可在较复杂条件下进行施工。

沥青混凝土心墙坝渗漏处理工程中，为了不影响原沥青混凝土心墙下游反滤过渡料的排水功能，新加混凝土防渗墙优先布置在沥青混凝土心墙上游过渡层中，防渗轴线与原沥青混凝土心墙轴线平行。同时，为了利用原防渗体系、发挥其一定的防渗作用，混凝土防渗墙尽量靠近原沥青混凝土心墙布置。混凝土防渗墙一般要求嵌入基岩深度 0.5～1.0m，断层及基岩破碎带部位，混凝土防渗墙适当加深。一般情况下，混凝土防渗墙采用黏土混凝土或者塑性混凝土浇筑，渗透系数要求小于 $i\times10^{-7}$cm/s。

混凝土防渗墙下设帷幕灌浆，帷幕灌浆孔距 1.0～1.5m，一般采用水泥浆液灌浆。混凝土防渗墙施工完成后，通过混凝土防渗墙预埋管进行坝基帷幕灌浆，孔深根据基岩透水率确定，帷幕灌浆孔要求伸入基岩相对不透水层以下不小于 5m。实施时根据施工先导孔资料合理确定帷幕灌浆范围及深度。

防渗墙施工工艺较成熟，一般情况下施工速度较快。施工时，须拆除坝顶防浪墙和路面结构，开挖降低坝顶，形成一定宽度的施工平台，中断坝顶交通，施工期存在安全度汛风险；施工完成后，需要恢复坝顶结构及设施。坝基存在孤石时，槽孔施工需对孤石进行小药量爆破处理，成槽难度较大，孤石爆破可能会对坝体、沥青混凝土心墙、其他建筑物带来不利影响；槽孔施工振动对原沥青混凝土心墙可能存在不利影响。混凝土防渗墙完工后，若防渗效果不理想，再加固处理难度大。

一般情况下，大坝挡水的水头较高，大坝渗漏严重，坝体造孔成槽容易的沥青混凝土心墙坝，宜重点考虑混凝土防渗墙进行防渗加固。

4.2.2.2　灌浆方案

由于钻孔灌浆对坝体和沥青混凝土心墙影响较小，沥青混凝土心墙堆石坝出现渗漏问题后，首先考虑的是在沥青混凝土心墙上游过渡层进行灌浆处理。

通过在上游过渡层中灌浆，与坝基形成连续的相对不透水幕体，组成封闭的大坝防渗体系。这里的灌浆系指静压灌浆，浆液包括水泥浆、膏状浆液、混合稳定浆液等。

随着我国灌浆技术的发展，采用稳定浆液灌浆在大孔隙结构（岩溶空洞、强透水层、堆石体、漂卵石层）中形成防渗体已在多项水利工程中应用。稳定浆液包括膏状浆液和混合稳定浆液，能有效减少大孔隙地层结构中浆液流失，同时浆液稳定性好、触变性强、流动性适度可调、可泵性好、不易堵塞管路。可根据需要采用不同的灌浆压力控制进浆量，通过调整浆液塑性屈服强度和灌浆压力，控制浆液的扩散范围，即可形成完整防渗幕体。稳定浆液灌浆可避免因浆液中多余水分的析出逸走留下较多未能填满的空隙，使受灌结构中的空隙充填密实、饱满，结石强度较高，抗溶蚀能力较强，防渗性较好；浆液扩散可控，可避免浆液扩散太远、浪费浆材。

澳大利亚西哈姆河口堆石坝，最大坝高 25m，坝体孔隙率高达 48%，坝体采用 4 排灌浆孔，采用混合稳定浆液，先灌外侧两排，后灌内部 2 排，形成厚 5m，高 25m 的灌浆防渗帷体，实施后防渗效果较好。

稳定浆液灌浆在水利工程围堰工程中应用较多，如小湾水电站下游堆石围堰，轴线长 150.6m，平均深度 34m，采用膏状浆液灌浆防渗，灌浆孔分 3 排布置，排距 1.0m，孔距 1.2m，最大灌浆深度 50m，深入基岩 5m，质量检查透水率 $q \leqslant 7$Lu。重庆江口水电站上游围堰最大挡水头 29m，由两岸坝肩开挖石碴料堆筑，采用稳定浆液灌浆形成防渗体，布置 3 排灌浆孔，孔距 1.5m，排距 2.0m，灌浆处理后，围堰渗漏量满足设计要求。此外，在彭水、银盘、柬埔寨甘再等水电站围堰防渗工程中也成功应用。

沥青混凝土心墙坝渗漏处理工程中，在坝顶原沥青混凝土心墙上游侧布置灌浆孔进行坝体、坝基灌浆，先进行坝体灌浆，再进行基岩帷幕灌浆。坝体灌浆排数、孔距、排距、灌浆材料，根据大坝渗漏情况、挡水水头、受灌地层物质组成及渗透特性等因素确定。坝体灌浆孔要求穿过全风化层，伸入强风化层不小于 1.0m。帷幕灌浆孔要求伸入基岩相对不透水层以下不小于 5m。可根据各灌注地层的物质组成、密实程度及颗粒级配等因素，选择灌浆浆液种类，并根据现场试验结果进行浆液配比调整。

灌浆方案对施工场地要求较低，一般不需要拆除坝顶结构，对大坝原有结构破坏较少，工程度汛风险小；灌浆完成后，还可以根据需要进行补灌。高水头条件下，浆液容易流失，需在坝体过渡层、坝基覆盖层、基岩风化层等部位形成可靠的防渗体，在多种地层介质采取不同的灌浆材料和灌浆方法，灌浆技术、工艺复杂，并具有较大难度，施工技术要求高，需要有相应经验的专业施工队伍施工。施工过程中要求参建各方根据现场实际情况对施工工艺及灌浆材料进行调整。另外，灌浆形成的防渗体渗透系数与灌浆密实性、结石强度等有关，灌浆防渗体渗透系数一般为 $i \times 10^{-5}$cm/s。

对槽孔开挖困难、度汛要求高的沥青混凝土心墙坝，宜重点考虑灌浆方案进行防渗加固。灌浆方案处理大坝局部渗漏有一定的优势，实际工程中，如果进行了充分的大坝渗漏检测工作，并且确定是局部渗漏问题，宜优先考虑灌浆方案。

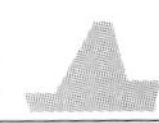

4.2.2.3 高喷灌浆方案

高喷灌浆可和静压灌浆组合用来在沥青混凝土心墙上游过渡层中形成防渗体，主要考虑利用高喷灌浆先在过渡层上游形成封闭体，再在中间进行静压灌浆。内蒙古霍林河水库沥青混凝土心墙坝防渗处理初步推荐方案是高喷灌浆和静压灌浆结合方案，正式施工之前进行的现场高喷灌浆试验效果不太理想。高喷灌浆试验孔布置在沥青混凝土心墙上游侧的过渡层中，施工采用二管法高压旋喷灌浆。尽管优化、调整了施工工艺及有关参数（旋转速度、提升速度、浆液配比等），成桩直径只达到0.8～1.0m，相邻桩柱之间沿高度方向搭接厚度不均，成墙效果较差。为确保该工程防渗效果，后来调整了大坝防渗加固设计方案，改用混凝土防渗墙进行大坝防渗加固处理。

高喷灌浆技术是用钻机在地层中造孔，将带有喷头的喷射管下至孔内预定位置，用高压泵形成的高速液流、空压机形成的气流从喷嘴中喷射出去，直接冲击、切割、破坏、剥蚀地层，地层破坏后剥落下来的土石料湿化崩解、升扬置换，而灌注的水泥浆或其他复合料浆液中的胶凝颗粒表面的强烈吸附活性与被破坏的地层土石颗粒之间发生充分的强制性掺搅混合，填充挤压，移动包裹，至凝结硬化，从而构成坚固的凝结体，成为结构致密、强度大、有足够防渗性能的构筑物，以满足工程需要的一种技术措施。

高喷灌浆喷射型式分旋转喷射、定向喷射和摆动喷射三种。根据喷射管数量不同，高喷灌浆方法分为单管、二管、三管和多管。单管法旋喷形成的凝结体范围较小，一般桩径为0.5～0.9m；板状凝结体的延伸长度1～2m。二管法旋喷形成的凝结体范围较大，一般桩径为0.8～1.5m。三管法旋喷形成的凝结体桩径可达1.0～2.0m。

高喷灌浆具有以下特点：①适应地层广，从黏性土、中细砂到卵石层在内的第四系地层，均可构筑高压喷射灌浆板墙或柱墙；②可控性好，对块、卵石层的较大孔隙及集中渗漏的空间，以各种射流机理加之绕流、位移、袱裹等作用将地层颗粒或级配料予以充填封堵，达到良好的防渗效果；③连接可靠，高喷防渗墙自身及它与周边构筑物在上下、左右、前后能实现三维空间的连接，新高喷防渗墙与老墙体或地下各种原有构筑物之间连接时，新喷射流将原构筑物表面冲刷干净并与其凝结，牢固地融为一体；④机动灵活，钻孔内的任何高度上，采用不同方向、不同喷射型式，可按设计形成不同的凝结体，亦可通过坝体、涵洞等建筑物对数十米下砂砾石层、隐患进行处理，物理力学指标可根据需要通过浆液予以调整；⑤高喷灌浆型式多样，高喷灌浆方法有单管、两管、三管和多管法，喷射型式又分旋转喷射（旋喷）、定向喷射（定喷）和摆动喷射（摆喷）三种。

因高喷防渗墙以上特点，在处理中砂、砂砾石等具有较大孔隙的地层时被广泛应用且取得良好效果。高喷防渗墙渗透系数可达 $i\times10^{-6}$cm/s（$i=1\sim9$），允许渗透比降 $[J]>50$，防渗性能较可靠。

高喷灌浆加固技术适用于软弱土层，粒径较大的砾卵石含量过多的地层，一般应通过现场试验确定施工方法；对含有较多漂石或块石的地层，应慎重使用。结合高喷灌浆技术特点、沥青混凝土心墙堆石坝结构特点分析，沥青混凝土心墙堆石坝防渗加固，高喷灌浆加固技术应慎用。主要原因如下：

（1）沥青混凝土心墙堆石坝中，过渡层一般由碎石或者砂砾石组成，颗粒较粗，高喷灌浆形成的桩径较小。坝体堆石料，块石含量高，一般不适合采用高喷灌浆。

（2）过渡层经过碾压处理，地层较密实，高喷灌浆切割、搅动较难，形成的桩径较小，要形成连续封闭的墙体，要求钻孔间距必须减小，导致工程量及工程投资增加。

（3）高喷灌浆形成的桩墙，与坝基帷幕灌浆、原沥青混凝土防渗墙之间，不容易紧密结合而形成完整的防渗体系。

4.3 沥青混凝土心墙坝防渗墙加固

4.3.1 防渗墙设计指标

1. 施工平台及轴线布置

沥青混凝土心墙坝如果采用混凝土防渗墙重构大坝防渗体，防渗墙轴线及防渗墙施工平台的布置应满足设计要求及现场施工布置的需要，同时应尽量节省投资、缩短工期，主要考虑如下因素：

（1）一般情况下，为便于成槽、防止漏浆及塌孔，避免破坏原沥青混凝土心墙及基座，混凝土防渗墙一般布置在沥青混凝土心墙上游过渡层中，平行沥青混凝土心墙布置，并与沥青混凝土心墙保持一定的安全距离。

（2）混凝土防渗墙尽量靠近原沥青混凝土心墙，利用其辅助防渗作用。

（3）施工平台的布置需满足钻孔、成槽、交通运输等多种作业同时进行施工的要求。

（4）施工平台宽度及防渗墙轴线布置，需考虑槽孔尺寸及重量较大的机械设备作业对坝坡稳定性的不利影响。

2. 防渗墙厚度

混凝土防渗墙厚度主要根据墙体抗渗性能、作用水头及施工条件确定，沥青心墙堆石坝防渗加固一般采用60～80cm。

3. 墙体力学参数

混凝土防渗墙墙体技术参数主要包括：抗压强度、弹性模量、抗渗等级、渗透系数、许渗透水力比降等。防渗墙墙体弹性模量、刚度与坝体填筑料存在差异，蓄水后在水荷载的作用下对墙体受力不利，可能产生拉应力。坝体变形未完成及高坝深墙的工程，应重视防渗墙墙体材料的选择和受力分析。

4.3.2 墙体材料

防渗墙墙体材料根据其抗压强度和弹性模量，分为刚性材料和柔性材料。刚性材料一般抗压强度大于5MPa，弹性模量大于2000MPa；柔性材料一般抗压强度小于5MPa，弹性模量小于2000MPa。混凝土防渗墙主要考虑常用的黏土混凝土及塑性混凝土两类。

黏土混凝土防渗墙，主要适用于中等水头的大坝或基础。在混凝土中掺加一定量的黏土，不仅可以节约水泥，还可降低混凝土的弹性模量，使混凝土具有更好地适应变形的性能，同时也改善了混凝土拌和物的和易性。黏土混凝土防渗墙在国内得到广泛应用，其抗压强度7～12MPa，弹性模量12000～20000MPa，渗透系数小于1×10^{-8}cm/s，允许渗透比降80～150。

塑性混凝土具有低强度、低弹模和极限应变较大的特点。塑性混凝土防渗墙柔性大，更能适应土体变形，有利于改善防渗墙体的应力状态，且可就地取材，降低水泥用量；塑性混凝土抗压强度较低，其耐久性能不如黏土混凝土，一旦产生裂缝，短时间内可能会产生渗透变形。塑性混凝土抗压强度1～5MPa，弹性模量300～2000MPa，渗透系数小于1×10^{-6}cm/s，允许渗透比降大于40[3]。

防渗墙墙体材料选择主要考虑如下因素：①防渗墙的抗渗性、耐久性、允许渗透比降需满足大坝渗漏处理的需要；②在过渡层中建槽成墙，需考虑墙体材料的流动性、黏聚性；③墙体的抗压强度需满足防渗墙最大墙深的应力要求。目前，大坝防渗加固工程中，黏土混凝土防渗墙应用较多。

4.3.3 内蒙古霍林河水库大坝渗漏处理[4]

霍林河水库位于内蒙古通辽市扎鲁特旗境内，水库总库容4999万m³，是霍林河干流上的一座以电力工业供水为主，兼顾城市防洪、旅游及水产养殖的中型水库。水库工程主要由大坝、泄洪洞、取水洞等建筑物组成。水库正常蓄水位950.70m，设计洪水位951.00m，校核洪水位952.70m。大坝为沥青混凝土心墙砂壳坝，坝顶长1230m，坝顶高程953.30m，最大坝高26.1m，坝顶宽5.0m。大坝上游坝坡坡比1：3.5，采用模袋混凝土护坡；下游坝坡在高程940.00m处设马道，马道宽2.5m，马道以上坝坡坡比1：3.0，马道以下坝坡坡比1：3.5，下游采用碎块石护坡。沥青混凝土心墙位于坝轴线上游1.8m，心墙顶部厚50cm，墙顶通过防渗土工膜接坝顶防浪墙，心墙底部与坝基混凝土防渗墙采用混凝土基座相连接，形成封闭的大坝防渗体系。在沥青混凝土心墙上、下游侧各设置厚度2.0～2.5m的砂砾石过渡层。坝址区地层较简单，表层主要粉土、粉砂、细砂，下部为粉质黏土、粉土、中砂、砾砂等，底部为全风化残积土、凝灰岩、砂砾岩、泥岩等。

水库主体工程于2005年4月19日正式开工，2006年6月28日截流，2007年8月下闸蓄水，2008年10月主体工程完工。霍林河水库自蓄水以来，大坝渗漏严重，一直未达到正常蓄水位，最大渗漏量达136.8L/s，2010年7月达到蓄水后最高水位为943.92m，库容为1560万m³，远低于设计正常蓄水位及兴利库容。即使水库在低水位运行的情况下，大坝下游坡脚出现冒水翻砂及局部塌陷现象，而且随着库水位的升高，渗漏加剧；另外霍林河地区水资源稀缺，大坝渗漏影响当地工业生产及水库供水效益。

经对大坝渗漏勘察、检测，结果表明坝体沥青混凝土心墙、坝基及左坝肩存在渗漏问题，渗漏严重部位位于大坝K0－50～K0＋520、K0＋730～K0＋770坝段，需要进行防渗加固处理。

4.3.3.1 渗漏处理方案

结合霍林河水库大坝结构特点及常用的大坝防渗加固工程措施进行研究分析，霍林河水库大坝沥青混凝土心墙坝渗漏处理研究过如下几种方案：①高喷防渗加固；②混凝土防渗墙防渗加固；③高喷＋静压灌浆防渗加固。

1. 方案一：高喷防渗加固

根据有关资料，霍林河水库大坝沥青混凝土心墙上、下游过渡层及坝壳基本上都采用砂砾石料填筑，砂砾石料渗透系数 8.2×10^{-2}cm/s，属于强透水料。这种粒径不大的强透水砂砾石层，可灌性较好，可进行高喷灌浆。

采用高压旋喷灌浆凝结桩体、搭结形成大坝防渗体。高压旋喷灌浆轴线位于沥青混凝土心墙上游 2.5m，灌浆孔穿越砂砾石覆盖层，嵌入基岩 0.5m；高喷灌浆分 2 序进行，先施工Ⅰ序孔，后施工Ⅱ序孔。要求整体渗透系数 $k\leqslant i\times10^{-6}$cm/s（$i=1\sim9$），抗压强度 $R_{28}\geqslant3$MPa，容许渗透比降［J］$\geqslant50$。高压旋喷灌浆采用普通硅酸盐水泥浆液，水泥强度等级不低于 42.5 级。

大坝上、下游最大设计水头为 25m，全部由高喷灌浆防渗体承担，防渗体允许渗透比降按 50 计，要求防渗体最小厚度为 0.5m。

根据葛洲坝集团基础工程有限公司 2012 年 11 月完成的《霍林河水库大坝渗漏处理工程灌浆试验报告》，高喷灌浆成桩效果较好，通过控制灌浆压力、旋转速度、提升速度以及调整浆液配比等措施，采用 2 管法旋喷灌浆，形成的最大桩径为 1.0m。控制合适的高喷灌浆孔距，可以形成搭接良好、封闭的防渗幕墙。防渗幕墙两端采用水泥灌浆封堵，保证防渗效果。

根据霍林河水库大坝现场灌浆试验成果，高压旋喷灌浆桩体直径按 1.0m 计，采用一排高喷，孔距为 0.8m 时，防渗体最小搭接厚度为 0.6m。采用两排高喷，孔距为 1.0m，排距 0.5m，两排孔错开布置，防渗体最小搭接厚度为 0.7m。采用两排高喷灌浆，墙体搭接较可靠，因此，采用两排高喷灌浆。

高喷灌浆结束后，再实施坝基帷幕灌浆，直接在高喷灌浆部位钻孔，进行帷幕灌浆，不需要预埋管。

2. 方案二：混凝土防渗墙加固

（1）混凝土防渗墙布置。采用混凝土防渗墙进行大坝防渗加固，防渗墙布置有两种情况：①混凝土防渗墙布置在原沥青混凝土心墙上游侧；②混凝土防渗墙布置在原沥青混凝土心墙下游侧。这两种布置各有优缺点。

混凝土防渗墙布置在原沥青混凝土心墙上游侧，优点：利于控制槽孔漏浆；施工不会影响大坝下游坝壳的透水性，利于下游坝坡稳定。缺点：形成施工平台难度较大；施工期度汛难度较大；对上游坡的模袋混凝土护坡有损坏。

混凝土防渗墙布置在原沥青混凝土心墙下游侧，优点：形成施工平台较方便；利于施工期度汛；不会损坏上游坡的模袋混凝土护坡。缺点：槽孔漏浆情况较严重；施工漏浆堵塞下游砂砾石坝壳空隙，影响大坝下游坝壳的透水性，不利于下游坝坡稳定。

综合考虑，混凝土防渗墙布置在原沥青混凝土心墙上游侧比较合适。

（2）混凝土防渗墙设计。为防止防渗墙施工槽孔垮塌、挖槽困难，混凝土防渗墙布置在原沥青混凝土心墙过渡层上游，避开过渡层。混凝土防渗墙轴线位于原沥青混凝土心墙轴线上游 3.5m，考虑基岩帷幕灌浆需在混凝土防渗墙内预埋管的施工要求，防渗墙设计厚度采用 60cm。混凝土防渗墙施工时，在墙内预埋直径 110mm 钢管，预埋管间距 1.5m；防渗墙施工完成后，利用预埋管进行坝基帷幕灌浆。混凝土防渗墙穿越坝基砂砾石覆盖层，嵌入基岩 1.0m。防渗墙两端采用水泥灌浆封堵，保证防渗效果。

混凝土防渗墙主要技术参数：抗压强度 $R_{28}\geqslant10$MPa；弹性模量 $E<15000$MPa；渗透

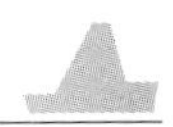

系数 $K<1\times10^{-7}$cm/s；允许渗透比降 $[J]>80$。

防渗墙施工前，需要拆除坝顶防浪墙及坝顶路面，待大坝防渗加固施工完成后，恢复坝顶防浪墙及坝顶路面。新建防浪墙采用钢筋混凝土结构，坝顶采用混凝土路面。

3. 方案三：高喷+静压灌浆防渗加固

（1）高喷+静压灌浆布置。高喷+静压灌浆防渗加固方案是一种综合防渗加固方案，包括一排高喷灌浆和一排静压灌浆，高喷灌浆布置在上游排，静压灌浆布置在下游排。先采用高喷形成一道封闭的防渗幕体，再在高喷幕体与原沥青混凝土心墙之间进行静压灌浆。

霍林河水库大坝沥青混凝土心墙上过渡层采用砂砾石填筑，砂砾料属于强透水料。对于这种粒径不大的强透水的砂砾石层，可灌性较好，利于水泥浆液扩散、包裹砂砾、填充空隙、并形成防渗体，因此，可以进行静压灌浆。静压灌浆具有如下特点：

1）采用静压灌浆，一般可使砂砾层的渗透系数降低至 $10^{-5}\sim10^{-4}$cm/s。通过调整静压灌浆钻孔孔距，容易形成完整的防渗幕体。对防渗薄弱部位，可以通过补充灌浆进行加强，施工操作灵活。

2）灌浆压力不大而且可控制，对大坝沥青混凝土心墙、穿坝涵管等建筑物安全没有不利影响。

3）可以通过调整浆液配比、灌浆压力等因素，调整灌浆扩散、填充影响范围大小。在砂砾层中，静压灌浆孔距一般 2～3m。

（2）方案设计。在原沥青混凝土心墙上游侧布置两排灌浆，一排为静压灌浆；另一排为高压旋喷灌浆。静压灌浆距原沥青混凝土心墙轴线 1.5m，灌浆孔伸入坝基岩体 0.5m。高压旋喷灌浆位于静压灌浆上游 1.0m，灌浆孔穿越砂砾石覆盖层，嵌入基岩 0.5m。先实施上游排的高压旋喷灌浆，再实施下游排的静压灌浆。高压旋喷灌浆采用普通硅酸盐水泥浆液，水泥强度等级不低于 42.5 级。其余要求同方案一。

高压旋喷灌浆施工完成形成幕墙后，再进行静压灌浆施工，利用高喷幕墙与原沥青混凝土心墙的阻隔作用，防止静压灌浆浆液流窜、漏失。

静压灌浆距原沥青混凝土心墙轴线 1.5m，灌浆孔深入坝基岩体 0.5m。静压灌浆孔距 1.5m，采用普通硅酸盐水泥浆液，水泥强度等级不低于 42.5 级，可根据需要掺入适量外加剂。灌浆压力可根据现场灌浆试验结果调整。通过灌注水泥浆液，充填坝体沥青混凝土心墙上游侧砂砾石过渡层空隙，形成防渗幕墙；同时，水泥浆液还能填充大坝沥青混凝土心墙缝隙，提高沥青混凝土心墙防渗性能。

高喷灌浆、静压灌浆完成后，高喷防渗体、静压灌浆防渗体（水泥浆填充砂砾石过渡层形成）、原沥青混凝土心墙联合组成大坝防渗体系，可以提高大坝防渗性能，达到防渗加固效果。

坝体灌浆结束后，再实施坝基帷幕灌浆，不需要预埋管。基帷幕灌浆孔距 1.5m。

4.3.3.2 大坝防渗加固方案比选

1. 防渗性能比较

采用高喷灌浆形成防渗幕体，其渗透系数可达 $i\times10^{-6}$cm/s（$i=1\sim9$），允许渗透比降 $[J]>50$。高喷桩之间衔接很重要，桩柱之间衔接不好，往往形成防渗薄弱环节，导致高喷形成的幕体防渗性能降低，且补救较困难。混凝土防渗墙渗透系数可达 $i\times10^{-7}$

cm/s 以下，允许渗透比降 [J] >80，防渗性能可靠。高喷+静压灌浆包括一排高喷灌浆和一排静压灌浆，高喷灌浆布置在上游排，静压灌浆布置在下游排；是一种综合防渗加固方案，静压灌浆后的砂砾层的渗透系数 $10^{-5}\sim10^{-4}$cm/s。

以上三个方案，混凝土防渗墙方案防渗性能最好。

2. 施工技术与风险比较

(1) 方案一（高喷防渗加固）：施工平台宽度要求较小，坝体开挖回填工程量小；在已建坝体施工时，钻孔塌孔隐患较小。高喷灌浆喷射出来的高压水流或者浆液，压力高达 20～30MPa 甚至更高，高压射流有一定的冲击破坏性。霍林河水库大坝防渗加固，灌浆部位紧邻大坝沥青混凝土心墙，距离较近；而且灌浆施工坝段有两条穿坝涵管通过。因此，高喷灌浆施工时的高压射流对大坝沥青混凝土心墙、穿坝涵管结构缝等建筑物安全可能有影响；高压射流冲击、切割穿坝涵管附近的土层时，也可能导致涵管发生沉降变形，产生不利影响。高喷桩之间的搭接质量控制较困难。

(2) 方案二（混凝土防渗墙）：混凝土防渗墙在槽孔建造时，存在塌孔隐患，特别是在砂性土层中造孔，发生塌孔可能性较大；需要开挖坝顶，形成满足施工要求宽度的平台，防渗墙施工完成后，再回填坝顶，并恢复坝顶路面及防浪墙，开挖及回填工程量较大，还存在保护坝顶防渗土工膜问题，施工程序较复杂。开挖坝顶后，还存在防洪度汛问题。防渗墙塌孔、槽段搭接没有处理好，形成的防渗体就会存在薄弱部位。

(3) 方案三（高喷+静压灌浆）：静压灌浆施工平台宽度要求较小，坝体开挖及回填工程量小，不需要开挖坝顶、破坏防浪墙、开挖重建坝顶路面。在已建坝体施工时，塌孔隐患较小；灌浆施工时对大坝沥青混凝土心墙、穿坝涵管等构筑物没有损伤风险。静压灌浆施工操作较简单，控制方便，薄弱或者需要加强部位可以进行补灌。高喷灌浆施工特点见方案一。本方案工序较多，既要施工高喷墙，又要施工静压灌浆。

以上三个方案按施工条件优越排序，方案二（混凝土防渗墙）施工平台要求较高，施工条件较复杂。

3. 工程投资比较

高喷防渗加固工程投资最小，混凝土防渗墙次之，高喷+静压灌浆工程投资最大。

4. 大坝防渗方案选择

灌浆、防渗墙都是大坝防渗加固常用工程措施，以上 3 种加固方案均可行，各方案都有优缺点。

霍林河水库主要功能是工业供水，水资源宝贵，采用防渗性能优越的加固措施，有利于多蓄水。与高喷防渗加固方案比较，混凝土防渗墙方案工程投资增加的不多，工程投资相差不大。综合防渗可靠性、施工技术与风险、工程投资等因素考虑，并要根据现场灌浆试验结果，混凝土防渗墙方案防渗效果更好，推荐作为霍林河水库大坝防渗加固方案。

4.3.3.3　渗漏处理效果

大坝 K0−50～K0+520、K0+730～K0+770 坝段，在沥青混凝土心墙上游 3.5m，平行坝轴线设置混凝土防渗墙重构防渗体，墙体厚度 60cm，墙底嵌入基岩 0.5～1.0m，最大墙深 28.0m。墙体设计参数：墙体抗压强度 $R_{28}\geqslant10.0$MPa，弹性模量 $E\leqslant1.5\times10^4$MPa，抗渗等级 W6，允许渗透比降 [J] ≥80。

混凝土防渗墙实施后，在防渗墙端头部位布置水泥灌浆，通过对混凝土防渗墙与沥青混凝土心墙之间的砂砾石过渡层灌浆，形成防渗体封闭两端，防止两端绕渗。经过大坝防渗加固处理后，大坝渗漏量减少70%以上，达到了预期的渗漏处理效果，如图4.3.1和图4.3.2所示。

图4.3.1 霍林河水库大坝（加固前）下游坡渗漏情况

图4.3.2 霍林河水库大坝（加固后）下游坝坡坡面

4.3.4 重庆马家沟水库大坝渗漏处理[5]

马家沟水库位于重庆市九龙坡石板镇的大溪河支流干河沟中游，是重庆市西部供水应急工程之一，是铜罐驿长江调水工程的中转、囤蓄水库。马家沟水库总库容891万m^3。水库枢纽工程由大坝、溢洪道、引水渠、进水泵站及灌溉取水塔等建筑物组成。工程于2000年10月开工，2002年12月完成导流洞封堵试蓄水。

大坝为沥青混凝土心墙堆石坝，坝顶高程252.00m，最大坝高38.0m，坝顶宽9.0m，坝顶长267m。沥青混凝土心墙位于坝轴线上游2.0m，心墙厚50cm，心墙底部设混凝土基座，下接坝基帷幕灌浆。沥青混凝土心墙上、下游侧各设厚度2m的过渡层，过渡料为人工灰岩料，最大粒径80mm，小于5mm的颗粒含量约35%。上游坝壳料为弱风化或新鲜砂质泥岩，下游坝壳料为强、弱风化砂质泥岩。坝址地层主要为侏罗系新田沟组泥岩、砂质泥岩加砂岩，为倾角50°～70°的纵向河谷，坝址范围内没有断层，但浅层风化裂隙发育，强风化带厚0.4～12m，相对不透水层（q<5Lu）埋深一般15～30m，右岸局部较深。

2002年12月8日，水库开始蓄水，库水位位于217m以下，尚未到达沥青混凝土心墙底部高程时，已在坝体下游有水渗出，当库水位由223.00m升至229.00m时，渗漏量由4L/s增至22L/s，表明坝基有明显渗漏，2003年11月—2004年2月对坝基河床部分60m范围内进行了第二次基础帷幕灌浆，灌浆后渗漏量有所减小。当库水位升至235.70～237.34m时，大坝渗漏量急剧增加至70L/s以上，下游坝坡高程227.00m以下出现多处异常渗漏点及集中渗漏出逸点，背水侧测压管实测浸润线高程远高于设计值，且可听见管内流水声。当库水位降至235.00m以下时，渗漏量又明显减少，且下游坝坡渗水现象消失。由于马家沟水库大坝渗漏严重，影响大坝安全，水库一直限制蓄水，严重影响了工程效益的发挥。

通过渗漏勘察、检测，对坝基渗漏及沥青混凝土心墙渗漏原因分析如下。

1. 坝基渗漏原因分析

(1) 坝基为泥岩、砂质泥岩，易风化、软化、渗透稳定性差，坝址又位于纵向谷，大坝挡水后，容易形成渗漏通道。

(2) 坝基岩层倾角陡，受层面影响，帷幕灌浆时的浆液扩散范围较小，灌浆孔距要求较密，施工时采用20.m的孔距可能偏大。

(3) 坝基帷幕灌浆时，上部的5m范围内未按固结灌浆要求采用合理的灌浆压力和灌浆方法，有抬动齿墙及大量漏浆现象，影响帷幕灌浆效果。

(4) 部分齿墙可能建在透水性强、结构破碎的强风化基岩上。

2. 沥青混凝土心墙渗漏原因

(1) 沥青混凝土采用人工摊铺，难以控制在适宜温度下碾压摊铺；上层沥青混凝土铺筑时，难以控制下层已铺筑的沥青混凝土稳定保持在60～80℃范围内，影响上下层面结合质量。

(2) 沥青混凝土摊铺厚度30cm偏厚，容易形成碾压不密实；由于施工模板变形，部分沥青混凝土心墙厚度不足40cm。

(3) 高程235m左右出现渗漏量急剧增加，背水侧浸润线急剧抬高的现象，可能是局部沥青混凝土沥青用量不足所致。

(4) 因不均匀沉降或温度控制原因混凝土齿墙开裂，影响沥青混凝土心墙的稳定性。

(5) 导流放空涵洞和灌溉取水涵洞上部的齿墙边坡采用1∶0.75过陡，不利于沥青混凝土心墙与齿墙紧密接触；沥青混凝土与两岸坝肩混凝土基座伸出的止水铜片连接时，采用碾压施工，难以压实，易形成渗漏通道。

4.3.4.1　渗漏处理方案

根据马家沟水库大坝结构特点、渗漏情况，并结合类似大坝防渗加固工程经验分析，马家沟水库沥青混凝土心墙堆石坝渗漏处理研究过混凝土防渗墙防渗加固和高喷＋静压灌浆防渗加固两个方案。

1. 方案一：混凝土防渗墙加固

混凝土防渗墙布置在上游过渡层中，并紧靠原沥青混凝土心墙，这样布置可利用原坝

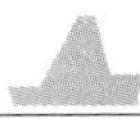

基防渗帷幕。防渗墙嵌入弱风化基岩0.5～1.0m，墙下接原坝基帷幕灌浆，形成大坝完整的防渗体系。

混凝土防渗墙顶高程250.70m，最大墙深39.2m。坝基原已进行过帷幕灌浆，考虑到基岩局部透水性仍较强，在原帷幕上游设一排辅助帷幕，帷幕灌浆孔距1.5m，孔深按10m考虑，采用水泥灌浆。辅助帷幕待防渗墙完成后实施。

混凝土防渗墙成槽时切断坝顶L形防浪墙底部，在墙体浇筑完成后，其顶部1m厚度浮渣墙体清除，重新浇筑常态混凝土，与L形防浪墙底部相接。

防渗墙与坝下涵管（左岸灌溉取水涵管、右岸导流放空涵管）交叉处，为保证成槽时不损伤涵管，涵管两侧及顶板3m范围内不得使用冲击钻，要求该区域先进行塑性灌浆处理，灌浆孔4排，孔距1.0m；导流放空涵管灌浆孔每排9孔，灌溉取水涵管灌浆孔每排6孔，灌浆压力0.2～0.5MPa。涵管周边防渗墙施工时需与塑性灌浆区域搭接1.0m。

经计算，结合坝基帷幕灌浆施工需在混凝土防渗墙体预埋灌浆管的需要，确定防渗墙厚度为0.6m。

在防渗墙施工前，须先沿防渗墙轴线修筑导墙。导墙采用现浇钢筋混凝土结构，倒L形，墙面间距1.2m，墙厚25cm，高1.5m，导墙顶部应保持水平并高于地面10cm。

2. 方案二：高喷＋静压灌浆防渗加固

高喷灌浆布置上游侧过渡层内，其轴线与原沥青混凝土心墙轴线距离1.75m，高喷灌浆形成的幕体与原沥青混凝土心墙之间的过渡料采用静压灌浆（采用水泥黏土浆）处理。高喷防渗幕体紧贴原大坝混凝土基座上游侧，基座下接原坝基帷幕灌浆，形成一道完整的防渗体系。

高喷防渗幕设计有效厚度按1.0m控制，渗透系数$k \leqslant 1\times10^{-5}$cm/s，抗压强度$R_{28} \geqslant$ 3MPa，允许渗透比降$[J] \geqslant 50$。

坝基在原帷幕上游设一排辅助帷幕，帷幕灌浆与坝体灌浆同孔，孔距1.5m，孔深按10m考虑。帷幕灌浆标准：透水率$q \leqslant 5$Lu。

高喷灌浆分二序施工，坝基帷幕灌浆分三序施工。施工时先进行高喷灌浆施工，再进行过渡层的静压灌浆处理，最后进辅助帷幕灌浆施工。

马家沟水库大坝渗漏处理布置如图4.3.3所示。

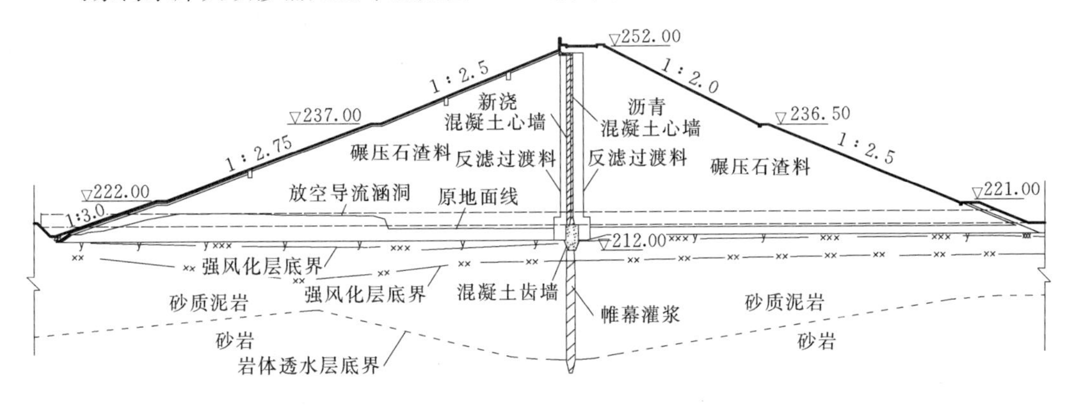

图4.3.3 马家沟水库大坝渗漏处理剖面图

4.3.4.2　大坝防渗加固方案比选

混凝土防渗墙加固（方案一），防渗墙透系数可达到 1×10^{-7}cm/s（$i=1\sim10$），防渗性能好。方案一施工时需要拆除坝顶路面结构。防渗墙布置在坝体上游侧的过渡层中，过渡料设计最大粒径 80mm，没有大块石，造孔成槽较容易。通过大坝右岸导流放空涵管，可以控制库水位，保证大坝加固施工期间度汛安全。

高喷＋灌浆防渗加固（方案二），防渗幕体透系数 1×10^{-5}cm/s（$i=1\sim10$）。灌浆施工时不需要拆除坝顶路面，但施工工艺较复杂，既要进行高喷灌浆、又要进行静压灌浆。与方案一相比较，灌浆（方案二）形成的防渗幕体防渗性能较差。

高喷＋静压灌浆方案工程直接投资高于方案防渗墙方案。

从防渗可靠性、施工难易程度及工程投资等方面综合比较，混凝土防渗墙方案防渗效果可靠，施工工艺成熟，工程投资较少。因此，设计单位推荐采用混凝土防渗墙方案。

4.3.4.3　渗漏处理效果

马家沟水库大坝采用混凝土防渗墙处理后渗漏量降至 5.2L/s，防渗处理效果非常好，工程效益巨大，处理前后渗漏情况对比如图 4.3.4 和图 4.3.5 所示。

图 4.3.4　马家沟水库大坝下游坡脚（加固前）渗漏呈射水状量水堰情况

图 4.3.5　马家沟水库大坝下游（加固后）

4.3.5　四川大竹河水库大坝渗漏处理[6]

大竹河水库位于四川攀枝花市仁和区总发乡境内，总库容 1128.9 万 m^3，是一座以灌溉为主，兼顾灌区乡镇人畜饮水、攀枝花市城区应急备用水源，以及下游防洪等综合利用的中型水库。大坝为沥青混凝土心墙石碴坝，坝顶高程 1217.00m，最大坝高 61.0m，坝顶长 206m，坝顶宽 8.0m。上游坝坡分别在高程 1197.00m 和 1177.00m 设 2m 宽的马道，坝坡坡比由上至下分别为 1∶2.25、1∶2.50、1∶2.75。下游坝坡分别在高程 1197.0m 和 1177.0m 设 2.5m 宽的马道，下游坝坡坡比由上至下分别为 1∶2.0、1∶2.25、1∶2.75，坝脚高程 1164.22m 以下为排水棱体。沥青混凝土心墙位于坝轴线上，高程 1187.00m 以上墙体厚 40cm，高程 1187.00m 以下墙体厚 70cm，底部 1.5m 范围内心墙宽度由 70cm 渐变为 300cm。沥青混凝土心墙底部设厚 1.0m、宽 5.0m 的混凝土基座，其下坝基采用灌

浆帷幕防渗。沥青混凝土心墙上、下游侧各设厚 3.0m 的过渡层，过渡料为强—弱风化石英闪长岩级配颗粒，设计干容重不小于 18.55kN/m³。上游坝壳采用全—强风化石英闪长岩填筑，设计干容重不小于 19kN/m³。下游坝壳采用强—弱风化石英闪长岩填筑，设计干容重不小于 19kN/m³，渗透系数大于 2×10^{-3}cm/s。

大坝工程于 2009 年 12 月开工，2011 年 7 月填筑完成，同年 10 月开始试蓄水，蓄水至 1202m 时，大坝下游渗漏量偏大，坝体浸润线较高。2013 年 9 月蓄水至 1212.10m 时，大坝下游坝坡表面高程 1182.00～1185.00m 及右岸坡出现平行坝轴线的散浸带，局部存在流淌状渗漏现象。根据原设计文件、施工资料、大坝安全监测资料、连通试验、物探检测试验、渗流计算分析等成果，以及左右岸及河床部位施工灌浆及检查孔成果资料综合分析表明，沥青混凝土心墙、大坝坝基和两岸坝肩均存在渗漏。

大坝纵剖面浸润线观测成果分析表明，心墙下游侧观测孔浸润线变化幅度较大，说明该孔与库水位连通性较强，心墙存在渗漏通道，渗漏通道连通试验也表明沥青混凝土心墙存在渗漏。大坝横剖面浸润线观测成果分析表明，坝体心墙上、下游水位差较小，说明沥青混凝土心墙防渗效果不佳，渗透系数偏大，具有连通性。沥青混凝土心墙经物探检测，心墙厚度变化处位置（高程 1182.00～1187.00m）、大坝底板与沥青混凝土接触位置和部分心墙存在破碎异常。大坝渗流反演计算与分析表明，仅在心墙局部裂缝且过渡区和坝壳料存在弱透水分区时，下游坝面才出现散浸。因此，综合分析沥青混凝土心墙存在渗漏。

根据大坝填筑料质量检查结果，下游坝壳填筑料小于 5mm 的含量为 85%～92%；现场实测渗透系数为 $8.1\times10^{-6}\sim5.5\times10^{-6}$cm/s，渗透系数严重偏小，且透水性不均一，实测坝体浸润线偏高。大坝稳定复核计算分析表明，下游坝坡抗滑稳定安全系数不满足规范要求，在地震工况下，坝体填筑料存在发生液化的可能。左、右岸补充检查孔压水试验表明，原帷幕灌浆施工质量不满足设计要求，浸润线观测值明显大于设计值，表明左右岸坝基仍存在渗漏。

鉴于水库大坝渗漏问题严重，影响水库功能的正常发挥，危及大坝运行安全，且对下游城区防洪安全构成威胁，需要进行大坝防渗加固处理。

4.3.5.1 渗漏处理方案

方案一：混凝土防渗墙防渗加固

为避开原沥青混凝土心墙基座，新设混凝土防渗墙布置于上游坝壳料中，防渗轴线与原沥青混凝土心墙轴线平行，间距 4.5m，防渗墙墙厚 0.8m，墙顶高程 1215.3m，最大墙深 64m，墙底伸入弱风化基岩 0.5～1.0m。

大坝两岸及混凝土防渗墙下基岩进行帷幕灌浆，灌浆标准为透水率 $q\leqslant5$Lu，采用普通水泥浆液灌浆。混凝土防渗墙方案大坝典型横剖面图如图 4.3.6 所示。

方案二：灌浆防渗加固

通过灌浆工程措施在原沥青混凝土心墙上游侧坝体中构筑新的防渗体，防渗体下部基岩进行帷幕灌浆。

1. *浆液选择*

根据四川省水利水电勘测设计研究院水电科研室编制的《大竹河水库工程大坝填筑料

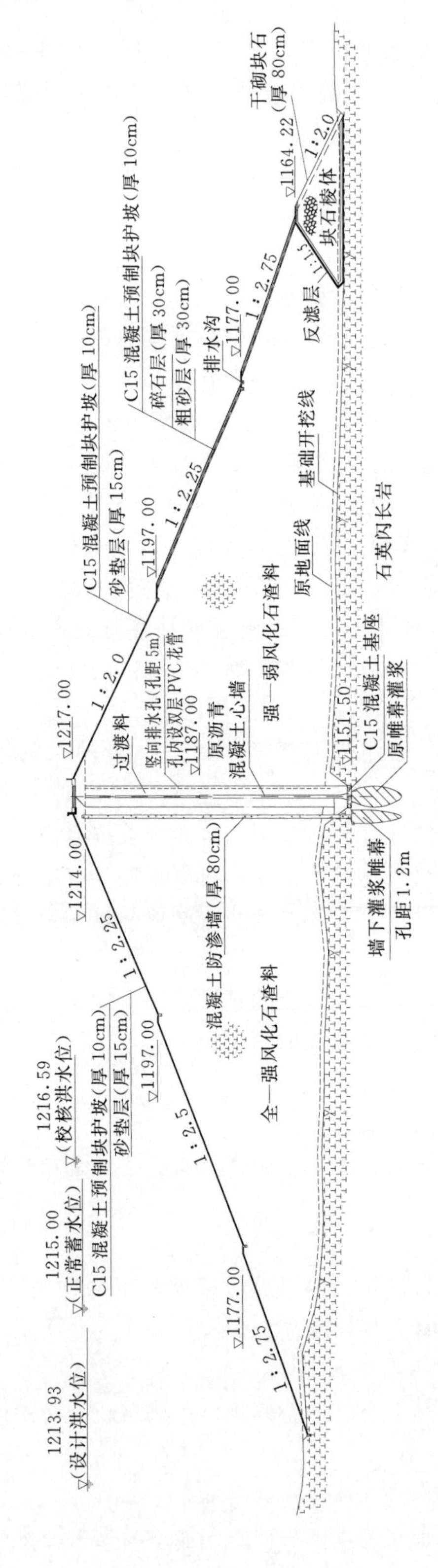

图 4.3.6　大坝典型横剖面图(方案一:混凝土防渗墙)

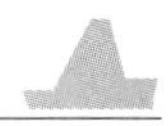

质量复核研究报告》，坝壳料采用1号料场和省道214改线公路弃渣利用料，均为风化石英砂。根据坝壳料填筑质量大样检测成果：坝壳料小于0.075mm颗粒含量为1%～8.9%，平均为3.9%；0.075～0.25mm颗粒含量13.9%～22.5%，平均为15.5%。上游坝壳料颗粒较细，取其D_{15}为0.1mm。

根据过渡料填筑质量大样检测成果：过渡料局部最大粒径100mm，但含量较少；小于0.075mm颗粒含量为1.2%～4.2%，平均为2.5%；0.075～0.25mm颗粒含量2.2%～8.6%，平均为5.1%；0.25～0.5mm颗粒含量1.4%～4%，平均为2.6%；0.5～1mm颗粒含量3.7%～8.7%，平均为6%。上游过渡料D_{15}取值1mm。

覆盖层灌浆，可采用水泥浆液，掺入黏土（或膨润土）、粉煤灰等材料灌注。常用灌浆材料的d_{85}值、对大竹河上游坝壳料及过渡料的可灌比（$M=D_{15}/d_{85}$）计算值见表4.3.1。

表4.3.1　常用灌浆材料的d_{85}值

灌浆材料	42.5号水泥	湿磨细水泥	膨润土	黏土	水泥黏土浆	粉煤灰
d_{85}	0.06	0.025	0.0015	0.02～0.026	0.05～0.06	0.047
M（坝壳料）	1.7	4	66.7	3.8～5	1.7～2	2.1
M（过渡料）	16.7	40	667	38～50	17～20	21.3

根据《水电水利工程覆盖层灌浆技术规范》（DL/T 5267—2012），$M>15$可灌注水泥浆；$M>10$可灌注水泥黏土浆。如果灌浆所采用的压力较大，会在松软的土砂层中劈裂形成一些较大裂隙，并挤密地层，从而实行有效的灌浆，这种灌浆的可灌性，可不受上述可灌比的约束。

大竹河水库上游坝壳料颗粒较细，各灌浆材料可灌比较小，可灌性较差；参考已有工程经验，选用湿磨细水泥掺入膨润土及粉煤灰拌制混合浆液灌注。

过渡料颗粒孔隙较大，可灌性较好，应增大浆液的稳定性和可控性，采用水泥、膨润土、粉煤灰拌制混合稳定浆液灌注。

2. 灌浆幕体设计指标

新疆下坂地水库在砂砾石覆盖层中进行灌浆试验，渗透系数检查值为$1.8\times10^{-4}\sim1.7\times10^{-6}$cm/s；密云水库在砂卵石层中灌浆，帷幕渗透系数为$5\times10^{-5}\sim5\times10^{-4}$cm/s。结合本工程特点，坝壳料可灌性较差，存在较大的施工难度，并考虑经济合理性，确定灌浆幕体渗透系数设计指标：小于5×10^{-5}cm/s。

根据《水电水利工程覆盖层灌浆技术规范》（DL/T 5267—2012），帷幕的厚度可按下式计算：

$$T=\frac{H}{J} \tag{4.3.1}$$

式中　T——帷幕厚度，m；

H——最大设计水头，m；

J——设帷幕的允许水力坡降。

幕体的允许水力坡降是确定帷幕厚度的主要控制指标，对水泥黏土浆灌浆可采用 3～6。实际工程中，如我国密云水库、岳城水库采用 6.0，法国的克鲁斯登坝采用 8.3，印度的吉尔纳坝采用 10.0。根据大坝渗流计算成果，大竹河水库灌浆防渗体上、下游最大水头差为 24m，幕体的允许水力坡降取值为 6，经计算，灌浆幕体厚度为 4m。

根据灌浆扩散规律分析，要在坝体中形成厚度 4m 的灌浆幕体，需要在坝体布置 4 排灌浆孔。

3. 方案布置

在坝顶原沥青混凝土心墙上游侧 K0＋011.60～K0＋220.60 段布置 4 排垂直孔进行坝体灌浆，从上游至下游依次定为 F1 排、F2 排、F3 排、F4 排，排距分别为 1.0m、1.0m 和 0.8m，F4 排灌浆轴线距坝轴线 1.55m。F1 排、F2 排、F3 排各排孔距均为 1.5m，F4 排孔距为 1.2m，梅花型布孔。F1 排与 F2 排灌浆伸入强风化岩层底线以下 1m，F3 排与 F4 排灌浆伸入原沥青混凝土心墙基座底面。坝体灌浆结石体与原沥青混凝土心墙组成联合防渗体。坝体灌浆施工时分排、按序施工，先灌 F1 排，再依次 F2 排、F3 排、F4 排，各排均分三序施工。坝体灌浆 F1、F2 排位于上游坝壳料中，F3、F4 排位于上游过渡层中。灌浆浆液应根据各灌注结构层的物质组成、紧密程度及颗粒级配等进行浆液配比调整。

为形成完整的防渗体系，在 F4 排位置对大坝基岩进行帷幕灌浆，帷幕灌浆标准为透水率 $q \leqslant 5$Lu。坝体灌浆方案大坝典型横剖面图如图 4.3.7 所示。

4.3.5.2　大坝防渗加固方案比选

为满足防渗墙施工要求，混凝土防渗墙加固需要拆除坝顶防浪墙和路面结构，形成一定宽度的施工平台。汛前需完成防渗墙及墙下灌浆帷幕的施工，并恢复坝顶结构，存在一定的安全度汛风险。上游坝壳料颗粒较细，坝基无孤石、大块石，防渗墙造孔成槽难度较小。防渗墙施工技术成熟，类似工程成功实例较多。防渗墙透系数可达到 $i \times 10^{-7}$cm/s（$i=1\sim10$），防渗效果可靠，耐久性好。灌浆防渗加固方案施工对大坝原有结构破坏较少，但施工工艺复杂，技术要求高。根据类似工程经验，灌浆防渗体的渗透系数一般为 $i \times 10^{-5}$cm/s，结石强度较低，总体防渗性能不如混凝土防渗墙。大竹河水库上游坝壳料颗粒较细，可灌性较差，灌浆方案难度较大。防渗墙方案投资明显少于灌浆方案。

综合以上分析比较，混凝土防渗墙方案防渗可靠性高，耐久性好，施工技术成熟，投资相对较少，因此，大竹河水库大坝渗漏处理推荐采用混凝土防渗墙方案。

4.3.5.3　渗漏处理效果

大竹河水库大坝混凝土防渗墙于 2014 年 4 月开工，同年 6 月中旬完工；防渗加固处理后，大坝渗漏量约为 1.4L/s，渗漏处理效果良好，如图 4.3.8 和图 4.3.9 所示。

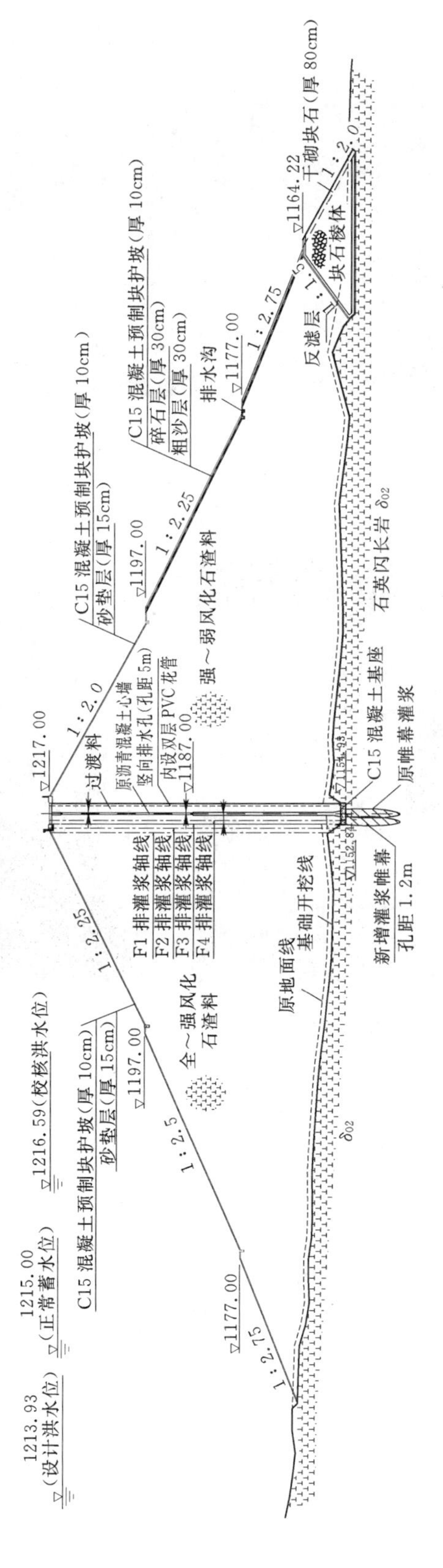

图 4.3.7 大坝典型横剖面图(方案二:坝体灌浆方案)

图 4.3.8　大竹河水库大坝下游高程 1182.00～1185.00m 坝坡（加固前）渗漏、局部呈流淌状

图 4.3.9　大竹河水库大坝（加固后）下游坡渗流改善情况

4.4　沥青混凝土心墙坝灌浆加固

4.4.1　灌浆设计指标

沥青混凝土心墙出现缺陷导致大坝出现渗漏问题，一般情况下，难以对沥青混凝土心墙墙体进行修补，可考虑在心墙上游过渡层进行灌浆形成防渗幕体，并与原沥青混凝土心墙结合在一起，共同形成新的防渗体系，从而控制和减少大坝渗漏量，保证水库正常运行及大坝安全。过渡层颗粒较细、松散、易塌孔，灌浆方案需重点研究灌浆材料、钻孔和灌浆控制方法，以及灌浆形成的新防渗体系防渗机理、防渗体厚度、渗透特性等问题。在设计灌浆方案前，还需对大坝进行渗漏检测，尽可能查清大坝沥青混凝土心墙缺陷、渗漏通道的分布和状态，对重点渗漏部位，重点处理。

1. 可灌性分析

灌浆前，应了解过渡层物质组成及颗粒级配、碾压密实度、渗透性等。灌浆材料能否被送进地层孔隙并扩散到足够远的距离，既取决于地层中孔隙的大小和形状，又取决于浆材本身的性质。用来显示过渡层能否接受某种灌浆材料的有效灌浆的一个综合指标称为可灌比，通常用下式表示：

$$M=\frac{D_{15}}{d_{85}} \tag{4.4.1}$$

式中 M——可灌比值；

D_{15}——粒径指标，过渡层小于该粒径的土体重占过渡层总重的15%，mm；

d_{85}——浆液材料粒径，小于该粒径的材料重占材料总重的85%，mm；常用灌浆材料的d_{85}值见表4.4.1。

表4.4.1　　常用灌浆材料的d_{85}值

灌浆材料	42.5水泥	磨细水泥	膨润土	黏土	水泥黏土浆	粉煤灰
d_{85}/mm	0.06	0.025	0.0015	0.02～0.026	0.05～0.06	0.047

查明沥青混凝土心墙坝上游过渡层条件后，采用可灌比值判别选择过渡层可灌浆液。当$M>15$时，可灌注水泥浆；$M>10$时，可灌注水泥黏土浆。一些工程的实践经验表明，对于小于0.1mm的颗粒含量小于5%的砂砾石层都可接受水泥黏土浆的有效灌注。

2. 灌浆幕体渗透系数

根据《碾压式土石坝设计规范》(SL 274—2001)，均质坝坝体填土要求渗透系数小于1×10^{-4}cm/s，黏土心墙土石坝心墙渗透系数要求小于1×10^{-5}cm/s。

在砂砾石层中进行灌浆形成幕体的防渗效果与受灌层的物质组成、可灌性关系较大，如新疆下坂地水库在砂砾石覆盖层中进行灌浆试验，幕体渗透系数检查值为1.8×10^{-4}～1.7×10^{-6}cm/s。密云水库在砂卵石层中灌浆，幕体渗透系数为5×10^{-4}～5×10^{-5}cm/s。参照类似工程经验，采用水泥黏土浆在沥青混凝土心墙坝过渡层中灌浆，幕体渗透系数要求达到小于1×10^{-5}cm/s，存在较大的难度。

目前尚无对沥青混凝土心墙坝渗漏处理的规范，根据《碾压式土石坝设计规范》(SL 274—2001)要求，并结合类似工程经验分析，在满足大坝渗流安全和控制大坝渗漏量的条件下，过渡层灌浆形成的防渗幕体渗透系数指标可按小于3×10^{-5}～5×10^{-5}cm/s控制。

3. 灌浆幕体厚度

在坝体原沥青混凝土心墙上游过渡层中灌浆，与原沥青混凝土心墙联合形成防渗体，联合防渗体应满足渗流控制标准要求。防渗体厚度按其作用水头和允许渗透比降综合确定。在砂砾石地层采用水泥粘土浆进行灌浆，密云水库、岳城水库工程中其允许渗透比降采用6.0，法国的克鲁斯登坝采用8.3，印度的吉尔纳坝采用10.0。沥青混凝土心墙上游过渡层一般为碎石或砂砾石，在过渡层内灌浆形成灌浆幕体的允许渗透比降可取6～10。虽然沥青混凝土心墙存在渗漏通道，但其与灌浆幕体联合防渗，沥青混凝土心墙允许渗透比降可取 10～15。

根据防渗体计算厚度，结合过渡层可灌性、灌浆工艺等因素综合分析，确定灌浆的排数、孔距及排距。

4.4.2　灌浆材料

1. 水泥浆液

对碎石或砂砾石料过渡层灌浆，通常采用水泥浆液掺入黏土（或膨润土）、粉煤灰等材料灌注。水泥颗粒较细，42.5、52.5 级普通硅酸盐水泥粒径 d_{95} 多小于 80μm，可以灌入宽度为 0.25～0.4mm 的较小裂隙中，在压力作用下能扩散至一定范围。湿磨细水泥最大粒径在 35μm 以下，平均粒径 6～10μm，宽度小于 0.2mm 甚至小于 0.1mm 的微细裂隙均较易灌入。超细水泥最大粒径一般在 12μm 以下，平均粒径 3～6μm，能灌入宽度更微细的裂隙。黏土（或膨润土）具有细度高、分散性强、制成的浆液稳定性高、可就地取材等特点，水泥中掺入黏土制浆可使浆液结石具备一定强度，同时增加浆液的稳定性和可灌性，且避免堵管事故，灌浆中采用的黏土黏粒（粒径小于 0.005mm）含量一般不少于 40%～50%。膨润土颗粒更细，小于 0.002mm 的黏粒含量一般在 40%以上。水泥中掺入粉煤灰制浆可节约水泥、降低造价、增加浆液的可灌性。

2. 膏浆浆液和混合稳定浆液

国内外在沥青混凝土心墙过渡层进行灌浆经验较少，我国 20 世纪 50 年代曾在北京密云水库、河北岳城水库等工程地基覆盖层进行帷幕灌浆试验与应用；沥青混凝土心墙过渡层灌浆重构防渗体与覆盖层坝基帷幕灌浆对防渗性能的要求虽然有差别，但可借鉴覆盖层坝基帷幕灌浆采用的灌浆材料和施工工艺的成功经验。

膏浆浆液和混合稳定浆液，能有效减少大孔隙地层结构中浆液在自重作用下流失，同时浆液具备稳定性好、触变性强、流动性适度可调、可泵性好、不易堵塞管路等特点，可根据需要采用不同的灌浆压力控制进浆量；通过调整浆液塑性、屈服强度和灌浆压力，可控制浆液的扩散范围，形成完整的防渗幕体。

稳定浆液灌浆可避免因浆液中多余水分的析出逸走留下较多未能填满的空隙，使受灌结构中的空隙充填密实、饱满，结石强度较高，抗溶蚀能力较强，防渗性能好，同时，浆液扩散可控性可避免浆液扩散太远，浪费浆材。

通过有关工程现场试验，对沥青混凝土心墙过渡层灌浆的膏状浆液和混合稳定浆液性能指标、配比进行了研究，提出适合沥青混凝土心墙过渡层灌浆的力学性能参考指标，详见表 4.4.2。

表 4.4.2　膏状浆液和混合稳定浆液性能参考指标

浆液名称	浆液性能				结石性能	
	密度 /(g/cm³)	析水率 /%	抗剪屈服强度 /Pa	塑性黏度 /(Pa·s)	渗透系数 /(cm/s)	抗压强度 /MPa
膏状浆液	≥1.58	<5	20～35	0.1～0.3	$\leqslant 1.0\times10^{-6}$	≥7.5
混合稳定浆液	≥1.40	<5	<20	<0.10		≥12.5

4.4.3 灌浆设备及工艺

1. 钻灌方式

钻孔是实现灌浆工程的必要手段，从造孔的方式来看，主要有回转钻进、冲击钻进和冲击回转钻进等。由于过渡层颗粒质地坚硬、颗粒细、级配连续、松散，钻孔时孔壁易坍塌。针对过渡层特殊性，为提高钻孔工效及成孔质量，采用护壁钻进方式。护壁钻进有泥浆循环护壁钻进和套管护壁钻进。泥浆循环护壁钻进法造孔过程中，能在孔壁上形成泥皮，防止塌孔，钻进效率高，但孔壁上形成的泥皮对过渡层灌浆易产生不利影响。套管护壁钻进采用清水或风洗孔，不用泥浆，针对深厚地层和含有较大砾石情况，采用近年来发展迅速的潜孔冲击回转钻、跟管钻进方法，施工方便，工效高。

《水电水利工程覆盖层灌浆技术规范》(DL/T 5267—2012) 规定覆盖层可采用孔口封闭法灌浆和套阀管法灌浆。孔口封闭灌浆法是我国独创的一种灌浆方法，在砂砾石层中自上而下逐段进行钻孔和灌浆，钻灌工序交替进行，由于每段灌浆都在孔口封闭，各个灌浆段可以得到多次复灌，灌浆质量好，虽然操作简单，但工效相对较低，难以针对不同深度地层物质组成变化时灌注不同类型浆液；套阀管法灌浆即预埋花管法灌浆，是法国工程师对坝基覆盖层进行帷幕灌浆时首创，先钻出灌浆孔，在孔内下入特制的带有孔眼的灌浆管（花管），灌浆管与孔壁之间填入特制的填料，然后在灌浆管里安装双灌浆塞分段进行灌浆，其主要施工程序如图 4.4.1 所示，套阀管法灌浆孔可一次连续钻完，灌浆在花管中进行，可分段隔离使用不同压力灌浆，无塌孔之虑，可适应深厚、不同物质组成的覆盖层灌浆。

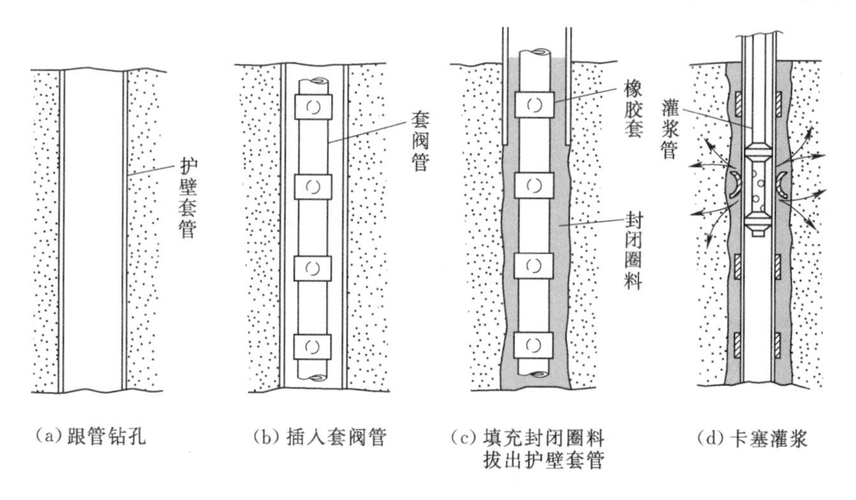

图 4.4.1 套阀管法灌浆施工程序

2. 钻孔设备及机具

沥青混凝土心墙堆石坝过渡层颗粒细、松散，采用传统的地质钻进行钻孔，塌孔、卡钻现象严重，且工效低。采取跟管一次钻进成孔技术，工效较高，钻孔机具选择全液压潜孔钻机，跟管管径根据灌浆孔设计要求及满足套阀管施工工艺确定。

潜孔锤跟管钻进系统主要由潜孔冲击器、偏心跟管钻具或同心跟管钻具、管靴、套管等构成，偏心钻具及结构如图 4.4.2 所示。潜孔锤偏心跟管钻具工作时，由钻机提供回转扭矩及推进力，冲孔钻进时，偏心钻具的偏心块及同心钻具的三爪在空气压缩动力作用下，连同冲击器扩孔钻进，带动管靴，实现同步跟管；需要提升钻具时，可将钻具逆时针旋转，扩孔器在钻头中心轴作用下向中心收拢，即可通过套管而将钻具提出孔外。常用液压钻机主要技术参数见表4.4.3。

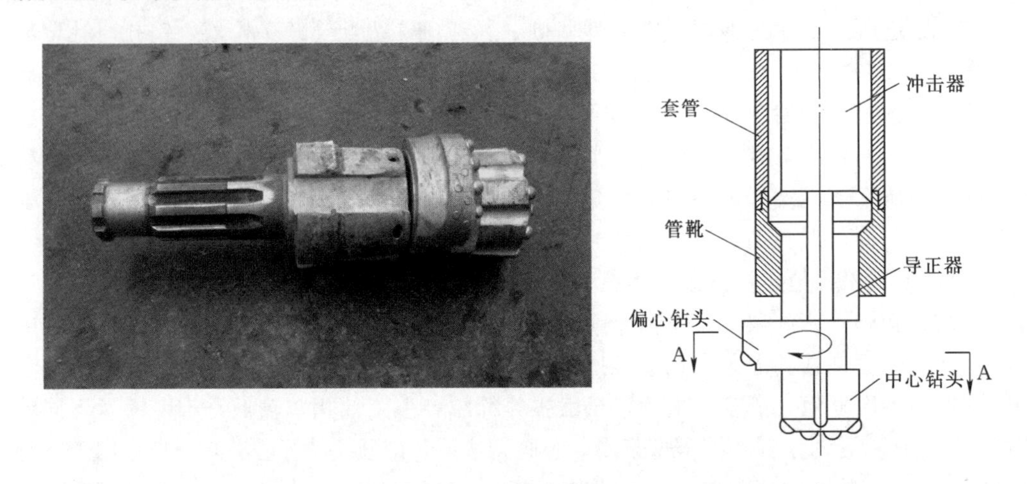

图4.4.2 偏心钻具及其结构图

表4.4.3 **液压钻机主要技术参数表**

序号	设备名称	型号	单位	生产厂家	主要技术参数
1	履带液压钻机	JD110B	台	北京建研	适用最大转速44r/min，最大输出扭矩23000Nm，推进力53kN，起拔力71kN，挟持钻具直径65～320mm，满足生产要求
2	履带液压钻机	YGL-150A	台	无锡金帆	适用最大转速21～70r/min，最大输出扭矩7500N·m，推进力45kN，起拔力65kN，挟持钻孔直径130～250mm，满足生产要求
3	履带液压钻机	SM400	台	德国进口	适用最大转速48.3r/min，最大输出扭矩43800Nm，推进力35.8kN，起拔力79.4kN，夹持钻孔直径60～315mm

开孔阶段的孔斜控制，作为全孔孔斜控制的基础，尤为重要。为了做好初始阶段的孔斜控制，开孔可选择偏心钻进，该钻头工作利用甩出的偏心块，反复修整孔壁，调整孔状，有效保证钻孔垂直度。钻进过程中，为提高钻孔工效，深度大于10m以上孔段钻进，将偏心锤改为同心钻具钻进。钻孔过程中，可采用STL－1GW型测斜仪（无线有储式数字陀螺测斜仪）进行孔斜测量，测斜频次至少满足：0～30m孔深范围内，每10m测一次；30～45m孔深范围内，每5m测一次；45m孔深以下，每10m测一次；终孔后系统检测一次。STL－1GW型测斜仪的精度：方位角测量精度不大于±4°，顶角测量精度不大于±0.1°；测斜探管尺寸：ϕ45mm×1300mm。为保证钻孔垂直度，开孔阶段缓慢钻进；跟管钻进阶段，使用测斜仪进行孔斜测量控制，发现钻孔偏斜超过规定，及时纠偏处理。

3. 跟管

跟管作为过渡层钻进的护壁管，避免钻进过程中出现塌孔故障。各节跟管丝扣连接部

位，发生断裂的频率较高，因此，作为钻孔施工中的重要组成部件，选择适宜的跟管材质，可降低钻孔孔故率，避免跟管断裂。跟管要求具有很高的耐磨性和强度，避免钻进、起拔过程中弯曲、断裂，可采用管径为ϕ127～146mm，材质为STM-R780、BG850ZT的钢管。

STM-R780钢管是一种微合金化的非调质钢，具有很高的耐磨性和较高的强度，价格适宜，该钢种注重强度和耐磨性。但是，其韧性指标相对较弱（非调质钢强度和韧性不能兼得），深厚过渡层钻进跟管施工，该材质钢管丝扣部位容易出现质量缺陷，导致跟管断裂频率较高。

BG850ZT钢管是利用宝钢整管调质热处理炉进行了调质热处理，使该材料具备高强度，可弥补STM-R780跟管丝扣部位的质量缺陷，满足深孔钻探对材料高强、高韧性能要求。但由于该种材质的跟管具备高强、高韧性特点，受地层软硬变化影响，容易对钻具（如管靴、冲击钻头）造成断裂性破坏而出现孔内事故。

分析两种管材性能指标（表4.4.4），BG850ZT与STM-R780相比，屈服强度指标提升60%，抗拉强度指标提升17%，冲击功提升157%，硬度平均提高7HRC。BG850ZT管材使用在钻孔跟管下部，在第三节以上采用STM—R780管材连接；两种不同性能的管材结合后，能更好发挥两者的优点，有效降低跟管断裂事故的发生，提高生产效率，降低材料使用成本。因此，钻孔过程中，将两种跟管进行组合搭配使用。

表4.4.4　　STM-R780及BG850ZT管材性能分析表

牌号	实际平均屈服强度/MPa	实际平均抗拉强度/MPa	实际冲击功均值（全尺寸）/J	硬度（HRC）
STM-R780	590	870	30～40	21～27
BG850ZT	940	1020	80～100	30～33

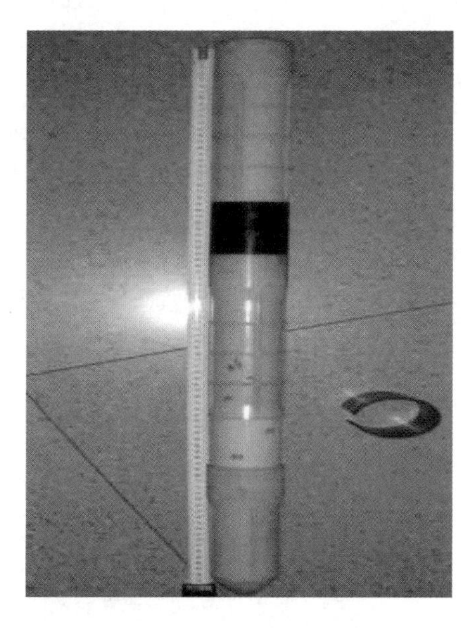

图4.4.3　传统塑料套阀花管

4. 套阀管

在过渡层灌浆中，套阀管是灌浆工艺的重要组成部分，在跟管钻孔工序完成后进行施工。套阀管在跟管内分节下设，下设深度与钻孔深度一致。位于孔底的套阀管，应制作成锥形堵头，便于穿越管靴，避免起拔跟管时，套阀管抵触在管靴部位，连同跟管一同拔出。如图4.4.3和图4.4.4所示。

传统的套阀管采用塑料管制作而成，适用于低压、浅层地基灌浆处理；在灌浆压力大于1.5MPa时，塑料管容易发生破裂。为适应深厚过渡层及较高压力的灌浆，保证灌浆质量及灌浆顺利实施，研制出可抗高压（大于3MPa）、深度达50m的新型钢质材料套阀管。新型套阀管采用壁厚2.2mm的ϕ89mm钢管制作，沿焊接钢管轴向每隔30cm设置一环出浆孔，每环孔4个，孔径ϕ15mm，每环出浆孔外用弹性良好的长8cm、厚2mm的橡皮箍圈套紧，橡皮箍圈套两端采用专用防水胶布缠绕4～5圈固定，同时保证不影响开环效果。

新型套阀管与传统塑料套阀管相比，止浆环部位存在明显区别，塑料套阀管被橡皮箍包裹的出浆环位置与套阀管管表齐平，而新型钢质套阀管被橡皮箍包裹的出浆环位置凸露于套阀管管表。塑料套阀管一次使用，发生孔故处理时容易导致管材破坏，不能作为套阀管以下岩层帷幕灌浆施工的导向管、护壁管；而新型套阀管可多次重复利用，发生孔故处理时不易引起管材破坏，对缺陷部位可多次重复处理，也可作为套阀管以下孔段帷幕灌浆施工的导向管。

图4.4.4 抗高压钢质套阀管

5. *灌注套壳料*

（1）套壳料。为减少套阀管与跟管的摩擦、跟管拔出后套阀管与孔壁之间的缝隙，要求在套阀管与孔壁之间的环状区域中灌注套壳料。套壳料一般以黏土（或膨润土）为主，掺入水泥、水组成，并可加入适量外加剂调节其性能。套壳料灌注的好坏是灌浆成功与否的关键，它要求既能在一定的压力下，压开套壳料进行横向灌浆，又能在高压灌浆时，阻止浆液沿孔壁或管壁流出地表。套壳料要求其脆性较高，收缩性要小，力学强度适宜，既要防止串浆又要兼顾开环。根据《水电水利工程覆盖层灌浆技术规范》（DL/T 5267—2012），套壳料浆液密度为1.35～1.60g/cm^3，马氏漏斗黏度为40～45s，7d抗压强度为0.1～0.2MPa。

适宜配比的套壳料对后续灌浆质量及灌浆工艺的实施极其重要，实际灌入量按理论注入量的1～3倍控制。受强度限制，过多注入地层，降低了后续浆液的灌入量，对防渗体的耐久性带来一定影响。因此，选择好的注入方式，降低套壳料的灌入量，提高套壳料灌注质量，有利于后续控制灌浆质量，同时减少灌浆过程中孔故率的发生。

（2）跟管起拔与补料。跟管起拔与套壳料补料应同时进行，边拔边补，跟管起拔后，跟管与套阀管环间的套壳料立即发生扩散、坍塌。若补料不及时，则容易造成漏段，致使套阀管与地层直接接触，未被套壳料固结为密实体，灌浆时在高压力作用下，浆液沿松散薄弱部位流窜包裹橡皮箍圈形成结石体，随着时间增长强度增加；频繁补料，影响跟管起拔时间，浆体随时间推移稠度增加，起拔难度增大，时间过长可能发生铸管、抱管现象。因此，合理确定跟管起拔与补料时间，既能保证补料质量，又能保证跟管顺利起拔。实践经验表明：渗透性好、漏失量较大地层每拔1～2根跟管及时补料一次；渗透性差、密实地层可拔3～4根跟管补料一次，参照此规定进行补料。

跟管起拔设备采用液压拔管机，液压拔管机作为跟管一次钻进工艺的重要配套设备，可用于起拔钻孔护壁套管和钻杆，以便钻杆套管的回收再利用，如图4.4.5所示。同时在钻孔施工过程中，可用于处理各类紧急钻孔事故中需起拔的套管和钻杆，可选择 TLB－80 液压拔管机，性能参数见表 4.4.5。

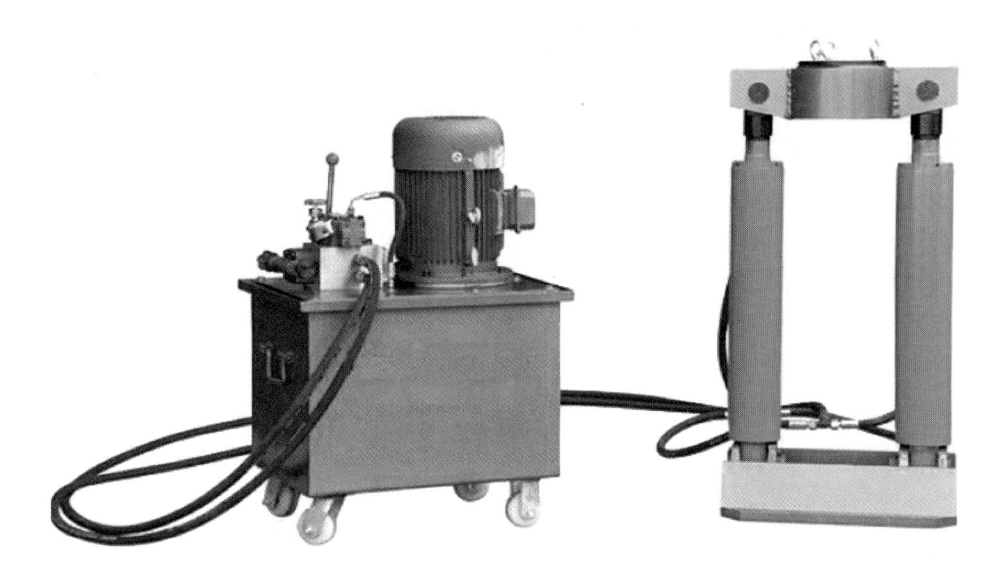

图 4.4.5　TLB－80 液压拔管机

表 4.4.5　　TLB－80 液压拔管机参数表

名　　称	单　　位	参　　数
拔管直径	mm	50～194
拔管深度	m	20～80
最大拔出转速	mm/min	1440
油缸行程	mm	500
额定起拔力	kN	800
液压系统额定压力	MPa	28
最大部件	kg	160（不含液压油）
电动功率	kW	5.5
液压站外形尺寸（长×宽×高）	mm	750×650×450

4.4.4　典型工程加固案例

广东某水库大坝为沥青混凝土心墙堆石坝，最大坝高 43.4m，坝顶高程 51.00m，坝顶宽 8m，坝顶长 395m。大坝上、下游坝坡分别在高程 31.00m、26.00m 设宽 3.0m 的马道，上游坝坡坡比自上而下分别为 1：2.0、1：2.7；下游坝坡坡比均为 1：2.0。上、下游坝坡采用干砌块石护坡。两岸坝肩为花岗岩强风化岩体，河床部位坝基为经振冲碎石桩处理的最厚达 13m 左右的第四系覆盖层。沥青混凝土心墙位于坝轴线上，顶宽 0.5m，底宽 0.8m，心墙底与坝基厚 1.0m 的混凝土防渗墙采用钢筋混凝土基座相接，坝基混凝土防渗墙墙下接防渗帷幕。沥青混凝土心墙上、下游侧各设两层（过渡层Ⅰ和过渡层Ⅱ）含有少量细砂的碎石过渡料。坝体为堆石料。

大坝过渡层Ⅰ厚 1.0m，为花岗岩碎石料，设计最大粒径 80mm，小于 5mm 颗粒含量大于 20%，级配连续，孔隙率小于 20%。过渡层Ⅱ厚 2.0m，为花岗岩碎石料，设计最大粒径 150mm，小于 5mm 的颗粒含量大于 20%，级配连续，孔隙率小于 22%。过渡层Ⅱ上游侧为碾压堆石料，设计最大粒径 700mm，压实后孔隙率小于 25%。

大坝建成蓄水时，大坝坝脚普遍出现渗漏现象，随着库水位的抬高，大坝渗漏量缓慢增大。水库蓄水至正常蓄水位时，大坝下游排水沟渗漏量达 253L/s，而且，随着水库蓄水时间的延长，最大渗漏量达 668L/s[7]。

4.4.4.1　大坝渗漏检测及分析

为查明大坝渗漏部位及渗漏原因，在坝顶共布置 28 个钻孔，其中沥青混凝土心墙下游侧布置 16 个钻孔，沥青混凝土心墙上游侧布置 12 个钻孔；上、下游钻孔距离沥青混凝土心墙均为 2.0m。以地下水为检测介质，采取地下水位观测、现场示踪试验、钻孔彩色电视流态观察等方法进行大坝渗漏检测。综合各种检测成果分析表明，库水位以下沥青混凝土心墙、坝基混凝土防渗墙以及混凝土基座部位均存在渗漏通道，且渗漏范围较广，非局部渗漏问题；库水位以上防渗体情况无法判断，不能排除库水位以上沥青混凝土心墙存在渗漏通道的可能性。

4.4.4.2　渗漏处理方案

为不影响原沥青混凝土心墙下游反滤过渡层的排水功能，并利用原防渗体、发挥其一定的防渗作用，防渗加固措施布置在原沥青混凝土心墙上游侧。根据本工程水库大坝结构特点及大坝渗漏检查结果，结合常用防渗加固措施及有关水利工程实践经验分析，大坝防渗加固可行的方案主要有三种：混凝土防渗墙方案、堆石体灌浆方案和过渡层灌浆方案。

1. 方案一：混凝土防渗墙方案

(1) 方案布置。为了利用原防渗体系的防渗作用，混凝土防渗墙尽量靠近原沥青混凝土心墙布置。原沥青混凝土心墙钢筋混凝土底座外边线距心墙轴线 131cm，为不破坏钢筋混凝土基座，混凝土防渗墙设置在过渡层Ⅱ中，距离原沥青混凝土心墙轴线 230cm，混凝土防渗墙轴线与原沥青混凝土心墙轴线平行。

为避免混凝土防渗墙成槽塌孔及护壁泥浆大量流失，先在防渗墙两侧过渡料中各布置一排充填灌浆进行预固结，再进行槽孔施工，充填预固结灌浆孔孔距 1.5m。

混凝土防渗墙布置范围：大坝桩号 K0－15.0～K0＋430.0m，右坝肩处与大坝原混凝土防渗墙搭接，全长 445.0m。混凝土防渗墙嵌入强风化层深度不小于 1.0m，断层及裂隙密集破碎带适当加深，墙下接灌浆帷幕，构筑成一道新的防渗体。混凝土防渗墙墙顶高程 50.0m，最大墙深 78.0m，混凝土防渗墙浇筑完成后，凿除其顶部 50cm 高度浮渣墙体，重新立模浇筑常态混凝土至设计高程，立模现浇混凝土防渗墙厚 50cm，结合面布置 ϕ18@30mm 插筋。防渗墙下进行帷幕灌浆，在混凝土防渗墙施工完成后，通过墙体内的预埋管进行帷幕灌浆。

在混凝土防渗墙施工前，须先沿防渗墙轴线修筑导墙。导墙采用现浇倒“L”钢筋混凝土结构，顶部应保持水平并高于地面 10～20cm，为修筑混凝土导墙和施工机械布置，大坝坝顶结构须全部拆除，坝顶高程下降至高程 49.0m 左右，使平台宽度满足施工布置

要求。

（2）混凝土防渗墙设计：

1）防渗墙厚度。混凝土防渗墙厚度根据墙体抗渗性能、作用水头及施工条件确定，取80cm。

2）防渗墙使用年限分析。混凝土防渗墙承受的渗透比降较大，其使用的耐久性主要受渗流溶蚀作用控制。按式（5.3.3）分析计算混凝土防渗墙使用年限可达213年。根据《水利水电结构可靠度设计统一标准》（GB50199），2级挡水建筑物结构的设计基准期应采用50年。大坝采用80cm厚的混凝土防渗墙可满足50年设计基准期的要求。

（3）帷幕灌浆设计：

1）帷幕灌浆参数。帷幕灌浆防渗标准为透水率小于5Lu，采用单排布孔，孔距1.0m。防渗墙墙体内预埋钢管直径ϕ110mm，基岩钻孔孔径ϕ76mm。帷幕灌浆孔深按伸入相对不透水层（基岩透水率5Lu线以下）5m控制。帷幕灌浆每20m布置一先导孔，根据施工先导孔资料合理确定帷幕灌浆范围及深度。

2）灌浆材料。灌浆材料采用普通硅酸盐水泥浆液，水泥强度等级不低于42.5级。水泥浆采用水灰比3∶1、2∶1、1∶1、0.8∶1和0.5∶1五个比级，开灌水灰比3∶1。

3）灌浆方法及工艺。采用自上而下分段阻塞法灌浆，分三序施工。灌浆压力和具体工艺由现场生产性试验确定。

帷幕灌浆质量控制指标为：透水率小于5Lu，检查孔压水试验合格率不小于90%，混凝土防渗墙下第一段帷幕灌浆合格率为100%。

2. 方案二：堆石体灌浆方案

（1）方案布置。根据砂砾石地层灌浆幕体允许渗透比降，并结合红枫水电站大坝堆石体防渗灌浆工程经验分析，本工程稳定浆液灌浆按3～5排布孔。灌浆孔布置在坝顶原沥青混凝土心墙上游侧，灌浆范围：大坝桩号K0－15.0～K0＋430.0m。

河床K0＋87.0～K0＋340.0m坝段布置5排灌浆孔，从上游至下游依次定为A排、B排、C排、D排、E排，排距0.9～1.0m，孔距1.5m，梅花型布孔，钻孔角度分别为80°、82.5°、85°、87.5°、90°。先灌A排，再依次灌B、C、D、E排，起灌高程50.00m。其中A、B两排穿过振冲碎石桩处理的第四系覆盖层，伸入全风化岩层不小于1.0m，C、D、E三排穿过全风化岩层，伸入强风化层不小于1.0m。在E排灌浆孔下布置帷幕灌浆，其孔距与坝体灌浆孔相同，孔深按伸入基岩5Lu线以下5m控制，帷幕灌浆标准为透水率$q\leqslant$5Lu。

左坝肩K0－15.0～K0＋87.0m及右坝肩K0＋340.0～K0＋430.0m坝段布置四排灌浆孔，钻孔布置、角度及灌浆深度要求与河床坝段B、C、D、E排相同。

考虑坝体坝基各地层的特点，确定A、B排在坝体内灌注膏状浆液，在坝基覆盖层灌注水泥浆液。C、D、E排在坝体内灌注混合稳定浆液，在覆盖层、全风化岩层及强风化岩层灌注水泥浆液。C、D、E排Ⅲ序孔全孔灌注水泥浆液。灌浆浆液应根据各灌注地层的物质组成、密实程度及颗粒级配等进行浆液配比调整。

施工时分段、分排、分序施工，先施工强渗漏区及中等渗漏区，然后处理渗漏不明显区。各排灌浆孔均按Ⅰ、Ⅱ和Ⅲ序施工。各排灌浆实施完成后，根据渗漏处理效果，可在强渗漏区（K0＋95.0～K0＋140.0m、K0＋210.0～K0＋275.0m）坝段灌注水泥浆液进行局部补灌处理。

（2）堆石体灌浆设计：

1）灌浆材料及工艺。膏状浆液及混合稳定浆液由水泥、粉煤灰、膨润土、减水剂和水等材料组成。本工程需在坝体堆石料、过渡料、振冲碎石桩处理的第四系覆盖层，以及全、强风化岩层等部位进行灌浆形成可靠的防渗幕体，涉及多种地质结构层，不同结构层的浆材配比、灌浆工艺和方法等需通过灌浆试验确定。

2）灌浆幕体设计指标。灌浆试验常规压水检查成果表明：SYA－JC－1 检查孔透水率小于 7.5Lu 的孔段占 90%，SYA－JC－2～SYA－JC－4 检查孔各孔段透水率均在 7.5Lu 以下。灌浆试验段结石体压水检查计算，最大水力坡降约为 22。根据灌浆试验成果和渗流计算分析，确定堆石体灌浆方案形成的防渗幕体的设计指标。

（3）基础帷幕灌浆设计。坝基帷幕灌浆轴线平行于坝轴线，距原沥青混凝土心墙轴线 1.70m，灌浆孔结合坝体灌浆 E 排孔进行单排布置，伸入基岩透水率 5Lu 线以下 5m，对透水性较大的部位根据实际情况适当加深或加密。帷幕灌浆每 18m 布置一先导孔，先导孔深入帷幕底线以下 5m。灌浆材料及灌浆工艺与方案一中帷幕灌浆相同。

（4）防渗体质量控制指标。大坝灌浆幕体质量检查以注水试验为主，压水试验为辅，质量合格标准为：注水试验渗透系数 $K \leqslant 1\times10^{-4}$cm/s，压水试验透水率小于 7.5Lu，注水、压水试验合格率不小于 90%。

坝基帷幕灌浆合格标准为：检查孔压水试验透水率小于 5Lu，合格率不小于 90%。

3. 方案三：过渡层灌浆方案

（1）方案布置。在坝顶原沥青混凝土心墙上游侧 K0＋87.0～K0＋370.0m 坝段布置 3 排垂直灌浆孔，从上游至下游依次定为 F1 排、F2 排、F3 排，排距分别为 0.9m 和 1.0m，孔距 1.0m，梅花型布孔。左坝肩 K0－15.0～K0＋87.0m 坝段及右坝肩 K0＋370.0～K0＋430.0m 坝段布置 2 排垂直灌浆孔，从上游至下游依次定为 F2 排、F3 排，排距 1.0m，孔距 1.0m，梅花型布孔。

灌浆孔起灌高程 50.00m。其中 F1、F2 排深入强风化层不小于 1.0m，F3 排孔底距离原混凝土基座 0.3m，以免破坏混凝土基座。在 F2 排灌浆孔下布置帷幕灌浆，灌浆孔孔距与坝体灌浆孔孔距相同；帷幕灌浆伸入基岩 5Lu 线以下 5m，灌浆标准为透水率 $q \leqslant 5$Lu。

考虑坝体坝基各地层的特点，F1 排在坝体内灌注膏状浆液，在覆盖层、全风化层及强风化层灌注水泥浆液。F2、F3 排在坝体内灌注混合稳定浆液，在覆盖层、全风化层及强风化层灌注水泥浆液。F2、F3 排Ⅲ序孔全孔灌注水泥浆液。灌浆浆液应根据各灌注地层的物质组成、密实程度及颗粒级配等进行浆液配比调整。

施工时分段、分排、分序施工，先施工强渗漏区及中等渗漏区，然后处理渗漏不明显区。灌浆时先灌 F1 排，再灌 F2 排，最后灌 F3 排。各排灌浆孔均按Ⅰ、Ⅱ和Ⅲ序孔施工。

施工过程中，在 F1、F2 排施工完成后，根据灌浆施工资料及防渗效果确定是否对 F3 排进行优化。若灌浆幕体质量控制指标满足设计要求并且渗漏处理效果明显，可取消 F3

排部分灌浆孔。为确保防渗效果，在强、中渗漏区根据防渗检查结果确定是否需进行补灌处理。灌浆材料及工艺同方案二。

灌浆试验常规压水试验成果表明：SYB-JC-1检查孔透水率小于7.5Lu的孔段占75%，SYB-JC-2、SYB-JC-3检查孔各孔段透水率均在7.5Lu以下。过渡层灌浆试验结石体压水检查计算，最大水力坡降值约为60。

根据灌浆试验成果和渗流计算分析，确定过渡料灌浆方案形成的防渗幕体的设计指标。

（2）基础帷幕灌浆设计。坝基帷幕灌浆轴线平行于坝轴线，距原沥青混凝土心墙轴线2.05m，灌浆孔结合坝体灌浆F2排孔进行单排布置，伸入基岩透水率5Lu线以下5m，对透水性较大的部位根据实际情况适当加深或加密。帷幕灌浆每16m布置一先导孔，先导孔伸入帷幕底线以下5m。灌浆材料及灌浆工艺与方案一中帷幕灌浆相同。

（3）防渗体质量控制指标。大坝灌浆幕体质量检查以注水试验为主，压水试验为辅，质量合格标准为：注水试验渗透系数$K\leqslant1\times10^{-4}$cm/s，检查孔注水试验合格率不小于90%。

坝基基岩帷幕灌浆合格标准为：检查孔压水试验透水率小于5Lu，合格率不小于90%。

4.4.4.3 方案比选

根据国内外相关工程经验及现场灌浆试验成果，设计的三个方案均具备可行性，各具特点，需要从防渗可靠性、施工技术与风险、对坝体原有结构的影响及工程投资等四个方面对三个方案进行分析比较，选择适合本工程大坝渗漏处理方案。

1. 防渗可靠性比较

方案一在坝体坝基中形成连续均匀的厚度80cm混凝土防渗墙体，墙下进行帷幕灌浆，形成封闭的防渗体系。防渗墙渗透系数K一般为$i\times10^{-7}$cm/s，墙体允许渗透比降大于60，防渗效果可靠，耐久性好。新设的混凝土防渗墙弹性模量较小，能较好地适应周围土体的变形，减小墙体内的应力，避免开裂。此外，混凝土防渗墙进行类似工程渗漏处理成功实例较多，技术成熟，防渗彻底，可靠性好。

方案二、方案三通过灌浆在坝体坝基中形成连续的防渗幕体，在坝体堆石料、过渡料及坝基进行灌浆，浆液流失较多，扩散半径控制比较困难，不确定性因素较多。灌浆形成的防渗体渗透系数与灌浆密实性、结实强度等有关，现场灌浆试验检测资料显示，灌浆方案能够明显减小大坝渗漏量，但灌浆防渗体渗透系数为$i\times10^{-5}$cm/s，结石钻孔取芯率低。此外，由于降雨量年内分配极不均匀，汛期暴雨极易导致库水位陡涨，而水库无放空设施，施工时库水位较高，灌浆浆液在渗漏动水条件下凝固不利，在渗漏通道及其附近部位灌注的浆液可能会部分流失，需反复灌注才能形成有效的防渗体。方案二形成的防渗体厚度较大，厚度约12.7m。方案三形成的防渗体厚度自上而下约为3m。

从防渗效果及可靠性方面比较，方案一优于方案二，方案二略优于方案三。

2. 施工技术与风险比较

防渗墙方案施工技术与风险分析如下：

（1）本工程混凝土防渗墙最大墙深78m左右，厚80cm，不属于超深防渗墙，施工工艺较成熟。

（2）混凝土防渗墙施工需要拆除坝顶防浪墙和路面结构，开挖降低坝顶，形成施工平台，其宽度需要满足混凝土防渗墙施工要求。施工过程中，坝顶交通中断，大坝坝顶结构及设施造成破坏，且施工期存在一定的安全度汛风险。

（3）根据水库工程前期施工资料，坝基覆盖层内存在大量孤石，槽孔施工时可能需对孤石进行小药量爆破处理，有一定的成槽难度及施工风险，工期存在不确定因素，同时，孤石爆破可能会对已建坝体及沥青混凝土心墙、坝基混凝土防渗墙等结构带来不利影响。槽孔施工振动对原沥青混凝土心墙可能存在不利影响。

（4）槽孔上游侧距离堆石料较近，下游侧与沥青混凝土心墙钢筋混凝土基座距离较小，为避免破坏原沥青混凝土心墙及混凝土基座，成槽精度要求高。

（5）过渡层中成槽难度较大，前期钻探发现过渡层中存在大块石料，为避免成槽塌孔漏浆严重，需对过渡层先进行充填灌浆预固结；成槽时可能出现塌孔、漏浆，施工前应做好相应预案并储备抢险物资。

综上所述，混凝土防渗墙施工虽工艺成熟，但本工程在碎石过渡层及含大量孤石的覆盖层中成槽，施工难度较大，存在一定的施工安全及工期不可控风险，且完工后若防渗效果不理想，再加固处理难度较大。

灌浆方案施工技术与风险如下：

1）灌浆方案施工项目少，对大坝原有结构破坏较少。

2）为避免破坏原防渗结构及保证施工质量，需严格控制孔斜；在堆石料、过渡料中成孔难度较大，尤其是斜孔难度更大。

3）灌浆防渗处理需在坝体堆石料、过渡料，坝基覆盖层、全强风化层等不同地层中形成可靠的防渗体，需采取不同的灌浆材料和灌浆方法，灌浆技术、工艺复杂，难度较大，要求高，需要具有相关经验的专业施工队伍进行施工。施工过程中，需要根据现场实际情况对施工工艺及灌浆材料进行必要的调整、优化。

4）在坝体坝基各地层中灌浆，虽工艺复杂，但从灌浆试验成果分析，灌浆方案施工工期可控。由于本水库承担供水任务，渗漏处理工期有限，灌浆方案施工强度较大。

5）由于降雨量年内分配极不均匀，汛期暴雨容易导致库水位陡涨，高水位施工，浆液流失量较大；若灌浆实施后未能达到预期效果，需进行补灌处理。

从施工技术与风险方面综合考虑，灌浆方案优于混凝土防渗墙方案；方案三因灌浆孔排数少且均为垂直孔等因素，优于方案二。

3．对坝体原有结构影响比较

方案一防渗墙施工作业平台宽度较大，需要拆除原有坝顶结构，并降低坝顶 2m。此外，防渗墙槽孔施工时可能会使原沥青混凝土心墙、混凝土基座及坝基混凝土防渗墙受到破损。

方案二不需开挖坝顶，但需要拆除防浪墙。灌浆浆液会大量渗入大坝上游堆石体，使堆石体透水性不均匀；灌浆漏浆量较大。

方案三坝顶宽度能够满足施工作业要求，不需要拆除坝顶防浪墙，但灌浆漏浆量较大。

对坝体原有结构影响比较，灌浆方案优于混凝土防渗墙方案，方案三略优于方案二。

4. 投资比较

从工程投资方面比较，混凝土防渗墙方案投资少于灌浆方案。

5. 方案选择

综合以上比较与分析，三个方案技术上均可行，混凝土防渗墙方案防渗可靠性高，耐久性好，施工技术成熟，投资相对较少，其不足之处是施工对坝顶结构及设施造成破坏；而且本工程坝基覆盖层含大量孤石，成槽难度较大，存在施工安全及工期不确定风险。两个灌浆方案对大坝原有结构破坏较少，施工风险相对较小，工期可控，但施工工艺复杂，技术要求高，施工强度大，可借鉴的工程经验较少，防渗可靠性及耐久性稍差。

根据本工程现场灌浆试验成果，只要严格控制钻孔灌浆工艺，保证灌浆施工质量，确保灌浆幕体防渗效果达到设计要求，灌浆方案防漏处理效果能满足大坝安全和水库供水要求。考虑到过渡层灌浆方案对大坝原有结构破坏影响小，度汛及施工安全风险最小，灌浆工程量较小，施工工期可控，大坝渗漏处理推荐采用过渡层灌浆方案。

4.4.4.4 灌浆试验

通过现场灌浆试验论证，采用的膏状浆液及混合稳定浆液可由水泥、粉煤灰、膨润土、减水剂和水等材料组成。

为验证过渡层灌浆法的技术可行性、防渗效果的可靠性和经济合理性，以及研究适用过渡层及地基不同地层的灌浆材料、浆液性能、灌浆钻灌工艺及方法，进行灌浆试验研究。灌浆试验部位选择沥青混凝土心墙渗漏量较大且具有较好代表性的坝段，试验坝段长4.5m，在坝顶上游侧过渡层内布置3排灌浆孔进行灌浆，孔距1.0m，排距0.9m，梅花形布孔，灌浆试验孔位布置如图4.4.6所示。试验段灌浆效果检查以检测灌浆幕体渗透性为主，物理力学指标为辅，结合取芯描述、孔内彩电、灌浆施工过程等多方面综合分析判定。根据现场灌浆试验资料和检测成果，现场灌浆试验达到了预期效果，在过渡层中灌浆

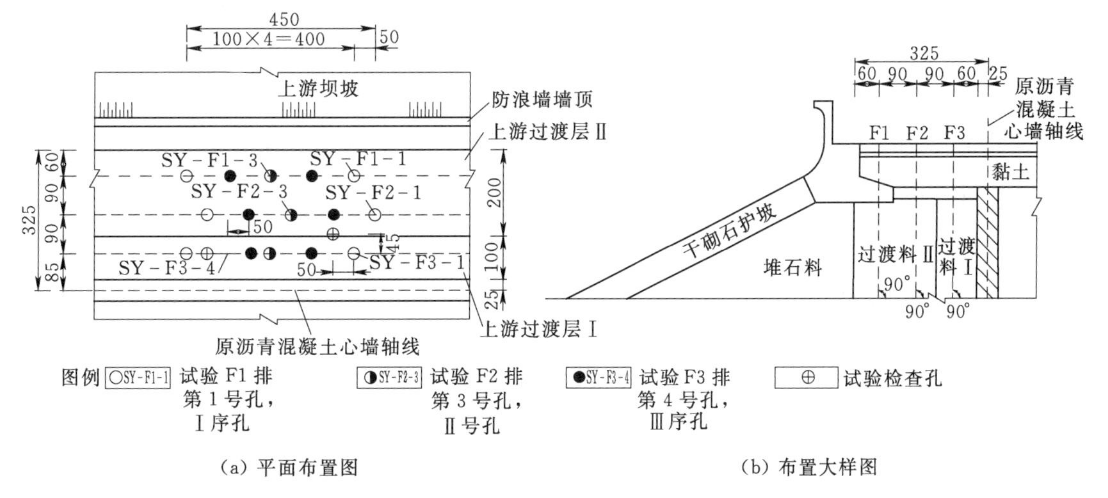

图4.4.6 灌浆试验孔位布置示意图

形成的幕体渗透系数、允许渗透比降等基本满足设计要求，且耐久性较好；灌浆幕体与原沥青混凝土心墙结合，其防渗性能满足大坝防渗要求；在灌浆试验过程中，大坝下游坝脚渗漏量明显减少。

4.4.4.5　钻灌施工

大坝最大坝高43.4m，坝基覆盖层最大厚度13.0m，在坝体过渡层及坝基覆盖层灌浆钻孔最大深度超过50m。过渡层及覆盖层物质密实度、粒径不均一，钻孔时孔壁易坍塌，若采用传统钻灌施工工艺，成孔效率低，难以根据不同地层灵活及时调整灌注浆液。为提高钻灌工效，参考国内外覆盖层灌浆施工工艺，采用潜孔钻跟管一次成孔、套阀管法灌浆技术进行施工。潜孔钻一次跟管成孔，成孔质量好，效率高；套阀管法分段卡塞灌浆，根据不同深度、不同地层受灌差异，可在同一套阀管内采用不同的灌浆材料、不同的浆液配比，减少浆液浪费，具有较强的针对性和适用性；同时，可不需要二次造孔，对灌浆缺陷部位进行复灌，对下部基岩进行帷幕灌浆。

跟管一次成孔、套阀管法灌浆工艺主要流程为：潜孔钻跟管钻进一次成孔—下设套阀管—灌注套壳料—起拔跟管—套壳料待凝—分段卡塞开环灌浆。

1. 潜孔钻跟管成孔

坝体过渡层、坝基第四系覆盖层造孔，采用空气压缩潜孔液压钻机跟管钻进一次成孔，液压潜孔钻机型号SM400、JD110B，跟管采用ϕ146mm、壁厚7.5mm的BG850ZT钢管，跟管钻进最大深度达50m。钻进过程中，注意地层变化，遇到块石、卵石时放慢钻进速度，反复钻进、修整孔壁，确保跟管顺利穿越块石、卵石，避免卡管，导致跟管断裂，有效解决过渡层及覆盖层钻进过程中的钻孔慢、塌孔、卡钻等难题。

为保证钻孔垂直度，开孔阶段选用偏心锤缓慢钻进；跟管钻进阶段，使用STL-1GW型测斜仪进行孔斜测量控制，跟管钻进时严格控制20m深度范围内孔斜，发现钻孔偏斜超过规定时，及时纠偏。

2. 下设套阀管[8]

考虑到本工程钻孔最大深度50m，灌浆压力大于2.0MPa；同时，套阀管还需作为基岩帷幕灌浆的护壁管、导向管，要求在钻孔冲击作用下不被破坏，确保基岩钻灌施工顺利实施。因此，采用研制的抗高压（大于3MPa）、强度和刚度较高的金属套阀管代替传统塑料套阀管；且能多次重复利用，便于灌注缺陷部位进行复灌。套阀管采用ϕ89mm、壁厚2.2mm的焊接钢管制作，沿钢管轴向每隔30cm设置环向出浆孔，每环设置4～5孔，孔径15mm，出浆孔外侧采用弹性良好的橡皮箍圈套。套阀花管分节下设，两节套阀花管连接时，前节端部带有承插口，后节直接插入采用焊接方式连接，处于底端的套阀管，制作成锥形，便于穿越管靴，避免起拔跟管时套阀花管抵触至管靴部位随同跟管被拔出。

3. 灌注套壳料

套壳料的作用比较重要，根据现场试验情况，采用合适的套壳料（图4.4.7），套壳料待凝一定时间后，在灌浆压力下要求开环，套壳料灌注按表4.4.6所述方式进行。

表 4.4.6　　　　套壳料灌注方式表

编号	注入工艺描述	卡塞选择	使用特性
方式一	通过钻杆泵送至孔底，自下而上灌注套壳料至孔口溢出符合浓度要求的原浆液为止，然后下入按注浆段配备的套阀管，下管时及时向管内加入清水，目的克服孔内浮力，顺畅下入至孔底，再起拔跟管，起拔过程中还需不断注入套壳料	使用钻杆	①适用于0～20m浅孔，渗透性好、漏失量小、密实地层；针对深孔适用性不强，孔越深注入孔内套壳料的浮力越大，套阀管下设时难以克服孔内浮力，不能保证套阀管顺利下至孔底；②操作简单、方便
方式二	跟管钻进完成后，按要求下设套阀管，卡塞至套阀管最底部一环，自下而上灌注套壳料，直到孔口溢出符合浓度要求的原浆液为止，再起拔跟管，起拔过程中还需不断注入套壳料	单塞	①适用于≤50m孔深，渗透性好、漏失量小、密实地层；②操作简单、方便
方式三	漏失量较大地层，跟管钻进完成后，按要求下设套阀管，自下而上分别卡塞至套阀管底部、中部、上部一环，灌注套壳料，直到孔口溢出符合浓度要求的原浆液为止，再起拔跟管，起拔过程中还需不断注入套壳料	双塞	①适用于不大于50m孔深，渗透性差、漏失量较大或架空地层；②能很好地控制套壳料注入量，避免大量浆液注入地层，影响防渗质量；③保证套壳料能快速顺利返出孔口；④操作较为复杂

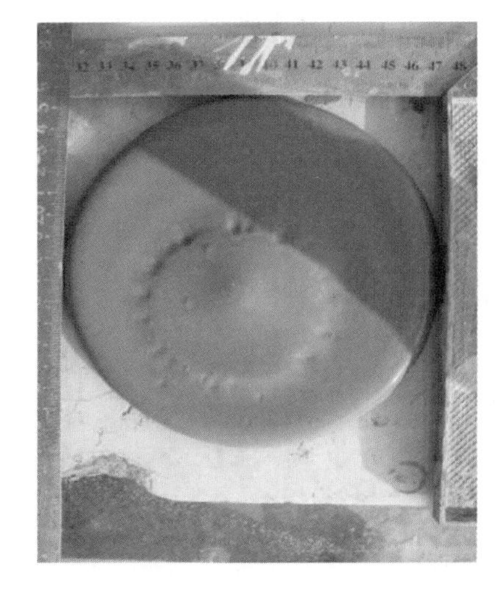

图 4.4.7　套壳料现场检测

4. 灌浆

灌浆浆液根据不同的受灌地层结构进行选择，根据地层的物质组成、密实程度及颗粒级配等条件，要求所配制的浆液具有可灌性和一定的可控性。根据现场试验验证，确定浆液主要为膏状浆液、混合稳定浆液和纯水泥浆液，膏状浆液如图 4.4.8 所示。膏状浆液及混合稳定浆液由水泥、膨润土、粉煤灰、水及外加剂配制而成。

采用自下而上灌浆法时，灌浆段长按 1m 控制。采用自上而下灌浆法时，灌浆段长视具体成孔段长而定，控制最大灌浆段长不大于 3m。坝体过渡层深度 4.2m 范围内灌浆压力采用 0.3MPa，深度 4.2～6.2m 范围灌浆压力 1.5～1.7MPa，深度 6.2m 以下灌浆压力 2.0～2.2MPa。

图 4.4.8　现场灌注的膏状浆液

4.4.4.6 灌浆加固效果

大坝过渡层重构防渗体灌浆施工于 2013 年 11 月开始，截至 2015 年 1 月，累计完成钻灌工程量 5.56 万 m，平均单耗量 595kg/m。

灌浆效果检查以防渗幕体渗透性为主，物理力学指标为辅，结合取芯描述、孔内彩电、灌浆施工过程等多方面综合分析判定。根据现场灌浆资料和检测成果，灌浆幕体基本达到设计指标要求，且具备较好的耐久性，灌浆幕体与原沥青混凝土心墙结合，其防渗性能满足大坝防渗要求。通过在过渡层中灌浆重构防渗体后，相比历史同期水位，坝后渗漏量减少 99%；在库水位 42.07m 情况下，渗漏量已下降至 5.74L/s，渗漏处理成效极其显著，如图 4.4.9、图 4.4.10 所示。

图 4.4.9 防渗灌浆加固前（左图）后（右图）坝下游排水沟渗漏情况对比图

图 4.4.10 防渗灌浆加固前后坝下游 3 号量水堰渗漏量情况对比图

参 考 文 献

[1] 张怀生，等. 水工沥青混凝土 [M]，北京：中国水利水电出版社，2005.

[2] 朱晟，闻世强．当代沥青混凝土心墙坝的进展［J］．人民长江 2004（9）：9－11．

[3] 王清友，孙万功，熊欢．塑性混凝土防渗墙［M］．北京：中国水利水电出版社，2008．

[4] 中电投蒙东能源集团霍林河水库大坝渗漏处理工程初步设计报告［R］．长江勘测规划设计研究有限责任公司，2011．

[5] 重庆市九龙坡区马家沟水库大坝渗漏处理工程初步设计报告［R］．长江勘测规划设计研究院，2004.3．

[6] 四川省攀枝花市仁和区大竹河水库大坝渗漏处理专题设计报告［R］．长江勘测规划设计研究有限责任公司，2014.3．

[7] 广东省阳江市平堤水库大坝渗漏处理工程初步设计报告［R］．长江勘测规划设计研究有限责任公司，2012.2．

[8] 堆石坝除险加固成套技术［R］．长江勘测规划设计研究有限责任公司，中国水电基础局有限公司，2015．

第5章 土质心墙堆石坝加固

5.1 概述

5.1.1 土质心墙堆石坝发展现状

土质心墙坝是一种古老的坝型，人类有悠久的采用土质防渗体筑坝的历史。我国9.8万多座水库中，95%的挡水大坝为土石坝，其中又以均质土坝和黏土心墙坝为主。世界上坝高15m以上的大坝中约83%为土质防渗体坝。

土质心墙的防渗性能与土料的颗粒级配、土料的抗剪强度、抗渗性能、应力应变以及可塑性等有关。堆石坝心墙防渗体土料一般采用黏性土，我国西北地区有湿陷性黄土及黄土类土和分散性土，鄂豫皖中原地区有较多膨胀土，南方多雨地区有含水量高的红黏土。分散性土可增加石灰或水泥改性，并要求做好反滤；膨胀性土要求在一定范围内，即其临界压力值附近，采取非膨胀性土保持其足够强度。近年来对宽级配砾质土、碎石土风化料也作为防渗土料应用，如鲁布革坝高103.8m，为风化土料心墙坝。

随着土的固结理论、击实原理、有效应力原理的形成和技术不断发展，以及大型碾压机具、原位观测、施工工艺、计算机应用技术的不断提高，土质心墙堆石坝建设不断发展，坝高越来越高，数量也不断增加。20世纪60年代以来，我国建成坝高100m以上的土石坝50余座，其中土质心墙堆石坝占有相当比重。目前在建和规划中的坝高200 m以上的土石坝多为土质心墙堆石坝。糯扎渡水电站大坝为砾质土心墙堆石坝，坝高261.5 m，当时为已建和在建的同类坝中属亚洲第一、世界第三的高坝。2015年开工的双江口水电站大坝为砾石土心墙堆石坝，最大坝高314m，目前为世界第一高坝。全世界已建成坝高230m以上的黏性土防渗土石坝9座，1974年加拿大建成坝高242 m的买卡（Mica）斜心墙土石坝，1980年苏联建成坝高300m的努列克（Hypek）黏土心墙堆石坝[1]。我国典型的土质心墙堆石坝主要特征见表5.1.1。

表5.1.1　　我国典型土质心墙堆石坝主要特征表

序号	坝名	省(自治区)	建成年份	最大坝高/m	坝顶长/m	库容/亿 m^3
1	糯扎渡	云南	2013	261.5	608	237.03
2	瀑布沟	四川	2009	186	573	53.9
3	小浪底	河南	2005	154	1667	126.5
4	黑河	陕西	2001	127.5	443.6	2.0
5	狮子坪	四川	2007	136	309	1.3

续表

序号	坝名	省(自治区)	建成年份	最大坝高/m	坝顶长/m	库容/亿 m^3
6	恰甫其海	新疆	2005	108	350	17.7
7	水牛家	四川	2006	108	317	1.4
8	鲁布革	云南	1991	103.8	217.2	1.2
9	双江口	四川	在建	314	648.7	27.32
10	长河坝	四川	在建	240	498	10.75
11	满拉	西藏	2000	76.3	287	1.55
12	云龙	云南	2004	77	249.5	4.84
13	徐村	云南	2000	65	165.0	0.73
14	碧口	甘肃	1997	101	297	5.21

土质心墙堆石坝可就地取材，对地基要求相对较低，筑坝成本不高。其主要优点是：①心墙位于坝体中部，自重可通过自身传到地基，不受坝壳沉降的影响，自重产生的心墙与地基接触面的接触应力为压应力，有利于提高接触面的渗透稳定；②有利于上游坝坡稳定，尤其是水位骤降时；③下游坝壳浸润线较低；④与其他坝型相比，对地基要求相对较低，能适应软岩和各种地质条件；⑤具有施工简单、造价低、施工速度快等特点。其主要缺点为土质心墙位于坝体中间，不便检修和维修；心墙上游坝壳料透水性强，对土质心墙的反滤要求较高。

5.1.2 土质心墙堆石坝常见病害及成因

土质心墙堆石坝防渗体厚度较大，心墙内渗径长，渗透比降较小，目前已建土质心墙堆石坝运行状态相对较好，但也有一些早期修建的土质心墙堆石坝由于质量控制不好、运行维护不及时等原因，出现渗漏和坝体局部变形等病害现象。

土质心墙堆石坝常见病害主要是两个方面：一是渗漏问题。主要是坝体、坝基及绕坝渗漏问题，表现形式为坝脚或坝下游一定范围出现集中或大面积渗水，甚至在一定范围内形成沼泽地；二是坝体稳定问题，主要表现为坝体裂缝、坝坡局部凹陷与变形。

出现病害的主要原因为：土质心墙及岸坡坝段清基不彻底；坝基、坝体防渗设计与处理标准偏低；心墙下游反滤体的施工不满足规范要求；土质心墙填筑料设计标准偏低，填筑不均匀，碾压不到位，导致渗透系数不满足规范要求；坝坡较陡，坝体填筑料不均匀，碾压不密实，运行阶段沉降较大，导致坝体出现较大裂缝，坝坡局部变形。

1. 土质心墙堆石坝的渗流病害

土质心墙堆石坝的渗流病害主要有以下几类：

(1) 坝基渗漏。由于施工时大坝清基不彻底，大坝防渗体基础坐落在透水性较强的覆盖层上，或坐落在裂隙发育、透水性较大、未进行防渗处理或处理不完善的基岩上，致使大坝下游坝脚或坝下游出现渗漏，或者均质坝下游坝坡出现渗漏。如安徽广德县卢村水库，大坝右岸基础未能开挖到基岩，土质心墙基础落在含粉质壤土的残坡积土层上，导致大坝基础集中渗漏，最大渗量达 10L/min。大坝左岸基础透水率大，达 13.7～200Lu，导致下游坝脚出现大面积散浸和集中渗漏。

（2）坝肩渗漏。两岸坝肩山体裂隙、节理发育，或有断层、岩溶，或为第四纪地层，由于其透水性较大，而施工时未进行防渗处理或处理不完善，致使两岸坝坡与岸坡接合处下游出现渗漏。如窄口水库大坝两岸坝基岩石破碎坝基断层发育严重，尤其左坝肩断层从坝头穿过，几乎垂直坝轴线与断层相互交错，导致坝肩绕坝渗漏严重。

（3）坝体渗漏。由于施工时防渗体或坝体填筑质量差，压实度及渗透性不满足规范要求，或者大坝变形较大，引起防渗体开裂，或铺盖等防渗体的设计长度、厚度不够，或防渗体无反滤保护或保护不合要求，致使大坝下游坝脚或坝坡出现渗漏。有些渗漏量不断增长，高水位时渗浑水。如广西百色澄碧河水库黏土心墙坝，坝体渗漏严重，曾采用混凝土防渗墙进行局部加固，同时由于局部地段混凝土防渗墙质量较差，存在纵、横及垂直向裂缝，加上原土质心墙质量差，导致加固后，下游坝面和接近坝脚处渗漏仍然严重。

（4）坝下涵管渗漏。由于涵管漏水，甚至渗浑水，致使涵管处上、下游坝坡局部出现塌陷。

（5）白蚁危害渗漏。由于白蚁甚至蛇、老鼠等动物在土质心墙浸润线以上及水位变化区建巢打洞，形成渗漏通道，危及大坝安全。

（6）岩溶渗漏。由于水库周边及库底岩溶未进行防渗处理或处理不完善，致使大坝出现岩溶渗漏，造成大坝上游或下游坝坡出现塌陷；或水库蓄水困难。

（7）浸蚀性危害。由于坝基存在可溶成分，地下水浸蚀作用使坝基透水性增大，并产生渗漏。

（8）土质心墙宽度不满足规范要求的最小厚度。这种情况在早期的土质心墙堆石坝中体现较为明显，20 世纪 70—80 年代以后，土质心墙的填筑基本上采用大型机械设备进行施工，由于机械化施工需要一定的操作空间，因此，规范规定了满足机械化施工的最小宽度，因此，后期建设的土质心墙堆石坝基本上不存在土质心墙宽度较窄的问题。

2. 土质心墙堆石坝的结构病害

土质心墙堆石坝的结构病害主要分成以下几类：

（1）坝坡稳定。尤其在早期修建的土质心墙坝，坝坡坡比偏陡。大多数的坝坡不稳的原因就在于坝坡偏陡，例如安徽花凉亭水库、广西澄碧河水库大坝均存在在抗震工况下坝坡稳定安全系数不满足规范要求的问题。

（2）坝体及防渗体裂缝。心墙裂缝产生的机理主要是水力劈裂，心墙防渗体的渗透性较差或存在质量缺陷，是导致水力劈裂发生的前提条件。一般认为，堆石坝防渗体中的裂缝及缺陷 ，由两种条件产生的：一种是施工阶段产生的；另一种是后期坝体不均匀沉降导致的。施工阶段各碾压土层之间以及同层不同施工段连接部位均是裂缝及缺陷易产生的位置，施工进程及施工时温度、湿度的变化也会对其有一定的影响，这些裂缝在施工阶段应是合拢的。心墙的不均匀沉降和其导致的应力重分布是生成新裂缝和使施工期形成的合拢裂缝张开扩展的主要原因，即使不均匀沉降较小，也有可能产生这种裂缝。除此之外，土石坝心墙在快速蓄水过程中，不同竖向压力下非饱和土的吸湿变形差异，也可能导致新的裂缝及缺陷的产生。这也可能导致之前施工时的合拢裂缝张开扩大。填土质量不符合要求，表现为填筑体干密度较小，渗透性大，施工分段和分层之间碾压不实，或大坝加高时

新老结合面处理不当。如广西澄碧河水库大坝施工分三期填筑，第一期填坝土料填筑时，填筑质量基本符合设计要求。在第二、三期填筑由于要求日填筑强度大，质量控制较差，局部区域架空现象严重。大坝施工到一定高程时，坝体开始出现裂缝，经检查，共产生72条裂缝，当时采用灌浆处理。20世纪90年代，坝顶开始出现裂缝，2006年测量路面错缝最大差值为10cm，到2008年最大错缝已达15cm。错缝主要以坝顶中间坝段为主，往两坝肩逐渐减少。咎其主要原因就是施工阶段质量控制不严。

（3）与混凝土建筑物的连接部位的渗透破坏。大坝与混凝土坝段、溢洪道、船闸、涵管等混凝土建筑物的连接是薄弱环节。土质心墙堆石坝与这些混凝土建筑物的连接，往往因为接触面渗径偏短，填筑不密实，在长期渗流作用下，容易产生渗漏和渗透破坏问题。

（4）坝下穿坝涵管接触渗透破坏。早期修建的土质心墙堆石坝很多在坝下埋设输水或泄水涵管，由于防渗处理不当，运行时间延长，出现接触冲刷。如澄碧河水库引水管为穿坝涵管，存在渗流安全隐患，多次加固仍然渗水严重，最终采取封堵引水涵管，在大坝两岸重新布置引水隧洞。现行《碾压式土石坝设计规范》（SL 274—2001）规定1、2级土石坝，不宜在坝下埋设输水管。

在堆石坝加固实践中，工程技术人员发现狭窄河谷修建运行的黏土心墙坝，由于岸坡较陡，沉降不均匀，常常出现坝顶防浪墙断裂、错开，或者坝体出现横向裂缝，从而出现坝体渗漏或绕坝渗漏。通过研究分析，大坝由于宽高比小，两岸山体岩石约束形成拱效应导致坝顶以下一定深度出现一定厚度的低密度区（松散层）。比如湖南青山垅水库、江西老营盘水库大坝均位于狭窄河谷，其坝长与坝高之比为3左右，均出现上述类似的病害情况。

青山垅水库位于湖南省郴州市永兴县东部山区，距郴州市区约90km，距永兴县城、资兴市城区约50km，是一座以灌溉为主，兼顾防洪、发电、供水、航运等综合利用的大（2）型水库。水库正常蓄水位241.80m，设计洪水位245.82m，校核洪水位249.20m，总库容1.36亿m^3。大坝坝顶高程253.40m，坝轴线长170m，最大坝高60m，为黏土心墙石碴坝。土质心墙为含有10%～20%小碎石黏土，心墙上游坡比为1∶1.5，下游坡坡比1∶0.25，坝壳料为含30%左右的石碴。大坝加固前存在主要问题有：①坝顶防浪墙开裂、倾斜、墙体错位达5cm；②注水试验检测表明，防渗心墙高程238.00～242.00m土体渗透系数$k \geqslant 1\times10^{-3}$cm/s；③高密度电阻率法检测表明，桩号0+017～0+020、0+070～0+100、0+130～0+140段坝顶部位出现明显呈带状分布的低阻异常，存在渗漏隐患；④坝小于坡高程225.00m以下排水棱体以上有大面积渗漏区；⑤两岸岸边存在绕渗问题。除险加固的主要工程措施为：①黏土心墙高程240.00m以上软塑土层采用冲抓钻套井回填，高程240.00m以下采用充填灌浆；②左岸170m、右岸60m范围内坝肩沿坝轴线进行帷幕灌浆；③拆除坝顶2.8m浆砌石挡墙。

老营盘水库位于江西省泰和县东南部，距离泰和县城40km，是一座以灌溉为主，兼顾发电、防洪、水产养殖等综合功能的大（2）型水利工程。水库正常蓄水位158.00m，设计洪水位160.54m，校核洪水位163.35m，总库容1.071亿m^3。大坝坝顶高程166.00m，坝轴线长158m，最大坝高51m，为黏土心墙斜墙堆石坝。心墙为壤土、碎石土，斜墙为黏土，心墙上、下游坡比为1∶1.5，下游坝壳料为石英岩大块石砌筑，坝顶设有防浪墙。大坝加固前存在主要问题有：①坝顶防浪墙和下游挡土墙沉陷、裂缝，局部倒塌；②坝面及坝内均出现裂缝，上游坝坡高程 162.00～163.50m 有长 50m 纵向裂缝；③左、右岸坝肩绕坝渗漏，右岸山脊背后有长 40m 集中渗漏带，左岸下游坝脚有 $40m^2$ 渗漏区。除险加固的主要工程措施为：①坝体采用混凝土防渗墙防渗；②放缓大坝上、下游坝坡，并改造坝顶；③左岸 70m、右岸 100m 范围内坝肩沿坝轴线进行帷幕灌浆。由于坝体存在松散层，混凝土防渗墙施工中部分槽孔漏浆严重，不得不先灌浆密实再造防渗墙，灌浆范围为高程 158.00～139.00m，其中坝体上部 8m 范围内不灌，灌浆过程中串孔串浆情况较普遍。

5.2　土质心墙堆石坝加固

5.2.1　土质心墙堆石坝渗流特点

土质心墙堆石坝坝体渗流特点是坝壳填筑材料透水性好，渗透系数大，一般为 10^{-2} cm/s 量级，而土质心墙是坝体防渗结构，厚度相对较薄，渗透性能差，对填筑材料防渗性能要求高，规范要求填筑后的渗透系数小于 1×10^{-5}cm/s。土质心墙堆石坝坝壳和心墙填筑材料透水性相差 2～3 个数量级，坝壳内渗透坡降小，不会出现渗透破坏，土质心墙内渗透坡降大，容易产生渗透破坏。土质心墙渗流破坏型式主要流土和接触冲刷，填筑均匀的土质心墙一般不会出现管涌破坏。流土和接触冲刷造成土颗粒的流失，对土质心墙渗流出逸处的反滤保护是防止其产生渗流破坏的关键。为保证土质心墙的渗流安全，在土质心墙上下游一般设 2～3 层反滤层。长期运行条件下，反滤层容易造成淤堵，失去反滤保护作用。

土质心墙在填筑施工和运行过程中难免出现裂缝，顺流向的裂缝会产生渗集中渗流，久而久之会演变成为渗漏通道，甚至造成管涌破坏。土质心墙裂缝可能会向坝壳发展，有些裂缝可自动愈合，而有些会形成渗漏通道，对这种裂缝的部位和分布难以确定。

土质心墙堆石坝出现渗流安全问题时，除了坝体渗透破坏问题外，还对坝体稳定带来不利影响，影响坝坡抗滑稳定安全性。

土质心墙堆石坝心墙和反滤体位于坝体内部，难以检修维护，出现渗流问题时，其具体部位难以确定，维修加固难以针对具体位置采用有效措施，对坝体防渗体系进行整体加固甚至重建坝体防渗体系是解决问题最为彻底的办法。

5.2.2　加固技术方案与比较选择

土质心墙堆石坝的主要问题是渗流安全问题，其加固主要是防渗加固，坝体及心墙裂缝、坝坡稳定等结构问题可结合防渗加固进行综合处理，结构安全加固中的坝坡稳定问题一般不是很突出，结构加固主要是坝顶和护坡等坝体构造结构的维护与加固。

土质心墙堆石坝防渗加固主要有混凝土防渗墙、高压喷射灌浆、土体充填灌浆和劈裂灌浆等几种措施，其他如冲抓套井回填黏土形成防渗墙、复合土工膜防渗、土工膜＋防渗墙等防渗措施并不常用，具体采用哪种方式进行防渗加固需根据其地层特性、处理的深

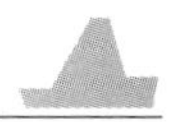

度、病害程度等，进行方案设计比较后综合确定。防渗墙、高压喷射灌浆、充填灌浆和劈裂灌浆等几种常用加固措施防渗效果不同，防渗加固方案比选时，除了进行完整的防渗加固方案设计和经济性比较外，还要考虑方案的施工难度、技术可行性与不确定因素、处理效果等综合因素。

5.2.2.1 防渗加固措施

土质心墙堆石坝的防渗加固主要是针对土质心墙防渗处理，可采用的加固措施有混凝土防渗墙、高压喷射灌浆、充填灌浆和劈裂灌浆加固等。

1. 防渗墙加固

主要有混凝土防渗墙和人工挖井防渗墙。混凝土防渗墙是采用钻凿、抓斗等方法在坝体中建造槽型孔后，浇筑成连续的混凝土墙，达到防渗的目的。防渗墙加固可以适应各种不同材料的坝体和各种复杂的地质条件，两端能与岸坡防渗设施或基岩相连接；墙体穿过坝体及基础覆盖层嵌入基岩一定深度，彻底截断坝体及坝基的渗透水流。混凝土防渗墙适用性广，实用性强，施工条件要求较宽，耐久性好，防渗可靠性高。其最主要的特点是，适用于各类土石坝防渗加固，在我国病险水库加固中应用较多。如安徽花凉亭水库黏土心墙砂壳坝，最大坝高为58m，坝体和坝基采用混凝土防渗墙加固，最大深度为66m。加固后，经过近多年的运行观测，渗流监测资料显示，防渗墙截渗效果良好。安徽卢村水库大坝为黏土心墙砂壳坝，最大坝高32m，由于心墙填筑质量差，大坝清基不彻底及左坝肩断层带未做防渗处理等原因，大坝下游坝脚多处出现渗漏。坝体采用混凝土防渗墙、坝基帷幕灌浆防渗。加固后，经过近多年的运行，渗流监测资料显示，防渗墙截渗效果良好。广西澄碧河水库大坝为黏土心墙坝，最大坝高70.40m，采用混凝土防渗墙进行加固，墙厚0.8m，墙底部嵌入基岩，最大墙深约75.2m，混凝土防渗墙加固施工已完成。

人工挖井防渗墙是采用人工倒挂井开挖和简易冲抓设备挖槽后，回填防渗性能好的黏性土或浇筑混凝土，形成连续防渗体进行防渗加固，该方法适用于深度小于40m的防渗加固，坝高小于20m时，采用该工法，较为合理，其最大优点在于施工质量“看得见，摸得着”，目前这种方法已很少采用。

2. 高压喷射灌浆加固

高压喷射灌浆是利用钻机钻孔，喷射管下至土层的预定位置喷射出的高压射流冲切破坏土体，喷射流导入水泥浆液与被冲切土体掺搅凝固，在地基中按设计的方向、深度、厚度及结构型式与地基结合成紧密的凝结体，起到加固地基和防渗的目的。高压喷射灌浆适用于淤泥质土、粉质黏土、粉土、砂土、砾石、卵（碎）石等松散透水地基或填筑体内的防渗工程，因具有可灌性好、可控性好、适应性广、设备简单及对施工场地要求不高等特点，目前国内病险土质心墙堆石坝防渗加固采用此法的工程较多。但应注意的是，高压喷射灌浆防渗效果受地层条件及坝体碾压程度影响较大，高喷桩径的经验数据主要来自于未经碾压的土层。土质心墙是经过碾压的土层，施工工艺及技术参数需要通过现场高喷试验确定，同时，对施工队伍和设备的要求较高。尤其是心墙填筑质量不好，填筑料中对含有较多漂石或块石的，应慎重使用。对坝高较小，填筑比较均匀的坝体，加固效果比较好，比较适合坝高在30m以下，防渗深度小于30m的大坝。广西客兰水库、布见水库、三利水库等大坝均采用高喷灌浆防渗加固，起到较好的防渗效果。广西兰洞水库主坝最大坝高 42.50m，采用高压喷射灌浆后，未能消除渗流安全隐患，后采用混凝土防渗墙重新加固。

3. *充填灌浆和劈裂灌浆加固*

充填灌浆是通过机械钻孔，利用浆注压力和灌浆泵加压向土质防渗体中灌注水泥黏土等混合浆液，充填土体中的孔隙和裂缝，提高防渗性能。

劈裂灌浆是利用水力劈裂原理，对存在隐患或质量不良的土坝通过加压，劈裂土体中薄弱面，并灌注泥浆挤密土体形成新的防渗体，与劈裂缝贯通的原有裂隙及孔洞在灌浆中得到填充，可提高堤土质防渗体的整体性，通过浆、土互压和干松土体的湿陷作用，部分土体得到压密，改善渗透性能。劈裂灌浆时应控制防渗体的劈裂方向和开度，避免产生顺流向劈裂缝，防止在土质防渗体中产生有害劈裂。

由于处理效果难以控制，在土质心墙堆石坝加固中已很少采用。

5.2.2.2　结构加固措施

大坝结构存在的主要问题是坝坡稳定问题。一般而言，大坝坝坡稳定不满足规范要求采用的加固方案是帮坡，主要目的的放缓坝坡，使坝坡稳定安全系数满足规范要求。如安徽花凉亭水库和广西澄碧河水库大坝下游坝坡稳定问题，均采用帮坡方案。

坝体及防渗体裂缝也是大坝结构存在的主要问题，一般采用挖除回填、裂缝灌浆以及两者相结合的方法进行处理。

5.3　混凝土防渗墙加固

混凝土防渗墙主要是采用钻凿、抓斗、锯槽、液压开槽机、射水等工法，在坝体或地基中建造槽型孔，以泥浆固壁，然后采用直升导管，向槽孔内浇筑混凝土，形成连续的混凝土墙，以达到防渗目的。防渗墙施工可以适应各种不同材料的坝体和各种复杂地基，墙的两端能与岸坡防渗设施或岸边基岩相连接，墙的底部可嵌入基岩内一定深度，彻底截断坝体及坝基的渗漏通道。

混凝土防渗墙技术于 20 世纪 50 年代初期起源于意大利和法国，我国于 1957 年引进该项技术。1959 年山东月子口水库在坝基砂砾石层中建成了一道长 472m，深 20m，有效厚度为 0.43m 的混凝土防渗墙（由 959 根直径为 60cm 的连锁桩柱构成）。同年湖北明山水库在坝基砂砾石层中建成了一道长 13839m，深 12m，厚度为 1.55m 的连锁桩柱式混凝土防渗墙，北京密云水库在坝基砂砾石层中建成了一道长 593m，深 44m，厚度为 0.8m 的槽孔式混凝土防渗墙，之后防渗墙技术在我国得到快速发展[2]。早期防渗墙主要采用乌卡斯钻机钻凿法施工，成墙厚度 0.8～1.0m，20 世纪 80 年代后，施工工法又出现了锯槽、液压开槽、射水及薄抓斗等多种成墙方法，墙体厚度也愈来愈薄，在土层、砂层或砂砾层，可减薄到 0.1m，施工成本和造价也不断降低，墙体深度也愈来愈大。应用范围由早期坝基防渗和围堰工程，扩展到病险水库土石坝防渗加固，并取得很好效果。

防渗墙墙体材料根据其抗压强度和弹性模量，可以分为刚性材料和柔性材料两大类，具体分类如下：

刚性材料 {钢筋混凝土防渗墙; 素混凝土防渗墙; 黏土混凝土防渗墙}　　柔性材料 {塑性混凝土防渗墙; 自凝灰浆防渗墙; 固化灰浆防渗墙}

刚性材料一般抗压强度大于5MPa，弹性模量大于1000MPa，有普通混凝土（包括钢筋混凝土）、黏土混凝土、粉煤灰混凝土等。柔性材料一般抗压强度小于5MPa，弹性模量小于1000MPa，有塑性混凝土（砂浆）、自凝灰浆、固化灰浆等。

20世纪50年代末，防渗墙建墙技术尚处于初期，墙的深度较小，墙体承受的水压力不大，墙体材料主要用普通混凝土和黏土混凝土，其抗压强度一般在10MPa左右。为了降低墙体的弹性模量，就在混凝土中加入了一些粉土、黏土，这种"黏土混凝土"不但可以降低弹性模量，而且具有更好的和易性，浇注时不易堵管，因而长时间被广泛应用。随后，由于防渗墙承受的水头提高，墙体内力增加，开始提高混凝土强度等级，有的强度达到了25MPa，近年来有的工程达到35MPa。20世纪80年代初，国内陆续研制了适用于低水头闸坝或临时围堰的固化灰浆材料，适用于中低水头大坝和临时围堰的塑性混凝土，适用于高坝深基防渗墙的高强混凝土，以及后期强度较高的粉煤灰混凝土。

普通混凝土是指抗压强度在7.5MPa以上，胶凝材料除水泥外不掺加其他混合材料的高流动性泥浆下浇筑的混凝土。混凝土防渗墙发展初期多采用纯混凝土，要求其抗拉强度高，渗透性能小。在水下浇筑混凝土，要求有较大的流动性。我国一般采用的是C15普通混凝土防渗墙，抗渗标号W8，允许水力坡降80～100。防渗墙嵌入基岩内，水平变位较大时，墙内出现拉应力，素混凝土难以承受，采用在混凝土防渗墙拉应力较大的部位增设钢筋，可以限制混凝土开裂。

黏土混凝土主要适用于中等水头的大坝或基础的防渗墙，在混凝土中掺加一定量的黏土（包括黏土和膨润土），不仅可以节约水泥，还可降低混凝土的弹性模量，使混凝土具有更好的变形性能，同时也可改善混凝土拌和物的和易性。在我国已修建的防渗墙中大部分是黏土混凝土，黏土的掺和率一般为水泥和黏土总重量的12%～20%。现代施工的黏土混凝土防渗墙，多采用膨润土代替黏土。黏土混凝土的28d抗压强度一般都在10MPa左右，弹性模量为11000～14000MPa。

塑性混凝土是用黏土和（或）膨润土取代普通混凝土中的大部分水泥形成的一种柔性墙体材料。由于土坝中的混凝土防渗墙的弹性模量与地基差别很大，地基的沉陷和变位使防渗墙的顶部受到很大的压力，侧面受到很大的摩擦力，引起防渗墙内的应力有时比混凝土强度高出很多，应变也比混凝土的极限应变高得多，致使墙体产生裂缝，墙的防渗作用降低。塑性混凝土比普通混凝土或黏土混凝土的弹性模量小得多，与周围土体的变形模量相近，能很好地适应地基的变形，减小了墙体内的应力，避免了开裂。

5.3.1 混凝土防渗墙设计

1. 防渗墙布置

采用混凝土防渗墙加固，应根据土石坝的坝型、坝高及渗漏原因确定布置型式。

（1）对于坝基和坝体都存在渗漏隐患的均质土坝，混凝土防渗墙宜布置在坝轴线上游附近，对于黏土心墙坝宜布置在黏土心墙中部，以达到对坝基和坝体渗漏进行全面防渗加固，如图 5.3.1、图 5.3.2 所示。

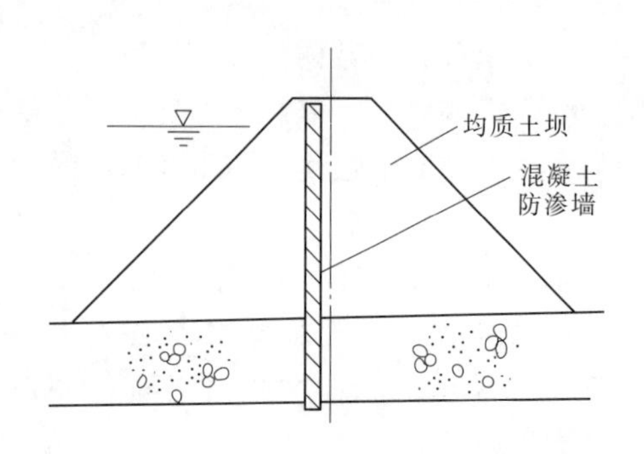

图 5.3.1　均质土坝混凝土防渗墙位置示意图

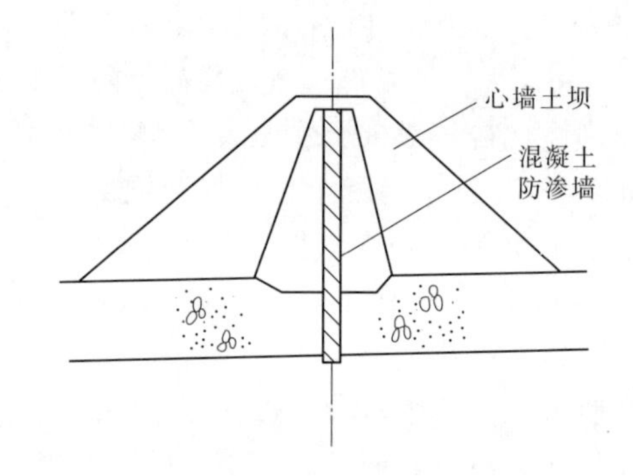

图 5.3.2　黏土心墙坝混凝土防渗墙位置示意图

（2）斜墙土坝如坝基出现渗漏，在水库可以放空的条件下，一般布置在斜墙脚下，如图 5.3.3 所示。如坝体坝基均渗漏，其布置同均质土坝。

（3）对于水头小于 50m 土石坝，如果坝基和坝体都存在渗漏隐患也可采用下部防渗墙上部土工膜的联合防渗体加固措施（均质坝、心墙坝及斜墙均可用）。该法的优点是，防渗墙可布置在上游坝坡上，可减小防渗墙深度，降低防渗墙施工难度。

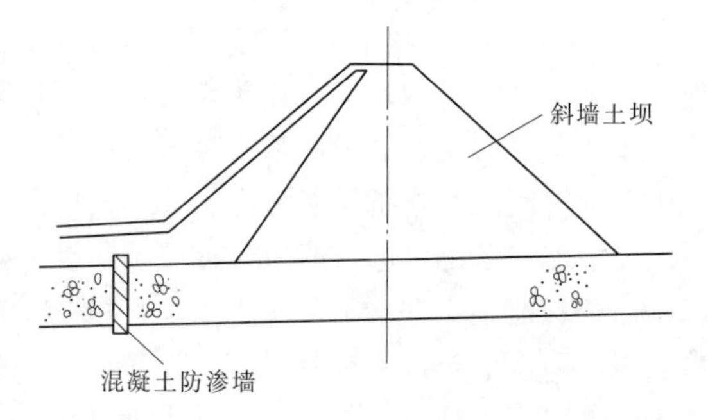

图 5.3.3　黏土斜墙土坝混凝土防渗墙位置示意图

2. 混凝土防渗墙厚度的选择

混凝土防渗墙厚度的选择，主要根据墙体抗渗性能、耐久性及施工条件确定。

（1）抗渗要求。墙厚 D 应满足下式：

$$D \geqslant \frac{H}{[J]} \tag{5.3.1}$$

$$[J] = J_{max}/K \tag{5.3.2}$$

式中　H——防渗墙上下游水头差；

$[J]$——防渗墙允许渗透比降，根据作用水头和墙体材料确定；

J_{max}——防渗墙发生渗透破坏时的临界渗透比降；

K——安全系数。

由于加固土石坝材料结构组成较为复杂，防渗墙上下游水头差宜根据大坝的渗流场确定。大坝的渗流场可采用渗流计算方法或渗流模拟试验方法确定，随着现代计算机及渗流数值计算软件的发展，渗流有限元计算分析已经变得十分便捷，而且计算精度已足以满足工程的需求。

设计允许渗透比降 $[J]$ 应根据承受的水头按混凝土结构设计规范先确定其抗渗等级，再按表 5.3.1 确定防渗墙设计允许水力比降。普通黏土混凝土一般取 $[J]=60\sim80$，塑性混凝土一般取 $[J]=40\sim60$。国内已建工程南谷洞水库取 $[J]=91$，密云水库取

$[J]=80$，毛家村水库取 $[J]=80\sim85$，这几个工程已正常运用超过 40 年。国外也有渗透比降超过 100 的实例，但在我国允许渗透比降 $[J]$ 以 80～100 作为控制上限值。

混凝土防渗墙墙体材料不像土质材料那样有发生颗粒流失的渗透破坏问题，其渗透比降与混凝土的溶蚀速度有关，因此限制其上限值对延长墙的寿命有利。

对重要混凝土防渗墙，尚须核算墙体接缝夹泥的抗渗能力。根据我国王马、毛家村、崇各庄、西斋堂等水库试验成果，夹泥破坏水力梯度为 20～60。

表 5.3.1　　混凝土防渗墙抗渗等级与设计允许渗透比降

抗渗等级	W2	W4	W6	W8
渗透系数/(cm/s)	2×10^{-8}	0.8×10^{-8}	0.4×10^{-8}	0.2×10^{-8}
临界水力梯度	133	267	400	533
允许水力梯度	<25	<50	<80	<100

（2）耐久性要求。混凝土防渗墙的耐久性主要受渗透水的侵蚀作用控制。侵蚀的特征是水泥水化后形成的各类钙盐逐步分解出氢氧化钙被水淋洗冲走，直到水中氧化钙的浓度超过各类钙盐的极限浓度后，才能继续以固相存在。而处于水压力作用下的混凝土防渗墙，由于水长期从内部渗透，固相与液相的平衡便难以建立，氢氧化钙便会不断溶出，导致混凝土结构疏松，逐步丧失结构强度。根据 B. M. 莫斯克文试验资料，氧化钙溶出量达总量的 25%以上时，混凝土强度将急剧下降 50%以上。

根据试验研究，按其强度降低 50%的年限作为选择墙厚的准则，年限 T（年）用下式计算：

$$T=\frac{auL}{kiB} \tag{5.3.3}$$

式中　a——使混凝土降低 50%所需溶蚀水量，m^3/kg，一般情况 $a=1.5\sim1.8$；

u——每 m^3 混凝土水泥量，kg/m^3；

L——墙厚，m；

k——渗透系数，m/a；

i——渗透比降；

B——安全系数，一般 1 级建筑物取 20，2 级取 16，3 级取 12，4 级以下取 8。

混凝土防渗墙使用年限 T 可根据《水利水电工程结构可靠度设计统一标准》（GB 50199—94）确定，1 级壅水建筑物结构的设计基准期应采用 100 年，其他永久性建筑物结构应采用 50 年。

《碾压式土石坝设计规范》（SL 274—2001）的条文说明中也推荐采用该方法复核防渗墙厚度。

我国舒士懋提出按水泥中氧化钙总量的 25%被溶出时间计算耐溶蚀年限 T：

$$T=0.25a\frac{V_c}{Q(M-M_0)} \tag{5.3.4}$$

式中　a——胶结材料（水泥熟料及掺合料）中氧化钙总含量，%；

V_c——防渗墙每 m^2 受压面中混凝土的体积，m^3；

M——渗出液氧化钙浓度；0.165～0.709kg/m³，平均 0.352kg/m³；

M_0——环境水所具氧化钙浓度，毛家村水库为 0.029kg/m³；

Q——单位渗透面积中一年内的渗水量，m³/a。

在水泥品种相同、用量相同情况下，以等量的粉煤灰代替黏土时，粉煤灰混凝土及双掺混凝土（同时掺高效减水剂及粉煤灰）中氧化钙溶出量分别低于黏土混凝土的 7%及 13%。双掺混凝土防渗墙的使用寿命为黏土防渗墙的 1.44 倍，具有较高耐久性。

（3）施工要求。采用的槽宽及墙厚应与挖槽机具的一次成槽宽度相适应。国内已建成的墙厚在 0.6～1.3m 之间，如不能满足设计厚度要求，则以两道墙解决。这是因为现有冲击钻机负荷所限，1.3m 直径钻具的重量已近极限。造墙的工期和造价由钻孔和浇筑混凝土两道主要工序构成。薄墙钻孔数量增大，而混凝土量少，厚墙则相反，两者有一个经济的组合。墙厚小于 0.6m 时，减少的混凝土量已不能抵偿钻孔量增大的代价，在经济上已不合理。在我国采用冲击钻造孔的设计墙厚一般取 0.8m，抓斗造孔可取 0.3m、0.4m、0.6m、0.8m 等不同厚度。对须设置钢筋笼的防渗墙，槽宽不能小于 0.5m。

施工实际成槽宽度略大于冲击钻头外径或抓斗宽度，混凝土的强度在墙体与泥浆接触面处较低，固壁泥浆也会在槽壁上形成泥皮，减少防渗墙的有效厚度，墙体有效厚度宜取冲击钻头外径或抓斗宽度减去 10cm。

3. 混凝土防渗墙控制指标要求

（1）抗渗等级。混凝土抗渗等级按 28d 龄期的标准试件测定，根据建筑物开始承受水压力的时间，也可利用 60d 或 90d 龄期的试件测定抗渗等级。

（2）渗透系数。一般而言，只要混凝土防渗墙抗渗等级达到 W4，其混凝土的渗透系数就能达到小于 10^{-8}cm/s 量级。但混凝土防渗墙分槽段浇筑，各槽段间分缝处存在泥皮接缝，其泥皮厚度对防渗墙的整体防渗性能存在一定的影响。另一方面，防渗墙混凝土水下浇筑过程中，若施工质量控制不好，出现夹泥或不密实的情况，其防渗性能也会下降。因此，混凝土防渗墙渗透系数按小于 $i\times10^{-7}$cm/s（$i=1\sim5$）控制。完成施工的混凝土防渗墙渗透系数通过检查孔注水试验获得。

（3）抗压强度与弹性模量。混凝土防渗墙的抗压强度与弹性模量主要受防渗墙在坝体中的受力状态控制，混凝土防渗墙属薄型结构，其受力实际主要受抗拉强度控制。混凝土的抗拉强度与抗压强度有相关关系，抗压强度越高，抗拉强度就越高。因抗压强度检测比较方便，一般采用抗压强度作为控制之一。同时，混凝土防渗墙的受力与防渗墙适应坝体的变形的能力也有关系，防渗墙的弹性模量越低，适应坝体变形的能力越强，防渗墙应力就越小。工程设计中，一般希望防渗墙混凝土的抗压强度高些，弹性模量低些，这是一对矛盾，具体需要根据防渗墙的应力变分析确定。

4. 混凝土防渗墙入岩深度

混凝土防渗墙应嵌入坝下的基岩，其入岩深度主要按不出现渗透破坏和基岩嵌固作用引起的墙体拉应力小于允许值控制。《碾压式土石坝设计规范》（SL 274—2001）规定，墙底宜嵌入基岩 0.5～1.0m，对风化较深和断层破碎带可根据坝高和断层破碎情况加深。

5. 槽孔施工期坝体稳定分析

在病险水库大坝防渗墙造孔过程中，将坝体劈开，引起应力重新分配。在槽孔壁分别

受到钻具冲击挤压力、固壁泥浆压力、浇筑混凝土的冲击力和流态混凝土产生的压力。从荷载条件来看，如果坝料强度较低，且透水性差，则施工期比正常运用期更为不利。如设计考虑不周，还会引起坝体裂缝，甚至出现滑坡，影响坝体安全。防渗墙施工时，在分孔序、控制混凝土浇筑上升速度和造孔机械布置等方面均应考虑坝体内成槽对大坝稳定的影响，并采取相关措施。

5.3.2 墙体材料

防渗墙为混凝土墙体的物理力学指标要求一般标准为：28天标准立方体抗压强度大于10～20MPa，弹性模量小于10000～20000MPa，渗透系数小于$i\times10^{-7}$cm/s（$1\leqslant i<10$）。

在施工过程中，应通过试验确定防渗墙混凝土配合比。配制防渗墙混凝土原材料主要有：

（1）水泥：采用普通硅酸盐水泥强度等级42.5级以上水泥。

（2）商品膨润土：一级膨润土。

（3）粗骨料：最大粒径应小于40mm，含泥量应不大于1.0%。

（4）细骨料：应选用细度模数2.4～3.0范围的中细砂，含泥量应不大于3%。

（5）水：符合拌制水工混凝土用水要求。

（6）外加剂：减水剂和加气剂等的质量和掺量应经试验，并参照《水工混凝土外加剂技术规程》（DL/T 5100—1999）的有关规定执行。

配合比试验和现场抽样检验的混凝土性能指标应满足下列要求：入槽坍落度18～22cm，扩散度34～40cm，坍落度保持15cm以上的时间不小于1h；初凝时间不小于6h，终凝时间不宜大于24h。

工程实际采用较多的普通黏土混凝土防渗墙配合比见表5.3.2。

表5.3.2　防渗墙混凝土参考配合比（重量比，单位kg）

水	水泥	膨润土	砂	骨料	木钙减水剂
280	325	65～95	720	780	0.2%～0.3%

5.3.3 防渗墙施工

混凝土防渗墙施工是采用钻机和挖槽机械，在土质防渗体中以泥浆固壁挖掘槽形孔或连锁桩柱孔，在槽孔内浇筑水下混凝土地下连续墙。混凝土防渗墙主要施工程序如图5.3.4所示。槽孔划分及施工顺序，如图5.3.5所示。

1. 造孔

防渗墙造孔工艺应根据地层情况、钻机类型和其他施工条件选择钻劈法、两钻一抓法或抓取法等。造孔机具主要有冲击钻机、钢绳抓斗、液压抓斗、回转钻机以及液压铣槽机。它们各有其特点和适用性，对于复杂的地层，一般是几种机具配套应用。迄今为止，还没有一种机具能全面适应于任何地层的防渗墙施工。

（1）冲击式钻机。是最早采用的防渗墙造孔机械，我国开始使用的是苏联的乌卡斯冲

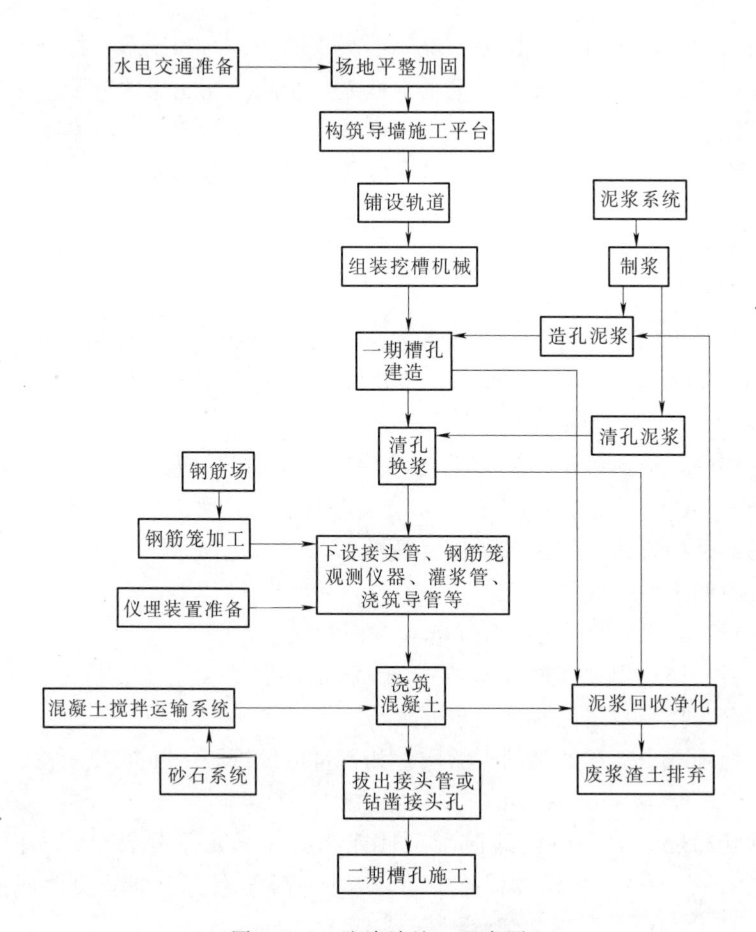

图 5.3.4　防渗墙施工程序图

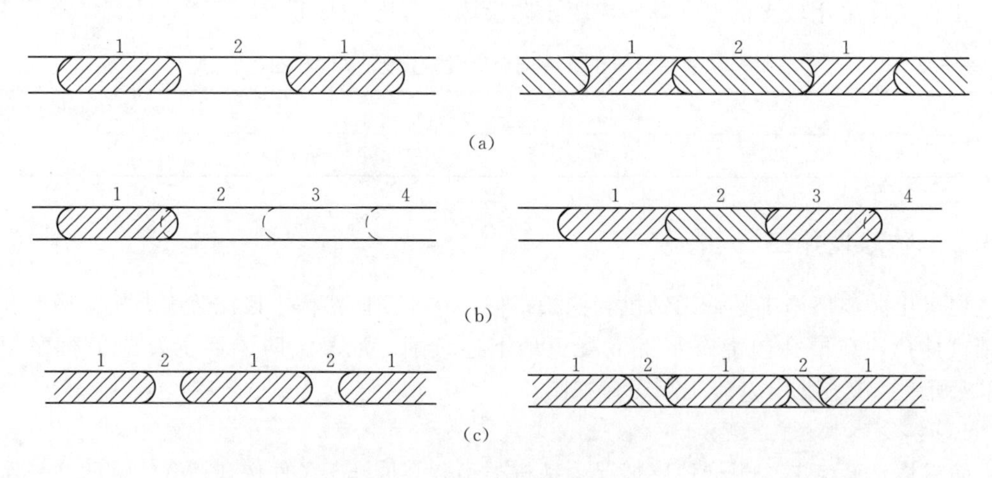

图 5.3.5　槽孔划分及施工顺序

1、2、3—施工顺序

击式钻机，这种钻机是利用重锤冲击，对地层进行破碎，同时也可对地层起到一定的挤压作用，使地基有所挤紧，防止孔壁坍塌。这种钻机的优点是构造简单，操作简便，可以适

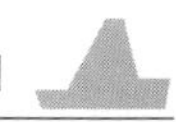

应各种复杂地层，如卵石较多，有大孤石也可钻进，可达到很深的地层，可钻凿深度达150m；缺点是工效较低。冲击钻机的排渣方式由抽筒出渣逐渐发展为正循环出渣和反循环出渣，现在三种方式都有应用。

(2) 抓斗。20世纪80年代以来，国外大量使用抓斗挖槽机造墙。抓斗对于土、砂、砾卵石等土层均适用，遇到块石、漂卵石时辅以重凿冲击破碎。由于抓斗不需要对土渣进行充分破碎，所以在一般情况下比上述机械工效高。抓斗可分为机械式和液压式两类，悬吊方式有钢索和导杆两种。机械式抓斗构造简单，操作方便，便于维修，但控制孔斜的能力稍差，抓斗闭合切土能力决定于抓斗自身的重量，一般挖槽深度在60m以内。液压抓斗有的装有纠偏装置，可控制孔斜，它的闭斗力是靠高压油缸来控制的，最大闭斗力可达637.4kN。液压抓斗适宜的挖槽深度不及钢绳抓斗。

(3) 回转式钻机。在软弱的土层、砂层及砂砾石层中钻孔，回转式钻机的效率高于冲击式钻机。回转钻排渣分为正循环和反循环两种方式。正循环是由钻杆进泥浆，孔内泥浆水位上升将渣带走。孔内上升流速很小，不能带出砾、卵石，如流速太大，则孔壁易受冲刷，影响孔壁稳定，且供浆量也不太大。因此，卵石要打成细砂粉末，才能浮起排出，所以效率低。而反循环排渣是由钻杆内部排渣，钻杆内径一般150～200mm，最大300mm，钻杆内部拌渣流速可达3.0～3.5m/s，相当于同井径正循环的40倍，直径10～15cm卵石亦可排出孔口，孔底很少集聚钻屑，减少了二次重复碾磨和破碎的工作。因而进展速度快，造价低。回转钻只能钻圆形孔，造槽孔必须用其他机械进行整形加工，因此常常用它钻进导孔。

(4) 多头钻。多头钻实际是几台回转钻的组合，可以一次成槽。这种钻机对均质土层的适应性好，挖槽速度快，机械化程度较高，但设备复杂，自重大，维修保养要有熟练的技术。1966年，日本研制的多头钻——BW钻机投入使用。这种钻机由多台潜水钻机和反循环排渣装置组成，挖槽时用钢索悬吊，全断面钻进，一次成槽，深度可达50m。

(5) 液压铣槽机。当前，液压铣槽机被认为是最先进的防渗墙造孔设备。这种机械于1973年由法国开始研制，次年第一台铣槽机在巴黎完成了12000m^{2}的地下连续墙。1986年各国使用的铣槽机已达15台，完成的总工程量达数10万m^2。液压铣槽机的一次铣槽长度2.4～2.8m，一般钻深35～50m，最大深度100m，可适用于各种土层和抗压强度低于100MPa的基岩。该钻机的缺点是不适用于软硬不均的地层和漂石、块球体。当遇到这种地层时，仍需使用重锤冲击钻进。铣槽机价格十分昂贵，因而造墙成本较高。1992年，日本横跨东京湾的高速公路使用EM-320型液压铣槽机建成了深136m、厚2.8m的防渗墙，是现今世界上最深的防渗墙，反映了国外防渗墙的最高水平。为了使混凝土防渗墙厚度均匀，必须保证槽（孔）段间接头处满足最小厚度要求，钻孔的垂直度要达到一定的精度。美国伊科斯公司规定最大偏差在任何位置不得超过15cm，我国葛洲坝防渗墙钻孔偏斜度控制在0.3%～0.5%。造孔设备及施工工艺均需有相应的措施。特别是钻孔较深时，造孔机械均设有导向装置。采用了导向钻头，有利于减少偏斜。日本对100m深地下连续混凝土防渗墙，偏斜度要求在1/800～1/1500孔深，即孔深100m时，可偏差最大12.5cm。

(6) 防渗墙造孔主要要求如下：

1) 划分槽段时，应综合考虑地基的工程地质及水文地质条件、施工部位、造孔方法、机具性能、造孔历时、混凝土供应强度、墙体预留孔的位置、浇筑导管布置原则以及墙体平面形状等因素。合拢段的槽孔长度以短槽孔为宜，应尽量安排在槽深较浅、条件较好的地方。

2）孔口应高出地下水位 2.0m。造孔中，孔内泥浆面应保持在导墙顶面以下 30～50cm。

3）槽孔孔壁应平整垂直；不应有梅花孔、小墙等，孔位允许偏差不得大于 3cm；孔斜率不得大于 0.4%，含孤石、漂石地层以及基岩面倾斜度较大等特殊情况，孔斜率应控制在 0.6%以内；一、二期槽孔接头套接孔的两次孔位中心在任一深度的偏差值，不得大于设计墙厚的 1/3，并应采取措施保证设计墙厚。

4）清孔换浆结束后 1h，孔底淤积厚不大于 10cm。

2. 泥浆固壁

建造槽孔时泥浆的功用是支承孔壁，悬浮、携带钻渣和冷却钻具。泥浆应具有良好的物理性能、流变性能、稳定性以及抗水泥污染的能力。应根据施工条件、造孔工艺、经济技术指标等因素选择拌制泥浆的土料。选择土料时宜优先选用膨润土。商品膨润土的质量标准可采用原石油工业部部颁标准《钻井液用膨润土》（SY5060—85）。拌制泥浆的黏土，应进行物理试验、化学分析和矿物鉴定，以选择黏粒含量大于 50%，塑性指数大于 20，含砂量小于 5%，二氧化硅与三氧化二铝含量的比值为 3～4 的黏土为宜。泥浆的性能指标和配合比，必须根据地层特性、造孔方法、泥浆用途，通过试验加以选定。膨润土泥浆新制浆液性能以满足表 5.3.3 指标为宜。黏土泥浆新制浆液性能以满足表 5.3.4 所列指标为宜。测定泥浆性能指标的项目，可根据不同情况按表 5.3.5 所列项目确定。

表 5.3.3　　新制膨润土泥浆性能指标

项目	单位	性能指标	试验用仪器	备　注
浓度	%	＞4.5		指 100kg 水所用膨润土重量
密度	g/cm³	＜1.1	泥浆比重秤	
漏斗黏度	S	30～90	946/1500mL 马氏漏斗	
塑性黏度	CP	＜20	旋转黏度计	
10 分钟静切力	N/m²	1.4～10	静切力计	
pH 值		9.5～12	pH 试纸或电子 pH 计	

表 5.3.4　　新制黏土泥浆性能指标

项目	单位	性能指标	试验用仪器	备　注
密度	g/cm³	1.1～1.2	泥浆比重秤	
漏斗黏度	s	18～25	500/700mL 漏斗	
含砂量	%	≤5	含砂量测量器	
胶体率	%	≥96	量筒	
稳定性		≤0.03	量筒、泥浆比重秤	
失水量	mL/30min	＜30	失水量仪	又称为滤失量
泥饼厚	mm	2～4	失水量仪	
1min 静切力	N/m²	2.0～5.0	静切力计	
pH 值		7～9	pH 试纸或电子 pH 计	

表 5.3.5　　不同阶段泥浆性能测定项目

阶段 \ 土料种类	膨润土	黏土
鉴定土料造浆性能	密度、漏斗黏度、失水量、静切力、塑性黏度	密度、漏斗黏度、含砂量、胶体率、稳定性
确定泥浆配合比	密度、漏斗黏度、失水量、泥饼厚、动切力、静切力、pH 值	密度、漏斗黏度、含砂量、胶体率、稳定性、失水量、泥饼厚、静切力、pH 值
施工过程中	密度、漏斗黏度、含砂量	密度、漏斗黏度、含砂量

拌制膨润土泥浆应用高速搅拌机，新浆经 24h 水化溶胀后方能使用。储浆池内的泥浆应经常搅动，保持泥浆性能指标均一。海水或地下水可能对泥浆产生污染的情况下，应进行水质分析并采取保证泥浆质量的措施。泥浆一般均经回收处理后再用，回收率 60%～85%，每挖掘 $1m^3$ 土体约需浆 $0.4～0.5m^3$，泥浆处理系统生产率一般为 $50～250m^3/h$，最大的可达 $500m^3/h$。

3. 混凝土浇筑

槽孔混凝土浇筑是关键的工序，虽占时间不长，但对成墙质量至关重要，一旦失败，整个墙段将全部报废，经济和时间的损失是很大的，因此应当十分重视，周密组织，精心准备，把握好每一个环节，做到万无一失。

防渗墙混凝土的浇筑采用水下导管浇筑法，导管内径以 200～250mm 为宜。槽孔内使用两套以上导管时，导管间距不得大于 3.5m。一期槽端的导管距孔端或接头管宜为 1.0～1.5m，二期槽端的导管距孔端宜为 1.0m。当槽底高差大于 25cm 时，导管应布置在其控制范围的最低处。导管的连接和密封必须可靠。应在每套导管的顶部和底节管以上设置数节长度为 0.3～1.0m 的短管。导管底口距槽底应控制在 15～25cm 范围内。开浇前，导管内应置入可浮起的隔离塞球。开浇时，应先注入水泥砂浆，随即浇入足够的混凝土，挤出塞球并埋住导管底端。混凝土终浇顶面宜高于设计高程 50cm。

防渗墙浇筑需遵守下列规定：

(1) 入孔坍落度应为 18～22cm，扩散度应为 34～40cm，坍落度保持 15cm 以上的时间应不小于 1h；初凝时间应不小于 6h，终凝时间不宜大于 24h；混凝土的密度不宜小于 $2100kg/m^3$。当采用钻凿法施工接头孔时，一期槽段混凝土早期强度不宜过高。

(2) 普通混凝土的胶凝材料用量不宜少于 $350kg/m^3$；水胶比不宜大于 0.65。水泥标号不宜低于 325 号。配制混凝土的骨料，宜优先选用天然卵石、砾石和中、粗砂；最大骨料粒径应不大于 40mm，且不得大于钢筋净间距的 1/4。

(3) 开浇前，导管内应置入可浮起的隔离塞球。开浇时，应先注入水泥砂浆，随即浇入足够的混凝土，挤出塞球并埋住导管底端。导管埋入混凝土的深度不得小于 1m，不宜大于 6m。

(4) 混凝土面上升速度不应小于 2m/h；混凝土面应均匀上升，各处高差应控制在 0.5m 以内，在有钢筋笼和埋设件时尤应注意；至少每隔 30min 测量一次槽孔内混凝土面深度，至少每隔 2h 测量一次导管内混凝土面深度，并及时填绘混凝土浇筑指示图，以便核对浇筑方量；混凝土终浇顶面宜高于设计高程50cm。

4. 墙间接缝

各槽段间由接缝（或接头）连接成防渗墙整体，槽段间的接缝是防渗墙的薄弱环节。两槽孔间混凝土墙的连接，是保证防渗的关键。在连接部位，从孔口到孔底的任一高度连接的墙厚，必须达到设计厚度，而且混凝土墙间必须连接紧密，夹泥层不能过厚，以防渗透破坏。如果接头设计方案不当或施工质量不好，就有可能在某些接缝部位产生集中渗漏，严重者会引起墙后地基土的流失，进而导致坝体的塌陷。目前采用的接头主要方法简介如下：

（1）钻凿法。在一期槽孔混凝土浇完后，将其两端凿除一个孔位，形成新鲜面与二期墙段的混凝土相连。此法主要适用于冲击式钻孔，由于工效低、消耗大，现在已不多用。

（2）拔管法。在一期槽孔的两端下设接头管当做模板，而后浇筑混凝土，待混凝土浇完并具一定强度后用液压千斤顶逐步向上将接头管拔出，则一期槽孔混凝土墙两端形成干净的半圆形凹槽。然后，建造二期孔并浇筑混凝土，这样可较好保证一、二期槽孔的混凝土连接。这种办法施工的接头深度一般不超过50m。

（3）双反弧接头法。一期槽孔两端为半圆形，两个相邻一期槽孔混凝土墙间用双月牙钻头造孔，再用双月牙可张式钻头清理已浇筑的混凝土面，以保持一、二期槽孔混凝土连接紧密。加拿大马克尼3号主坝和大角坝使用此方法，我国拓林大坝混凝土防渗墙也采用了这一方法，效果均较好。

（4）铣槽法。使用液压铣槽机施工混凝土防渗墙，可以有效地解决墙段接头问题，该机在铣钻二期槽孔时，即将一期槽孔混凝土的端部铣出新鲜的表面，并留下若干沟槽，对止水极为有利。

（5）接缝设置止水。在一期槽孔的接头部位下设工字型钢，其靠二期孔的一侧回填砂砾，浇完一期槽孔混凝土后用高压水冲出砂砾，施工二期槽孔，用高压水冲净露出的接头板上的泥渣，再浇筑二期孔的混凝土，这样工字型钢就形成了接头缝处的止水。型钢也可用预制混凝土板代替。近年来更进一步发展为设置橡胶或塑料止水片。

5. 质量检查与控制

防渗墙施工属隐蔽工程，对它的检测手段至今尚不十分完善。在墙体混凝土机口和槽口分别取样，检测标准试件抗压强度是防渗墙重要质量控制指标。其质量检查和控制主要靠施工过程控制。要全面考虑各项检测成果综合分析评价，要看整体防渗效果，不能因个别数据的差异而作出片面的结论。《水电水利工程混凝土防渗墙施工规范》（DL/T 5199—2004）规定，防渗墙质量检查程序分工序质量检查和墙体质量检查。

（1）工序质量检查包括：终孔、清孔、接头管（板）吊放、钢筋笼制造及吊放、混凝土拌制与浇筑等检查，以及基岩岩样与槽孔嵌入基岩深度等。孔斜率：钻劈法、钻抓法和铣削法施工时不得大于0.4%，抓取法施工时不得大于0.6%；接头套接孔的两次孔位中心在任一深度的偏差值，不得大于设计墙厚的1/3；孔底淤积厚度不大于100mm；混凝土的抗渗指标合格试件的百分率应不小于80%；普通混凝土强度保证率不小于95%，黏土混凝土和塑性混凝土强度的保证率不应小于80%，强度最小值不应低于设计标准值的75%。

(2) 墙体强度检查在成墙28d以后进行，检查内容为墙体的物理力学性能指标、墙段接缝和可能存在的缺陷。检查可采用钻孔取芯、注水试验或其他检测方法。检查孔的数量宜为每10～20个槽孔一个，位置应具有代表性。

对取芯率等指标不宜提出过高要求。对于塑性混凝土，由于其强度很低取芯率高低不应作为评判质量的标准。无损检测如超声波法和弹性波透射层析成像法（简称CT法）等，可用于墙体质量检测。但由于物探的局限性，其检测结果只能作为对墙体综合评价的依据之一。对防渗墙墙体取芯后进行物理力学性能试验所得到的成果，以及钻孔注水试验的成果，是评价墙体质量的重要依据。但应注意，其指标一般低于槽口取样的试验成果，这是正常现象。

5.3.4 混凝土防渗墙加固技术应用

5.3.4.1 广西澄碧河水库大坝防渗墙加固

1. 工程概况

澄碧河水库位于右江支流澄碧河的下游，具有发电、防洪、养鱼、供水等综合利用功能，总库容11.3亿m^3，为大(1)型水利枢纽工程。水库于1958年9月动工兴建，1961年10月基本建成，后经1963—1978年和1987—1998年两次加固形成现有规模。

澄碧河水库枢纽工程由大坝、溢洪道、引水发电管、坝后电站等建筑物组成。大坝为混凝土心墙与黏土心墙结合的土坝，坝顶高程190.40m，最大坝高70.40m，坝顶长425.0m，坝顶宽6.0m。溢洪道位于大坝西北约7km的山坳，由进水渠、控制段、消能设施和出水渠组成，控制段为实用堰，堰顶高程176.00m，共布置4孔闸门，每孔净宽12m。引水发电管布置在大坝右岸，共有2条管道，兼作放空管，由进水塔、压力管道等组成。原灌溉管布置在左坝肩，为鹅蛋形无压浆砌石涵管，已于1967年用混凝土封堵。坝后电站布置在大坝右岸，总装机30MW。

水库大坝第一次除险加固从1963年开始至1978年基本结束。1960年9月，大坝施工到高程185m时，坝体出现裂缝，至1961年1月底，共产生72条裂缝，大坝下游发现渗水。1962年8月起对坝体进行帷幕灌浆。1971年8月，库水位首次达到181.5m时，下游坝坡严重渗水，高程174.00m处2个渗水点呈现集中射流状，坝坡渗水面积达4315m^2。

1972年1—5月，大坝下游坡根据坝面渗水区设导渗沟，导渗沟布置呈“Y”或“W”形，沟深1.0～1.2m、宽0.6～0.8m，间距7.0m，内填沙、卵石。上游坝坡高程174.00m以上做黏土防渗斜墙，厚1.0～2.0m，并用混凝土预制块护坡。

1972年4月，开始混凝土防渗墙的设计与施工。混凝土心墙厚0.8m，其轴线位于坝顶中部偏下游侧，墙顶高程188.20m，主河槽最深处底部高程133.00m，部分墙底高程为140.00m，两岸的混凝土心墙底部深入基岩1.0m。在引水发电管及灌溉管部位，混凝土心墙底部在引水管上方，分别高出两管3.8m和2.2m。

混凝土防渗墙施工完毕后，坝顶加高至190.40m，并在坝顶浇筑混凝土路面，增设钢筋混凝土防浪墙，防浪墙顶高程191.80m。

水库大坝第二次除险加固从1987年开始至1998年基本结束。大坝在第一次除险加固时，混凝土心墙在引水发电管及灌溉管处留有缺口，混凝土心墙 54 号槽孔段存在质量缺陷。上述部位的下游坝坡仍有渗水，且当库水位超过 180m 时，右坝肩下游侧高程 178m 处的山体有绕坝渗漏。因此，采用高喷灌浆对两条引水发电管、原灌溉管周边的混凝土防渗墙缺口和心墙 54 号槽孔进行了加固，同时对两坝肩进行了帷幕灌浆。

2010 年 10 月，广西壮族自治区水利厅对澄碧河水库大坝安全鉴定的主要结论意见如下：大坝混凝土防渗墙顶高程、坝体填土压实度、坝顶宽度、大坝的上下游坝坡抗震稳定不能满足要求，坝顶出现不均匀沉降和裂缝；坝体局部渗透坡降小于允许值；左岸横向水沟底渗流溢出，不利于左岸坝坡稳定；已封堵的灌溉管未完全封堵，出现明显漏水。

2. 大坝防渗加固方案比选

根据澄碧河水库的实际情况，大坝防渗加固采用两个方案进行比较。方案一：高压旋喷灌浆方案。方案二：混凝土防渗墙方案。

（1）方案一：高压旋喷灌浆方案。该方案在大坝原混凝土防渗墙下游侧增加一道双排孔高压旋喷灌浆，旋喷孔穿过坝体至基岩。高压旋喷灌浆轴线长 390.0m（桩号 K0＋000m～K0＋390m），最大孔深约 76.0m，采用双排布孔，排距 0.6m，孔距 0.8m，上游排中心线距原混凝土防渗墙下游边 0.75m，下游排中心线距原混凝土防渗墙下游边 1.35m。旋喷孔顶部高程 189.40m。

澄碧河水库坝肩经灌浆处理后，其局部透水率仍不能满足规范要求，坝基基础未进行灌浆处理，岩体透水率不满足规范要求。因此采用帷幕灌浆进行加固处理，帷幕深至基岩透水率 5Lu 线以下 5m。桩号 0＋000m～0＋390m 为旋喷墙下灌浆，桩号 0＋000m～0－20m 和桩号 0＋390m～0＋425m 范围内为压浆板下帷幕灌浆。帷幕灌浆采用一排孔。孔距 1.5m。帷幕灌浆最大深度约 28m。帷幕灌浆与上游排旋喷灌浆同孔，先进行坝基帷幕灌浆，再进行上部坝体旋喷灌浆。帷幕灌浆采用自下而上分段阻塞灌浆。帷幕灌浆钻孔孔径 76mm。

（2）方案二：混凝土防渗墙方案。在大坝混凝土防渗墙下游侧增加一道新的混凝土防渗墙，防渗墙穿过坝体嵌入基岩，弱风化岩层入岩 0.5m，强风化岩层入岩 1.0m，以新建混凝土防渗墙替代原黏土心墙和原混凝土防渗墙的防渗功能。新建混凝土防渗墙轴线长 390.0m（桩号 K0＋000m～K0＋390m），最大墙深约 75.2m，中心线位于原防渗墙轴线下游侧 4.0m，墙厚 0.8m，混凝土强度等级为 C15，抗渗标号 W8。混凝土防渗墙加固如图 5.3.6。

大坝坝基（肩）强风化带岩体平均透水率 8.64Lu，属弱透水性，坝基（肩）弱风化带岩体透水率平均值为 8.98Lu，属弱透水性，但局部地段受裂隙及断层的影响，透水率达 10～43Lu，具中等透水性，不满足规范要求，采用帷幕灌浆进行防渗处理。帷幕灌浆轴线与新建混凝土防渗墙中心线重合，长度 445m（桩号 K0－020m～K0＋425m），其中防渗墙下采用墙下帷幕灌浆，该段帷幕长 390m，左坝肩段采用压浆板下灌浆。帷幕深至基岩透水率 5Lu 线以下 5m，最大孔深约 28m。

由于防渗墙施工需要较宽的平台才能实施，为保证施工平台，混凝土防渗墙施工前，将坝顶开挖至高程 188.20m，使其宽度满足施工需要。防渗墙施工完成后，采用填黏回填至高程 190.00m。黏土上部铺 30cm 厚水稳垫层并浇筑 10cm 厚坝顶沥青混凝土路面。

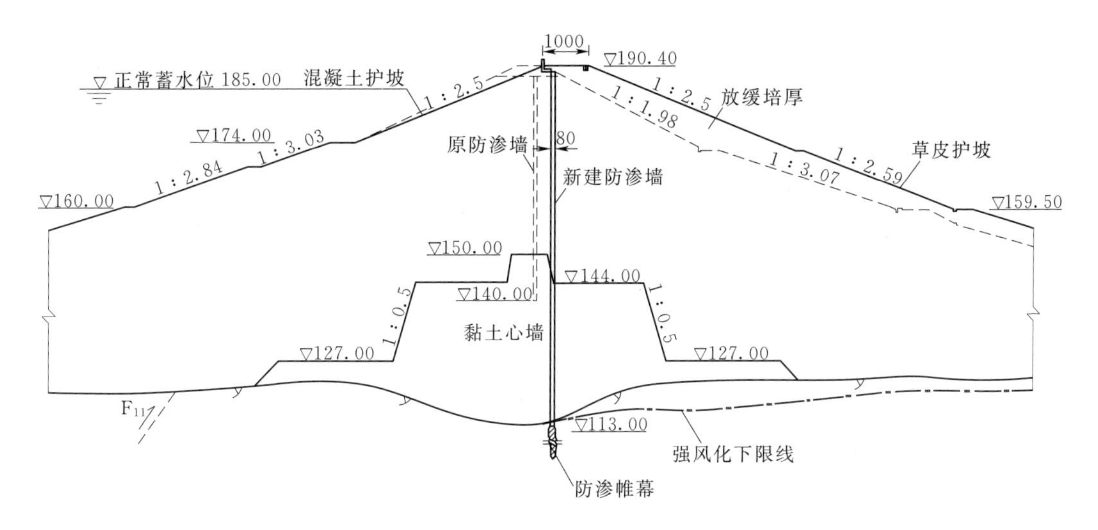

图 5.3.6 澄碧河大坝混凝土防渗墙加固横剖面图

浇筑混凝土防渗墙时，应将已实施完成的防渗墙顶部凿除不少于 50cm。

混凝土防渗墙采用冲击钻成槽，槽段长 4～8m，泥浆护壁。混凝土防渗墙施工可在水库蓄水条件下进行。槽孔内采用泥浆平压，可保持槽孔稳定。帷幕灌浆采用混凝土防渗墙预埋管、自下而上分段灌浆，埋管内径 110mm，钻孔孔径 76mm。帷幕灌浆安排在枯水期施工，期间宜保持库水位在较低水位。

（3）方案比选：

1）工程安全性比较。方案一的缺点是高程 150.00m 以下在黏土心墙中旋喷，效果较差；高压旋喷灌浆防渗性能及耐久性不如混凝土防渗墙。第二次除险加固时，对引水发电管、灌溉管及心墙 54 号槽孔等部位进行了高喷灌浆。在一定时段内，高喷灌浆取得了较好的效果，但经过几年的运行，墙前、前后水位差明显减少。另外在黏土中做旋喷灌浆效果较差，因此在大坝高程 150.00m 以下的黏土心墙中做高喷灌浆难以取得满意效果。方案二的优点是，防渗加固较彻底、可靠；缺点是坝体高程 150.00m 以下为黏土心墙，在其中建造深 75.2m 的混凝土防渗墙，具有一定的难度。

2）施工控制。方案一的优点是施工速度快，缺点是防渗深度较大时，由于钻孔偏斜旋喷墙下部容易开叉；不同地层条件，高喷技术参数选用具有较强的经验性，不同施工队伍使用的工艺方法都有差异，给工程质量控制带来较大难度，同时需要通过高喷试验确定。方案二的缺点是施工速度较慢，施工时间较长。

3）工艺的实用性。混凝土防渗墙基本适用于所有地层，而高喷主要适用于淤泥质土、粉质黏土、粉土、砂土、砾石等松散体。澄碧河水库大坝运行多年，曾多次进行除险加固，尤其是下部黏土心墙，较为密实，高喷射流受到阻挡和削弱，灌浆影响范围急剧下降，且高喷须成墙深度达 76.0m，施工难度很大，处理效果不理想。

4）防渗可靠性与耐久性。混凝土防渗墙为开槽浇筑混凝土，墙体致密、连续，其渗透系数一般为 $i\times10^{-7}$cm/s。高喷为水泥浆与土层颗粒胶结成凝结体，其渗透系数一般为 $i\times10^{-5}\sim i\times10^{-6}$cm/s。混凝土防渗墙为先成墙后灌浆，能保证墙体与帷幕有效连接，而高压旋喷为先灌浆后成墙，墙体与帷幕连接质量难以保证。混凝土防渗墙的防渗可靠性与耐久性明显高于高喷灌浆。

5）施工质量检测。高喷防渗墙施工质量检测一般采用围井的方法，但检测深度有限。施工效果如何，基本上只能在水库蓄水后，根据监测资料，判断防渗效果。而防渗墙在质量检测时，可直接在墙体上打孔，根据规范进行质量检查，方法简单，数据可靠。

另外，在高压旋喷时，防渗墙底部土体受到扰动，对老防渗墙会产生不利影响。

综上所述，从工程安全性、加固的彻底性，防渗质量的可靠性等综合考虑，推荐混凝土防渗墙方案。

3. 防渗加固设计

（1）防渗墙布置。根据大坝防渗加固方案比选，推荐大坝防渗采用混凝土垂直防渗墙＋帷幕方案，在大坝老混凝土防渗墙下游侧增加一道新混凝土防渗墙，防渗墙穿过坝体，嵌入基岩。新混凝土垂直防渗墙轴线（中心线）与老混凝土渗墙轴线平行。为控制塌孔，方便施工，新混凝土垂直防渗墙轴线布置在老混凝土防渗墙轴线下游侧 4.0m 处。新建混凝土防渗墙轴线长度 390.0m，起点桩号 0＋000m，终点桩号 0＋390m。混凝土防渗墙施工结束后，高程 188.20m 至大坝顶部采用黏土回填，与防浪墙连接。

（2）防渗墙底线的确定。根据《碾压式土石坝设计规范》(SL 274—2001)，防渗墙入岩 0.5～1m。防渗墙墙顶高程 188.20m，防渗墙最深处底高程 113.00m，最大墙高约 75.2m。

（3）防渗墙厚度的确定。防渗墙的厚度主要根据防渗安全要求和经济性综合确定。混凝土防渗墙渗透坡降一般应小于 80～100。国内类似工程采用的混凝土防渗墙厚度一般为 0.6～1.3m，而造墙的造价由成槽和浇筑混凝土两道主要工序控制，按已有经验，墙厚小于 0.6m 时，减少的混凝土量已不能抵偿成槽增大的代价，经济上已不合理。

防渗墙厚度计算值为 73cm。国内类似工程采用的混凝土防渗墙厚度一般为 60～130cm，考虑到防渗墙深达 75.2m，参照类似工程经验，防渗墙厚度取 80cm。

（4）防渗墙使用年限分析。土石坝混凝土防渗墙承受的渗透比降较大，其使用的耐久性主要受渗流溶蚀作用控制。按式（5.3.3）分析计算混凝土防渗墙使用年可达 258 年。根据《水利水电工程结构可靠度设计统一标准》(GB 50199—94)，1 级壅水建筑物结构的设计基准期应采用 100 年，可见大坝采用 80cm 厚的混凝土防渗墙能满足 100 年设计基准期的要求。

（5）防渗墙技术参数。澄碧河水库大坝混凝土防渗墙设计技术参数如下：

28d 立方体抗压强度大于 15MPa；抗渗等级为 W8；允许渗透比降 $[J]>80$；渗透系数不大于 $i\times10^{-7}$cm/s。

（6）防渗墙材料要求。原材料要求如下：①水泥——采用普通硅酸盐 42.5 级以上（含）水泥；②黏土——黏粒含量大于等于 50%，含砂量小于 3%；③膨润土——国标一级以上；④骨料——细骨料（砂）要求细度模数 $F\cdot M=2.4\sim2.8$（中砂），适宜的砂率为 35%～45%。粗骨料（石子）最大粒径不宜超过 40mm，有条件时最大粒径以 20mm 为好，小石与中石的比例以 4∶6 为宜，否则容易堵管。

防渗墙混凝土物理性能要求：①较好的和易性，一般要求混凝土的坍落度为 18～

22cm，扩散度 34～40cm，并能保持 1h 左右；②较小的泌水率，一般要求在 2h 内，泌水率小于 4%；③初凝时间不小于 6h，终凝时间不宜大于 24h；④密度不小于 2.1g/cm^3，不要用轻骨料；⑤施工混凝土强度应比设计混凝土强度高 30%～40%；⑥28d 抗渗等级为 W8，水灰比为 0.5～0.55；⑦防渗墙材料中水泥用量一般不少于 300kg/m^3。

(7) 防渗墙质量检查要求。防渗墙质量检查应在成墙 1 个月后进行，检查内容为墙体的物理力学性能指标、墙体的均匀性、可能存在的缺陷和墙段接缝。

检查方法包括混凝土浇筑槽口分段随机取样检查、墙体钻孔注水试验、芯样室内物理力学性能试验，以及超声波、CT 物探无损检测等。

检查孔数量为 10～20 个槽孔或间距约 100m 一个，位置应具有代表性，包括槽孔接头、坝高较大以及施工薄弱等部位。

(8) 防渗墙施工。澄碧河水库除险加固大坝防渗墙已顺利施工完成，质量检查结果满足设计要求。

5.3.4.2 河南窄口水库大坝防渗墙加固[3]

1. 工程概况

窄口水库坝址位于河南省灵宝市南 23km 处，控制流域面积为 903km^2，是黄河支流弘农涧河中游的一座大 (2) 型水库，总库容 1.85 亿 m^3，水库以防洪为主，兼顾灌溉、发电、养鱼、旅游、供水等综合利用。主要建筑物有大坝、溢洪道、非常溢洪道、泄洪洞、灌溉（发电）洞、水电站等。窄口水库主坝为土质心墙堆石坝，土质心墙两侧为中粗砂碎石反滤料、过渡料、堆石料，坝体下覆基岩为安山玢岩，与坝体接触部位基岩破碎，左右坝基处有 3 条断层带交汇。窄口水库为 20 世纪 50 年代建设的"三边工程"，坝体填筑质量较差，带病运行 40 多年来多次出现险情，大坝曾出现纵横多条裂缝，尤其是 2003 年水库蓄水至高程 642.00m 时，坝体出现严重渗漏情况。

水库运行期间曾采取水泥土劈裂灌浆、在坝体内修建混凝土倒挂井等措施进行过处理，但均未从根本上解决坝体渗漏问题。2007 年河南省发展和改革委员会批准了窄口水库除险加固工程。窄口水库主坝最大坝高 77.0m，坝体采用刚性及塑性混凝土组合式防渗墙进行截渗加固。根据坝体下覆基岩走势，在防渗墙高程 615.00m 上下分别采用塑性混凝土、C10W8 混凝土浇筑，成墙厚度 0.8m，最大深度 82.75m。另外为了保证水库下游工农业用水，水库管理部门还要求施工期水库最低运行水位不得低于 626.0m，混凝土防渗墙施工期间坝前水头将不低于 61.0m，施工中一旦控制不当就会发生槽孔坍塌、劈裂，进而影响坝体安全。

2. 防渗墙加固

(1) 防渗墙设计。防渗墙槽段连接采用接头管法；基岩陡峭段墙体垂直岩面入岩深度为 0.50m，河床段及左右岸断层交会带按垂直于岩面 1.0m 控制；防渗墙 615.00m 高程以上为 Ⅰ 级配塑性混凝土，混凝土强度 $R_{28} \geqslant 3.85$MPa，弹性模量 $E_{28} \leqslant 3000$MPa，渗透系数小于 1×10^{-7}cm/s；防渗墙高程 615.00m 以下为 C10W8 掺粉煤灰混凝土。

(2) 槽段划分。考虑造孔期间槽孔安全、浇筑导管布置及造孔设备功效最大化，在左右岸坝肩孔深小于 30m 地段，Ⅰ、Ⅱ期槽孔长度为 8.8m，布置 4 个主孔、3 个副孔；深槽段Ⅰ、Ⅱ期槽孔长度均为 6.80m，布置 3 个主孔、2 个副孔。共划分为 37 个槽孔，防渗墙施工轴线总长 234.04m。

（3）成槽工艺及生产性试验。为获取基岩造孔工效，验证泥浆性能、成槽工艺、基岩钻孔功效、特殊情况处理方法、清孔、浇筑工艺及接头管进行墙段连接的可行性，先选取基岩陡峭段单槽基岩高差达 13m 的 S10 号槽进行生产性试验。生产性试验数据显示，不打导孔利用抓斗直接抓取虽然功效较高，但抓取至 30m 以下时孔斜严重超标，冲击钻修孔周期长、混凝土充盈系数大；在抓取过程中槽内浆液瞬间漏失，说明坝体存在大的连通型裂缝，主体施工中需大量储备堵漏材料应对突发漏浆情况；冲击钻钻凿基岩功效仅为 1.15m^2/d，钻凿基岩占用大量时间，造成抓斗利用率降低。根据生产性试验，及时对成槽工艺进行了调整，在先期投入 1 台液压抓斗、4 台冲击钻的基础上增加冲击钻机至 12 台，采用“两钻一抓”方式成槽。

（4）防渗墙造孔施工。

1）三序法造孔成槽。施工初期采用二序法进行成槽施工，泥浆渗透、土质心墙处于饱和状态，使得造孔周期越工，槽孔壁在设备扰动等外力作用下越易发生失稳坍塌，甚至出现坝体内土质心墙坍塌、坝体失稳。S12 号槽成槽期间，抓斗抓取至 35.4m 时，与 S16、S20、S24、S28 号槽同时出现漏浆情况，为避免生产性试验中槽内泥浆瞬间自连通裂缝漏失的情况再次发生，将防渗墙槽孔调整为三序施工，即将 S1、S5、S9 号槽孔定为Ⅰ序槽，S3、S7 号槽孔定为Ⅱ序槽，S2、S4、S6、S8 号槽孔定为Ⅲ序槽。一期浇筑的Ⅰ序槽可提高坝体稳定性，二期槽浇筑后可阻断连环漏浆通道，降低塌槽风险。将成槽方法由二序法调整为三序法后，未再次出现连环漏浆情况，提高了防渗墙成槽期间槽孔的稳定性。

2）平打法钻凿陡峭基岩。泄洪洞、灌溉发电洞分别在左右岸坝肩处穿过坝体，基采用常规钻劈主副孔方法，则钻基岩时会出现钻头向低处溜滑问题，钻凿困难。因此，对于陡峭基岩段采用冲击钻凿除，由最浅接头孔向最深接头孔处按 0.40m 一钻移动钻机钻凿，可使钻头有效接触基岩面，还可避免底部残留小墙。同时，调整冲击钻及抓斗交叉作业顺序，采用冲击钻钻主孔至 60m 后，移机至其他槽孔钻主孔，由抓斗抓取该槽 60m 以上副孔，再由冲击钻钻劈 60m 以下剩余工程，减少了打回填工程量。两侧主孔基岩面确定后，根据实测量基岩面坡度，计算出主副孔铅直入岩深度，作为主副孔终孔依据。

3）成槽质量控制。防渗墙造孔质量直接影响到预埋灌浆管成功率。防渗墙最大墙深 82.75m，受液压抓斗自身性能限制，只能抓取 60m 以上土层，如果造孔期间质量控制不严格，向下移交冲击钻施工，将出现孔斜超标、局部小墙、探头石等情况，可能造成预埋管下设不到位、桁架发生倾斜、强行下放中预埋管脱离桁架，导致预埋管工作失败。因此，质检部门将孔斜超标、小墙等作为重要控制指标。在主孔造孔期间每 10m 测量一次孔斜，计算孔底偏差，发现孔斜超标及时采用自制修孔器配合频繁回填大块石进行强制修孔；在液压抓斗抓取副孔时要求操作手在易偏斜段不贪进尺，吊斗抓取，每掘进 5m 左右打开斗头上下提升斗体，清除槽壁可能存在的探头石。冲击钻在完成 60m 以下地层造孔时采用平打法及时清除小墙，造孔结束后将未钻尽牙子清除，孔型全面验收合格后转入下一步清孔工作。

4）清孔方法。防渗墙深度较大，清孔后需下设接头管、预埋灌浆管、浇筑导管，若

准备浇筑时间过长，清孔不彻底，则易造成混凝土浇筑难度增大及泥浆中悬浮钻渣集中坠落至基岩面在墙底形成夹渣等异常情况。因此，在左右岸坝肩部位槽孔深度较浅，清孔采用“抽桶法”；在河床部位深槽段清孔采用“抽桶法”结合“气举反循环”法。清孔主要设备为抽桶、空压机、排渣管、风管和泥浆净化装置。

5）混凝土浇筑。塑性混凝土、C10W8 混凝土配合比试验结果见表 5.3.6。膨润土及黏土采用湿掺法，修建容积为 100m^3 的混合泥浆站，在泥浆站依储料平台修建内径为 1.5m、体积为 7m^3 的圆形浆砌石泥浆搅拦池，安装 XY－2 型岩心钻，在竖机钻杆上安装搅拌叶片搅拌混合泥浆。

表 5.3.6　　塑性混凝土、C10W8 混凝土配合比试验结果

配合比编号	设计强度等级	水胶比	砂率/%	外加剂掺量/%	1m^3 混凝土材料用量/kg							
					水泥	膨润土	黏土	粉煤灰	水	砂子	小石	YNH 高效减水剂
L－2		0.94	0.55	0.9	180	40	40	—	245	995	815	2.34
L－6	C10	0.55		0.9	207	—	—	138	190	747	1040	3.105

注　配合比编号 L－2、L－6 分别为坝体 615.00m 以上塑性混凝土防渗墙基准配合比、坝体 615.00m 以下 C10W8 混凝土防渗墙基准配合比。

混凝土浇筑前对新制导管进行水压试验，并安排试验员监控搅拌楼中混凝土的和易性，对流动性差的混凝土进行遗弃处理，浇筑中尽量避免频繁重击导管，以免造成破裂。浇筑 C10W8 混凝土接近高程 615.00m 时及时更换为塑性混凝土。坝体防渗墙两侧为土质心墙，上部单侧最小厚度为 2.96m，若混凝土浇筑速度过快，则易对坝体造成劈裂破坏，因此底部土质心墙宽度大，浇筑混凝土上升速度按照大于 2m/h、小于 4.0m/h 控制，顶部按照大于 2m/h、小于 3.0m/h 控制，在浇筑期间安排测量人员利用上下游坝坡观测墩进行坝体水平位移观测。浇筑 S17 号槽孔时，1 号导管埋深 7.8m，正常起拔时遇到阻力，后由冲击钻配合拔出。

（5）墙段间连接。为保证墙段间的有效搭接厚度，在接头管起拔完毕后，使用直径 0.8m 的冲击钻头对接头孔进行扩孔，期间加强对孔斜的测量，计算出孔底偏差，对于超标情况及时腰身修孔器回填块石进行纠偏。

3. 特殊情况处理

（1）漏浆塌孔预防措施及处理。造孔期间，由于泥浆渗透，土质心墙处于饱和状态，因此造孔周期越长，槽孔壁在设备扰动等外力作用下越易发生失稳坍塌，结合三序槽施工方法，在成槽期间采取控制抽砂、向孔内抛投 30～60mm 级配石、保持槽内泥浆面高度等措施，使用优质膨润土浆及地层黏土自造浆，使泥浆密度保持在 1.30g/cm^3 左右。抓斗抓取 S12 号槽至 35.4m 时，与 S16、S20、S24 号槽同时出现漏浆情况。由防渗墙施工前观测数据可知：该地段土质心墙最大裂缝为 14cm，处理方法是向 4 个槽内抛填黄土、锯末掺水泥，用抓斗斗体下至漏浆孔深段频繁开闭斗体搅拌，并补充浆液至导墙顶面 0.5m 左右，静置 12h。由于处理及时，因此除 S16 号槽次日再次出现漏浆、轻微坍塌外，其余槽孔至浇筑结束后均未出现严重漏浆。

（2）倒挂井处理。在左岸 0＋036～0＋075、0＋210～0＋270 部位存在倒挂井及明槽混凝土与防渗墙轴线复合，经实际测量后，将 0+210～0+270 段防渗墙轴线向上游侧移 1.0m，0+036～0+075 段轴线也相应调整，从而绕开原有防渗结构。影响槽段为 S5－S6 号槽等，因此将该段重新划分为 3 个槽孔，轴线向上游侧偏移 1.60m，保证与防渗墙主轴线可靠连接后，正常成槽浇筑。

(3) 导墙下漏斗形塌坑处理。导墙下回填土密实度较差，泥浆浸泡饱和的土体经钻机扰动大面积垮塌，在钻机平台侧形成漏斗状塌坑，最大深度达 3m、直径为 8m。设计要求在坝体填筑之前对墙体之外混凝土进行彻底清除，为避免破碎锤等大型机械对顶部墙体混凝土造成破坏，只能采用风镐凿除，因此在槽孔混凝土浇筑前需对塌孔部分进行处理。具体处理方法：在浇筑前将厚 10mm、宽 3m、长 5m 的钢板贴内导墙下至坍塌部位以下，钢板之外用黄土回填，孔口固定在导墙上，待混凝土浇筑完成初凝前，将钢板提出孔口，待防渗墙竣工后将上下游回填黄土挖除再进行清基。

4. 小结

在窄口水库主坝超深刚塑混凝土防渗墙施工在成槽期间克服了多槽孔连环漏浆、塌孔等难题，比较顺利地完成了施工任务。

(1) 超深混凝土防渗墙施工，应严格控制造孔、清孔质量，根据实际情况采取灵活的施工方法，尽可能缩短成槽周期。

(2) 应经常维护、检修超深墙混凝土浇筑导管，发现开焊、严重磨损情况应予以废弃，并在浇筑中安排专人定期对混凝土性能进行检测，防止骨料分离造成堵管以及处理堵管时导管爆裂情况的发生；浇筑过程中对于事故的处理应首先分析原因，然后采取相应措施尽快恢复正常浇筑。

(3) 下设预埋灌浆管桁架或钢筋笼施工中，避免桁架或钢筋笼下设不到位、导管埋深过大及浇筑过程中混凝土面上升速度不均衡导致后续灌浆难度加大、铸管与钢筋笼局部上浮倾斜缠绕导管等异常情况发生。

(4) 在土质心墙内采用混凝土防渗墙截渗，施工期间应建立坝体变形观测制度，以便在发生异常情况时及时采取措施。

5.3.4.3　安徽卢村水库大坝防渗墙加固

安徽省卢村水库位于长江流域水阳江水系郎川河支流无量溪上游，坝址位于安徽省广德县卢村乡境内，距县城 10km，卢村水库总库容 7150 万 m^3，是一座以防洪、灌溉为主，兼有供水、发电、养鱼及旅游等综合效益的重要中型水库。大坝为黏土心墙砂壳坝，最大坝高 32m，坝顶高程 93.00m，坝顶长 952m。由于大坝黏土心墙填筑质量差，大坝清基不彻底及左坝肩断层带未做防渗处理等原因，大坝下游坝脚多处出现渗漏，大坝渗流达不到安全要求，致使水库一直降低水位运行，工程效益也达不到设计要求。

经研究，决定采用“混凝土防渗墙＋帷幕灌浆”的防渗加固方案。混凝土防渗墙沿坝轴线布置，位于黏土心墙的中间，墙厚采用 0.6m。防渗墙深度要求，弱风化基岩入岩深度不小于 1m，强风化基岩入岩深度不小于 2m，断层部位适当加深。防渗墙轴线长 952m，最大墙深 44m，面积 35400m^2。左岸坝基及坝肩的基岩透水深槽，按防渗墙伸至强风化底板线后下接灌浆帷幕。帷幕灌浆采用单排孔，灌浆孔孔距 1.0m，帷幕灌浆孔深度以深入相对不透水层（基岩透水率 10Lu）以下 3m 控制，帷幕防渗标准采用透水率 $q \leqslant 10$Lu；墙

下帷幕灌浆采用在墙内预埋塑料灌浆管；左岸防渗帷幕轴线长150m，最大孔深49m，如图5.3.7所示。

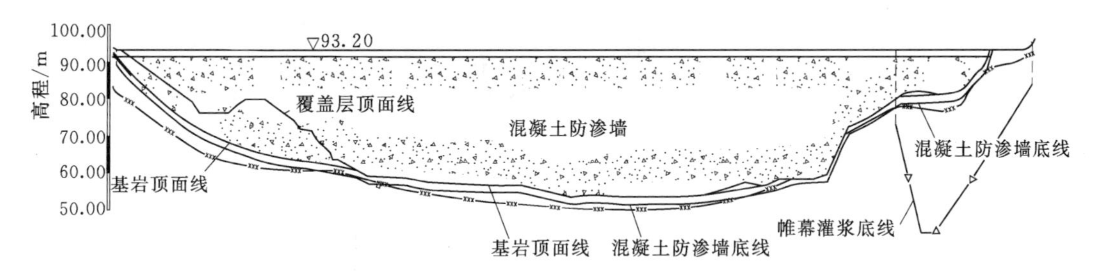

图5.3.7 卢村水库大坝防渗纵剖面图

计算分析显示，大坝在黏土心墙中心增加混凝土防渗墙加固后，大坝心墙的防渗能力和抗渗能力得到提高，下游坝体浸润线降低，大坝下游坝坡抗滑稳定性提高；同时大坝单宽渗漏量由加固前的6.07～8.98m^3/(d·m)降到0.52～0.63m^3/(d·m)。

卢村水库大坝防渗加固于2007年上半年完工，经过近3年运行和观测，西坝头渗水点（桩号0＋852附近，高程75.00m）、东坝端渗水点（桩号0＋200m附近，高程70.60m）及东坝段渗水坑等全部无水。大坝渗流监测资料显示，大坝渗压正常。

5.4 高喷防渗加固

高喷（又称高喷灌浆、高压喷射灌浆）是一种采用高压水或高压浆液形成高速喷射流束，冲击、切割、破碎地层土体，并以水泥基质浆液充填、掺混其中，形成桩柱或板墙状的凝结体，用以提高土层防渗或承载能力的工程加固技术。高压喷射灌浆的高压射流与速度和压力有关，流速愈大，动压力愈高，则破坏力愈大，冲切掺搅地层的范围也愈大。浆液是随高压射流在低压条件下掺搅进入地层，形成充填凝结体的。其主要优点是施工速度快。

高喷灌浆技术20世纪70年代由日本引进，最初在我国铁路、冶金等系统应用，主要用于提高地基承载力。80年代初由山东省水科所研究试验将旋喷改为定向喷射灌浆，用于病险水库坝基防渗处理，取得了较好的效果，之后迅速得到了推广。该项技术具有设备简单，适应性广、工效高、工期短、造价低和效果好等优点。其主要优点是施工速度快，比混凝土防渗墙快3～10倍左右。高喷最初主要用于黏土层和砂土层的防渗，近年来在砂砾层中也有许多成功应用。随着施工技术水平的不断提高，在坝高不大于30m的黏土心墙坝或均质坝进行加固时，其坝体内的防渗体系加固也可采用高压旋喷灌浆防渗。

5.4.1 高压喷射灌浆分类

高喷的高压射流与速度和压力有关，流速愈大，动压力愈高，则破坏力愈大，冲切掺搅地层的范围也愈大。浆液是随高压射流在低压条件下掺搅进入地层，形成充填凝结体的作用原理。其分类大致如下。

1. 按防渗体结构型式分类

高喷按防渗体结构型式分为旋喷、摆喷、定喷等三种型式。高喷防渗墙几种典型的结构布置型式如图 5.4.1 所示。在实际工程中（b）、（c）、（d）三中型式也都有双排或多排布置的。各工程应依据具体情况和地质条件，进行技术经济比较确定。

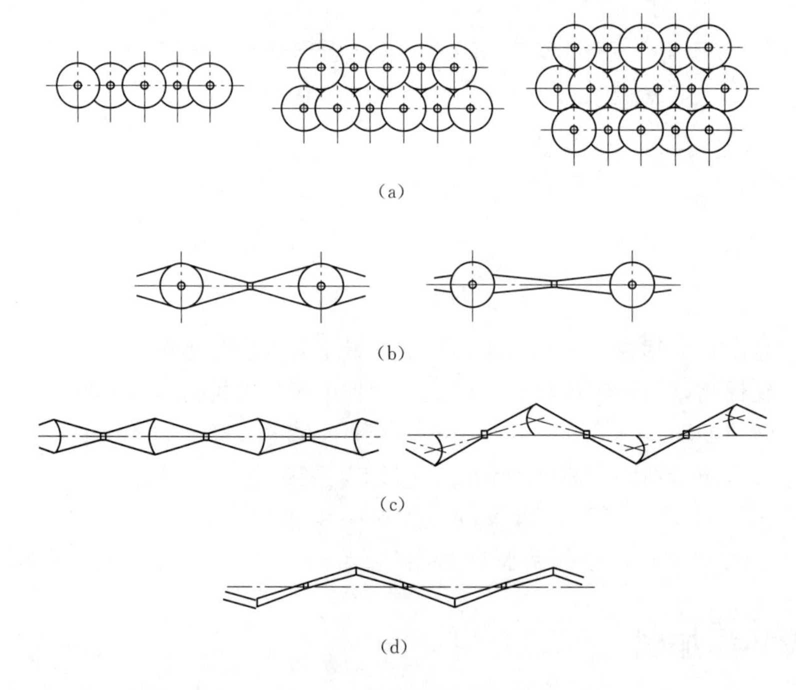

图 5.4.1　高喷灌浆板墙典型结构型式

（a）单排或多排旋喷套接；（b）旋摆旋定结合；（c）摆喷对接、折接；（d）定喷折接

2. 按高压喷射灌浆方法分类[2]

按高喷方法可分为：单管法、二管法、三管法和多管法等几种。它们各有特点，可根据工程要求和土质条件选用。各种高压喷射灌浆方法的应用见表 5.4.1。

表 5.4.1　　各种高压喷射灌浆方法在工程中的应用

喷射方法	介质类型	喷射情况	主要施工机具	成桩直径	适用条件
单管法	单液（浆）高压喷射流	水泥浆液或化学浆液	高压泥浆泵、钻机、单喷管	0.3～0.8m	用于软土地基加固、淤泥地层
二管法	水（浆）气同轴喷射流	高压水泥浆（或化学浆液）与压缩空气	高压泥浆泵、钻机、空压机、二重喷管	介于单管法和三管法之间	用于软土地基加固、粉土、砂土、砾石、卵（碎）石等地层
三管法	水（浆）气同轴喷射流	高压水、压缩空气和水泥浆（或化学浆液）	高压水泵、钻机、空压机、泥浆泵、三重喷管	1.0～2.0m	加固淤泥地层以外的软土地基、各类砂土卵石等地层
多管法	单液（浆）高压喷射流	水泥浆液或化学浆液	高压泥浆泵、钻机、多重喷管		各类砂土卵石等地层

（1）单管法。单管法是利用高压泥浆泵装置，以 10～25MPa 的压力，把浆液从喷嘴中喷射出去，以冲击破坏土体，同时借助灌浆管的提升或旋转，使浆液与从土体上崩落下

来的土混合掺搅，经过一定时间的凝固，便在土中形成凝结体。由于需要高压泵直接压送浆液，泵的制造条件较难，且易磨损，形成凝结体的长度（柱径或延伸长）较小。

（2）二管法。二管法是利用两个通道的注浆管通过在底部侧面的同轴双重喷射，同时喷射出高压浆液和空气两种介质射流冲击破坏土体，即以高压泥浆泵等高压发生装置喷射出 10～25MPa 压力的浆液，从内喷嘴中高速喷出，并用 0.7～0.8MPa 的压缩空气，从外喷嘴（气嘴）中喷出。因在高压浆液射流和外圈环绕气流的共同作用下，破坏泥土的能量显著增大，与单管法相比，其形成的凝结体长度可增加一倍左右（在相同的压力作用下）。

（3）三管法。三管法是使用分别输送水、气、浆三种介质的三管，在压力达 30～50MPa 左右的超高压水喷射流的周围，环绕一般 0.7～0.8MPa 左右的圆筒状气流，利用水气同轴喷射，冲切土体，再另由泥浆泵注入压力为 0.2～0.7MPa 浆量为 80～100L/min 的稠浆进行充填。浆液比重可达 1.6～1.8，浆液多用水泥浆或黏土水泥浆。如前所述，当采用不同的喷射型式时，可在土层中形成各种要求形状的凝结体。这种方法由于可用高压水泵直接压送清水，机械不易磨损，可使用较高的压力，形成的凝结体较二管法大，较单管法则要大 1～2 倍。

（4）多管法。这种方法须先在地面上钻一个导孔，然后置入多重管，用逐渐向下运动旋转的超高压射流，切削破坏四周的土体，经高压水冲切下来的土和石，随着泥浆用真空泵立即从多重管中抽出。如此反复冲和抽，便在地层中形成一个较大的空间；装在喷嘴附近的超声波传感器可及时测出空间的直径和形状，最后根据需要先用浆液、砂浆、砾石等材料填充，于是，在地层中形成一个大的柱状固结体。在砂性土中最大直径可达 4m。此法属于用浆液等充填材料全部充填空间的全置换法。

5.4.2 高喷防渗设计要点

土石坝防渗加固工程高喷属隐蔽工程，其技术文件的完备性和技术数据的可靠性均直接影响工程质量。设计中应包括浆液、墙体结构形式和主要参数，以及高喷灌浆工艺、技术要求、质量标准和检查方法等内容。在工程地质资料中，宜包括地层的颗粒级配、岩性和标准贯入击数等内容，水文地质资料中宜包括地下水质地、下水流速、地下水位变化和地层渗透系数等资料。

1. 高喷板墙结构形成的选择

（1）定喷和小角度摆喷适用于粉土和砂土地层；大角度摆喷和旋喷适用于淤泥质土、粉质黏土、粉土砂土、卵砾石、碎石等土层。

（2）承受水头较小的或历时较短的高喷板墙，可采用摆喷折接或对接、定喷折接型式。

（3）在卵（碎）砾石地层中，深度小于 20m 时，可采用摆喷对接或折接形式，对接摆角不宜小于 60°，折接摆角不宜小于 30°，深度 20～30m 时，可采用单排或双排旋喷套接，旋摆搭接型式；当深度大于 30m 时，宜采用两排或三排旋喷套接型式或其他型式。

（4）高喷灌浆孔的排数、排距和孔距等参数取决于地层特性和高喷方法和工艺设备，确定这些参数是难题，尤其是在深部。目前比较可行的方法是根据工程要求、地层情况、所采取的结构型式及施工参数通过现场试验或工程类比确定。表 5.4.2 为一些工程的经验资料，可供参考选用。

表 5.4.2　　旋喷桩的经验直径　　单位：m

土质		单管法	双管法	三管法
粉土和粉质黏土	$0<N<10$	0.7～1.1	1.1～1.5	1.5～1.9
	$10\leqslant N<20$	0.5～0.9	0.9～1.3	1.1～1.5
	$20\leqslant N<30$	0.3～0.7	0.7～1.1	0.9～1.3
砂土	$0<N<10$	0.8～1.2	1.2～1.6	1.6～2.0
	$10\leqslant N<20$	0.6～1.0	1.0～1.4	1.2～1.6
	$20\leqslant N<30$	0.4～0.8	0.8～1.2	1.0～1.4
砂砾	$20<N<30$	0.4～0.8	0.8～1.2	1.0～1.4

注　N为标准贯入击数；摆喷及定喷的有效长度为旋喷桩直径的1.5倍左右；振孔高喷孔距常为0.4～0.8m。

2. 高喷墙体性能控制指标确定

高喷墙体的渗透系数和抗压强度与多种因素有关，不同地层中的高喷墙体的渗透性能和抗压强度可参照表5.4.3选用。

表 5.4.3　　高喷墙墙体性能指标

地层	渗透系数 k/(cm/s)	抗压强度 R_{28}/MPa
粉土层	$i\times10^{-6}$	0.5～3.0
砂土层	$i\times10^{-6}$	1.5～5.0
砾石层	$i\times10^{-6}\sim i\times10^{-5}$	3.0～10
卵（碎）石层	$i\times10^{-5}\sim i\times10^{-4}$	3.0～12

注　1. $i=1\sim9$。
2. 渗透系数k为现场试验指标，凝结体抗压强度为室内试验指标，单管法和两管法k取低值，R取高值，立管法k取立值，R取低值。

高喷墙体的渗透系数、抗压强度与多种因素有关，表5.4.3中数据给出了一个范围。高喷墙体的渗透破坏比降更不易准确确定，有资料提出破坏比降为2000～500，允许比降100～80供参考。

3. 深度确定

防渗加固的高喷墙的钻孔宜深入基岩或相对不透水层0.5～2m。

4. 其他

对于重要工程的高喷墙应进行渗透稳定和结构安全计算。

5.4.3　高喷施工方法

高喷一般工序为机具就位、钻孔、下喷射管、喷射灌浆及提升、冲洗管路、孔口回灌等，当条件具备时，也可以将喷射管在钻孔时一同沉入孔底，而后直接进行喷射灌浆和提升。高压喷射灌浆施工流程如图5.4.2所示。

1. 设备

高喷施工设备按其工艺要求由多种设备组装而成的成套设备，分为造孔、供水、供气、供浆、喷灌等五大系统和其他配套设备六大部分。其组装布置情况如图5.4.3所示。

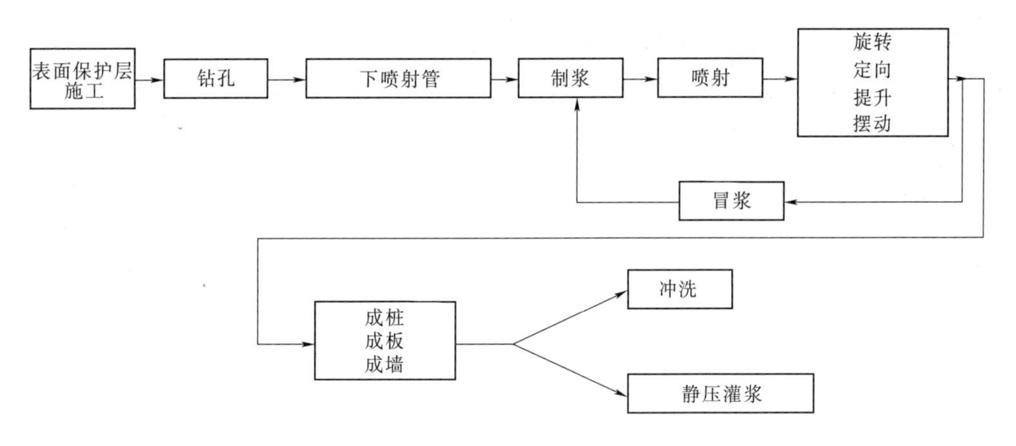

图 5.4.2 高压喷射灌浆施工流程图

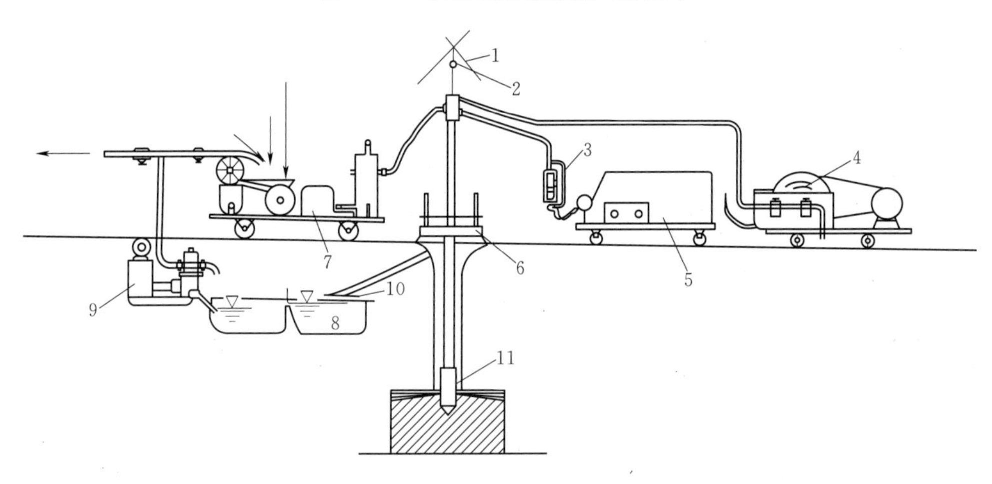

图 5.4.3 高压喷射灌浆设备组装示意图

1—三脚架；2—卷扬机；3—转子流量计；4—高压水泵；5—空压机；6—孔口装置；
7—搅浆机；8—贮浆池；9—回浆泵；10—筛；11—喷头

（1）钻机。按钻进方法钻机可分为：回转式钻机、冲击式钻机、振动式钻机、射水式钻机等。高喷灌浆施工常用的钻机是立轴式液压回转式钻机。

（2）高压供水泵：常用 3D2—S 型卧式三柱塞泵，其额定压力 30～50MPa，流量 50～100L/min，工作压力 20～40MPa。

（3）高压胶管：常用的为 4～6 层钢丝缠绕的胶管，其内径有 ϕ16mm、ϕ19mm、25mm、ϕ32mm 等几种，工作压力 30～55MPa，要求爆破压力为工作压力的 3 倍。

（4）空气压缩机：高喷灌浆工程中常用 YV 型活塞式风冷通用空气压缩机，排气压力 0.7～0.8MPa。

（5）供浆系统：主要包括搅浆机、灌浆泵、上料机三部分。

（6）喷灌系统：主要包括机架、卷扬机、旋摆机构、喷射装置等。

（7）其他配套设备：主要包括回浆泵、监测装置等。

2. 主要施工要求

（1）重要的、地层复杂的或深度较大的高喷墙工程，应选择有代表性的地层进行高喷灌浆现场试验，试验宜采用单孔和不同孔、排距的群孔进行，以确定高喷灌浆的方法及其适用性，确定有效桩径（或喷射范围），施工参数、浆液性能要求、适宜的孔距排距，墙体防渗性能等。

（2）多排孔高喷墙宜先施工下游排，再施工上游排，后施工中间排，一般情况下，同一排内的高喷灌浆孔宜分两序施工。

（3）高喷灌浆浆液的水灰比可为1.5∶1～0.6∶1（密度约1.4～1.7g/cm³）。有特殊要求时，可加入掺合料。

（4）钻孔施工时应采取预防孔斜的措施，钻机安放要平稳牢固，加长粗径钻具。钻杆和粗径钻具的垂直度偏差不应超过5‰。有条件时应进行孔斜测量，孔深小于30m时，钻孔偏斜率不应超过1%。

（5）高喷施工参数可按照表5.4.4选择。

表5.4.4　　　　高喷灌浆常用施工参数表

项目			单管法	双管法	三管法
水	压力/MPa				35～40
	流量/(L/min)				70～80
	喷嘴数量/个				2
	喷嘴直径/mm				1.7～1.9
气	压力/MPa			0.6～0.8	0.6～0.8
	流量/(m³/min)			0.8～1.2	0.6～.2
	喷嘴数量/个			2或1	2
	环状间隙/mm			1.0～1.5	1.0～1.5
浆液	压力/MPa		25～40	25～40	0.2～1.0
	流量/(L/min)		70～100	70～100	60～80
	密度/(g/cm³)		1.4～1.5	1.4～1.5	1.5～1.7
	喷嘴数量/个		2或1	2或1	2
	喷嘴直径/mm		2.0～3.2	2.0～3.2	6～12
	回浆密度/(g/m³)		≥1.3	≥1.3	≥1.2
提升速度/(cm/min)	粉土层		10～20		
	砂土层		10～25		
	砾石层		8～15		
	卵（碎石）悄		5～10		
旋喷	转速/(r/min)		(0.8～1.0)v		
摆喷	摆速/(次/min)		(0.8～1.0)v		
	摆角	粉土、砂土	15°～30°		
		砾石、卵（碎）石	30°～90°		

注 1. 对于振动高喷，提升速度可为表列数据的2倍。
2. 摆速次数以单程为1次。

3. 施工质量检查

一般均采用与墙体形成三角形的围井，布置在施工质量较差的孔位处，做压水试验，测定 ω 值或 k 值，与设计值比较，判断其是否达到设计要求。在投入运行后，对有观测设施的，要进行经常性的观测，并对资料进行整理分析，以判断其防渗效果。同时，对原渗漏点的水量观测，应分析是否有明显地减少或消失。

5.4.4 土质防渗体高喷加固技术应用

5.4.4.1 河南弓上水库大坝高喷防渗加固[4]

弓上水库位于河南省林州市西南合涧镇河西村，是卫河流域淇河支流淅河上游的一座中型水库，坝址控制流域面积 605km^2，总库容 3191 万 m^3。该水库于 1958 年 4 月动工兴建，1960 年 5 月主体工程建成并蓄水使用。水库大坝为黏土心墙砂壳堆石坝，坝基覆盖层较为深厚，基本为卵砾石层。坝顶高程 507.30m，最大坝高 50.30m，坝顶长 274m，黏土心墙底部为梯形齿槽，深入坝基砂砾石层 6.0m。水库建成蓄水后，相继出现大坝心墙裂缝和坝基漏浑水问题，共发生漏浑水达 34 次，最大漏水量达 286L/s，严重威胁着水库大坝的安全。大坝渗漏主要存在以下几方面的问题：①坝体心墙填筑局部质量差，运行过程中因沉降和冲刷产生裂缝，存在发生渗透变形的安全隐患；②坝基砂卵石覆盖层厚度达 28m，透水性强，易产生管涌现象，造成渗透变形；③左坝端断层发育，基岩破碎，绕渗严重。为此，于 1997 年开始对大坝进行除险加固工程。

弓上水库大坝防渗加固采用高喷灌浆方案，高喷灌浆墙顶部按黏土心墙顶部以下 5m 控制，底部伸入基岩 1m。由于孔深达 83m，黏土心墙瘦窄（顶宽 3m，底宽 26m，高 54m)，考虑施工及孔斜等多种因素影响，为保证黏土心墙的安全，比较了采用单排还是双排孔，经过分析比较，认为孔斜控制在 0.5%以内，旋喷影响直径 1.3～1.5m 的情况下，可保证垂直防渗墙的连续，故采用单排孔方案。设计钻孔位于黏土心墙中心线上，孔距为 0.5m，孔位误差 3cm，旋喷桩成桩直径不小于 1.3m，最小成墙厚度不少于 40cm，墙体取样抗压强度 R_{28} 为 4～10MPa；弹性模量小于 1000MPa；墙体渗透系数小于 10^{-5} cm/s；墙体允许渗透坡降大于 80。工程于 1999 年 3 月开始，至 1999 年 10 月底完成主体工程，施工桩号自 0+59.5～0+156m，共完成高喷孔 182 个。

旋喷施工采用 XY-4、XY-2、10-A 型地质钻机、高喷设备主要采用 YGP-5 型高喷台车、QB-50 型高压泥浆泵、31C1-15/6 型空压机。高压浆流量 160L/min，实际工作压力大于 36MPa；水泥浆相对密度大于 1.45；气压力 1MPa，气流量 90m^3/h；提升速度 10～20cm/min，转动速度 10～20r/min。黏土心墙段钻孔采用刮刀钻头，砂卵石层钻孔采用镶齿牙轮钻头，基岩钻孔采用金钢石钻头。如图 5.4.4 所示。

高喷灌浆施工按顺序分为 10 步：

(1) 开孔：由现场技术人员确定应施工的孔号及木桩，机台人员使钻机就位、整平，做好开孔前的准备工作。

(2) 确定黏土层厚度：以确定旋喷墙顶高程。

(3) 下套管：根据黏土心墙厚度及旋喷墙顶高程决定套管长度，以确保心墙不受到损坏。

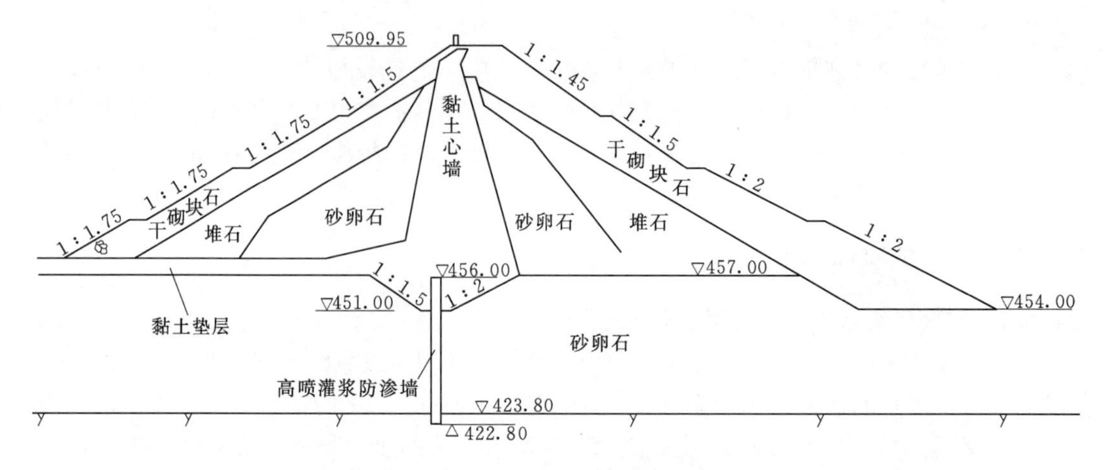

图 5.4.4　弓上水库大坝加固横剖面图

(4) 砂卵石层钻进：下完套管后换牙轮钻头、金刚石复合钻具钻砂卵石层，至基岩界面后进行基岩面深度的确认。

(5) 基岩钻进：换金刚石钻头钻取基岩，并检查岩芯确认基岩。

(6) 测斜：终孔后进行测斜。

(7) 高喷准备：根据孔深量取喷射管长度，入孔后测量余尺，确认已下入孔底，高喷参数符合设计要求。

(8) 高喷：整个高喷过程监理工程师进行旁站监理，遇有不返浆、喷射参数不正常等情况均记录在案，经调整仍达不到要求者需进行二次处理。

(9) 拔套管：高喷结束后，拔出套管。

(10) 封孔：现场调配好封孔浆液，进行机械封孔。

现场完成注水试验 15 段，渗透系数大多数小于 $i\times10^{-6}$cm/s，最大为 8.33×10^{-6}cm/s，最小为 7.52×10^{-7}cm/s；共布置 15 个检查孔，取芯进行了抗压、抗渗两项指标的室内试验，抗压强度为 17.58～18.53MPa，渗透系数 $1.55\times10^{-8}\sim2.13\times10^{-8}$cm/s，均满足设计要求。

坝后流量观测显示，加固前，1999 年 3 月 7 日库水位 487.38m，坝后流量 90L/s。加固后，1999 年 12 月 17 日库水位 485.44m 时，坝后明流消失，测压管水位也逐渐降至 3.5m 以下，高压喷射灌浆防渗效果十分显著，防渗加固达到了预期目标。自 2000 年 10 月至今，库水位一直保持在高水位，防渗工程质量较好。

5.4.4.2　广西布见水库大坝高喷防渗加固

广西壮族自治区百色市平果县布见水库总库容 4095 万 m^3，是一座以灌溉为主，兼顾防洪、发电、供水等综合利用的中型水库。水库大坝为黏土心墙坝，坝顶高程 236.27m，最大坝高 28.97m，坝顶长 160m，坝顶宽 5m。由于大坝坝体填筑质量较差，坝体、坝基及坝下输水涵管存在渗漏问题，大坝渗流达不到安全要求，致使水库一直降低水位运行，工程效益也达不到设计要求。

经研究，坝体采用高喷防渗墙进行防渗加固。高压旋喷灌浆沿坝轴线布孔，位于坝轴线上游 1m，旋喷孔穿过坝基覆盖层，覆盖层下接基岩帷幕灌浆。高压旋喷灌浆轴线长

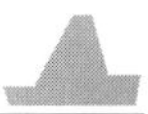

160m，最大孔深 30.60m，采用单排布孔，孔距 0.75m，墙体有效厚度 0.4m，要求允许比降 $[J]\geqslant 60$。坝下输水涵管周围加设一排高压旋喷灌浆。坝基强风化岩层及两岸坝肩岩体采用帷幕灌浆加固，帷幕灌浆采用单排孔，孔距 1.5m，深入基岩 10Lu 线以下 5m，帷幕线总长 280m，最大孔深 27.5m。坝体部分施工时高压旋喷灌浆和帷幕灌浆一次钻孔，先施工下部基岩帷幕灌浆，然后施工上部高压旋喷灌浆。如图 5.4.5 所示。

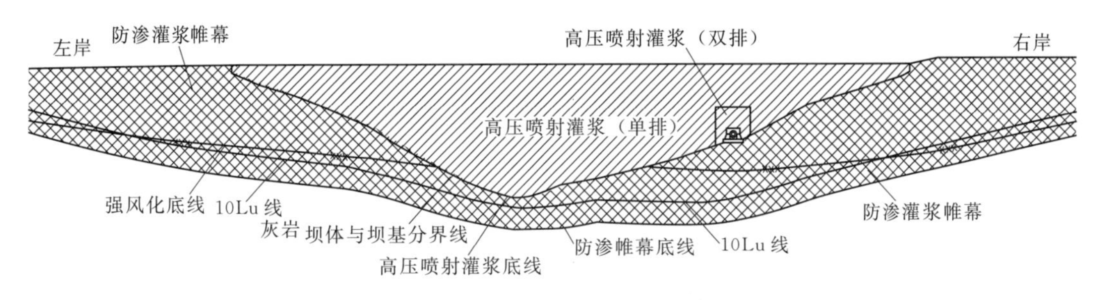

图 5.4.5 布见水库大坝防渗加固纵剖面图

计算分析表明，大坝增设高压旋喷灌浆和帷幕灌浆加固后，大坝的防渗能力和抗渗能力得到明显提高，下游坝体浸润线降低，大坝下游坝坡抗滑稳定性提高；同时大坝单宽渗漏量由加固前的 2.151～2.652m^3/(d·m) 降到 0.796～0.887m^3/(d·m)。

布见水库大坝防渗加固于 2009 年上半年完工，经过近几年运行和观测，大坝坝脚渗漏消失。

5.4.4.3 西藏冲巴湖水库大坝高压摆喷防渗墙加固

1. 工程概况

冲巴湖水库位于西藏自治区日喀则地区康马县境内，海拔 4570.00m，水库位于喜马拉雅山北坡，南与不丹王国相邻，北为冰碛阶地，水库总库容 6.61 亿 m^3。大坝为黏土心墙堆石坝，坝体基础防渗加固处理采用高喷防渗墙方案，左副坝防渗长度 475m，右副坝防渗长度 100.5m，高喷成墙面积 9008.75m^2。水库两侧分水岭地带出露石炭系二叠系碳酸盐岩和碎屑岩，有轻微变质，岩石走向 NE、倾向 SE 或 NW、倾角 20°～25°。

2. 生产性试验

为检验高喷防渗墙方案的可行性，提出合理的技术参数。在左副坝地质条件相对复杂的部位桩号 0+250～0+280 处，进行了生产性试验，墙底部高程 4565.00m，试验段大坝轴线长度 30m，墙深 16m；围井试验在左副坝（桩号 0+324.8～0+353.3）已开挖的溢流堰段进行。完成成墙面积 504m^2，围井一口，成墙面积 48m^2。高喷施工参数见表 5.4.5。

表 5.4.5 高喷施工参数表

喷嘴	高喷台车		高压水泵		空压机		水泥浆泵	
孔径 /mm	摆动率 /[(°)·min^{-1}]	提升速度 /(cm·min^{-1})	压力 /MPa	流量 /(L·min^{-1})	压力 /MPa	流量 /(L·min^{-1})	压力 /MPa	流量 /(L·min^{-1})
1.8～1.9	12～15	7～8	36～38	75～80	0.4～0.6	5～6	0.5～0.7	75～80

摆喷孔距 1.5m，孔径 15cm，摆动轴线与防渗墙轴线夹角 22.5°，摆角 45°，接头处摆

角 60°（图 5.4.6）。

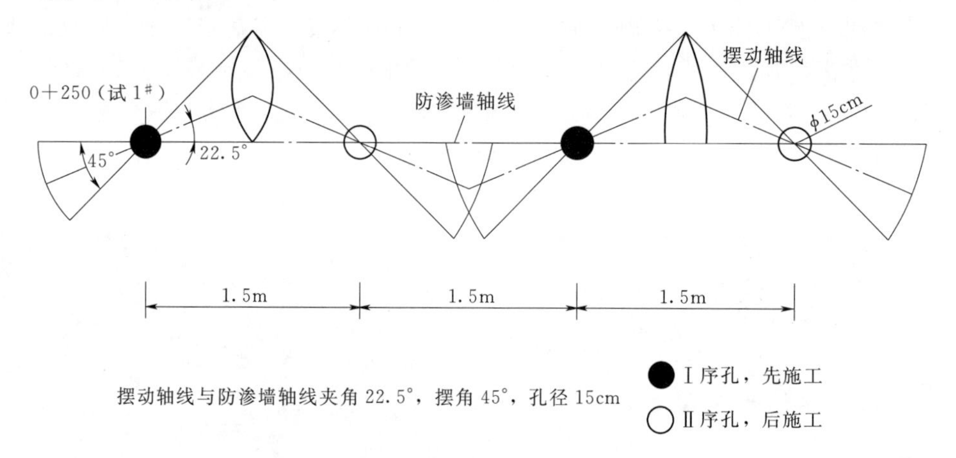

图 5.4.6　摆喷墙体平面布置示意图

3. 高喷成墙施工

（1）工艺及技术指标。为保证墙体瓶颈部位厚度满足 25～30cm 要求，采用直径 150mm 孔径。孔位偏差控制在不大于 5cm，钻孔倾斜率控制在 1%。孔深深入实际设计墙底高程以下 0.3～0.5m。Ⅰ序到Ⅱ序孔时，时间间隔 3～5d，各序孔施工时做好详细班报记录，包括钻进过程的快慢、返浆情况、有无大的孤石及地质异常等情况，供高喷时调整施工参数。

（2）钻孔施工。立轴垂直度保证在 1%以内，钻进过程中适时监控，发现倾斜及时纠正。护孔：灌浆导孔用泥浆护壁，回转钻进，终孔孔径不小于 ϕ150mm，终孔后立即换浓浆护孔，保证 72h 内喷杆能顺利下到孔底。施工中安排了部分导孔取芯，复核地层岩性。采取浓浆护壁或套管护壁，确保孔壁稳定。泥浆参数见表 5.4.6。

表 5.4.6　　泥浆参数表

项目	密度 /(g·m^{-3})	漏斗黏度 /s	失水量 /(mL·30min^{-1})	泥皮厚 /mm	塑性指数	静切力 /(Pa·min^{-1})	动切力 /Pa	pH 值
一般	±1.06	28～37	±12	0.8～1	10～15	2～4	2～8	8.5～10
极限	<1.1	>20	≤30	≤3	<20	—	<10	≤10

（3）高喷成墙。采用高压摆喷三重管灌浆工艺。主要内容：设备安装、调试、就位，孔口试喷，下注浆管，高压摆喷注浆作业，回填灌浆等工序。

孔口试喷：设备性能检查调试，台车就位，明确导孔序号和摆角方向。下喷杆前必须进行地面试喷。方法是将预先设置的压力、流量等值加到喷射注浆施工的要求值。检查水流辐射半径、离散、雾化值是否与标准值相符。

高喷注浆作业：将注浆管下到预定深度后，调整好喷嘴方向及摆动角度，依次送浆、风、水，在孔底摆喷数秒（一般控制在不少于 60s），待泵压、风压升至设计值且孔口返浆比重在 1.3～1.4 后开始提升。摆动角度 22.5°/s，提升速度不超过（7～8）cm/min，水泥浆液比重控制在 1.6～1.8，高喷过程中，应经常测试水泥浆液比重和回浆比重，当达不到设计要求时，立即暂停喷浆作业并调整水灰比，然后迅速恢复喷浆作业。

由于水泥浆液的析水、凝固收缩，每孔高喷完成后，及时和不间断地进行回灌，直至孔口浆液面不再下沉为止，保证成墙质量。

4. 特殊问题采取的技术措施

（1）右坝肩桩号0＋000～0＋100段地质结构松散，易失稳，泥浆漏失，钻孔施工时采用了泥浆堵漏护壁，局部地段采用了套管护壁，效果较好。

（2）土体中有较大空隙引起不冒浆时，适当增大注浆量或采用砂浆充填，填满空隙后再继续喷射。

（3）冒浆量过大时，适当提高喷射压力或缩小喷嘴孔径，亦可加快提升速度，减少冒浆量。

（4）遇邻孔串浆时，适当减小水压、或加快提升速度，或延长相邻孔施工间隔时间。

5. 质量缺陷处理

施工过程中，在右坝肩36号孔钻孔至22.5m处发现大孤石，直径在80cm以上。由于该深度处高喷射流对土体的冲切受到限制，可能会导致防渗墙在该处形成缺口，在该轴线外侧（垂直向距离70cm）增加一个高喷钻孔，在19～25m段进行了90°高压摆喷施工，以包裹该大块石，连接轴线高喷防渗墙墙体，避免出现墙体孔洞，确保墙体底部连续封闭。

5.5 土质心墙裂缝处理

5.5.1 概述

土坝心墙裂缝对大坝危害非常大，可能引起坝体集中渗漏，甚至影响坝体安全。土坝心墙大部分裂缝是由于不均匀沉降引起的，其主要原因是基础处理不到位、岸坡较陡、压实度低、含水量控制不严、地震、干缩及冻融等，有的在坝顶出现张开裂缝，也有看不见的内部裂缝。施工阶段各砌砖土层之间以及同层不同面连接部位均是裂缝及缺陷易 生的位置，施工时温度、湿度的变化也会对其有一定的影响，这些裂缝施工期可能是闭合的，运行期坝体不均匀沉降会导致应力重分布，致防渗体产生裂缝，或使原已存在的闭合裂缝重新张开扩展。在一定条件下，作用于上游坝面上的库水压力也能在水力劈裂作用下，引起现有的闭合裂缝张开或形成新的裂缝。裂缝主要分类如下。

1. 横向裂缝

土石坝对地基要求一般不高，沿坝轴线方向坝基的地质构造差异一般较大，坝肩往往是陡峭而相对不可压缩的岩石，中部河床段坝基多为可压缩的土基，容易导致不均匀沉降而产生横向裂缝。狭窄河床和坝基地形变化大，岸坡与坝体交接处填土高差过大时，压缩变形不一等情况下，也容易出现横向裂缝。另外，在土石坝施工中采用分段填筑时，分段进度不平衡，填土层高差过大；结合部位坡度太陡，粗土沿坡堆积而不宜夯实；分段施工时，合拢段采用台阶式连接，填土压实度不均匀以及土石料未按要求选用级配等，都有可能产生不均匀沉降，形成横向裂缝。土石坝与混凝土建筑物（如溢洪道导墙、内埋输水水泥或钢管等）结合部，也容易产生不均匀沉降形成横向裂缝。

横向裂缝与坝轴线垂直或斜交，可能形成集中渗流通道，多是由于坝肩与中部坝体不均匀沉降造成的。

2. 纵向裂缝

纵向裂缝是与坝轴线基本平行的裂缝，这种裂缝主要由坝体与坝基的不均匀沉降及坝体滑坡造成，地震容易产生纵向裂缝。黏土心墙两侧坝壳料竖向位移大于心墙竖向位移时，对心墙产生剪切力，可能引起坝体或心墙的纵向裂缝。施工填筑往往由多个单位进行，各单位不同的进度及施工质量控制，使土石坝在建成蓄水后易在质地较差的分界处出现纵向裂缝。另外，排水设施堵塞或损坏、起不到排渗作用；背水坡渗水处逸点抬高，坝坡发生渗透变形等，也都可能出现纵向裂缝。库水位骤降，迎水坡产生较大的孔隙水压力，也极有可能产生纵向裂缝甚至滑坡。

纵向裂缝有时是滑坡的前兆，但纵向裂缝与滑坡裂缝是有区别的。沉降裂缝在坝面上一般接近直线，基本上是垂直地向坝体内延伸。裂缝两侧错距一般不大于 30cm，缝宽和错距和发展逐渐减慢。而滑坡裂缝在坝面上一般呈弧形，裂缝向坝体内延伸时弯曲向上游或下游，缝隙的发展逐渐加快，裂缝宽度有时超过 30cm，并伴有较大的错距，滑坡裂缝发展到后期，可发现在相应部位的下部出现圆弧状隆起或剪出口。

3. 干缩与冻融裂缝

干缩与冻融裂缝一般产生的在均质土坝的表面，黏土心墙坝的坝顶，施工期黏土填筑面以及库水放空后的防渗铺盖上。由于土料暴露在空气中，受热或遇冷，土料含水迅速蒸发或结冰，发生干缩、收缩或冻融等裂缝和松土层。这些裂缝分布广，裂缝方向无规律性，纵横交错呈龟裂状，上宽下窄，缝宽和缝深一般较小。

坝体干缩也会产生裂缝，特别是细粒土、高压缩性土及高塑性黏土，因其收缩量大，极易形成收缩裂缝。干缩与冻融裂缝容易导致雨水下渗和裂缝发展，需尽快进行闭合处理。

4. 内部裂缝

除上述的几种裂缝外，在土石坝面上还有一些不能看到的裂缝，它主要出现在坝体内部，通称为内部裂缝。由于裂缝隐蔽，事先不易发现，其危害性很大。

对于黏土心墙土石坝，心墙竖向位移大于坝壳竖向位移，或者坝壳的竖向位移已终止，心墙竖向位移还在继续发生。此时，心墙受到坝壳的钳制，不能自由下沉，因而产生水平裂缝。通常情况下，黏土心墙边坡愈陡，坝壳对心墙的钳制力愈大，心墙产生水平裂缝的可能性愈大。

混凝土防渗墙顶部的黏土心墙因挤压有时会产生裂缝。由于防渗墙两侧的深厚覆盖层产生竖向位移，而防渗墙本身的压缩变形很小，因而防渗墙顶部的黏土与两旁的黏土发生了较大的相对位移，黏土被防渗墙顶部的反力挤压而产生放射状裂缝。当心墙宽较小时，产生裂缝的可能性增大。

5.5.2　裂缝处理方法

土质心墙堆石坝裂缝一般采用挖除回填、裂缝灌浆以及两者相结合的方法处理，影响

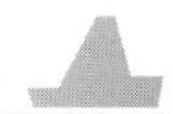

坝坡稳定的裂缝需采取抗滑处理措施，影响坝体防渗的裂缝需在一定范围采用冲击钻孔，回填混凝土或塑性材料，形成防渗墙，截断裂缝。

土石坝裂缝的原因多种多样，错综复杂，应加强检查观测，认真分析发生的原因，对其采取有针对性的加固处理，其主要处理措施如下。

1. 挖除回填

挖除回填处理裂缝是一种即简单易行，又比较彻底和可靠的方法，对纵向或横向裂缝都可以使用。对于一般的表面干缩或冻融裂缝，因深度不大可不必挖除，只用砂土填塞并在表面用低塑性的粘土封填，夯实，以防止雨水进入即可。坝顶部的浅层纵向缝可按干缩缝处理，也可以挖除重填，可视坝的重要性和部位的关键性而定。

深度小于5m的裂缝，一般可采用人工挖除回填；深度大于5m的裂缝，最好用简单的机械挖除回填。开挖时，一般采用梯形断面，这样能使回填部分与原坝体结合好，当裂缝较深时，为了便于开挖和施工安全，可挖成梯形坑槽，如图5.5.1所示。回填时逐级消去台阶，保持斜坡与填土相接。对于贯穿的横向裂缝，还应开挖成十字形结合槽，如图5.5.2所示。

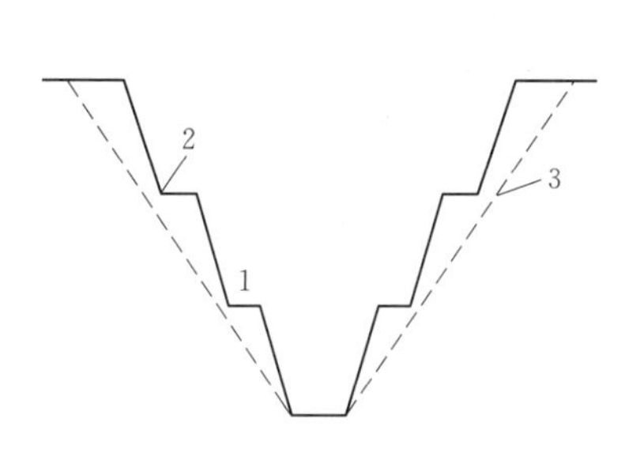

图5.5.1 土石坝开挖

1—坑槽；2—开挖断面；3—回填断面

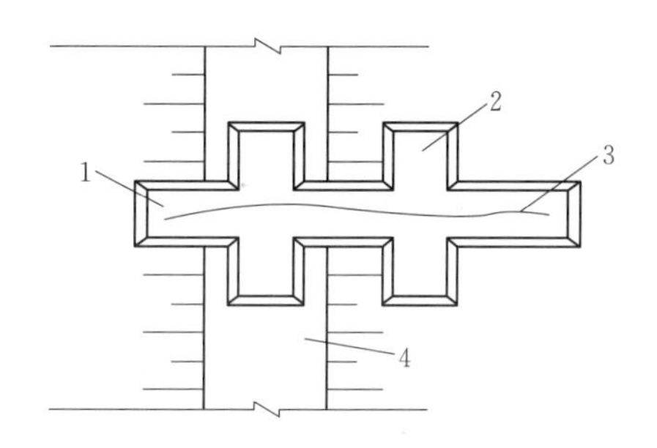

图5.5.2 横向裂缝开挖

1—坑槽；2—结合槽；3—裂缝；4—坝顶

开挖前，在裂缝内灌入白灰水，以掌握开挖边界。开挖深度应比裂缝深0.3～0.5m，开挖长度应超过缝端2～3m，槽底宽度以能够作业并能保持边坡稳定为准。不同土料应分别堆放，但不能堆在坑边，开挖后应保护好坑口，避免日晒雨淋或冻融。回填土料应与原土料相同，其含水量略大于塑限。回填前应检查坑槽周围土体含水量。如果偏干，则应将表面洒水湿润；如表面过湿或冻结，应清除后再进行回填。回填应分层夯实，严格控制质量，并采取洒水、刨毛及适当的充填和压实等措施，以保证新老填土结合良好。

2. 灌浆处理

灌浆处理适用于裂缝较深或处于内部的情况，一般常用黏土浆或黏土水泥浆。黏土浆适用于坝体下游水位以上的部位，黏土水泥浆适用于下游水位以下的部位。黏土浆施工简单，造价也较低，它固结后与土料的性能比较一致。水泥可加快浆液的凝固，减少体积收缩和增加固结后的强度，但水泥的掺量不宜太多，常用的水泥掺量大致为固体颗粒的15%左右（重量比）。浆液的浓度随裂缝宽度及浆液中所含的颗粒大小而定。灌注细缝时，可用较稀的浆液，灌注较宽的缝时则用浓浆。灌注的程序，一般是先用稀浆，后用浓浆。由于浓浆的阻力大，常常需要在浓浆中掺入少量塑化剂，以增加浆液的流动性[7]。

灌浆一般采用重力灌浆或压力灌浆方法。重力灌浆仅靠浆液自重灌入裂缝；压力灌浆除浆液自重外，再加压力，使浆液在较大压力作用下灌入裂缝。在采用压力灌浆时，要适当控制压力，以防止使裂缝扩大，或产生新的裂缝，但压力过小，又不能达到灌浆的效果。重力灌浆时，对于表面较深的裂缝，可以抬高泥浆桶，取得灌浆压力。但在灌浆前必须将裂缝表面开挖回填厚 2m 以上的阻浆盖，以防止浆液外溢。浆液对裂缝具有很高的充填能力，浆液与缝壁的紧密结合，使裂缝得到控制，但在使用灌浆方法时应注意：①对于尚未作出判断的纵向裂缝，不能采用灌浆方法加固处理；②灌浆时，要防止浆液堵塞反滤层，进入测压管，影响滤土排水和浸润线观测；③在雨季或库水位较高时，由于泥浆不易固结，一般不宜进行灌浆；④灌浆过程中，要加强观测，如发现问题，应当及时处理。

3. 挖除回填与灌浆处理相结合

在很深的非滑坡表面裂缝进行加固处理时，可采用表层挖除回填和深层灌浆相结合的办法。开挖深度达到裂缝宽度小于 1cm 后处理，进行钻孔，一般孔距 5～10m，钻孔的排数，视裂缝范围而定，一般 2～3 排[8]。预埋管后回填阻浆盖，灌入黏土浆，控制灌浆压力。

4. 反压盖重和放缓坝坡处理

影响坝坡稳定的裂缝需采取反压盖重、放缓坝坡、帮坡、加强排水等抗滑处理措施，需根据对坝坡稳定的影响程度和位置，具体分析并经各种可行的方案比较后慎重确定。

5. 截渗处理

影响坝体防渗系统的裂缝，需分析其影响范围和程度，在一定范围采用冲击钻孔，回填混凝土或塑性材料，形成防渗墙，截断裂缝的渗漏通道。

5.5.3　湖北白莲河水库大坝心墙裂缝处理

1. 工程概况

白莲河水库位于长江中游支流稀水河上，控制流域面积 1800km²，总库容 12.5 亿 m³，是一座以灌溉、发电为主，兼顾防洪、航运和养殖的综合利用的大（1）型水库。大坝为黏土心墙风化砂壳坝，最大坝高 55m，坝顶高程 111.05m，坝顶长 259m，坝顶宽 8m，上游坝坡坝比为 1∶1.77～1∶3.5，下游坝坡坝比为 1∶1.66～1∶2.5。心墙顶部高程 110.5m，顶部宽 0.6m，底部宽 16.0m。水库于 1959 年 10 月动工兴建，1960 年 10 月竣工。大坝横剖面如图 5.5.3 所示。

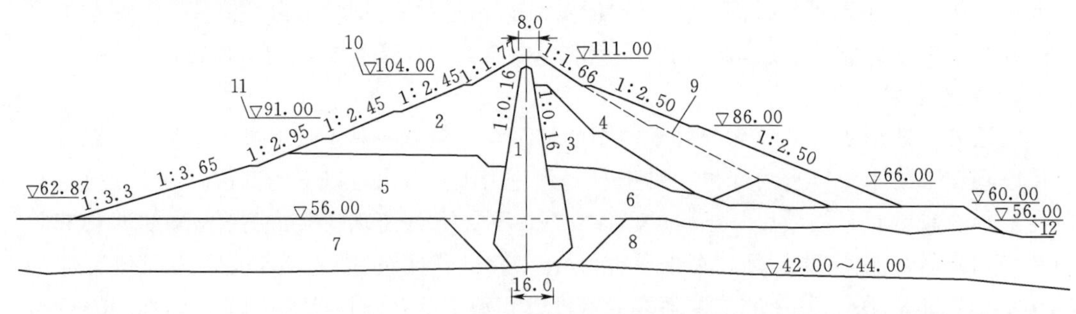

图 5.5.3　白莲河水库大坝横剖面图

1—黏土心墙；2—碎石；3—砂土含少量块石；4—块石砂土混合；5—砾质粗砂；6—砾质粗砂；7、8—砂砾粗砂；9—原坝坡；10—正常高水位；11—死水位；12—最低尾水位

为了解大坝心墙的开裂情况，1977 年 1 月至 1978 年 2 月在心墙中开挖了 5 个探井，井口直径 1.6m。从探井中情况看，发现主要裂缝 20 条，裂缝起止高程一般在 90.00～105.00m 之间，缝宽为 1～30mm 不等，裂缝大部分为纵向裂缝，也有向上下游倾斜的裂缝，倾角在 70°左右。

2. 黏土心墙裂缝处理措施

鉴于黏土灌浆投资少、工期短、见效快，最后决定采用黏土灌浆为心墙裂缝进行处理。黏土灌浆设计共布孔 46 个，一序孔和二序孔各 23 个。一序孔间距 10m，二序孔间距 5m。河床段孔深 25m，坝两端孔深一般为 7～13m，另外布置了 2 个各为 30m 深的检查孔。从 1978 年 4 月 6 日至 9 月 14 日，灌浆进尺 1006m，灌入黏土浆 979.6m^3，折合干土 702.4t。黏土心墙造孔采用人工和机械相结合，人工造孔采用麻花钻、冲击钻；机械造孔主要采用 100 型钻机，两种造孔都采用干钻，严格控制加水，保持裂缝的自然状态，而不影响灌浆效果。灌浆用黏土从库内土料场取得。

选用合理的水土比，以保证浆液灌注到坝体后，能最大限度地充分填充裂缝，达到抗渗的要求。根据试验选用 4 级水土比，即 1.5∶1、1.3∶1、1∶1 和 0.8∶1 的级配，先稀后浓进行，浆液的灌注分为一序孔和二序孔，以机械灌浆为主。采用自下而上分段纯压式灌浆，分三段进行，高程 86.00～93.00m 为第三段（下段），孔口压力控制在 0.5kg/cm^2；高程 93.00～101.00 为第二段（中段），孔口压力控制在 0.2kg/cm^2；高程 101.00～111.00m 为第一段（上段），孔口压力控制为零，即自重灌浆。在灌浆过程中，还发现一个孔灌浆，相邻几孔浆面相应升高，孔与孔之间互相串浆比较普遍。全坝段有 14 个孔在造孔过程中发现有泥浆串入孔内。有一孔浆面在孔内上升 7m 多，一般上升 2～3m。浆液的含沙量、黏度，根据试验室提供试验数据进行控制。含沙量一般要求不大于 10%，由于在稀浆中掺入干土粉及浆液搅拌，使含砂量达到 10%～30%，少量浆液达到 40%。在浆液中掺入 0.3%的水玻璃，黏度可达 30s 左右。灌浆结束标准是在设计压力下，停止吸浆或吸浆率不超过 0.5～1.0L/min，延长灌浆 30～60min。全部 46 孔的平均吸浆率为 0.925m^3/孔。一序孔耗浆量为 768m^3，占总耗量的 78.4%，二序孔耗浆量为 211.6m^3，占总耗浆量的 21.6%。从全坝耗浆量情况分析，主要耗浆量集中在桩号 0+100～0+205 之间的河床段，这一段共有 21 孔，耗浆量达 940.5m^3，占总耗浆量的 96%。右坝段 17 孔耗浆量只有 37.3m^3，占 3.8%。左坝段仅耗浆 1.8m^3，仅占 0.19%。从分析计算和挖探坑检查，桩号 0+100～0+205 之间是坝体纵向裂缝开裂严重区，所以 96%的浆液充填在该坝段，单孔吸浆量大于 50m^3 的有 9 个孔。

3. 灌浆效果

为检查灌浆效果，在桩号 0+123（最大断面 0+130 附近）、桩号 0+178（灌浆前已挖井断面 0+130 附近）、桩号 0+192.5（吸浆最大部位）三处挖探井。从检查情况来看，三个井的浆脉基本上沿着心墙轴线或略倾向心墙下游进入井壁或消失，浆路中的泥浆不但充填得饱满，而且和原心墙结合得很好，没有因浆体收缩而重新发生裂缝。充填泥浆经过一年多的时间运行，含水量在 40%左右，干容重为 1.3t/m^3，说明浆液固结较慢。原心墙渗透系数为 $1.4\times10^{-4}\sim7.9\times10^{-6}$cm/s，比原设计值大，灌浆后渗透系数为 $1.9\times10^{-7}\sim9.2\times10^{-8}$cm/s，灌浆后坝体防渗效果良好。

5.5.4　日本岩手县胆泽黏土心墙堆石坝震后修复[9]

1. 工程概况

胆泽大坝位于日本国岩手县奥州市，大坝为黏土心墙堆石坝，最大坝高 132m，坝体断面如图 5.5.4 所示，主要特性指标见表 5.5.1。坝体填筑始于 2005 年 10 月，至 2008 年 10 月时，坝体填方达 1000 万 m^3（占填筑总量的 75.8%），工程于 2013 年底竣工。2008 年 6 月 4 日，日本岩手县南部 8km 处发生里氏 7.2 级地震，胆泽坝位于震源东北偏北 10km 处，地震中库区边坡坍塌，心墙与反滤层交界面附近出现宽度 1～30mm 不等的裂缝，施工中的溢洪道混凝土表面也出现了裂缝。

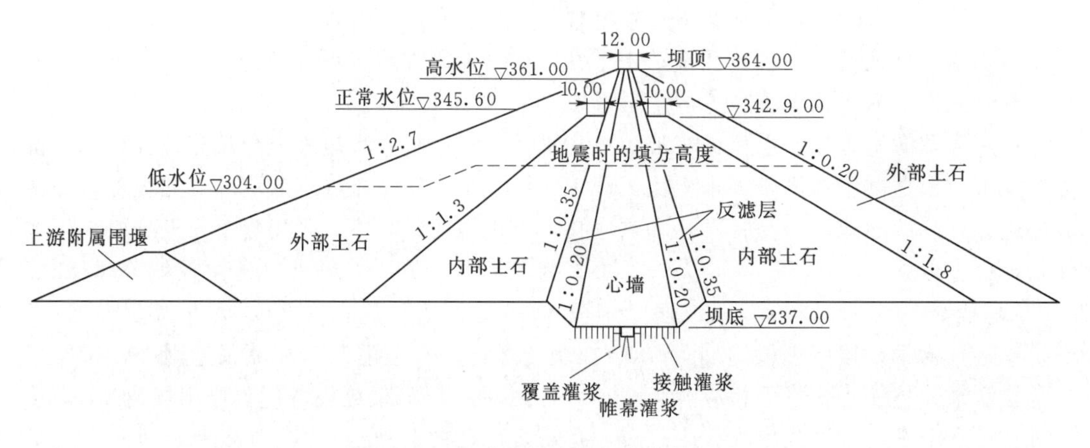

图 5.5.4　日本胆泽大坝标准横断面图

表 5.5.1　　　　胆泽大坝主要设计指标

坝　型			黏土心墙堆石坝
坝高			132.0m
坝顶长度			723.0m
坝顶宽度			12.0m
坝体体积			约 1350 万 m^3
坝顶高程			364.0m
填方坡度	堆石料	（上游）	1∶2.7
		（下游）	1∶2.0
	反滤料	（上游）	1∶0.35
		（下游）	1∶0.35
	心墙料	（上游）	1∶0.2
		（下游）	1∶0.2
工程任务			防洪、维持正常水流功能、灌溉供水、公共供水、发电

2. 地震对施工中的大坝损坏情况

坝址附近发生多处边坡滑坡，施工中的坝体表面集中出现 1～30mm 宽的裂缝，溢洪

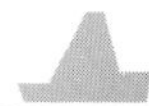

道结构混凝土表面出现裂缝。

3. 心墙与反滤体表面的外观检查

震后即对大坝损坏情况进行了紧急检查，确定裂缝主要发生在心墙和反滤层交界面附近，外观检查的结果显示，裂缝特点取决于纵断面和横断面的形状，并可以分为以下5类：

（1）分布于心墙与反滤层交界面附近3～5m宽度范围内，并平行于坝轴线的裂缝群和带状松动区域（图5.5.5）。

（2）临近心墙和反滤层交界面处的区域的向心墙侧倾斜（向大坝轴线一侧的倾斜达到8°，因心墙沉降大于反滤层的沉降）。

（3）平行于大坝轴线的心墙表面裂缝（裂缝宽度为10～20mm）。

（4）沿大坝轴线的填方高度发生变化的，穿过大坝轴线的弧形裂纹区域（图5.5.6）。

图5.5.5 沿心墙和反滤层的裂缝群

图5.5.6 穿过坝轴线的弧形裂缝

（5）坝肩与岸坡岩石接头处裂缝穿过坝轴线。

4. 裂缝深度探测

采用开挖沟槽方式对裂缝深度进行探测，探测结果表明心墙和反滤层内裂缝的深度具有以下特点：

（1）心墙：裂缝深度范围为10～50cm，几乎全部消失于表面的第一层和第二层；在探测地点上没有发现裂缝深度和填方高度之间有联系。

（2）反滤层：裂缝深度范围为80～240cm，几乎全部消失于表面的第二层至第四层。未发现裂缝深度与表面裂缝宽度有关联；上游反滤层中的裂缝发展深度与填方厚度有关，下游反滤层中表现不明显。

5. 裂缝检查结论

（1）沿着心墙和反滤层交界面处形成了很多纵向裂缝，反滤层的裂缝较深。心墙中的裂缝仅在表层发展，在反滤层深部，裂缝朝心墙边界一侧开展。

（2）心墙填方厚度变化处出现弧形裂缝；坝肩与岸坡接头处，心墙中出现横向裂缝。

（3）采用不同的示踪剂探测心墙和反滤层中的裂缝，能够确定其中的裂缝开展深度。

（4）裂缝开展深度之下，坝体密度和渗透系数未受地震影响。

6. 裂缝处理方案

对心墙和反滤层受损部位进行开挖和清除，开挖深度需超过裂缝开展深度，确定的开挖线连接了上游反滤层和下游反滤层中必要的开挖范围（最小层厚 60cm），损坏的心墙和反滤层的开挖和清理范围包含沟槽勘测确定的裂缝深度。在大坝轴线方向，清理深度按10%或更小的坡度递减。

参 考 文 献

[1] 王柏乐．中国当代土石坝工程［M］．中国水利水电出版社．2004.

[2] 谭界雄，高大水，周和清，等．水库大坝加固技术［M］．中国水利水电出版社．2011.

[3] 王银山，崔文光，房小波，等．窄口水库刚性及塑性混凝土组合式防渗墙施工［J］．人民黄河，2011，33（9）：114－116＋119.

[4] 张永保，孙江生，黄章勇，等．高喷灌浆技术在弓上水库坝基防渗工程中的应用［J］．山东水利．2001（7）：49－50.

[5] 陈红星，等，西藏冲巴湖水库除险加固工程高喷混凝土防渗墙施工［J］．湖南水利水电．2007（3）：51－52.

[6] 李海东．水利工程运行维护与病险检测处理技术及标准规范应用实务全书［M］．长春：吉林摄影出版社，2003

[7] 陈礼亮，潘山．丹江口左岸土石坝加固及其效果［J］．湖北水力发电．2002（4）：26－28.

[8] 陈明致，金来鋆．堆石坝设计［M］．水利出版社，1981.

[9] 佐佐木隆史，等．2008 年岩手—宫城内陆地震中胆泽堆石坝的损坏及其修复［J］．现代堆石坝技术进展．2009：563－570.

第6章 爆破堆石坝加固

6.1 概述

爆破堆石坝是在坝址两岸或一岸山体中预挖药室、置放炸药，同时或分批起爆，使山体按预定方向抛掷到河谷中预定位置，拦截河道堆积成坝，随后用人工挖填方法修整和加固坝的断面，修建合适的防渗措施。

修建爆破堆石坝可以节省大坝的填筑工期和投资，但在坝址选择、泄（输）水建筑物布置、堆石体防渗加固、定向爆破控制等设计施工方面也有诸多难题。我国广东、河北、浙江等省在1959年至1961年短短的两年间进行了18次爆破筑坝的实践，绝大多数取得了成功，其中规模较大和较为成功的是位于广东省韶关市乳源县的南水水电站大坝，炸落总方量167万m^3，抛掷上坝100万m^3，堆积体平均高度65m，平均孔隙率小于30%，上下游边坡坡度约1∶3[1]。爆破后用岸坡上剩余石料将堆石体加高至81.8m，并在上游修筑黏土防渗斜墙，形成黏土斜墙堆石坝。20世纪70—80年代初，陕西、云南、山西等省在吸取已建成的爆破堆石坝运行经验教训的基础上，又兴建了石砭峪、己衣、里册峪等一批爆破堆石坝，20世纪90年代末修建了广西仙塘爆破堆石坝。另外，20世纪60—70年代，我国也修建了渡口、吊茶壶等一批尾矿坝。我国有关单位也专门立项研究爆破堆石坝，开展了相关研究工作，取得了一些先进研究成果。我国已建爆破堆石坝情况见表6.1.1。

表6.1.1　　　　我国主要爆破堆石坝特征表

序号	工程名称	所在地	防渗型式	坝高/m	库容/10^4m^3	定向爆破年份	建成或除险加固年份
1	南水水电站	广东	黏土斜墙	81.8	128400	1960	1978年建成
2	石砭峪水库	陕西	沥青混凝土面板和复合土工膜	85	2810	1973	2002年加固
3	己衣水库	云南	混凝土防渗心墙	85.2	1260	1978	2002年加固
4	白龙河水库	云南	黏土斜墙和混凝土防渗墙混合式	46	1200	1978	1980年建成、1995年加固
5	福溪水库	浙江	初期为黏土斜墙，除险加固改为钢筋混凝土面板	50	2270	1959	1960年蓄水，2010年除险加固
6	里册峪水库	山西	沥青混凝土面板	57	667		1976年8月蓄水
7	石郭水库	浙江	黏土斜墙	51	290	1959	1960年蓄水
8	塘仙水利枢纽	广西	复合土工膜	70		1999	2004

在缺乏资金和堆石坝施工技术与设备的 20 世纪 70 年代以前，我国建成的石砭峪、己衣、南水等爆破堆石坝应该说是成功的，建成的水库对当地社会经济发展发挥了重要作用，爆破堆石体形成的挡水大坝节省了大量投资，虽然爆破形成的堆石坝未采取防渗措施时渗漏量均较大，但堆石体形成的大坝总体是安全的，经后期除险加固和实施输、泄水建筑物后，成为效益显著的水利水电枢纽工程。

由于定向爆破形成的堆积体块石粒径难以精确控制，堆积体孔隙率无法控制，造成孔隙极不均匀，局部孔隙很大，甚至架空，因此堆积体变形较大，变形收敛历时较长，有的几十年后仍在沉降变形，其防渗结构容易破坏，需进行不断修补处理，每隔几年就需要进行维修加固。表 6.1.1 所列的几座爆破堆石坝实施定向爆破或建成运行后，普遍存在坝体变形较大和渗漏量偏大的问题，部分坝的渗漏量持续或急剧增加。

爆破堆石坝早期渗漏问题主要是由于防渗体无法按设计要求实施、施工难度大造成的，渗漏量加大主要原因是坝体变形过大导致防渗结构破坏，长期渗漏也会使坝体细颗粒流失，加剧坝体变形，如此反复，使爆破堆石坝表现出需要经常性的维修和加固的特点。

通过南水、石砭峪、己衣等爆破堆石坝的实践，也发现爆破堆石坝存在选址困难、爆破难以控制、堆石体孔隙率不均匀且普通偏大、坝体长期变形收敛慢且无法控制、堆石体和基础防渗难度大等问题和制约因素。因此，我国 20 世纪 80 年代后，就没有大面积推广和使用爆破堆石坝。

随着社会经济和技术的发展，对环境的要求更高，定向爆破堆石坝虽然很难再大面积推广使用，但对已建爆破堆石坝进行继续维修和加固是必要的，研究已建成的爆破堆石坝加固处理技术还是有重要的现实意义。

6.2　爆破堆石坝加固措施

通过定向爆破后形成的爆破堆石体还不能成为真正意义上的挡水大坝，需根据实际爆破情况进行坝体修整和加高加固，根据需要研究坝体和坝基防渗方案，明确实际坝型和坝体断面，设置或调整泄洪和输水等建筑物。

6.2.1　爆破堆石坝坝体加固

按设计要求实施定向爆破后，需再根据设计实施坝体和坝基防渗措施，加高加固坝体，修整大坝上下游坝坡。

定向爆破形成的堆石体断面形状与爆破设计有很大关系。如果设计要求后期填筑和修整工程量较小，定向爆破设计时，应考虑堆石体集中抛投在坝轴线附近，堆石体粒径较大，上下游边坡较陡，边坡坡角接近堆石体的休止角，坡比一般为 1∶1.3～1∶1.6。如设计考虑后期进行更多的人工填筑和修整坝体断面，定向爆破设计时，则堆石体可适当分散抛投，堆石体粒径较小，边坡较缓，坡比一般在 1∶3～1∶4，后期填筑加高工程量较大。

定向爆破后两岸山体稳定和危岩体稳定问题要高度重视，同时还要防止出现大规模泥石流，影响大坝稳定和运行管理安全。比如南水坝右岸洞室爆破后，山坡危石很多，清理

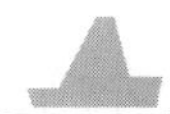

了 3 万 m^3，但由于爆破漏斗顶部及回落堆积体在几年内冲填了土，遇到大雨即成泥石流，所经之处把坝体堆石带走，埋没斜墙。为了工程安全，在漏斗上游坝顶修建一道拦墙，防止泥石流流向坝的上游面。拦墙由钢筋混凝土预制条做成框，中填块石，高 3～7m。同时在右岸修建一道排泥石流的沟槽，用 40cm 厚的混凝土板衬砌（局部受石块冲击处加钢筋）和浆砌石作挡墙。加上坝顶加高部分取石，以后泥石流逐渐减少，但每年仍有小泥石流发生。河道中修建高 2m 的石挡墙以防止泥石流向泄洪洞出口堆积。

6.2.2 爆破堆石坝防渗措施

1. 坝基防渗措施

爆破堆石坝坝基防渗措施与一般土石坝一样，多是爆破前用围堰和导流措施修建，可参照土石坝的坝基防渗措施考虑。山西里册峪和河北东川口坝等在河床冲积层中设置土截水槽。里册峪的截水槽深达 30m。因为截水槽在定向爆破前施工，而爆后堆石体的范围又难以准确控制，为了避免爆后堆石体将截水槽堆压过多而增加开挖量，故截水槽要偏向上游布置。如果布置不准确使截水槽过于偏向上游时，土斜墙与截水槽间可设置水平铺盖连接。

截水槽下的基岩中可根据岩石渗漏程度设置灌浆帷幕。灌浆通常在截水槽中的混凝土齿墙下设置，帷幕深度根据坝高适当确定。如南水水电站灌浆帷幕深 15～30m，下限为基岩透水率小于 3Lu。石郭水库的爆破岸设置灌浆帷幕，灌浆灌到基岩透水率小于 5Lu，对坝基断面，在上游侧进行填塞处理。

两岸山体绕坝渗漏防渗问题应根据地质条件和定向爆破布置综合考虑。南水水电站两岸绕坝渗漏问题处理得较好，坝肩为石英砂岩和粉砂岩、页岩互层，石英砂岩约占 78%，左岸岩层倾向上游和岸坡，右岸岩层倾向上游偏向河谷，倾角 20°～45°。爆区有大小断层 62 条，大部分为顺河向，倾角较陡。右岸为主爆岸，最低药包高程（第一排）仅高于设计坝顶高程 6.80m，右岸第二排药包高于坝顶 21.8m。爆后坝肩有些破坏，弱影响带达到坝顶以下 18.2～33.2m，透水率平均 25Lu，最大 200Lu。采用长 30m 的灌浆平洞，单排灌浆帷幕，幕深 25m。左岸药包高于坝顶 21.8m，爆后对岸坡无明显影响，也采用长 20m 的灌浆平洞和深 20m 的单排帷幕灌浆。

石郭水库坝肩岩石为坚硬流纹岩夹少量薄层凝灰岩。岩层倾角平缓。断层、节理裂缝发育，断层岩脉主要为顺河及横切河流的两组，均为陡倾角。爆破岸（左岸）第一排药包高于坝顶 11.5m，第二排药包高于坝顶 14.5m。爆后坝肩有较大破坏，绕渗严重，库水位距坝顶 7m 处，渗漏量 245L/s。经放射性示踪法测定，主要是爆破岸绕坝渗流，坝上部 15.5m 范围内渗流流速大。几年内进行了大量灌浆和其他防渗处理，效果都不明显。1970 年在左岸上游岸坡修建了混凝土防渗护面，底部与斜墙相接，墙长数十米，呈三角形，墙的末端还设有灌浆帷幕，渗漏量因此降至 107L/s[1]。

2. 坝体防渗措施

爆破堆石坝设计施工难点主要是坝体和基础防渗，一是控制渗漏量在允许范围；二是保证堆石体长期渗流稳定。因心墙不能在爆破前填筑，高度较大的爆破堆石坝的防渗措施很少设计成心墙，爆破堆石坝的防渗措施大多采用上游面的粘土斜墙防渗，如上游坡度较陡，当地缺乏黏性土，也有采用沥青混凝土面板或复合土工膜防渗。在运行一段时间后进行除险加固时，可考虑混凝土防渗墙防渗，如云南己衣水库采用混凝土防渗墙成功进行了坝体防渗加固。因爆破堆石体孔隙率无法控制，平均孔隙率可达 30%左右，坝体沉降变形较大，大坝的防渗措施、坝顶和上下游护坡结构应适应这种长期变形和较大变形。运行较为正常的石砭峪、己衣、南水等几座爆破堆石坝在运行中都出现变形较大问题，重建或加固了防渗体系。

根据爆破堆石坝的黏土斜墙运行经验，黏土斜墙除必须满足一般堆石坝的防渗要求外，还要根据爆破堆石坝的特点，注意如下几点：

（1）防渗斜墙与坝体堆石坝间必须设置反滤层。目前对爆破坝的变位和不均匀沉降还研究得不够，不像碾压堆石体那样好控制，应适当地增厚斜墙和反滤层。反滤层各层粒径要满足层间反滤要求，并严加掌握。

（2）斜墙和反滤层的施工质量必须严格保证，防渗斜墙和反滤层压实度满足设计要求，对防渗斜墙的岸边接合部位和分段接合部位都要达到设计要求。

（3）斜墙和反滤层与岸坡的连接面须严格处理，清除覆盖层、松堆方和基岩面的活动岩块。接合面要冲洗干净，岩缝冲洗后用水泥砂浆充填，局部反坡采用混凝土填补。斜墙与岸坡应可靠连接，设置必要的混凝土齿墙，对破碎基岩进行灌浆处理。

对于陡立岸坡，处理上有困难时，在选择坝轴线时就应避开。福溪、石郭和南水等坝的岸坡坡度约为 45°～65°，局部达到 80°，其岸坡接合方法为加大斜墙和反滤层厚度，为了取得足够的填筑宽度，需要挖除局部堆石坝和修整堆石坡面；在陡坡上土斜墙与基岩接合面设置混凝土齿墙；在基岩面上喷水泥砂浆，填土前刷黏土浆。

石郭水库和福溪水库爆破堆石坝坝高 50m 左右，都是在爆破后第一个枯水季将土斜墙填筑到设计高程。石郭土斜墙中含有大量风化石及杂物，反滤料填筑不均匀，局部有漏铺。福溪也未设反滤层，在第一个汛期中，水库水深分别达 48.3m 和 41.0m 时，坝面上产生许多塌坑和暗洞，靠近岸坡处有横向裂缝。其中大部分位于中部 1/3 部位，斜墙失去防渗作用，不得不返修。石郭除了返修土斜墙外，还在左岸建混凝土防渗护坡，库水位接近正常高水位时，渗漏量为 107L/s。福溪返修斜墙后，当库水位低于正常高水位 3.3m 时，渗漏量 57L/s。

南水定向爆破后，将防渗墙填筑至临时拦洪高程。四年后完成了坝的加高、斜墙、混凝土块护坡和基础灌浆。翌年汛期水位离坝顶仅 3.5m，渗漏量不大，汛后检查靠齿墙处的坝面和斜墙有横缝。左岸较陡，后期人工堆石较厚，导致裂缝较严重，后开挖回填及灌浆处理。其他部位情况良好，正常高水位时渗漏量小于 30L/s。

6.2.3　爆破堆石坝渗漏处理

爆破形成的堆石体孔隙率极不均匀，普遍偏大，坝体初期变形大，变形历时长，有的长期不收敛。因此，爆破堆石坝采取的防渗措施既要适应堆石体分布情况还要满足堆石体大变形的条件，往往运行一段时间后，渗漏量变大，需进行必要的渗漏加固处理。此外，有些爆破堆石坝运行效益较好，需提高防洪安全性，进一步扩大或改善工程效益。因此，对爆破堆石坝而言，当条件具备时，视坝体变形稳定情况，对坝体渗漏问题进行系统加固

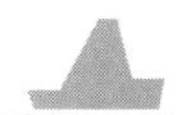

处理。

爆破堆石体孔隙率虽然不均匀，但爆破后堆石体体积较大，整体稳定性较好，对局部的不稳定堆石体经过适当修整后一般可满足稳定要求，对孔隙率偏大和不均匀问题一般也不作专门处理，让其自然沉降固结一段时间，根据自然沉降变形情况进行坝顶、上下游护坡及其他泄洪、输水建筑设计与施工，必要时作进一步的防渗加固处理。

鉴于影响爆破后堆石体的分布因素很多，爆破堆石坝加固前，对爆破堆石体应开展全面测量和地质勘察工作，提出地质纵横剖面图，测量堆石体分布范围和变化情况，查明堆石体颗粒分布情况，评估总体稳定性和局部稳定性，评价抗渗性能，提出防渗处理建议。

爆破堆石坝坝体防渗加固主要技术措施有：复合土工膜水平或斜面防渗、混凝土防渗墙垂直防渗、帷幕灌浆防渗等。实施时根据实际情况采用一种措施或多种措施相结合，需要根据堆石体分布、枢纽工程布置以及详细的勘察和方案设计比选确定，必要时需先期进行现场灌浆和防渗墙施工试验，论证方案的可行性和防渗效果。

复合土工膜防渗性能好，能适应坝体变形，已大量应用于大坝防渗。对爆破堆石坝而言，可采取水平或斜坡表面铺设，也可采取机械槽孔垂直铺膜，还可以与防渗墙或帷幕灌浆相结合形成封闭防渗体系。爆破堆堆石坝初期变形大，加上土工膜耐久性问题，爆破堆石坝形成初期采取复合土工膜防渗更能适应大变形，待变形稳定后再采取防渗墙或帷幕灌浆防渗。

防渗墙方案其优点是防渗效果可靠，耐久性好，投资可控，一般较灌浆方案低。但也有以下几个缺点：①墙体可能会由于堆石体大变形而遭到破坏，设计时需进行防渗墙应力应变分析计算，根据计算结果进行必要的配筋；②成槽难度较大，需解决爆破堆石体中孤石成槽问题，对槽孔遇到的孤石采取小药量水下爆破处理；③槽孔漏浆、塌孔问题，需在施工前多布置一些勘察性先导孔，探明堆石体分布情况，在槽孔施工前进行必要的预灌浆。爆破堆石体形成后，根据其分区情况，选择合适的防渗线路和部位。

帷幕灌浆一般需采用多排孔灌浆形成一定厚度的防渗幕体，灌浆材料多采用水泥粘土浆，也可适当掺加10%～30%的粉煤灰等其他掺和料，灌注的浆液一般为稳定浆液、塑性浆液或膏状浆液，具体需根据颗粒组成和幕体的防渗性能进行现场灌浆试验确定。

6.2.4 爆破堆石坝泄洪建筑物调整和加固

以爆破堆石坝作为挡水建筑物的水利枢纽工程，泄洪建筑物是重要组成部分。导流和泄洪建筑物的布置一般在设计时考虑，可以在定向爆破前结合施工导流布置泄洪洞，也可以在合适的位置布置溢洪道，还可以考虑在爆破堆石体上设泄流槽的方式泄洪。

由于实施定向爆破后，堆石体的实际分区情况与预想的一般会存在不少差异，加上堆石体渗漏情况不可预测，所以在实施定向爆破后需要对泄洪建筑物进行必要的调整，原泄洪建筑物如有损坏还需加固；也可根据爆破堆石体的分区情况，在堆石体上选择合适的线路和位置，增设泄流槽作为补充泄洪建筑物或非常泄洪通道。

泄流槽可根据堆石体实际情况，设置在地形较低、抗冲刷能力较强的部位，控制泄流槽进口高程，进口段宜设逆向坡，防止出现严重冲刷。泄流槽在平面上根据地形设成

“S”形，以延长水流流动距离和减低水道纵坡降。

6.3　爆破堆石坝坝体加固

6.3.1　概述

由于爆破堆石坝坝体填筑施工技术特殊，爆破形成的堆积体需要对其加高、整形及防渗等全面加固，使其满足防洪安全、结构稳定及渗流稳定后，才能成为真正意义的堆石坝，爆破堆石体常用的加固措施如下：

(1) 大坝轴线调整。采用定向爆破技术形成的爆后堆积体的平面分布，往往爆岸较宽，上游面呈凹形。大坝加固时，需要根据爆后堆积体的平面分布，对大坝轴线适当调整。加固后的大坝轮廓，有时将按爆后堆积体的实际情况向爆岸上游偏转。南水坝轴线向主爆岸右岸偏转 33°；石砭峪坝体在两岸端均向上游展宽，左岸斜墙也向上游偏转；已衣堆石坝坝体加固时，根据堆积体实际情况，将坝轴线向下游调整了 82m。

(2) 坝体填筑加高。爆后堆积体体型不规则，表面很不平整，沿坝轴线方向的爆后堆石体常呈中间低、两侧高的马鞍形，单岸爆破时更为明显。堆积体顶部高程常常不能满足大坝防洪安全需要，一般在爆破堆积体上采用分层碾压填筑坝体。比如南水坝的爆破堆石体高度约 45m，在爆破堆积体上人工堆石填筑加高约 35m；石砭峪堆石坝的爆破堆积体高度约 32m，在爆破堆石体上人工堆石填筑加高约 30m。

(3) 增设防渗体。爆破堆积体孔隙率较大，透水性强，需对其进行全面的防渗加固。一般常在爆破堆积体上游侧设置较厚的黏土斜墙，同时增设反滤层，也有的采用沥青混凝土面板和土工膜防渗。比如石郭一级爆破堆石坝爆后在上游侧设置了厚约 10m 的黏土斜墙，黏土斜墙上游坡比为 1∶3～1∶4；福溪爆破堆石坝上游黏土斜墙坡比为 1∶2.1～1∶3，黏土斜墙顶部厚 3m，向下部逐渐加厚，未设置反滤层。由于石郭一级和福溪爆破堆石坝是在爆后随即进行防渗施工，第一年高水位运行时，均出现了坝面塌陷、暗洞和裂缝，导致坝体渗漏严重。

随着施工机械发展和施工技术的进步，爆破堆石体经过几年的变形，在坝体变形基本稳定的情况下，也可采用了混凝土防渗墙防渗。比如云南已衣堆石坝坝体防渗加固时，采用了混凝土防渗墙加固，并对坝基坝肩进行了帷幕灌浆。

(4) 大坝整形及其他。爆破堆积体体型不规则，表面很不平整，需要按大坝的外形和其他要求对其进行修整，需按要求设置坝顶路面、防浪墙、排水沟及照明灯，对上下游坝坡平整、护坡，在下游坝脚增设排水棱体或压重平台、排水沟等。

6.3.2　云南已衣爆破堆石坝坝体加固

6.3.2.1　工程概况

已衣水库位于云南省楚雄州武定县已衣乡，地处金沙江南岸一级支流已衣大河的法保峡谷，水库距武定县城 140km，距已衣乡 18km。坝址以上流域面积 100km^2，水库总库容 1260.2 万 m^3，正常蓄水位 2010.92m，最大坝高 85.2m。已衣水库是一座以灌溉为主，

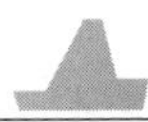

结合人畜饮水的中型水利工程，设计灌溉面积2.08万亩。大坝于1978年5月实施定向爆破，爆破堆积马鞍点高程2016.38m，相应坝高74m，爆破堆积平均高度83m。爆破前坝址区已打通导流隧洞，1991年改建为输水隧洞，隧洞进口底板高程1979.58m，进口段为“龙抬头”的圆形有压段，洞径2.4m，后接2.4m×3m的“城门洞型”无压段，隧洞全长316.3m。

已衣水库坝址基岩岩性主要为薄—中层状白云岩，其次为页岩、泥灰岩及硅质灰岩，爆破前河段属峡谷区。定向爆破后形成的堆石体坡面凸凹不平，下游坝坡形成多级台阶，顺河方向总体为两侧高中间低，一般坝坡10°～30°，局部达到40°。坝体堆积体组成物质为定向爆破山体崩滑形成的碎块石、滚石夹少量碎土石，一般块径30～50cm，最大达5m以上，爆堆体的颗粒组成极不均一，结构松散，架空现象十分明显，岩块主要为强风化和弱风化岩体。爆堆体不均匀系数$C_u=7\sim1500$，曲率系数$C_c=1\sim3$，颗粒自坝顶向坝坡逐渐加粗；干容重1.7～2.65g/cm³，总体随深度加深逐渐加大，平均为2.17g/cm³，孔隙率6%～40%；渗透系数$3.0\times10^{-3}\sim7.2\times10^{-1}$cm/s，平均渗透系数$3.0\times10^{-1}$cm/s。根据现场钻孔注水试验，爆堆体的渗透性极大，且极不均匀[2]。爆破前河床分布第四纪冲洪积砂卵砾石层，结构松散，呈狭长状分布，砂卵砾石层以下为强、弱风化白云岩夹硅质灰岩、泥灰岩和页岩。其中河床段坝基上部砂卵砾石层厚度3～5m，下部为弱风化岩体；两岸坝基为强、弱风化岩体。弱风化白云岩强度较高，地基承载力3.0～5.0MPa，纵波速度均值为5290m/s，强风化白云岩纵波速度约为3510m/s，弱风化泥灰岩纵波速度为3860m/s。

已衣水库1978年5月实施定向爆破后，水库经常空库运行，不能发挥原规划效益，大坝坝体加固前存在以下主要问题为：①未设防渗体，坝体渗漏严重，渗漏量达3.23m³/s；②水库已建输水隧洞洞身段渗漏严重，同时兼有泄洪功能，不能满足水库防洪安全要求；③左右坝肩爆破区内由于爆破影响，岩体松动，形成危岩，直接影响枢纽及建筑物的安全；④水库库区泥沙淤积严重，输水隧洞不能正常发挥其功能，1987年坝前淤积高程1962.08m，淤积厚度20m，2000年坝前淤积高程达1984.08m，淤积高度42m，淤积高程超过输水洞进口底板高程1979.58m。

6.3.2.2 工程布置及大坝结构

大坝坝轴线调整到原爆破坝轴线下游82m爆堆体上，坝轴线为直线，坝型为混凝土防渗心墙堆石坝。坝体由上游爆破堆石体、下游加高碾压堆石体、混凝土防渗心墙等部分组成。大坝坝顶高程2020.20m，顶宽8.0m，上游侧设高1.2m的混凝土防浪墙，坝顶轴线长140.87m，最大坝高85.2m。大坝上游坝坡为一级，由坝顶至爆堆体高程2010.00m坡比为1∶1.8；下游坝坡分为四级，坝顶至高程2000.20m坡比为1∶1.6，高程2000.20m至1980.20m坡比为1∶1.8，高程1980.20m至高程1960.20m坡比为1∶1.8，高程1960.20m至高程1940.20m坡比为1∶2.0。坝顶设碎石路面，下游侧设置路缘石；上、下游坝坡均采用30cm厚的干砌块石护坡，护坡下设有10cm厚的碎石垫层；下游坝坡设有3m宽的浆砌石上坝踏步，坝体后坝坡与岸坡结合处设置M7.5浆砌石排水沟。大坝坝体加高料来源于爆堆体整形及爆破漏斗内清理出来的石料，坝料主要为白云岩夹硅质灰岩、泥灰岩，白云岩及硅质灰岩可作为人工砂石骨料。

坝体混凝土防渗心墙轴线位于坝轴线上游 0.5m，顶高程 2019.40m，为粘土混凝土防渗墙，墙厚 0.8m，最大墙深 85.4m，深入基岩 0.8m 左右。高程 1980.00m 以下为造孔混凝土防渗心墙；高程 1980.00m 至 2019.40m 为现浇混凝土防渗心墙，并在其上游侧增设一层复合土工薄膜联合防渗（两布一膜，膜厚 0.4mm）。现浇混凝土防渗心墙与上、下游侧堆石坝体间均设有一层砂、石过渡层，水平宽度为 2.0m，混凝土心墙下游面设沥青油毡，以减少碾压堆石对混凝土心墙的作用，适应坝体堆石变形。为满足在爆破堆石体中造孔浇筑 35m 深混凝土防渗墙的施工要求，在原爆破堆石体下游开挖至高程 1980m 处形成一个宽度大于 15m 的施工平台。

已衣水库爆破堆石坝坝体加固横剖面如图 6.3.1 所示。

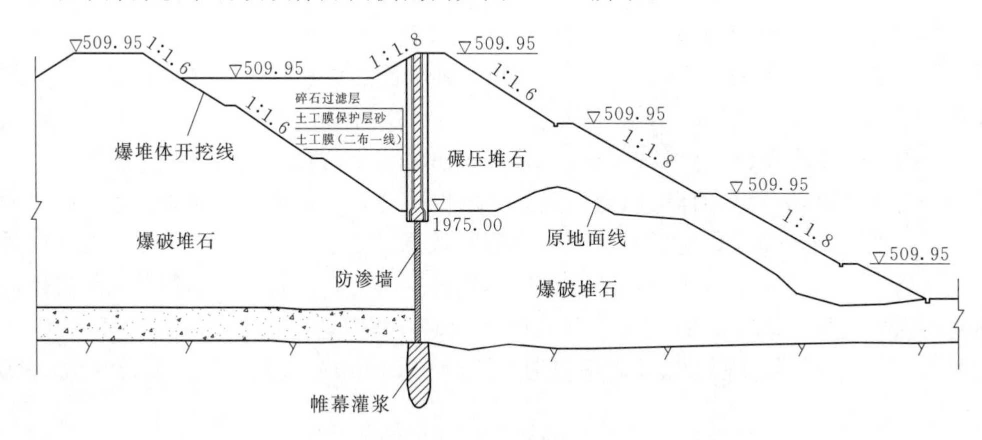

图 6.3.1 已衣水库爆破堆石坝坝体加固横剖面图

新建泄洪隧洞位于原输水隧洞右侧，为无闸控制泄洪隧洞，隧洞全长 320.21m。堰顶高程 2010.92m，为实用堰，进口段洞身断面为 10m×11.1m 城门洞形，无压洞身断面 6m×6.732m 的城门洞型。输水隧洞对原输水洞进口龙抬头进口段进行封堵，改建竖井式进水口，对原竖井井壁渗漏从井壁外侧进行固结灌浆处理。

6.3.2.3 坝体加固方案

已衣爆破堆石坝采用深 85.2m 的超深混凝土心墙对坝体进行防渗，鉴于爆破堆石体结构的复杂性，对爆破堆石坝进行地质勘察、原位试验以及必要的观测后，有关单位对已衣水库爆破堆石坝坝体的渗透特性、坝体结构应力应变和坝体稳定进行了分析研究。

1. 坝体应力应变分析

对坝体结构分别用二维和三维进行了应力应变应变计算分析、二维应力应变计算分析采用了三种材料本构模型，即线弹性模型、邓肯-张非线性弹性模型、完全几何接触模型。坝体材料（碾压堆石体、浆砌石和砂石）采用邓肯-张 E－V 本构模型，爆破堆石体、砂卵砾石夹块石和淤泥冲击层材料采用邓肯-张 E－B 本构模型。混凝土防渗墙泊松比取 0.167，槽孔浇筑混凝土防渗墙和上部现浇混凝土防渗墙弹模分别取 17.7GPa 和 15.7GPa。

三维计算土体的本构模型仍采用邓肯-张本构模型，土体材料参数与二维模型相同，采用分级加载的方式模拟了大坝新加高坝体的填筑过程以及蓄水过程，第 1 级为原坝体部

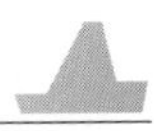

分，第 2 级到第 10 级为新坝填筑过程模拟，同时进行蓄水、填筑加载，其中第 2 级为造孔防渗墙施工模拟，第 11 级至第 13 级为蓄水过程模拟，第 11 级蓄水至正常蓄水位高程 2010.92m，第 12 级蓄水至设计洪水位 2017.03m，第 13 级蓄水至校核洪水位 2019.37m。堆石体材料参数取值详见表 6.3.1[3]。

表 6.3.1　坝体应力应变计算材料参数表

编号	材料	密度 /(kg/m³)	弹性模量中的无因次系数		破坏比	有效应力强度		体积模量中的无因次系数		侧向变形系数		
			k	n	R_f	C /MPa	φ	K_b	m	G	F	D
1	爆破堆石体	2160	848	0.22	0.83	0	3.4	826	−0.81			
2	砂卵砾石夹块石	2180	1328	0.33	0.85	0	0	602	0.09			
3	冲积层	1990	550	0.5	0.8	0.05	5	310	0.35			
4	砂石	2260	1545	0.367	0.903	0	8			0.355	0.2	0.112
5	浆砌石	2260	1545	0.367	0.903	0.085	3			0.355	0.2	0.112
6	碾压堆石体	1900	926.4	0.29	0.77	0.096	0.2			0.54	0.28	2.70
		1970	398.3	0.84	0.78	0.1006	9.1			0.406	0.12	3.74
		1890	1106.4	0.20	0.8344	0.1283	8.5			0.45	0.21	0.02
		1915	293.2	1.11	0.77	0.1046	39.6			0.38	0.07	3.106

计算结果表明，坝体变形和应力具有较强狭窄河谷的三维约束特征，大坝及心墙的水平位移和竖向位移均中间大、两端小。最大值均发生在坝高的 1/2～2/3 处偏下游坝坡位置，且随着水位的增加，坝体的水平位移以及竖向沉降量的最大值也在增加，位移规律与二维计算基本一致。最大断面的最大水平位移和最大沉降量均比二维计算有所减小，心墙的最大水平位移和最大竖向沉降量比二维计算也相应减小。

由于大坝高程 1980.00m 以上坝体填筑使坝体及混凝土心墙均向下游产生水平位移和竖向沉降位移，而混凝土心墙嵌固在狭窄河谷之中，使混凝土心墙竖向产生较大的压应力，两端水平向产生较大范围的拉应区。混凝土心墙竖向压应力，从顶部到底部逐渐增大，高程 1993.00m 达到 5MPa，至底部达到约 12MPa，造孔顶部两端局部达到 14MPa。两端拉应区范围从上部现浇防渗墙到造孔防渗中部高程，左坝端拉应力区比右大。左坝端拉应力区高程为 1960.00～2020.00m，宽 10～20m；右坝端拉应力区高程为 1955.00～2020.00m，宽 5～15m。主拉应力值一般为 0.2～0.4MPa，局部达 1.35～1.4MPa。即防渗墙的压应力大范围超标，拉应力局部超标；且高程 1980.00m 以下造孔防渗墙的槽孔间为结构缝，而其两端的拉应力可能使该区域的结构缝产生张开变形，并产生渗漏问题。

鉴于大坝三维有限元应力—变形计算分析显示，防渗墙两端一定范围内存在拉应力区，拉应力局部超标；防渗墙中下部竖向压应力较大、压应力超标。运行过程中应加强防渗墙应力与变形观测和大坝渗流观测，并加强观测资料分析工作，以便发现问题及时采取有效处理措施。目前大坝运行良好。

2. 渗流分析

计算工况根据《碾压式土石坝设计规范》（SL 274—2001）选取，各岩层及混凝土心墙渗透系数指标见表 6.3.2。

表 6.3.2　　坝体各层渗透系数表

材料	渗透系数 k/(cm/s)
坝基基岩	1.7×10^{-3}
坝基砂卵砾石层	3.0×10^{-3}
混凝土防渗墙	1.16×10^{-8}和 1.16×10^{-7}对比
爆破堆积体	3.0×10^{-3}
碾压堆石体	上游：高程 2004.50m 以下为 3.7×10^{-2}，高程 2004.50m 与 2013.68m 之间为 2.9×10^{-2}；高程 2013.68m 以上为 2.1×10^{-2}； 下游：高程 2003.00m 以下为 2.6×10^{-2}，高程 2003.00m 与 2007.29m 之间为 6.05×10^{-2}；高程 2007.29m 以上为 9.5×10^{-2}
砂石过渡层	1.0×10^{-3}
防渗墙	1.16×10^{-7}

计算成果显示，混凝土防渗墙具有理想的防渗作用，防渗墙上下游浸润线降低明显；在正常蓄水位时坝体渗漏量计算值约 0.03m^3/s，防渗处理前爆破堆石坝体渗漏量 3.23m^3/s，混凝土防渗墙防渗效果明显。

3. 坝坡稳定计算分析

大坝抗滑稳定计算参数根据土工试验成果和工程经验类比拟定，见表 6.3.3。

表 6.3.3　　大坝稳定计算采用物理力学指标表

材料编号	材料名称	容重 /(kN/m^3)	凝聚力 /kPa	内摩擦角 /(°)	备　注
1	爆破堆石体	21.60	0	33.4	
2	砂卵砾石夹块石	21.80	0	30	
3	冲积层	14.50	0	3	
4	砂石	22.60	0	28	
5	浆砌石	22.60	85	43	
6	防渗墙	21.50	540	34.5	
7	碾压堆石体	19.00	96	40.2	上游高程 2004.50m
		19.70	100.6	39.1	上游高程 2013.68m
		18.90	128.0	38.5	下游高程 2003.00m
		19.15	104.6	39.6	下游高程 2007.29m

坝坡抗滑稳定计算采用计及条块间作用力的简化毕肖普法。大坝上游坝坡高度较低，稳定性好，主要计算下游坝坡的安全系数，计算结果表明，大坝下游坝坡稳定满足规范要求。

6.3.2.4　坝体加高施工措施

大坝坝体高程 1980.00m 以下为原爆破堆积形成的老坝体，高程 1980.00m 以上为填筑加高部分，加高 40.0m。加高填筑前清理了老坝体表层植被、浮土、树根，以及与坝体

相接触的岸坡杂草、垃圾、废渣和表层有机土壤，坝体基础清理从高程 1947.00m 开始往上到高程 1980.00m，清理时岸坡延伸到填筑轮廓线外 3m，下游坡脚延伸到了填筑轮廓线外 5m。

坝体填筑分为防渗墙两侧的过渡料填筑与坝壳料填筑。过渡料填筑按设计要求每 60cm 厚度填筑一层，每层碾压 6 遍，经现场取样检测合格后再继续上一层填筑，过渡料所用的砂石料均经检测合格，碎石相对密度大于 0.8，最大粒径为 60mm，砂的相对密度大于 0.75，最大粒径为 2mm，级配良好；坝壳料填筑的碾压堆石料粒径级配良好，主堆石料最大粒径 800mm，小于 5mm 颗粒含量不超过 20%，小于 0.075mm 的颗粒含量不超过 5%，设计压实后干密度不低于 $2.0g/cm^3$。坝壳料和过渡料以防渗墙为界，上下游每填筑一层取样一组以检测其压实度和干密度。坝壳料填筑时，采用综合法卸料，推土机平料，设计每层填筑厚度为 1m，厚度采用水平仪控制，铺土厚度误差不超过设计层厚的 10%，超径石料均在料场破解，填筑面上无超径块石和块石集中、架空，碾压采用振动平碾压实，与岸坡结合处 2m 宽范围内平行于岸坡方向碾压，在不易压实的边角部位减薄铺料厚度，用小型机械压实，由于岸坡地形突变而导致振动碾碾压不到的局部角落，采取修正地形措施使振动碾压到位，为了保证坝体断面边缘的压实质量，填筑时边坡比设计断面加宽 0.5m，每层碾压 8 遍，削坡工作在压实后进行。

坝体填筑铺料厚度及碾压密度设计要求，碾压堆石体压实后的干密度不小于 $2.00g/cm^3$；过渡料相对密度不小于 0.8，控制干密度不小于 $2.03g/cm^3$。施工检测堆石体填筑干密度为 $2.09\sim2.39g/cm^3$，过渡料干密度为 $2.09\sim2.6g/cm^3$；过渡料每层平均层厚 59.4cm，压实后平均干密度 $2.14g/cm^3$；坝壳料每层平均厚度 96.4cm，压实后平均干密度为 $2.16g/cm^3$；渗透系数试验值为 $1.53\times10^{-3}\sim2.39\times10^{-3}cm/s$。

6.3.2.5 坝坡护坡施工

对大坝上游原爆堆体高程 1994m 以上及下游在高程 1942m 以上采用干砌块石护坡，施工时按马道位置进行分块施工，所用石料质地坚硬、新鲜、完整，经检测石料的天然容重大于 $2.4t/m^3$，软化系数大于 0.7，块厚大于 20cm，上下两面大致平整，无尖角薄边；在进行干砌石支护时，设计要求干砌石砌体咬扣紧密，底部以碎石垫层找平，严禁架空，砌筑时以一层与一层错缝锁接方式铺筑，尽量减少三角缝，不应有 50cm 以上的直缝。施工严格选料，风化石料、薄料、两面不平整石料均不采用，底部用碎石找平，干砌石架空处用碎石填补，石料厚度 20cm 以上，尖角薄边人工凿除，扣缝严密，无三角缝及长 50cm 以上直缝，200cm 靠尺检测坡面平整度高差不超过 5cm，表面砌缝宽度不大于 2.5cm，边缘顺直、整齐牢固。施工工序：坝坡修整→垫层铺筑→坡面压实→块石干砌。

6.4 爆破堆石坝复合土工膜防渗加固

6.4.1 土工膜防渗加固技术

土工膜以其防渗性能好及适应坝体变形等优点，80 年代中期我国开始推广使用，国内外大量应用于土石坝防渗和防渗加固处理。由于爆破堆石坝坝体材料的特殊性，坝体变形长期难以收敛，为适应坝体不均匀变形，土工膜也常用于爆破堆石坝防渗。

土工膜是一种优质、经济、可靠的土工合成防渗材料，它施工方便快捷，适应变形能力强，有很好的不透水性。工程常用的主要有聚氯乙烯（PVC）膜和聚乙烯（PE）膜，它们是一种高分子化学柔性材料，比重较小，延伸性较强，适应变形能力高，耐腐蚀，耐低温，抗冻性能好等特点。复合土工膜是采用针刺土工织物和土工膜在工厂复合而成的整体性结构，它具有土工织物平面排水的功能，又具有土工膜法向防渗功能，同时又改善了单一土工膜的工程性能，提高了其抗拉强度、顶破和穿刺强度和摩擦系数。另外，可避免或减少在运输、铺设过程中机械击穿和撕破主膜。复合土工膜是一种比较理想的防渗材料，其结构型式常有“一布一膜”“二布一膜”“一布二膜”和“二布二膜”等。采用土工膜防渗技术存在的主要问题是土工膜的老化问题，实践证明埋在地下的土工膜基本不受紫外线作用的影响，目前最长应用约 50 年，更长的时间会怎样，还有待时间检验。

6.4.1.1　土工膜材料特性

1. 物理力学特性

工程上运用比较普遍的防渗土工膜为聚氯乙烯（PVC）和聚乙烯（PE），PE 膜幅宽一般为 1.5～2m，近期也有幅宽 4m、4.5m 的 PE 防渗膜。

《聚乙烯（PE）土工膜防渗工程技术规范》（SL/T 231—98）对防渗工程 PE 土工膜物理力学性能指标要求如下：

（1）密度（ρ）不应低于 900kg/m^3；

（2）破坏拉应力（σ）不应低于 12MPa；

（3）断裂伸长率（ε）不应低于 300%；

（4）弹性模量（E）在 5℃不应低于 70MPa；

（5）抗冻性（脆性温度）不应低于－60℃；

（6）黏结强度应大于母材强度；

（7）撕裂强度应大于或等于 40N/mm；

（8）抗渗强度应在 1.05MPa 水压下 48h 不渗水；

（9）渗透系数应小于 10^{-11}cm/s。

国内部分厂家生产的 PVC 和 PE 复合土工膜的性能见表 6.4.1。

表 6.4.1　　国内部分厂家土工膜物理力学特性表

厂　家		济南		湘维		益阳		常　熟				郑州	
膜材料		PE		PE		PE		PVC				PVC	
膜厚度/mm		0.49		0.59		0.51		0.96		0.53		0.54	
试验项目		均值	C_V /%	均值	C_V /%	均值	C_V /%	均值	C_V /%	均值	C_V /%	均值	C_V /%
拉伸试验	强度/(kN/m)	4.2	4	6.2	4	4.5	9	9.6	12	5.7	12	4.6	9
	伸长率/%	19	5	15.8	4	18	6	160	16	41	36	162	16
抗拉强度/MPa		8.57		10.51		8.82		10.0		10.75		8.52	

土工膜自身的渗透系数 k 为 $i\times10^{-10}\sim i\times10^{-13}$cm/s。土工膜在水压力作用下产生渗

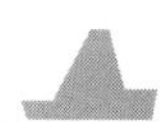

流的原因是由于制造时的不均匀和缺陷等因素造成的，有些细微的通道是在一定水压力下形成的，对整片土工膜而言，水压力又有缩小以致封闭通道的作用，这个作用随压力增大而增强。试验发现，土工膜有一个临界水压力，小于该压力时，渗透系数随压力增加而增大，并达到一个最大的渗透系数值，但压力继续增加时，渗透系数又逐步减小。

2. 土工膜摩擦特性

土工膜大多铺设在大坝的上游坡面，斜坡上的抗滑稳定问题非常重要，涉及土工膜的摩擦特性问题。汉江王甫洲水利枢纽设计时进行了较为全面土工膜摩擦试验研究，试验砂样从王甫洲老河道现场取得，$d_{60}=0.41$mm，$d_{10}=0.205$mm，$d_{50}=0.36$mm，摩擦试验成果见表 6.4.2。试验成果表明：①复合土工膜与中细砂界面间的摩擦角随着中细砂含水量的增加而减小，这是由于含水量增加，界面上产生的孔隙水压力增大抗剪力减小；②PVC膜与砂层的摩擦系数与土工布与砂层的摩擦系数相当；③王甫洲土工膜设计摩擦角 φ 采用 26°，上游坡面坡比为 1∶2.75，土工膜抗滑稳定安全系数 k 为 1.34，满足复合土工膜抗滑稳定要求。

表 6.4.2　复合土工膜与中细砂摩擦特性表

砂样 \ 摩擦面 \ 试样编号	1	2	3	4
	膜—砂	布—砂		
干砂	29.5	30	30.5	29
	28.5	30	30	29
湿砂	28	30	30	27
	28	28	28.5	27
饱和砂	26	27	27	26
	25	27	26	26

6.4.1.2 土工膜防渗加固设计要点

《碾压式土石坝设计规范》（SL 274—2001）规定，土工膜防渗可用于坝高小于 30m 的 3 级建筑物，目前，同内外土工膜的应用已突破这个规定。《水利水电工程土工合成材料应用技术规范》（SL/T 225—98）规定，对于水头大于 50m 挡水建筑物，采用土工膜及复合土工膜防渗应经过论证。

用于防渗的土工合成材料主要有土工膜及复合土工膜。其厚度应根据具体基层条件、环境条件及所用土工合成材料性能确定。承受高应力的防渗结构，应采用加筋土工膜。为增加其面层摩擦系数，可采用复合土工膜或表面加糙的土工膜。为防止土工膜受水、气顶托破坏，应该采取排水、排气措施。一般可用土工织物复合土工膜，预计有大量水、气作用时，应根据情况设专门排放措施。

1. 土工膜抗滑稳定分析

根据《水利水电工程土工合成材料应用技术规范》SL/T 225—98，应对土工膜稳定进行分析，分析方法如下。

（1）计算工况：①水位骤降，校核防护层（连同上垫层）与土工膜之间的抗滑稳定性；②保护层的透水性有良好和不良两种情况；③保护层断面有等厚度和变厚度（自上而下逐渐增厚，呈楔形）两种情况。

（2）计算方法：①采用极限平衡法；②防护层不透水时，采用容重变化法计及层内孔隙水压力影响。即降前水位以上土料及护坡采用湿容重；计算滑动力时，降前水位与降后水位之间用饱和容重，降后水位以下用浮容重；计算抗滑力时，降前水位以下一律用浮容重；③土的抗剪强度采用有效指标 c' 和 φ'。

（3）等厚度防护层：

1）保护层透水性良好时，安全系数 F_s 按下式计算，防护层要求如图6.4.1所示。

$$F_s=\frac{\tan\delta}{\tan\alpha} \tag{6.4.1}$$

式中 δ——上垫层土料与土工膜之间的摩擦角；

α——土工膜铺放坡角。

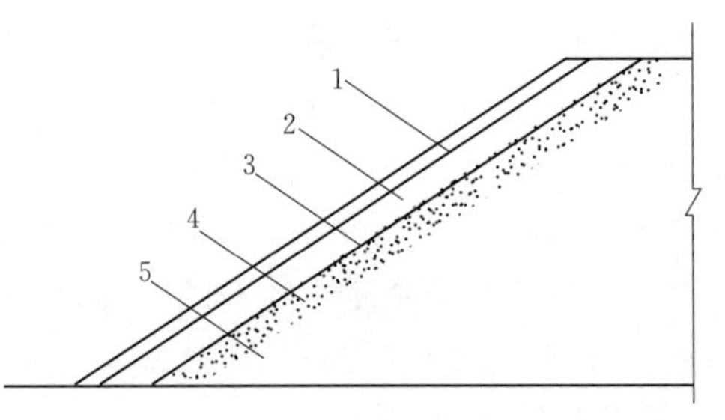

图6.4.1 等厚防护层

1—防护层；2—上垫层；3—土工膜；4—下垫层；5—堤坝体

2）防护层透水性不良，安全系数 F_s 应按下式计算：

$$F_s=\frac{\gamma'}{\gamma_{sat}}\frac{\tan\delta}{\tan\alpha} \tag{6.4.2}$$

式中 γ'，γ_{sat}——防护层（包括上垫层）的浮容重和饱和容重，kN/m^3。

（4）不等厚保护层。防护层透水性良好，安全系数 F_s 按下式计算，计算示意如图6.4.2所示。

$$F_s=\frac{W_1\cos^2\alpha\cdot\tan\varphi_1+W_2\tan(\beta+\varphi_2)+c_1l_1\cos\alpha+c_2l_2\cos\alpha}{W_1\sin\alpha\cdot\cos\alpha} \tag{6.4.3}$$

式中 W_1，W_2——主动楔ABCD和被动楔CDE的单宽重量，kN/m；

c_1，φ_1——沿BC面防护层（上垫层）土料与土工膜之间的黏着力（kN/m^2）和摩擦角（°）；

c_2，φ_2——防护层土料的黏聚力（kN/m^2）和内摩擦角（°）；

α，β——坡角；

l_1，l_2——BC和CE的长度，m。

防护层如为透水性材料，$c_1=c_2=0$。

防护层透水性不良时，参照式（6.4.3）计算，分子上的 W 应按单宽浮容重，分母上的 W 按单宽饱和容重计算。降后水位至图6.4.2中D点时，将属最危险情况。

2. 渗透量计算

在质量合格条件下，PE土工膜的正常渗透量可按下式计算：

$$Q=kA\Delta H/\delta \tag{6.4.4}$$

式中 Q——正常渗透量，m^3/s；

k——PE土工膜渗透系数，m/s；

A——PE土工膜渗透面积，m^2；

ΔH——PE土工膜上下水位差，m；

δ——PE 土工膜厚度，m。

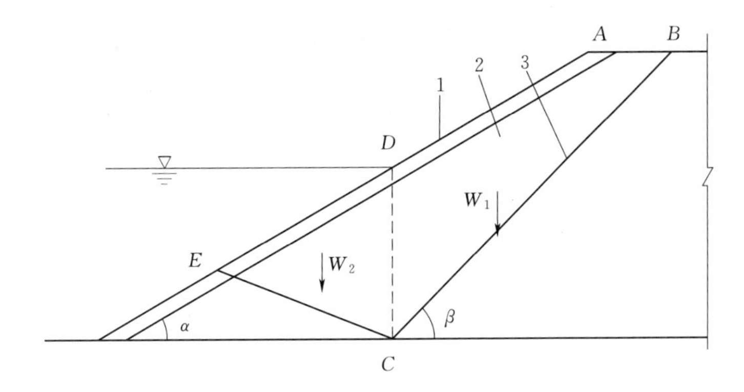

图 6.4.2 不等厚防护层

1—护坡；2—防护层；3—土工膜

3. 土工膜防渗结构

土石坝防渗土工膜厚度一般不小于 0.5mm，重要工程适当加厚，次要工程最薄不得小于 0.3mm。防渗土工膜应在其上面设防护层、上垫层，在其下面设下垫层。防渗结构示意图如图 6.4.3 所示。防护层材料和构造按工程类别、重要性和使用条件等合理确定。防护层采用堆石或混凝土等刚性材料时，防护层下应设置上垫层。当采用上复土工织物复合土工膜时可以不设上垫层时，上垫层的材料及作法应根据防渗土工膜及防护层的类型确定。下垫层应按工程类别，土工膜类型和地基条件等确定。

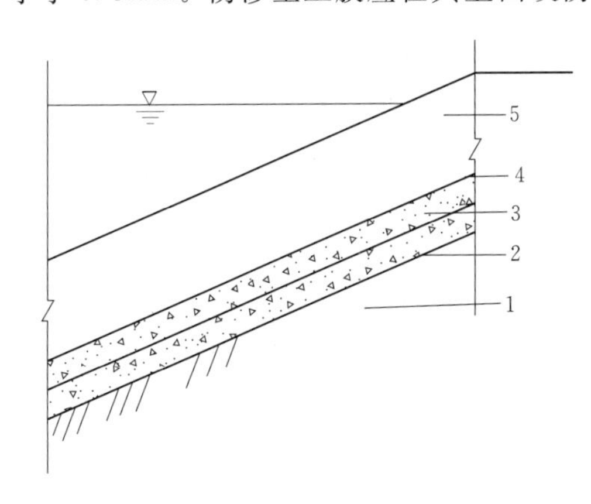

图 6.4.3 防渗面层结构

1—坝体；2—支持层；3—下垫层；4—土工膜层；5—上垫层和防护层

上游防渗土工膜铺设通常有以下几种方式，①平直坡形：适用于低坝和已建大坝加固见图 6.4.4（a）、（b）、（c）；②锯齿形和台阶形：适用于斜墙防渗，见图 6.4.4（d）、（e）；③折坡形：适用于较高水头坝和上游坡设马道的坝，见图 6.4.4（f）。

土工膜与坝体间的垫层和膜上的保护层材料选用和厚度，对防渗效果十分重要。特别是保护层，不单是保护土工膜不受损坏，同时还应考虑库水位下降时的反渗压力。回填过厚，含黏量大，均不利于保护层稳定。垫层和保护层选择原则如下：①用细砂土作垫层，一般厚 5～10cm 左右。膜上用 0.5m 厚的砂质黏土夯实保护层，其上再用混凝板或块石护面；②用土工织物作垫层和保护层，即“二布一膜”的型式，一般用单位重 200g/m^2 或 300g/m^2 的土工织物，即将坝面平整，先铺一层土工织物，然后铺土工膜，膜上再铺一层土工织物，然后再回填土料，最后护砌混凝土板或砌石；③土工膜与坝体直接接触，膜上用土工织物作保护层，其他同上；也有将土工膜与土工织物制成复合材料，效果比较好。

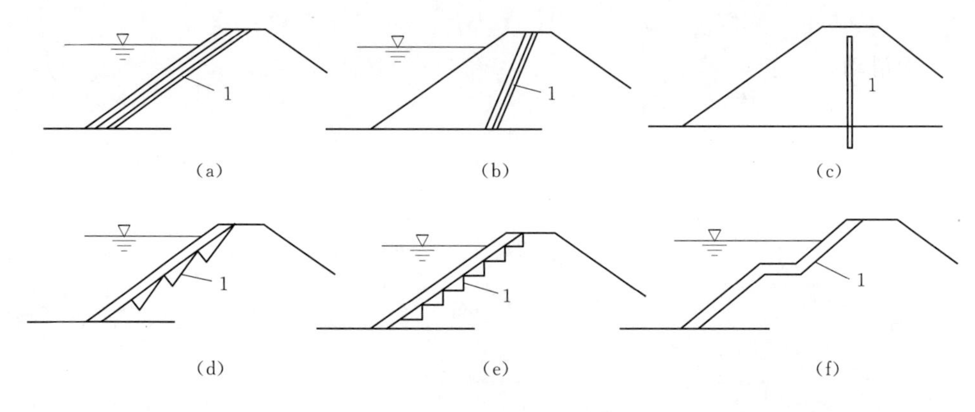

图 6.4.4　土工膜铺设型式

1—土工膜

防渗土工膜在水库蓄水后，水仍可能进入膜下，置换出部分空气，并与原膜下的向上水压力共同作用，使膜漂浮或顶破，故应根据情况采取防范措施。常用方法有："逆止阀"、盲沟及压重。当采用压重法时，加在土工膜上的要求压重根据膜下作用水头确定，当所需压重过大时，可采取几种方法结合使用。

当坝基为砂砾石等透水地基，可在上游采用土工膜作为防渗铺盖方案，土工膜厚度应根据作用水头，膜下可能产生裂隙宽度，膜的应变和强度等通过计算估算，对于中高坝，厚度一般为 0.5～0.6mm。铺盖长度通过渗流计算确定，控制坝基渗透坡降和渗流量在许可值内，一般长度为作用水头的 5～6 倍。铺盖与库底接触面应基本平整，并应符合反滤准则。

4. 坡面防滑措施

由于土工膜表面较光滑，土工膜与砂土间的摩擦系数一般小于土石料的自身内摩擦系数，为防止土工膜与坝体接触面的滑动，常采用以下四种形式：

(1) 锯齿型式。将迎水坡开挖成锯齿形状，将膜料压在齿沟内。用锯齿增加膜料和保护层的稳定。齿沟间距和沟深，一般采用间距为 1.2～1.4m，沟深为 0.2m。这种形式在坝坡较陡的情况下采用，如图 6.4.5 所示。

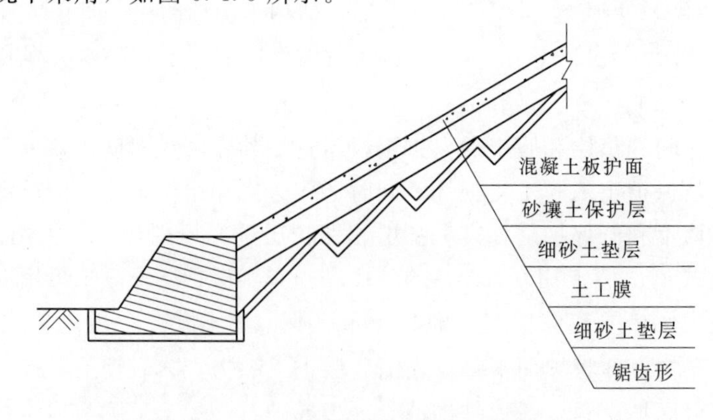

图 6.4.5　锯齿形防滑措施示意图

（2）齿槽式。在迎水坡开挖矩形槽沟，将土工膜放入槽沟内，其上用条石作齿压膜，以防止膜面滑动。齿槽间距和槽齿深度可根据实际需要确定。齿的作用不单起压膜作用，同时还将保护层和护面混凝土板抵在齿槽的条石上，使其不滑动。这种型式比锯齿形施工简单，容易保证质量，如图 6.4.6 所示。

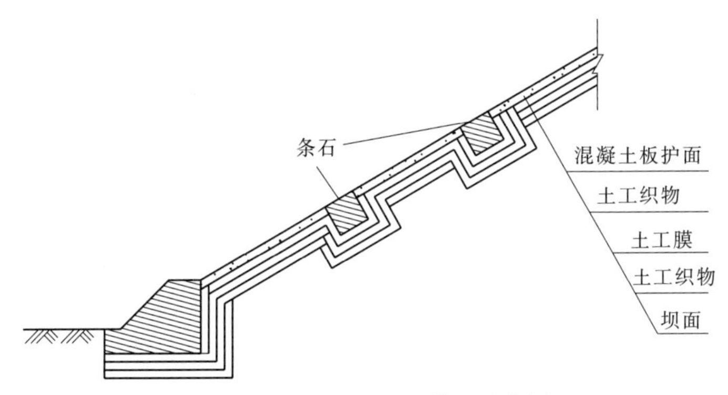

图 6.4.6 齿槽形防滑措施示意图

（3）台阶式。在迎水坡上，利用马道设防滑墩，防止土工膜和保护层滑动。这种型式施工简单，工程量小，效果好，如图 6.4.7 所示。

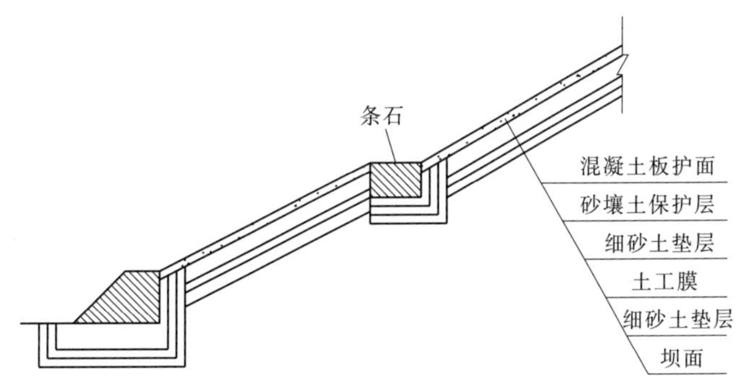

图 6.4.7 台阶式防滑措施示意图

（4）单坡式。如经计算，不设防滑齿槽时，土工膜和土工膜保护层间也不会滑动，如图 6.4.8 所示。

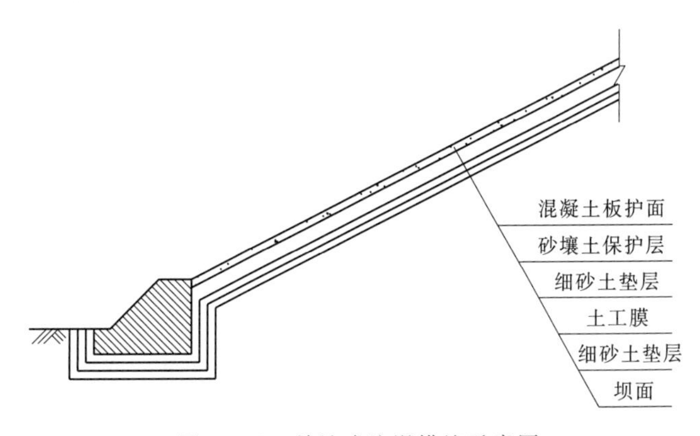

图 6.4.8 单坡式防滑措施示意图

6.4.1.3 土工膜防渗施工技术要点

上游坝面增设土工膜防渗加固时，顶部应固定，埋入顶部锚固沟内，底部嵌入基座。土工膜还应与岸坡和其他防渗措施紧密连接，形成封闭防渗体系。复合土工膜铺设施工工艺如图 6.4.9 所示。

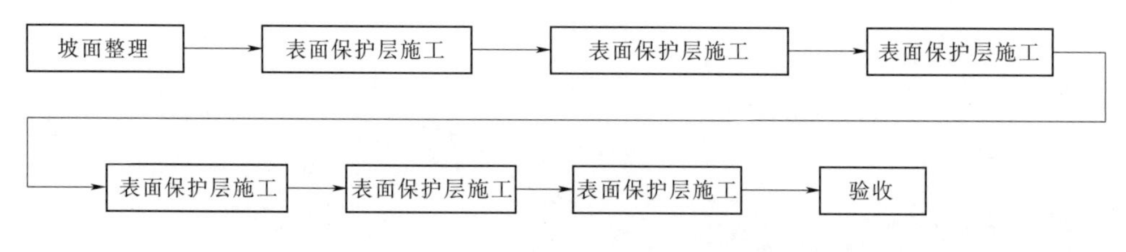

图 6.4.9 复合土工膜铺设工艺流程图

施工时可采用坝顶移动式卷扬机牵引复合土工膜卷材，由下而上铺设。复合土工膜卷材运到坝顶后，在复合土工膜卷中心插入钢管，钢管两头装定滑轮，卷扬机的钢丝绳通过定滑轮牵引卷材运动。复合土工膜两幅拼接处留边 10cm，中间的膜用自动爬行 ZPR—210 热合焊机或 TH—1 热合焊机焊成双道焊缝，每条焊缝宽 10mm。涂刷黏接剂一般按上下方向涂刷。

复合土工膜的铺设不能绷得太紧，应留 1.5％左右的富裕度，特别是在与边界连接时，应留有更大一点的伸缩量，以适应气温变化和基础的沉陷。由于膜厚不能打折，一般做成波浪形。

6.4.2 陕西石砭峪爆破堆石坝复合土工膜防渗加固

1. 工程概况

石砭峪水库位于秦岭北麓西安市长安区境内的石砭峪河上，距西安市 35km，是一座灌溉、城市供水、防洪及发电综合利用的中型水库，总库容 2810 万 m^3。主要建筑物按 3 级设计，水库正常蓄水位 731.00m，校核洪水位 732.50m。大坝为定向爆破沥青混凝土斜墙堆石坝，最大坝高 85m，坝顶高程 735.00m，坝顶长 265m，坝体总方量 208 万 m^3。坝体和坝基防渗早期设计分别采用沥青混凝土防渗斜墙防渗和混凝土垂直防渗墙，周边基岩采用灌浆帷幕防渗。沥青混凝土防渗斜墙防渗面积 4 万 m^2，其坡度为：高程 663.00～697.00m 为 1∶2.25～1∶6，高程 697.00～702.00m 为 1∶4，高程 702.00～720.00m 为 1∶2.25，高程 720.00～735.00m 为 1∶1.8。

石砭峪水库于 1972 年开始兴建，1980 年初完成沥青混凝土斜墙，5 月 1 日蓄水至高程 718.00m 时，右岸高程 670.00～697.00m 的斜墙产生裂缝，漏水 0.43m^3/s，坝下游漏出浑水，用嵌缝材料修补后，暂时漏水不大。1992 年 9 月 30 日蓄水到 720m 时，右岸高程 682.00～674.00m 斜墙裂缝 26 处，最大缝宽 6cm，漏水 1.18m^3/s，修补伸缩缝和斜墙以后，漏水暂时得到控制。1993 年 7 月 27 日蓄水至高程 715.60m，右岸高程 690.00～698.00m 斜墙塌坑长 4.5m，宽 4m，漏水 1.72m^3/s，坝体及坝基砂砾石冲坑长 8.5m、宽 5m，补填并灌浆后修补斜墙，虽然暂时漏水控制在一定范围，但水库只能限制在 710.00m 水位运行。

石砭峪水库大坝渗漏的主要原因是堆石孔隙率大，局部填筑杂填土，变形较大，蓄水后沥青混凝土斜墙多次产生裂缝致坝体漏水，下部堆石细块及坝基冲积层砂卵石渗透破坏，冲蚀成洞。沥青混凝土斜墙破裂以后，经多次修复，仍不能根治，曾多次举行专家论证会，经研究采用复合土工膜加固沥青混凝土斜墙的。在沥青混凝土斜墙面铺设复合土工膜并对沥青混凝土斜墙下堆石体进行固结灌浆加固（图 6.4.10）。

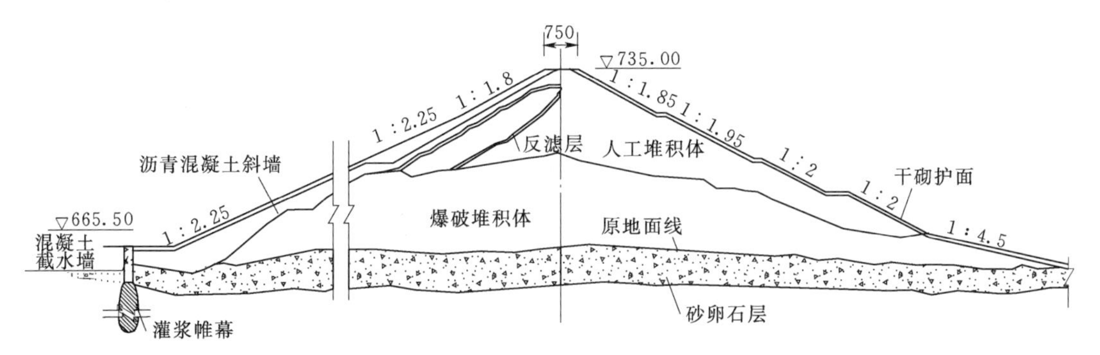

图 6.4.10 石砭峪水库大坝沥青面板土工膜防渗加固典型剖面图（高程单位为 m，尺寸为 mm）

2. 土工膜防渗加固方案研究与试验[4]

（1）复合土工膜拉力计算。为确定复合土工膜铺设在沥青混凝土上的拉力，采用三维有限元法，选择 6 个剖面和 3 个库水位进行堆石体和沥青混凝土斜墙的变形和应力计算分析。堆石体变形与应力计算分析见表 6.4.3。

表 6.4.3 堆石体变形与应力极限值

库水位/m	水平位移/m		竖向位移/m	应力/MPa	
	上游	下游		上游	下游
700.00	0.506	0.440	2.55	2.71	0.93
720.00	0.433	0.454	2.56	3.20	1.09
731.00	0.319	0.492	2.58	3.50	1.21

沥青混凝土斜墙的变形与应力计算分析见表 6.4.4。

表 6.4.4 斜墙变形与应力极限值

库水位/m	上游水平位移/m	竖向位移/m	应力/MPa		
			σ_1	σ_3	$\sigma_{拉}$
700.00	0.103	0.406	0.36	0.159	0.13
720.00	0.482	0.830	1.11	0.650	1.17
731.00	0.647	1.379	1.27	1.270	1.12

沥青混凝土斜墙铺上复合土工膜后，膜随斜墙产生的变形，可由斜墙的变形求解膜的拉力。沥青混凝土的变形可由三维有限元求解。为安全考虑，将沥青斜墙的第三主应变作为复合土工膜的拉应变。并采用 1 号 350/0.4/350 和 2 号 200/0.5/300 两种型号的复合土工膜进行试验与计算分析。在最高水位 731.00m 作用时，1 号膜最大拉应力 9.44kN/m；

2 号膜最大拉应力 11.86kN/m。

（2）材料参数试验。沥青混凝土与复合土工膜的抗剪试验，在温度 8℃时，摩擦系数 0.73，黏聚力 0.00174MPa；在温度 18℃时，摩擦系数 0.64，黏聚力 0.00263MPa。沥青混凝土、沥青、复合土工膜之间的抗剪强度：快剪黏聚力 0.32MPa，慢剪黏聚力 0.25MPa。沥青混凝土的极限抗压强度 0.12MPa，泊松比 0.316，割线模量随应力而变，应力增大，割线模量减小，见表 6.4.5。

表 6.4.5　　沥青混凝土割线模量

实验组号	1	2	3	4	平均值	
应力/MPa	0.078		156.49	481.54	107.85	248.63
	0.145	92.5	116.2	328.48	82.3	154.87
	0.210		103.15	227.0	69.4	133.18
	0.280	80.84	92.35	204.65		125.95

（3）复合土工膜稳定计算。复合土工膜与斜墙之间的抗滑稳定。采用下式进行计算：

$$k=\frac{Pf+cS}{T} \tag{6.4.5}$$

式中　k——抗滑稳定安全系数；

P——法向力；

f——摩擦系数；

c——黏聚力；

S——接触面积；

T——滑动力。

经试验测得：复合土工膜—沥青混凝土，$f=0.64$，$c=0$；复合土工膜—沥青—沥青混凝土，$f=0.64$，$c=50$kPa。计算结果显示，复合土工膜涂上 5‰面积以上的沥青可维持稳定。根据作用水头，通过试验、计算，选择符合强度和变形要求的复合土工膜。复合土工膜与上面的混凝土保护层间的抗滑稳定性安全系数取 1.2。试验成果表明，复合土工膜与沥青混凝土之间摩擦系数在 8℃时为 0.73，18℃时为 0.64，复合土工膜黏合于沥青混凝土，慢剪凝聚力为 0.25MPa。如图 6.4.11～图 6.4.14 所示。

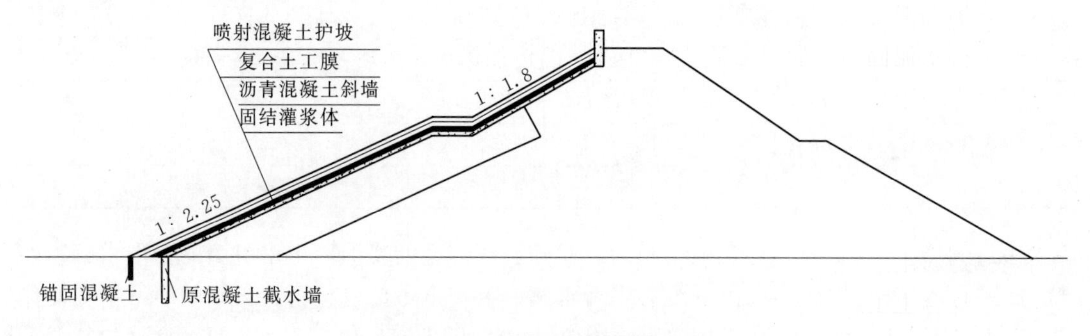

图 6.4.11　防渗加固横剖面图

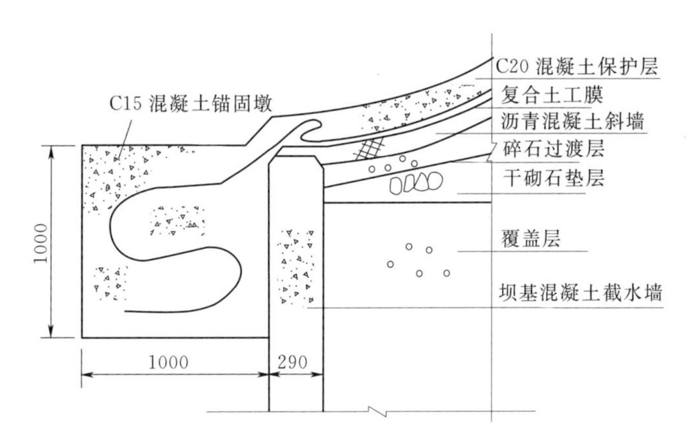

图 6.4.12 复合土工膜与坝基截水墙连接

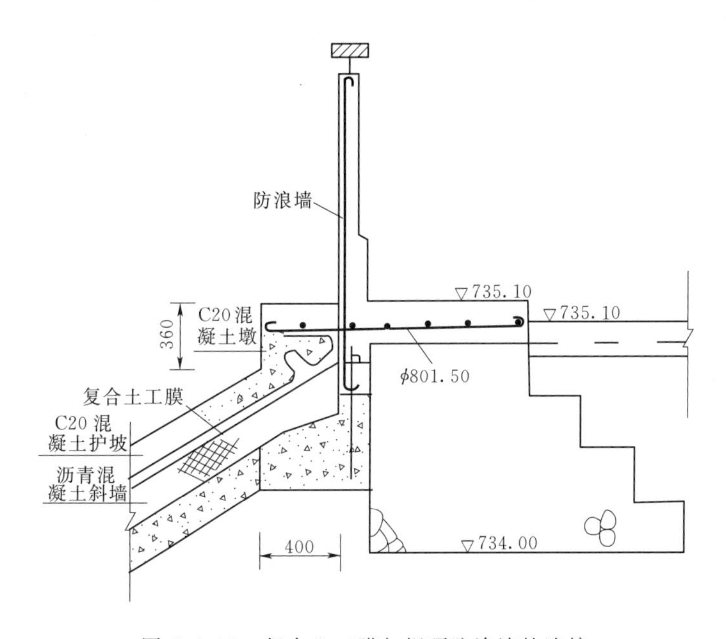

图 6.4.13 复合土工膜与坝顶防渗墙的连接

3. 土工膜防渗加固措施

(1) 沥青混凝土斜墙基础加固。从坝趾部位到高程 731.00m，垂直坝坡 3～5m 范围内堆石进行水泥固结灌浆。曾发生渗透破坏部位加深，将架空堆石灌满，钻孔孔距为 2m，钻孔直径不小于 127mm，灌浆材料采用石子和水泥砂浆。

(2) 沥青混凝土斜墙平整清洗。沥青混凝土斜墙是复合土工膜的垫层，先将凹凸不平的板面整平修复，特别是对坝面的反弧部位和塌陷裂缝部位重点修复，使板面均匀受压，减少不均匀沉降。对现已老化和产生缝隙的沥青混凝土铲除，清洗干净后填补平整。复合土工膜的背面土工织物是平面排水层，在其底部设涵管将可能的渗水排向坝后堆石体。

(3) 复合土工膜铺设。采用复合土工膜，在整平清理好的沥青混凝土斜墙上铺设复合土工膜。复合土工膜的拼接，可以胶接，也可以焊接。根据规范要求，膜的接缝强度要求达到母材的 85%以上。两面的织物一般采用缝接，但缝接时，织物比膜长。当复合土工

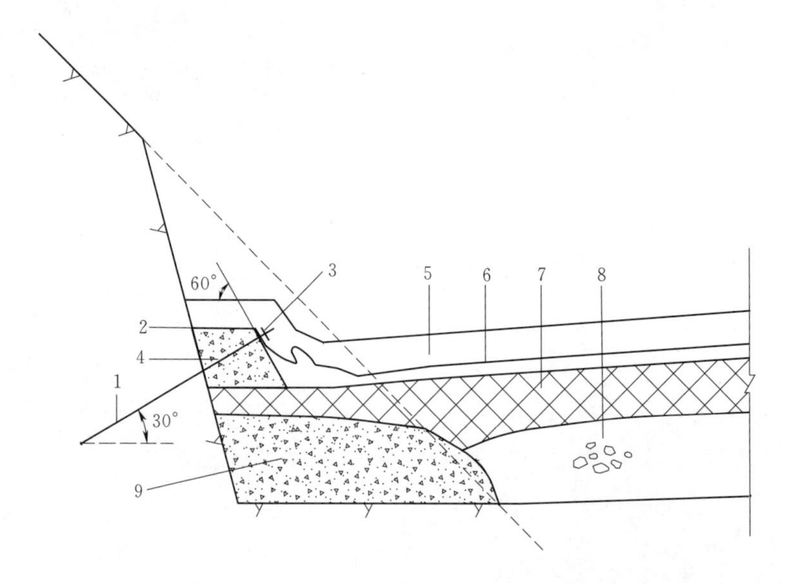

图 6.4.14 复合土工膜与岸边的连接

1—锚杆；2—钢压板；3—螺母；4—二期混凝土基座；5—混凝土保护层；
6—复合土工膜；7—原沥青混凝土斜墙；8—卵石垫层；9—混凝土基层

膜受拉时，膜先受力，织物不能同时作用，拼接处的受拉强度比材料本身强度小，满足不了规范要求。经试验研究采用胶液交叉搭接，先用 TBJ—929－1 土工织物胶，将底部的织物胶接；然后用 TMJ－929 膜胶，将中间的膜与膜胶接；最后用 TBJ—929－1 胶，将上层的织物与织物胶接，形成整体，搭接宽度为 10cm，在受拉时，织物与膜能同时受力，接缝处强度能达到复合土工膜材料强度 85%以上，满足规范要求。

（4）复合土工膜周边的连接。复合土工膜与顶部、底部及沥青混凝土周边的连接是保证防渗效果的重要措施，为确保形成封闭的防渗体系，复合土工膜底部与坝基防渗墙通过基座连接，顶部也通过基座与坝顶防浪墙连接，周边山体采用基座和槽钢锚杆锚固，将复合土工膜锚固在斜墙周边山体。

（5）混凝土保护层。为防止复合土工膜被阳光照射及风浪冲刷，在复合土工膜上现浇混凝土。混凝土厚 15cm，混凝土与复合土工膜胶结十分牢固，其黏结抗剪强度高于沥青黏结抗剪强度，满足抗滑稳定要求。

（6）两岸岸坡处理。为保护新修的防渗面板不受破坏，对两岸不稳定的危岩事先进行清除，形成两岸稳定的边坡。

为防止绕坝渗漏，对位于正常蓄水位高程 731.00m 以下两岸岩体的节理裂隙采用喷射水泥砂浆的方法，喷射厚度约 3cm，以封闭进口渗漏通道。

4. 防渗加固后效果

2001 年复合土工膜方案除险加固施工处理后，从表 6.4.6 反映，库水位在不超过 713.00m 时，斜墙工作稳定，在库水位 714.95m 以下时，坝后无渗水，当库水位增加到 725.03m 时，坝后渗流量只有 0.026m^3/s，与加固前库水位 713.00m 时渗流量 0.16m^3/s 相比，减少了 0.134m^3/s，仅为加固前的 16.3%。经分析，冲沟截流墙基础渗漏和坝基

绕渗是坝后渗漏量的主要来源，复合土工膜防渗性能大大优越于沥青混凝土。

表 6.4.6　　斜墙加固前后库水位与渗流量

库水位/m	坝前水深/m	加固前渗流量/(m^3/s)	加固后渗流量/(m^3/s)
700.00	45	0.07	无
705.00	50	0.08	无
710.00	55	0.10	无
713.00	58	0.16	无
714.95	59.95		无
725.03	70.03		0.026

加固前库水位从 700.00m 上升到 710.00m 时，浸润线上升 0.7m，加固后，只有 0.5m；同高程水位下相比，加固后浸润线比加固前下降 1.7～2.0m；当库水位上升到 725.03m 增加 15m 时，而浸润线却比加固前库水位 710.00m 的浸润线低 0.1m，复合土工膜的防渗效果十分显著。

为监测坝面变形，了解复合土工膜的工作状况，在坝面埋设了部分沉降位移测点。从岸边、反弧伸缩缝等敏感部分测得的变形开度资料分析，左岸受压，有微小的压缩变形，一般 1～2mm，不产生拉应力和拉应变；右岸受拉，产生微小的拉应变，一般不到 3mm，只有反弧伸缩缝处，拉应变较大，但累计变形也不到 4mm。经过复合土工膜加固处理，允许拉变形增加，其产生的拉变形均在安全允许范围以内。通过铺膜加固处理后实测的渗流、浸润线及变形结果可以看出，坝面防渗体系是安全稳定的，防渗效果十分显著。

原防渗墙除险加固方案预计工期 2 年，投资 5521 万元。采用复合土工膜加固方案，工期 1.5 年，工程最终结算 1333 万元，为原方案投资的 24%，比原方案工期缩短半年，节省投资 4188 万元。2000 年 1 月石砭峪除险加固工程开始施工，当年 7 月完成高程 703.00m 以下工程蓄水运行，调蓄水量 5000 万 m^3，当年发挥效益。

6.4.3　广西塘仙爆破堆石坝复合土工膜防渗加固[5]

1. 工程概况

广西壮族自治区南丹县塘仙水库大坝为定向爆破堆石坝，坝基高程 360.00m，坝顶高程 430.00m，最大坝高 70m，1999 年定向爆破形成。经过 5 年沉降稳定后，大坝防渗方案采用上游坝面铺设 PVC 复合土工膜防渗。大坝上游坡坡比为 1：2.5，防渗体起始位置为上游坡脚，并向上游水平延伸 12m，形成水平防渗铺盖，终止位置为上游坡高程 410.00m（坝顶高程 430.00m）。土工膜底部埋入锚固槽中，两岸锚固在混凝土齿槽上，与山体相连，顶端埋入锚固沟内，这样就形成了一个封闭的防渗体系。如图 6.4.15 所示。

土工膜采用江苏省常熟市阳光土工工程材料制造有限公司生产的“二布一膜”复合土工膜，规格为 0.5mm/300g/m^2，幅宽 4m，卷长 30m。

考虑到施工技术要求和防渗体系的稳定性，在高程 385.00m 设置一级马道。通过对土工膜防渗系统的稳定性验算和膜后排渗能力复核，确定此防渗体系的结构由下至上依次为厚 50cm 砂土下垫层、土工膜、厚 50cm 砂土上垫层、10cmC10 混凝土预制板防护层。

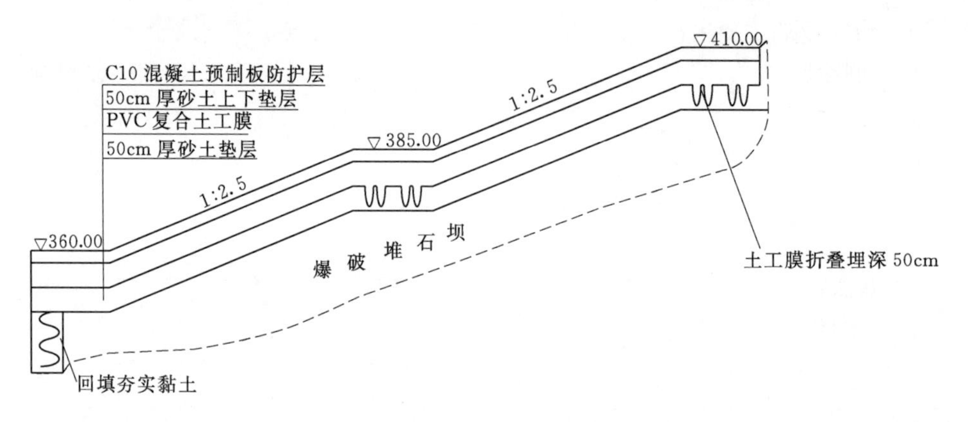

图 6.4.15　广西塘仙爆破堆石坝防渗体系横剖面图

2. 土工膜防渗体系施工程序

（1）下垫层砂土的施工。

（2）坝基、两岸锚固槽的开挖。

（3）铺设土工膜。

（4）上垫层砂土的施工。

（5）坝基、两岸的土工膜锚固。

（6）坝顶锚固沟的开挖和土工膜锚固。

（7）C10 混凝土预制板的衬砌。

3. 施工要点

（1）上、下垫层砂土的施工：土工膜铺设前，下垫层砂土要碾实、平整，不得有尖角块石露出。砂土最大的粒径不超过 20mm；下垫层砂土铺筑平整之后，必须夯实，压实度不小于 0.9；上垫层砂土与下垫层砂土的施工方法相同。

（2）坝基、两岸锚固槽的开挖：两岸锚固槽的高度为 1.5m、宽度为 0.5m，采用浅孔钻在需要开挖锚固槽的位置打孔，并采用小型空压机带动的风镐进行锚固槽的开挖，再进行锚杆施工。

（3）土工膜铺设：

1）土工膜从坝基开始铺设，铺设型式是横铺，与两岸接触的部分留出余量。由于每卷土工膜幅宽 4m，卷长 30m，故需要搭接。搭接的方法采用焊接法，即借助热焊机等加热设备，将塑料膜加热软化、机械滚压或人工加压贴合在一起的方法。此工程采用的焊接工具为 ZPR—2100 自动爬行热合焊机。热合焊机由两块烙铁供热，胶带轮通过耐热胶带施压、滚压塑料膜，焊成两条粗为 10mm 的焊线，两线净距 16mm，焊接效果比较好。电熨斗也是焊接工具之一，但焊接时人工加压，劳动强度大，膜厚时不可使用，因此在此工程中不能采用。

2）PVC 复合土工膜搭接时，首先用手提缝纫机对要搭接的两块 PVC 复合土工膜最底一层土工布进行缝合，然后用 ZPR—2100 自动爬行热合焊机把要搭接的两块 PVC 复合土工膜的中层塑膜焊接起来；最后再用手提缝纫机对上层土工布进行缝合。在用焊机焊接后，如果有漏焊、焊不实、焊坏的地方，采用焊枪进行补粘。在两岸附近自动爬行热合焊

机不能焊接的地方采用黏结方法进行搭接。黏结方法是将塑料膜搭接处擦干净，一次或两次以上均匀刷涂胶粘剂，滚压贴合的方法。胶粘剂采用固体热熔胶。搭接时要根据气温情况确定刷涂长度，一般不超过 4m，晾燥 2～4min 即可迅速黏合，黏合后用手压铁棍滚压数次或用木槌打压数次即可。

（4）土工膜焊缝的检测。检测方法采用目测法、现场检漏法和抽样测试法。

1）目测法：观察有无漏接，接缝是否无烫损、无褶皱，是否拼接均匀等。

2）检漏法：对全部焊缝进行检测，采用充气法。搭接的焊缝为双条，两条之间留有约 10mm 的空腔。将待测段两端封死，插入气针，充气至 0.05～0.20MPa（视膜厚选择），静观 0.5min，观察真空表，如气压不下降，表明不漏，接缝合格，否则应及时修补。

3）抽样测试法：约 1000m^2 取一试样，作拉伸强度试验，要求强度不低于母材的 80%，且试样断裂不得在接缝处，否则接缝质量不合格。

（5）坝基和两岸的土工膜锚固。土工膜锚固前，先把挖好的槽内杂物清除、清洗干净，之后对两岸锚固槽进行混凝土回填，同时埋设构件，其强度达到要求后进行土工膜的锚固。坝基为防渗性能较好的粘土，坝基土工膜直接埋入深 2m、宽 4m 的锚固槽中，回填粘土夯实。

（6）顶部土工膜锚固。坝顶锚固沟直接用人工开挖，土工膜折叠两次埋入深 50cm 的锚固沟中。

（7）混凝土保护板施工。预制混凝土保护板强度等级为 C10，按错缝进行铺设，并进行勾缝，使所有盖板在一个平面。在预制板的中心孔用小石子进行填充，保证在库水位骤降时既保持良好的透水性又保持上垫层砂土不流失。

4. 加固效果

塘仙爆破堆石坝于 2003 年 12 月开始施工，2004 年 4 月竣工，铺设土工膜 12640m^2。水库蓄水后经历过三次大的洪峰，运行正常。

6.5 爆破堆石坝混凝土防渗墙加固

6.5.1 爆破堆石坝混凝土防渗墙加固特点

爆破堆石体颗粒组成常常极不均一，堆积块石粒径差异大，结构松散，局部架空现象明显，有个别的粒径较大，比如石砭峪坝体石料为花岗片麻岩，其粒径组成为：小于 20cm 的占 14.8%，粒径 21～80cm 的占 53.6%，粒径 81～150cm 的占 22.6%，大于 150cm 的占 9%。云南己衣堆石坝岩块粒径不均匀系数 C_u =7～1500，曲率系数 C_c =1～3，孔隙率 6%～40%，孔隙率高达 40%，平均渗透数达到 3.0×10^{-1}cm/s，一般块径 30～50cm，最大块径达到 5m 以上。在此种复杂的地层中建造混凝土防渗墙和前述第五章的土质心墙堆石坝的混凝土防渗墙有诸多不同，有一些关键性的工程技术难题需要通过深入系统的研究加以解决。

1. 大孤石及架空地层中混凝土防渗墙造孔难度大

爆破体颗粒组成不均匀，存在大孤石及架空地层，孤石钻进工效低，甚至无法钻进，且易产生孔斜，是爆破堆石体防渗墙造孔施工的主要技术难点，需要对大孤石进行钻孔爆破。已衣大坝混凝土防渗墙施工时，在预灌浓浆钻孔过程中，对遇到大孤石布设爆破孔，预灌预爆孔为梅花形布置，间隔距离为2m，先施工单号孔再施工双号孔。采用SM－400型全液压工程钻机，配置TUBEX偏心扩孔钻具进行跟管（ϕ114mm）钻进，穿过孤石密集带，取出孔内钻具，在套管内对孤石密集带下置爆破筒拔管启爆。

在防渗墙造孔中遇孤石和硬岩时，采用SM－400型全液压工程钻机跟管钻进，在槽内下置定位器进行钻孔，钻到规定深度后，提出钻具，在漂卵孤石和硬岩部位下置爆破筒，提起套管引爆，爆破后漂卵孤石和硬岩被破碎，加快了钻进速度。爆破筒内装药量按岩石段长2～3kg/m，如系多个爆破筒则安设毫秒雷管分段爆破，以避免危及槽孔安全。因SM－400型全液压工程钻机采用风动潜孔锤冲击钻进，其在硬岩中的钻进速度可达1.5m/h，可快速穿透漂卵孤石。该方法爆破效果好，不危及槽孔安全。

2. 爆破体渗透性大，漏浆塌孔严重

由于爆堆体的颗粒极不均一，结构松散，架空现象明显，在施工中可能造成大量的集中浆液漏失，进而影响成槽过程中的孔壁稳定。根据工程实际需要，可先进行预灌浓浆处理，对存在较大渗漏通道的部位采用预灌浓浆的方法堵塞渗漏通道，防止防渗墙施工时槽内泥浆大量漏失，确保施工安全和正常作业。

优质泥浆有利于成槽时的孔壁稳定，以及混凝土浇筑质量的控制，根据防渗墙施工槽孔部位地层情况和当地黏性土性质及储量，采用粘土泥浆护壁。配制泥浆时根据需要添加适量泥浆处理剂，如烧碱（Na_2CO_3）、羧甲基纤维素（简称CMC）等，利于水化，形成胶体。要求粘土粘粒含量大于50%，塑性指数大于20，含砂量小于5%，SiO_2与Al_2O_3含量的比值为3～4。

为防止跑浆、漏浆，进而影响成槽过程中的孔壁稳定，也可采取其他处理措施：

（1）初始开孔时尽量充填黏土料。

（2）选用优质的固相黏土泥浆。

（3）施工前备足大量的堵漏材料（如砂、石子、黏土等），根据工程施工经验，危险性管涌土，会加剧地层渗漏通道的渗漏，钻进时，要加强泥浆损失测估，改变钻进工艺，准备好足够的堵漏材料及时处理好渗漏，尤其是槽孔的副孔钻劈时。

（4）密切关注成槽过程中的地层变化，地层较为疏松时应控制钻进速度，采取“反复式”回填堵漏材料、重凿挤密的方法确保孔口稳定造孔过程中，如遇少量漏浆，则采用加大泥浆黏度，投堵漏剂等处理，如遇大量漏浆，单孔采用网填黏土钻进处理，槽孔采用投锯末、水泥、稻草或高水速凝材料等进行堵漏处理，并冲击钻挤实钻进，确保孔壁、槽壁安全。

（5）成槽施工时，保持槽内泥浆面的适当高度，观察泥浆面的变化及时补充泥浆以保持孔口稳定。

（6）减小孔口地面荷载，尽量减小各种机械振动，优化槽孔划分长度等。

（7）槽孔完成后，应减小空孔历时，合理安排后序工序，尽快进行浇筑，减小塌孔

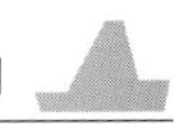

概率。

（8）为提高工效，如有可能可考虑下置截砂斗，减小冲击消耗；严格控制水量冲洗，以防稀释泥浆。

（9）塌孔处理：由于爆破体级配不均，造孔中可能出现塌孔。发现有塌孔迹象，首先提起施工机具，根据塌孔程度采取回填黏土、柔性材料或低标号混凝土等处理；如孔口塌孔，采取布置插筋、拉筋和架设钢木梁等措施，保证槽口的稳定。

（10）如槽内塌孔严重，必要时可浇筑固化灰浆后重新造孔。

己衣大坝混凝土防渗墙施工时，采取了钻孔预裂爆破和预灌浓浆的方式处理后，很好地解决了特大孤石及架空漏浆踏孔这两种特殊地质情况同时存在的防渗墙施工难题。预灌浓浆施工程序为：自下而上分段灌浆法。施工工艺流程为：钻孔至终孔深度—提取钻具—提升套管1m—灌注第一段—提升套管1m—灌注第二段，反复进行至本孔结束，封孔。混凝土防渗墙成槽钻孔采用SM400型工程钻机和KHP750型空压机，搅浆和静压注浆采用ZJ－400高速搅拌机，灌浆泵采用2SNS型灌浆泵。灌浆采用套管内静压灌浆法；段长选择1m，压力为0.2～1MPa。浆液配比根据工程实际情况结合以往施工经验确定，一般灌注水泥黏土浆，水泥：黏土＝1：3，水固比为：1：1和0.8：1（或0.7：1），如果吸浆量较大，可加入适量的速凝剂，并且配合间歇灌浆、降压、限流等措施。在严重漏失地带，可选用灌注砂浆的方法。当灌浆吸浆量小于5L/min时；即可结束本段灌浆，提升套管灌注下一段，直至超出漏失层以上1m，结束本孔的灌浆工作。防渗墙施工时，现场对黏土进行取样、颗粒分析、物理性质和化学成分试验，对黏土泥浆进行了性能指标试验。选用NJ1200立式搅拌机进行搅拌制浆，其顺序是：先按配合比中的水量向搅拌机内注水，开动搅拌机，向搅拌机内投入黏土，经过约30min搅拌，取样测量泥浆黏度，然后继续搅拌一段时间，再测黏度，若两次测量数值不变，则泥浆制成。

6.5.2　云南己衣爆破堆石坝混凝土防渗墙施工措施

混凝土防渗心墙轴线位于坝轴线上游0.5m，顶高程2019.40m，墙厚0.8m，最大墙深85.4m，深入基岩0.8m左右。高程1980.00m以下为造孔混凝土防渗墙；高程1980.00m至2019.40m为现浇混凝土防渗墙，并在其上游侧增设一层复合土工薄膜联合防渗（两布一膜，膜厚0.4mm）。现浇混凝土防渗墙与上、下游侧堆石坝体间均设有一层砂、石过渡层，水平宽度为2.0m，混凝土心墙下游面设沥青油毡，以减小碾压堆石对混凝土心墙的挟持作用，使防渗墙尽可能适应坝体堆石变形。坝基及坝肩相对隔水层以上岩体采用水泥灌浆帷幕防渗，帷幕轴线位于防渗墙中心线。防渗墙下坝基防渗帷幕用预埋管灌浆。

1. 现浇混凝土防渗墙施工

槽孔浇筑混凝土防渗墙桩号为0＋040.38～0＋136.38，轴线长96.0m，墙顶高程1980.00m，深入基岩1.0m，墙厚80cm。形成防渗墙的槽孔分两期施工，一、二期槽孔长一般为6.8m，槽孔间采用钻凿法连接。防渗墙混凝土抗压强度$R_{28}\geqslant10$MPa，渗透系数$K\leqslant1\times10^{-7}$cm/s，弹性模量$E=10000\sim18000$MPa，扩散度为34～40，入仓坍落度为20～24cm，坍落度保持在15cm以上的时间不小于1h，初凝时间不小于8h，终凝时间不大于48h。混凝土配合比为：水：水泥：砂：碎石：膨润土：FDN～MTG：引气剂=250：288：807：909：96：3.85：0.038。拌制时用台秤控制材料用量，每次拌制时间为2～3min，直接入仓，与两岸结合部位嵌入基岩80cm以上，质量控制采用现场检测其坍落度，每层浇筑仓面高度2.7～3.0 m，浇筑长度13～22m，每层接缝面按设计要求进行凿毛处理。混凝土的水平接缝面安装了BWⅡ型橡胶止水条，止水条接头搭接10cm；纵向接缝安装止水铜片（厚1.2mm，宽60cm），搭接采用双面焊接，搭接长度为2cm。

防渗墙导墙用M7.5砂浆砌筑，中心线与防渗墙轴线重合。紧贴防渗墙上游侧布置了复合土工膜（800g/m^2），由专业人员进行铺设和拼接，拼接采用了热熔焊法和胶黏法综合拼接，拼接焊缝宽1cm，间距1.5cm，拼接部位质量检测采用“充气法”，充气压强为0.05～0.2MPa。

2. 造孔混凝土防渗墙施工[6]

造孔混凝土防渗墙施工桩号为0+040.38～0+136.38，轴线长96.0m，防渗墙成墙面积2830m^2，墙厚80cm，墙顶高程1980.00m，最大墙深为46m，防渗墙混凝土强度R_{28}≥10MPa，渗透系数$K\leqslant1\times10^{-7}$cm/s，弹性模量$E=10000\sim18000$MPa，深入基岩1.0m。施工程序和施工方法为：

（1）首先进行施工地段的预爆预灌。

（2）“钻劈法”成槽，设备采用CZ30冲击钻机造孔，先钻进主孔，到设计终孔孔深后，再劈打副孔。

（3）黏土泥浆护壁，确保孔壁稳定，且及时监控泥浆各项性能指标，确保其携带岩渣和维护孔壁稳定的能力。

（4）泥浆下“直升导管法”浇筑混凝土。

（5）采用“钻凿法”套接接头进行墙段连接。

（6）预埋灌浆管采用特制钢桁架定位架设。

对防渗墙混凝土进行现场和室内配合比试验，根据配合比试验结合现场抽样检验确定的防渗墙混凝土各项施工控制性指标为：入槽坍落度180～220mm，扩散度340～400mm，坍落度保持15cm以上的时间应不小于1h，熟料初凝时间不小于6h，终凝时间不大于24h，混凝土密度不小于2.1g/cm^3，胶凝材料用量不少于350kg/m^3，水胶比小于0.65。

混凝土浇筑采用泥浆下直升导管法，导管内径为ϕ219mm。槽孔内使用导管的数量根据槽段长度进行设置，其导管的间距不宜大于4.0m，导管中心距孔端或接头管壁面1.0～1.5m。当槽底高差大于25cm，导管布置在最底处。导管用法兰连接，投入使用前，在地面试装并进行压力试验，检查有无漏水缝隙，连接和密封必须可靠，根据导管长度配置0.3～1.0m的短管，以便调节使用。开浇前，导管内应置入可浮起的隔离塞球。开浇时，先注入水泥砂浆，随即浇入足够的混凝土，挤出塞球并埋住导管底端，以减小开浇时混凝土快速下落与泥浆的絮凝反应。

3. 坝基防渗处理

坝基及坝肩相对隔水层以上岩体采用水泥灌浆帷幕防渗，帷幕轴线位防渗墙中心线。左岸边界与岸坡交界向下游偏转11°延长27m（已同坝基相对隔水层相交），右岸边界由

于坝基相对隔水层较远，结合坝体绕坝渗漏和岸坡陡岩地质情况分析，在满足渗流稳定时，防渗边界向下游偏转28°延长70m，将输水隧洞包括在防渗处理范围内，整条防渗轴线长230.75m。防渗帷幕单排布孔，局部地质缺陷部位采用2～3排孔，孔距1.5m，最大深度92m，帷幕底界深入基岩相对不透水层（基岩单位吸水率ω值小于或等于5Lu）以下5m，两坝肩防渗边界由正常蓄水位延伸至与地下水位相交位置，或者是与坝基相对隔水层相交位置。由于两岸地下水位较低，正常蓄水位与地下水位不能相交。

防渗墙下坝基防渗帷幕用预埋管灌浆，先进行防渗墙施工浇筑至高程1980.00m后，再进行墙下帷幕灌浆施工，两岸坝基帷幕灌浆为坝体填筑到坝顶高程后施工。两岸坝肩设2.5m×4m的灌浆平洞进行帷幕灌浆施工，并与坝体防渗体相接，形成整体防渗体系。

已衣水库爆破堆石坝完成以坝体防渗加固后，2009年开始试蓄水，大坝渗漏量较加固前明显减小，2010年水库正式蓄水，2013年汛期库水位在2011.58m，已超过正常蓄水位（2010.92m）0.66m，下游坝脚渗漏量为30.0L/s，较大坝防渗处理前相同水位下渗漏3.23m³/s大为减少，防渗处理效果明显。

6.5.3 云南白龙河爆破堆石坝混凝土防渗墙加固

1. 工程概况

白龙河水库位于云南省华宁县城西北4.5km的白龙河上。该水库原为坝高24m、库容240万m³的小（1）型水库，于1978—1980年采用定向爆破筑坝技术扩建为坝高46m，总库容达1200万m³的中型水库。由于防渗体系不完善，1994年12月渗漏量达到1.079m³/s，危及大坝和下游县城安全。大坝横剖面如图6.5.1所示。

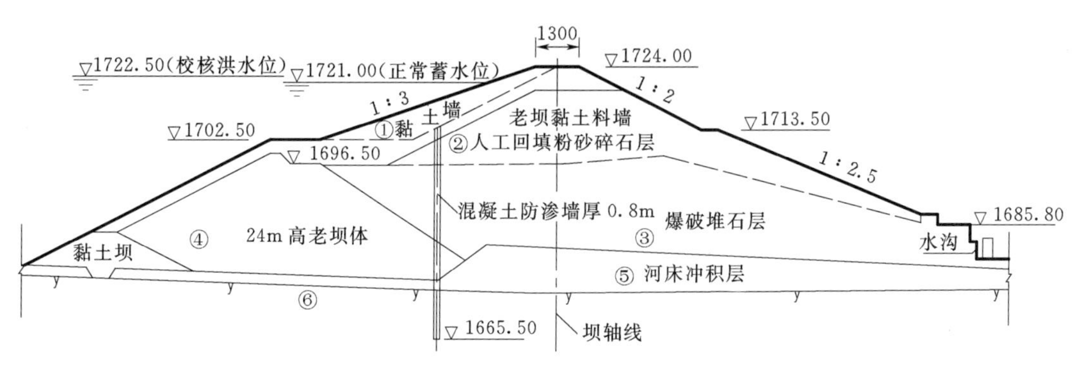

图6.5.1 白龙河大坝加固横剖面图

为查清大坝病险情，在大坝上布置钻孔29个，进行了物探、坑槽探，经查明，渗漏形成的上游坝面落洞位于左岸坡结合部位，高程1703.00～1706.00m之间，主要为原坝顶平台黏土层直接与堆石体接触，斜墙下反滤失效，坝肩斜墙未与山体有效结合，形成渗漏通道。根据地质勘探，大坝由上到下分层性质如下：

（1）紫红色黏土层（防渗斜墙、图中①）：厚5～7.5m，从左至右土层变厚，该层作探坑注水试验，渗透系数3.1×10^{-6}cm/s。

（2）夹黏土粉砂碎石层（图中②）：厚3m，碎石含量40%～70%，结构稍松，渗透系数1.16×10^{-3}cm/s。

(3) 爆破堆石体平均厚度约 15cm，有上粗下细的特点，上部块径 10～50cm 者占 50%～60%，下部碎石、砂达 20%～30%，块径最大为 2m 左右。爆破堆石体结构极松散，钻进过程中孔壁坍塌严重，是极强透水层，渗透系数 $2.5\times10^{-2}\sim2.4\times10^{-2}$cm/s（图中③）。

(4) 中粗砂块石碎石层（图中④）：块石碎石含量 50%左右，成分为白云质灰岩，大小 2～8cm 不等，结构松散，渗透系数为 1.3×10^{-3}cm/s，为 24m 高老坝体。

(5) 第四系冲洪积层（图中⑤）：岩性为灰黑褐色砾质黏土，厚 1～2m，分布在河床，渗透系数 3.4×10^{-5}cm/s。

(6) 基岩（图中⑥）：为厚层状白云岩夹紫红灰绿色泥质粉砂岩。左肩及河床表层岩体风化强烈，极为破碎，右肩岩体相对完整，强风化带厚约 8～23m，按可钻性划分为Ⅶ级，相对隔水层埋深 17～44m。

大坝防渗加固方案为：①由于高程 1702.50m 平台附近范围反滤过渡层不好，且老坝斜墙较薄，选择在老坝顶平台下游建造防渗性能可靠的混凝土墙，结合周边帷幕灌浆，彻底根除隐患；②对黏土斜墙进行培厚，加强斜墙与周边基岩连接，以弥补过度反滤层的不足和结合带的薄弱。

2. 防渗墙设计

在上游坝坡高程 1710.00m 处，有一个宽约 13m 平台，能满足建造混凝土防渗墙施工场地布置要求；与坝顶造墙相比，要穿过施工难度较大的爆破堆石层面积相对较小，墙深，墙面积也较小。确定混凝土防渗墙轴线选定在 1710.00m 平台上，距坝轴线上游 41m。

根据防渗墙轴线工程地质剖面及渗透剖面，基岩为强风化灰白色中厚层状白云岩夹泥质粉砂岩，冲击钻可造孔，以透水率 0.05L/(min・m・m) 作相对不隔水层，确定防渗墙深入基岩位置。混凝土防渗墙深入基岩最大深度为 24m，最小深度为 6.6m，最大墙深 44.5m，墙下不再帷幕灌浆。

混凝土防渗墙厚度采用 0.8m。混凝土的设计控制指标混凝土为“二低一高”，即低弹模、低强度、高防渗性能，混凝土强度等级为 C10，弹性模量为 1176MPa，抗渗等级为 W7，坍落度 18～22cm，扩散度 34～38cm。防渗墙混凝土除要求满足抗渗、抗压、弹性模量等性能外，还要具有良好的和易性和流动性，根据其设计指标和砂石料及当地膨胀润土料源情况，通过 18 组混凝土配合比试验，最后确定的额混凝土配合比。

3. 混凝土防渗墙施工及质量控制

混凝土防渗墙全长 107.20m，共划分 24 个槽段，采用 CZ-22 型钢丝绳式冲击钻钻孔、泥浆固壁、清孔换浆的方法进行槽孔建造。混凝土防渗墙浇筑采用直升多套导管在泥浆下浇筑混凝土成槽的方法进行。对爆破堆石体造孔中多次出现的漏浆塌孔事故，采用加大槽孔中泥浆比重的方法。对漏浆塌孔较严重的情况，除采用加大槽孔中泥浆比重和掺用锯末等堵漏办法外，对钻机和倒渣平台的塌降部位用混凝土浇筑填满，待凝后再钻孔作业，并及时调整减小槽段长度。

混凝土防渗墙工程于 1997 年 2 月 15 日开工，同年 10 月 18 日完工，共完成防渗墙造孔进尺 2809.95m，其中爆破堆石体 1311.98m，截水墙面积 3958.3m^2。混凝土防渗墙工

程由监理汇同建设、设计、施工承包等单位组成验收小组，对防渗墙施工中的每道工序进行严格把关。防渗墙槽孔完成后由施工方对造孔、清孔质量进行检查验收，验收小组进行终检验收；在浇筑混凝土过程中，对槽口混凝土随机取样进行抗压、抗渗及弹模试验；成墙后，对墙体进行钻机钻孔取芯、注水试验、岩芯室内试验。通过质量评定，24 个单元槽段中优良率为 83.3%，确保了工程施工质量。

4. 防渗效果

防渗墙施工结束后，共布置 3 个检查孔进行勘探及注水试验。检查孔注水试验混凝土墙体透水率为 0.006～0.00013L/(min·m·m)，渗透系数为 1.13×10^{-5}～2.31×10^{-7} cm/s，属极微透水性。对检查孔分段取芯样作抗压，抗渗和弹模试验，混凝土防渗墙抗压强度 10～16.6MPa，抗渗等级为 W7，静力弹性模量为 1.08×10^{4}～1.47×10^{4} MPa。混凝土防渗墙体质量指标满足设计要求，加固后水库运行良好。

参 考 文 献

[1] 陈明致，金来鋆. 堆石坝堆设计［M］. 北京：水利出版社，1981.

[2] 陶忠平. 爆破堆石坝堆石体主要工程地质研究［J］. 人民长江，2005，(9)：4-5+58.

[3] 长江勘测规划设计研究院. 云南己衣水库蓄水安全鉴定报告［R］. 武汉：长江勘测规划设计研究院，2010.

[4] 高双强，李晓琴. 石砭峪水库大坝斜墙复合土工膜铺设方案［J］. 水利水电技术，2014，(2)：83-86.

[5] 韩春影. PVC 复合土工膜在爆破堆石坝坝面防渗工程中的应用［J］. 水利水电技术，2007，(7)：52-54.

[6] 孟凡华，季海元. 爆破堆石坝建造混凝土防渗墙施工技术实例剖析［J］. 黑龙江水利科技，2010，(38)：54-55.

[7] 姬华生. 混凝土防渗墙在白龙河水库除险加固工程中的应用［J］. 云南水力发电，2002，(18)：45-47+53.